TMS320C6748 DSP 原理与实践

王　斌　熊谷辉　曹琳峰　编著

北京航空航天大学出版社

内 容 简 介

本书以 TMS320C6748 DSP 处理器的使用为主线，结合大量实例分析，由浅入深，从基础的入门操作到复杂的外设操作进行了详细介绍。本书在内容结构上分为快速入门篇、硬件概述篇、C674x 详解篇、外设开发篇和程序优化入门 5 个篇，内容涵盖 DSP 开发流程、中断及缓存的使用、常用及特色外设接口开发详解等。

本书配套资料包含开发工具、开发例程、开发视频、TMS320C6748 中文手册等资料，读者可在广州创龙提供的技术论坛 www.51ele.net 或 www.tronlong.com 免费获取。

本书可作为 DSP 开发应用的参考教材，也可作为其他层次 DSP 开发应用人员的参考手册。

图书在版编目(CIP)数据

TMS320C6748 DSP 原理与实践 / 王斌，熊谷辉，曹琳峰编著. -- 北京 ：北京航空航天大学出版社，2018.9

ISBN 978-7-5124-2801-0

Ⅰ. ①T… Ⅱ. ①王… ②熊… ③曹… Ⅲ. ①数字信号处理 Ⅳ. ①TN911.72

中国版本图书馆 CIP 数据核字(2018)第 166238 号

TMS320C6748 DSP 原理与实践

王 斌 熊谷辉 曹琳峰 编著

责任编辑 董立娟

*

北京航空航天大学出版社出版发行

北京市海淀区学院路 37 号(邮编：100191) http://www.buaapress.com.cn

发行部电话：(010)82317024 传真：(010)82328026

读者信箱：emsbook@buaacm.com.cn 邮购电话：(010)82316936

北京九州迅驰传媒文化有限公司印装 各地书店经销

*

开本：710×1 000 1/16 印张：27 字数：575 千字

2018 年 9 月第 1 版 2024 年 3 月第 4 次印刷 印数：3 601 ～ 4 600 册

ISBN 978-7-5124-2801-0 定价：79.00 元

若本书有倒页、脱页、缺页等印装质量问题，请与本社发行部联系调换。联系电话：(010)82317024

序

近三十多年来，DSP 技术在中国得到迅速的应用，特别是 TI C2000、C5000、C6000 架构的 DSP 处理器在高校教学、工业控制等领域应用的普及。随着信息技术时代的高速发展，工业领域对高速数据处理的需求越来越大。TI C674x、C66x 等新框架 DSP 处理器的出现，满足了当前工业高速数据处理产品的开发需求，但是，其技术解决方案和开发资料严重匮乏。

本书作者是长期从事 DSP 开发的工程师，积累了许多实际项目的开发经验。为了让更多初学者能快速入门并掌握 DSP 开发技术，于是依据多年的项目设计经验写出了本书。

全书以“如何点亮一个 LED”开篇，从 DSP 工程的建立、编写、调试等方面讲解了集成开发环境的使用，让初学者快速了解 DSP 开发流程；随后，介绍了 TMS320C6748 的硬件设计思路，并详细讲解了 TMS320C6748 外设接口的驱动原理；最后，根据实际应用需要，阐述了 DSP 程序优化的基础知识。

作者从一个初学者的角度，立足于具体实际项目开发需求，讲授了入门学习的开发方法和步骤，对初学者快速了解并掌握 TMS320C6748 的基础开发内容有很大帮助。如果您想入门学习 DSP 技术开发，这本书将是一个很好的选择。

广州创龙研发部经理　梁权荣

2018 年 7 月于广州

前　言

随着嵌入式技术的发展，需要用到 C6000 DSP 的开发人员越来越多，但是一本称手的入门资料却很少，于是本书应运而生。

起初规划大纲的时候，计划将很多相关内容编写进去。例如，DSP 开发入门、主要外设详细使用指南、RTSC 实时软件组件及 SYS/BIOS 实时操作系统、ARM 与 DSP 双核开发、ARM、DSP 及 FPGA 三核开发以及 DSP 程序优化等内容。但是，若把这么多内容全部编进去，则这本书的体量就会过于庞大而且不利于初学者使用。于是，决定将内容规划为系列丛书，第一本书，也就是本书以 C6748 为重点来编写，主要设计开发入门、CCS 集成开发环境使用、外设使用、中断及缓存以及程序优化入门等内容。

作者在编写过程中以初学者的视角来编写，方便读者更好、更快地入门。本书在内容结构上分为几个部分：

快速入门篇——指导读者熟悉 DSP 开发流程、生成 DSP 程序需要用到的文件和工具以及使用方法。通过这部分内容，读者可以初步完成 DSP 的简单开发操作。

硬件概述篇——简单介绍了两款 DSP 处理器硬件设计方法及思路。

C674x 详解篇——主要介绍中断及缓存的使用。

外设开发篇——详细介绍了常用以及比较有特色的外设，比如 GPIO、UART、EDMA3、EMIFA、uPP 以及 PRU。

程序优化入门篇——介绍 DSP 程序优化常用方式，并介绍了 C＋＋、线性汇编以及汇编开发 DSP 程序的方法。

本书的集成开发环境是最新的 CCSv7。

本书第 1～3 章、第 5～6 章、第 14～15 章以及附录由王斌编写，第 8～14 章的外设相关章节由熊谷辉编写，第 4 章的硬件部分由曹琳峰编写。

本书能够出版得到很多朋友的帮助。特别感谢哈尔滨工程大学刘凇佐教授细致严谨的校审工作，也特别感谢陈汇照先生的协调工作。黄继豪先生及朱雅先生对本书的出版也提供了不少帮助，这里一并表示感谢。

由于作者水平有限，本书难免有不足之处，欢迎读者发送邮件进行讨论，邮箱：support@tronlong.com。

作　者

广州创龙电子科技有限公司

2018年8月于广州

本书配套资料包含开发工具、开发例程、开发视频、TMS320C6748中文手册等资料，读者可在广州创龙提供的技术论坛 www.51ele.net 或 www.tronlong.com 免费获取。读者也可以扫描公众号与作者交流互动：

目　录

快速入门篇

硬件概述篇

C674x 详解篇

外设开发篇

程序优化入门篇

快速入门篇

本书侧重实践，所以第一部分先带领读者快速入门 DSP 的开发。第一章将以一种最简单的方式完成嵌入式开发的"Hello World"，即点亮一个 LED。后续的章节会对相关内容做出更加详细的诠释。

第 1 章

如何点亮一个 LED

1.1 总体流程

点亮发光二极管 LED(以下同)之前,需要确认 DSP 驱动 LED 的方式。核心板上由 GPIO6[12]及 GPIO6[13]直接驱动两个 LED(这样设计不合适,但 DSP 的 I/O 引脚驱动能力还是比较强,所以也可以这样使用),底板上使用 GPIO0[0]、GPIO0[1]、GPIO0[2]和 GPIO0[5]直接驱动。如若需要这几个 LED 亮或灭,则只需要在相应的 GPIO 端口输出高电平(输出 1)或输出低电平(输出 0)即可。

核心板 LED 硬件连接如图 1-1 所示。底板 LED 硬件连接如图 1-2 所示。

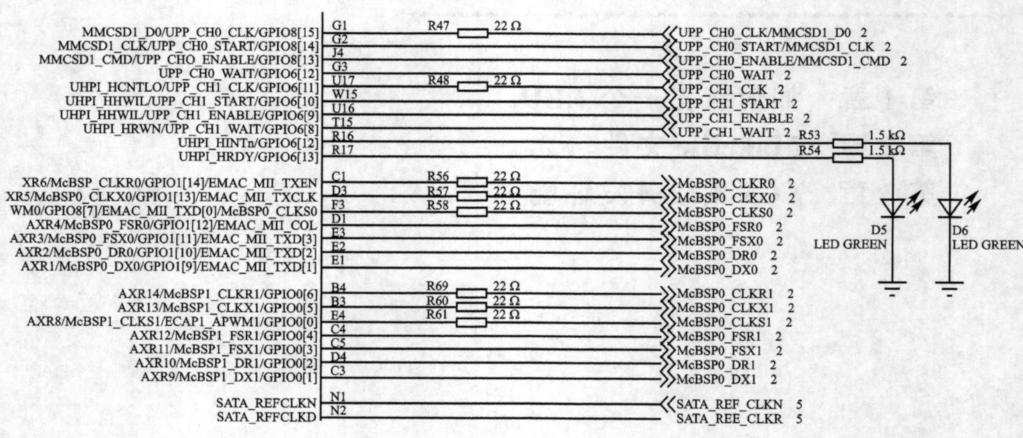

图 1-1 核心板 LED

如何在 TMS320C6748 的 GPIO 口输出高电平及低电平呢?首先要配置的就是引脚复用。一般来说,在外设比较多的嵌入式处理器中都会存在引脚复用。引脚复用可以使处理器在比较少的引脚上为更多的外设提供输入/输出引脚,但这存在引脚冲突,从而导致部分外设不能同时使用。通常,高速接口的输入/输出引脚是不会存在复用功能的,因为它们对速度和稳定性要求很高。C6748 处理器上一共有 361 个引脚,其中 144 个引脚是可以功能复用的。

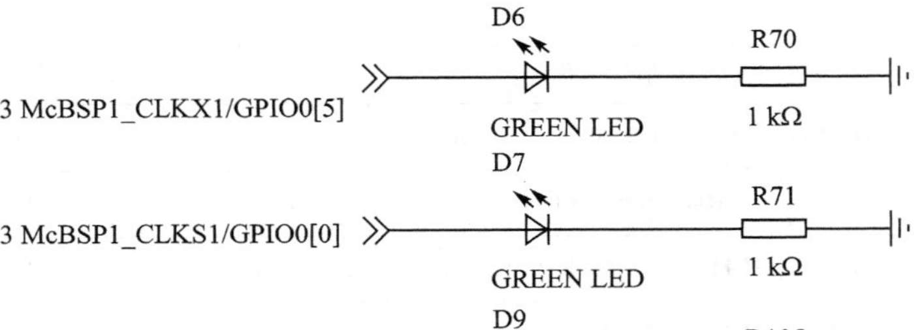

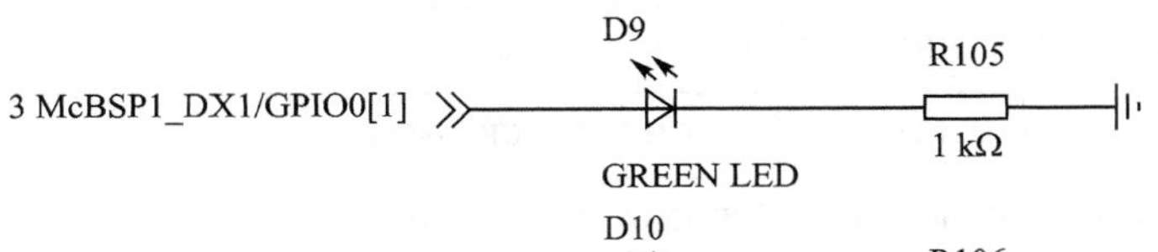

图 1-2　底板 LED

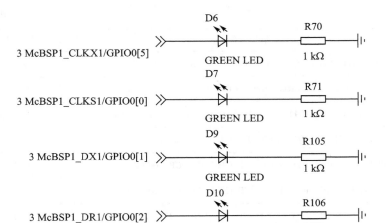

C6748 的 GPIO 部分引脚复用情况如表 1-1 所列。

表 1-1　引脚复用

信号名称	类　型	描　述
ACLKR / PRU0_R30[20] /GP0[15] / PRU0_R31[22]	I/O	GPIO Bank 0
ACLKX / PRU0_R30[19] /GP0[14] / PRU0_R31[21]	I/O	
AFSR /GP0[13] / PRU0_R31[20]	I/O	
AFSX /GP0[12] / PRU0_R31[19]	I/O	
AHCLKR / PRU0_R30[18] / UART1_RTS /GP0[11] /PRU0_R31[18]	I/O	
AHCLKX / USB_REFCLKIN / UART1_CTS /GP0[10] /PRU0_R31[17]	I/O	
AMUTE / PRU0_R30[16] / UART2_RTS /GP0[9] / PRU0_R31[16]	I/O	
RTC_ALARM / UART2_CTS /GP0[8] / DEEPSLEEP	I/O	
AXR15 / EPWM0TZ[0] / ECAP2_APWM2 /GP0[7]	I/O	
AXR14 / CLKR1 /GP0[6]	I/O	
AXR13 / CLKX1 /GP0[5]	I/O	
AXR12 / FSR1 /GP0[4]	I/O	
AXR11 / FSX1 /GP0[3]	I/O	
AXR10 / DR1 /GP0[2]	I/O	
AXR9 / DX1 /GP0[1]	I/O	
AXR8 / CLKS1 / ECAP1_APWM1 / GP0[0] / PRU0_R31[8]	I/O	

续表 1 - 1

信号名称	类 型	描 述
RESETOUT / UHPI_HAS / PRU1_R30[14] /GP6[15]	I/O	GPIO Bank 6
CLKOUT / UHPI_HDS2 / PRU1_R30[13] /GP6[14]	I/O	
PRU0_R30[31] / UHPI_HRDY / PRU1_R30[12] /GP6[13]	I/O	
PRU0_R30[30] / UHPI_HINT / PRU1_R30[11] /GP6[12]	I/O	
PRU0_R30[29] / UHPI_HCNTL0 / UPP_CHA_CLOCK /GP6[11]	I/O	
PRU0_R30[28] / UHPI_HCNTL1 / UPP_CHA_START /GP6[10]	I/O	
PRU0_R30[27] / UHPI_HHWIL / UPP_CHA_ENABLE /GP6[9]	I/O	
PRU0_R30[26] / UHPI_HRW / UPP_CHA_WAIT/GP6[8] /PRU1_R31[17]	I/O	
VP_CLKIN0 / UHPI_HCS / PRU1_R30[10]GP6[7] / UPP_2xTXCLK	I/O	
VP_CLKIN1 / UHPI_HDS1 / PRU1_R30[9] /GP6[6] /PRU1_R31[16]	I/O	
VP_DIN[8] / UHPI_HD[0] / UPP_D[0] /GP6[5] / PRU1_R31[0]	I/O	
VP_CLKIN2 / MMCSD1_DAT[3] / PRU1_R30[3] /GP6[4] /PRU1_R31[4]	I/O	
VP_CLKOUT2 / MMCSD1_DAT[2] / PRU1_R30[2] /GP6[3] /PRU1_R31[3]	I/O	
VP_CLKIN3 / MMCSD1_DAT[1] / PRU1_R30[1] /GP6[2] /PRU1_R31[2]	I/O	
VP_CLKOUT3 / PRU1_R30[0] /GP6[1] / PRU1_R31[1]	I/O	
LCD_AC_ENB_CS /GP6[0] / PRU1_R31[28]	I/O	

这里用到的引脚 PRU0_R30[30] / UHPI_HINT / PRU1_R30[11] / GP6[12]、PRU0_R30[31] / UHPI_HRDY / PRU1_R30[12] / GP6[13]、AXR8 / CLKS1 / ECAP1_APWM1 / GP0[0]/ PRU0_R31[8]、AXR9 / DX1 / GP0[1]、AXR10 / DR1 / GP0[2] 和 AXR13 / CLKX1 / GP0[5]都需要配置成普通输入/输出口。那么,在软件上该怎么配置呢?需要通过系统配置模块(System Configuration Module)中的引脚复用寄存器来实现。注意,芯片版本 2.1 以前的 C6748 在修改 SYSCFG 寄存器时是需要解锁 KICK 的。KICK 是一种保护机制,用于保护芯片寄存器不被意外改写。解锁 KICK 只需要在 KICK 寄存器写入特定的值即可。最新版本的芯片改写 SYSCFG 寄存器已经不需要解锁 KICK 了。

系统配置模块(SYSCFG)引脚复用配置寄存器名称及地址如表 1 - 2 所列。

表 1-2 系统配置模块寄存器

地 址	缩 写	名 称	权 限
0x01C14120	PINMUX0	引脚复用配置寄存器 0	特权模式
0x01C14124	PINMUX1	引脚复用配置寄存器 1	特权模式
0x01C14128	PINMUX2	引脚复用配置寄存器 2	特权模式
0x01C1412C	PINMUX3	引脚复用配置寄存器 3	特权模式
0x01C14130	PINMUX4	引脚复用配置寄存器 4	特权模式
0x01C14134	PINMUX5	引脚复用配置寄存器 5	特权模式
0x01C14138	PINMUX6	引脚复用配置寄存器 6	特权模式
0x01C1413C	PINMUX7	引脚复用配置寄存器 7	特权模式
0x01C14140	PINMUX8	引脚复用配置寄存器 8	特权模式
0x01C14144	PINMUX9	引脚复用配置寄存器 9	特权模式
0x01C14148	PINMUX10	引脚复用配置寄存器 10	特权模式
0x01C1414C	PINMUX11	引脚复用配置寄存器 11	特权模式
0x01C14150	PINMUX12	引脚复用配置寄存器 12	特权模式
0x01C14154	PINMUX13	引脚复用配置寄存器 13	特权模式
0x01C14158	PINMUX14	引脚复用配置寄存器 14	特权模式
0x01C1415C	PINMUX15	引脚复用配置寄存器 15	特权模式
0x01C14160	PINMUX16	引脚复用配置寄存器 16	特权模式
0x01C14164	PINMUX17	引脚复用配置寄存器 17	特权模式
0x01C14168	PINMUX18	引脚复用配置寄存器 18	特权模式
0x01C1416C	PINMUX19	引脚复用配置寄存器 19	特权模式

这里需要用的引脚复用配置位于寄存器 PINMUX1 和 PINMUX13。这两个寄存器的具体位域描述，如表 1-3 所列。

表1-3 引脚复用配置寄存器位域描述

位	域	值	描述	类型
31～28	PINMUX1_31_28		AXR8/CLKS1/ECAP1_APWM1/GP0[0]/PRU0_R31[8]控制	
		0	PRU0_R31[8]	I
		1h	AXR8	I/O
		2h	CLKS1	I
		3h	保留	X
		4h	ECAP1_APWM1	I/O
		5h～7h	保留	X
		8h	GP0[0]	I/O
		9h～Fh	保留	X
27～24	PINMUX1_27_24		AXR9/DX1/GP0[1]控制	
		0	三态	Z
		1h	AXR9	I/O
		2h	DX1	O
		3～7h	保留	X
		8h	GP0[1]	I/O
		9h～Fh	保留	X
23～20	PINMUX1_23_20		AXR10/DR1/GP0[2]控制	
		0	三态	Z
		1h	AXR10	I/O
		2h	DR1	I/O
		3～7h	保留	X
		8h	GP0[2]	I/O
		9h～Fh	保留	X
19～16	PINMUX1_19_16		AXR10/DR1/GP0[2]控制	
		0	三态	Z
		1h	AXR11	I/O
		2h	RSX1	I
		3～7h	保留	X
		8h	GP0[3]	I/O
		9h～Fh	保留	X
15～12	PINMUX1_15_12		AXR12/FSR1/GP0[4]控制	
		0	三态	Z
		1h	AXR12	I/O
		2h	FSR1	I/O
		3～7h	保留	X
		8h	GP0[4]	I/O
		9h～Fh	保留	X

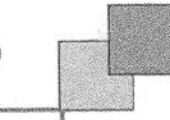

续表 1－3

位	域	值	描　述	类　型
11～8	PINMUX1_11_8		AXR13/CLKX1/GP0[5]控制	
		0	三态	Z
		1h	AXR13	I/O
		2h	CLKX1	I/O
		3～7h	保留	X
		8h	GP0[5]	I/O
		9h～Fh	保留	X
15～12	PINMUX13_15_12		PRU0_R30[30]/UHPI_HINT/PRU1_R30[11]/GP6[12]控制	
		0	三态	Z
		1h	PRU0_R30[30]	O
		2h	UHPI_HINT	O
		3h	保留	X
		4h	PRU1_R30[11]	O
		5～7h	保留	X
		8h	GP6[12]	I/O
		9h～Fh	保留	X
11～8	PINMUX13_11_8		PRU0_R30[31]/UHPI_HRDY/PRU1_R30[12]/GP6[13]控制	
		0	三态	Z
		1h	PRU0_R30[31]	O
		2h	UHPI_HRDY	O
		3h	保留	X
		4h	PRU1_R30[12]	O
		5～7h	保留	X
		8h	GP6[13]	I/O
		9h～Fh	保留	X

所以，需要把寄存器 PINMUX1_31_28、PINMUX1_27_24、PINMUX1_23_20、PINMUX1_11_8、PINMUX13_15_12 和 PINMUX13_11_8 的值全部设置为 8，这样就可以配置相应的引脚为普通输入/输出口。

对于 C6748 或者其他 C6000 处理器来说，内部的寄存器为内存映射寄存器(Memory Map Register，MMR)。内存映射寄存器是指这些寄存器跟普通内存一样，是统一编址的，访问寄存器与访问普通内存是完全相同的，这样在软件开发上就会很方便，但是寄存器也会占用部分地址空间。这也就是 32 位的处理器拥有 4 GB 的寻址空间，但是外部内存往往会小于 4 GB 的原因。在部分 CPU，比如 x86 或者 C2000、C5000 系列 DSP 部分寄存器是需要通过 I/O 端口方式来访问的。

对于不同的地址，不同的CPU或者外设的访问权限是不同的，DSP本地地址(0x00000000～0x01C00000)L1P/D RAM、DSP L2 RAM、DSP L2 ROM以及DSP内部的寄存器都是只能被DSP核心来访问，其他外设是不能够读取或写入的。而这4部分空间同时还被映射到全局地址，而全局地址的部分(0x11700000～0x11F07FFF)是可以被所有外设及CPU核心访问的，包括PRU。这两段地址实际上对应的是相同的物理内存空间，访问本地内存空间不经过总线，延迟会比较低。

此外，LCD控制器只能访问DDR2中的数据，如果要使用LCD显示图像，则必须把显示缓存数据放置在DDR2中。

C6748内存统一编址内存映射部分情况，如表1-4所列。

表1-4 内存映射

起始地址	结束地址	大小/B	DSP	EDMA	PRUSS	主外设
0x00000000	0x00000FFF	4K			PRUSS 本地地址空间	
0x00700000	0x007FFFFF	1024K	DSP L2 ROM			
0x00800000	0x0083FFFF	256K	DSP L2 RAM			
0x00E00000	0x00E07FFF	32K	DSP L1P RAM			
0x00F00000	0x00F07FFF	32K	DSP L1D RAM			
0x01800000	0x0180FFFF	64K	DSP 中断控制器			
0x01810000	0x01810FFF	4K	DSP 掉电控制器			
0x01811000	0x01811FFF	4K	DSP 安全 ID			
0x01812000	0x01812FFF	4K	DSP 修订 ID			
0x01820000	0x0182FFFF	64K	DSP EMC			
0x01830000	0x0183FFFF	64K	DSP 内部保留			
0x01840000	0x0184FFFF	64K	DSP 内存系统			
0x01C14000	0x01C14FFF	4K	SYSCFG0			
0x01E13000	0x01E13FFF	4K	LCD 控制器			
0x01E26000	0x01E26FFF	4K	GPIO			
0x11700000	0x117FFFFF	1024K	DSP L2 ROM			
0x11800000	0x1183FFFF	256K	DSP L2 RAM			
0x11E00000	0x11E07FFF	32K	DSP L1P RAM			
0x11F00000	0x11F07FFF	32K	DSP L1D RAM			
0x80000000	0x8001FFFF	128K	片上 RAM			
0xB0000000	0xB0007FFF	32K	DDR2/mDDR 控制寄存器			
0xC0000000	0xCFFFFFFF	256M	DDR2/mDDR 数据			

引脚复用配置完成后就需要对 GPIO 外设进行相应的配置。GPIO 外设的结构比较简单，主要由方向、输出逻辑以及中断逻辑构成。C6748 的 GPIO 为双向 I/O 端口，所以需要程序指定端口方向。输出时既可以通过 SET_DATA 置位(输出 1，即高电平)或 CLR_DATA 清零(输出 0，即低电平)，也可以通过 OUT_DATA 寄存器直接写 1 或 0。设计成这样的逻辑是为了方便多个主外设操作 GPIO 时不会造成冲突。此外，DSP 的 GPIO 中断只支持边沿触发方式，同时支持中断触发 CPU 中断以及 EDMA3 事件。

GPIO 外设结构如图 1-3 所示。这里需要把相应 GPIO 引脚的方向配置为输出方向，然后向 OUT_DATA 寄存器写 1 或 0 就可以了。

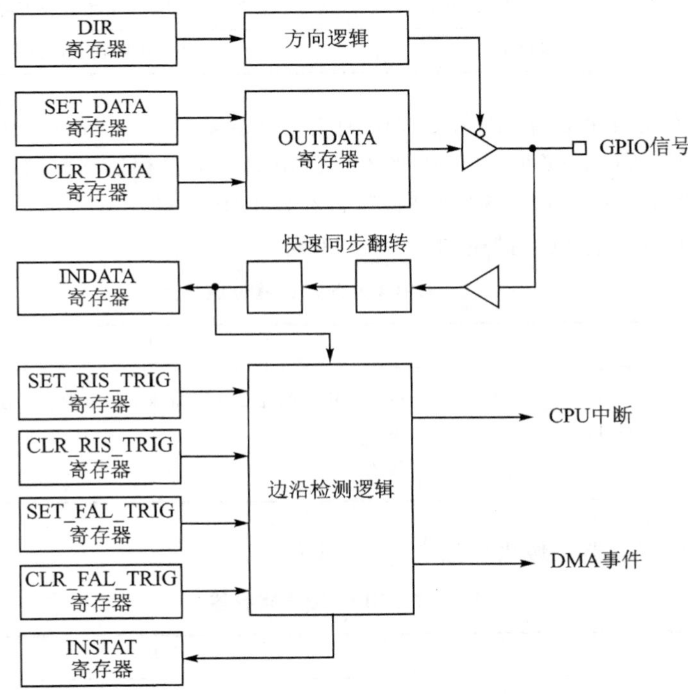

图 1-3　GPIO 外设结构

GPIO 内存映射寄存器地址及功能描述如表 1-5 所列。

表 1-5　GPIO 寄存器描述

地址偏移	缩　写	名　称
0x00	REVID	修订 ID 寄存器
0x08	BINTEN	GPIO Bank 中断使能寄存器
0x10+n*0x28	DIRn	GPIO 引脚方向寄存器

续表 1-5

地址偏移	缩　写	名　称
0x14＋n＊0x28	OUT_DATAn	GPIO 输出数据寄存器
0x18＋n＊0x28	SET_DATAn	GPIO 置位数据寄存器
0x1C＋n＊0x28	CLR_DATAn	GPIO 清零数据寄存器
0x20＋n＊0x28	IN_DATAn	GPIO 输入数据寄存器
0x24＋n＊0x28	SET_RIS_TRIGn	GPIO 设置上升沿触发寄存器
0x28＋n＊0x28	CLR_RIS_TRIGn	GPIO 清除上升沿触发寄存器
0x2C＋n＊0x28	SET_FAL_TRIGn	GPIO 设置下降沿触发寄存器
0x30＋n＊0x28	CLR_FAL_TRIGn	GPIO 清除下降沿触发寄存器
0x34＋n＊0x28	INTSTATn	GPIO 中断状态寄存器

GPIO 寄存器比较简单，因为 C6748 有 8 个 Bank，每个 Bank 有 16 个 GPIO，寄存器是 32 位的，所以相邻两个 Bank 的 GPIO 由同一组寄存器来配置。

例如，配置 GPIO0[0]为输出方向，写寄存器 DIR01 的第 0 位的值为 0 即可。

GPIO 方向寄存器位域描述如表 1-6 所列。

表 1-6　GPIO 方向寄存器位域描述

位	域	值	描　述
31～0	GPkPj		GPkPj 用于配置 GPIO Bank k 的引脚 p 的方向。
		0	输出
		1	输入

GPIO 输出寄存器位域描述如表 1-7 所列。

表 1-7　GPIO 输出寄存器

位	域	值	描　述
31～0	GPkPj		GPkPj 用于配置 GPIO Bank k 的引脚 p 的输出驱动状态。当引脚配置为输入状态时，配置值无效。
		0	低电平
		1	高电平

至此，在 C6748 上点亮 LED 的流程就很清晰了。基本硬件初始化的步骤在 CCS IDE(Code Composer Studio Integrated Development Environment，即 TI 公司出品的 CCS 集成开发环境)调试时可以由 GEL(General Extension Language，通用扩展语言)文件来完成。简单地说，GEL 文件是由一种类似于 C 语言的解析型编程

语言 GEL 语言编写的，在 CCS 调试模式由 CCS Debug Server 解析执行，脱离 CCS 集成开发环境或者 CCS Debug Server GEL 文件是无效的。所以，程序在固化到 Flash 中自启时，需要使用 AIS 脚本来实现硬件初始化。所以，在 DSP 的应用程序中是可以不添加硬件初始化代码的，当然也可以根据需要在代码中重新初始化基本硬件，比如可以动态调整 PLL 来改变 CPU 或外设时钟频率来降低功耗。

基本流程如图 1－4 所示。

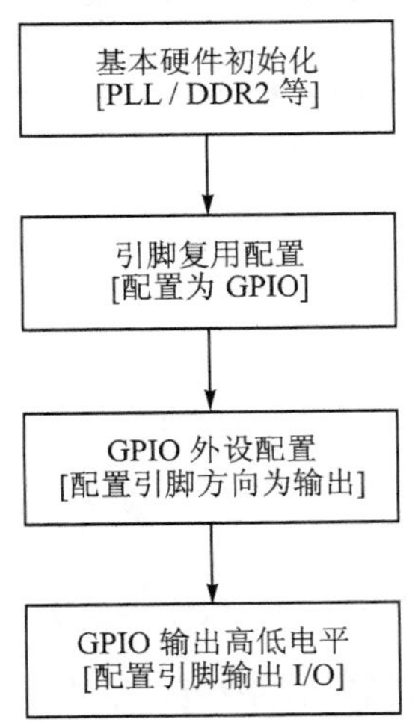

图 1－4　点亮 LED 的流程图

1.2　安装及配置 CGT 工具

CGT(Code Generation Tools)即编译工具链，包含生成 DSP 应用程序需要用到的所有上位机程序。C6748 属于 C6000 系列 DSP，所以需要使用针对 C6000 系列的 CGT 工具，最新版本的 CGT 是 8.2。主流的 CGT 还有 7.4.21 版本。7.4.x 和 8.x 版本的编译工具链的主要区别是对处理器的支持和对最新多核处理器 SDK 的优化不同。7.4.x 版本支持 C62x、C64x、C64x＋、C67x、C67x＋、C674x 以及 C66x 架构的 DSP CPU，并且支持生成文件的格式为 COFF 或者 ELF。8.x 版本仅支持 C64x＋、C674x 以及 C66x 架构的 DSP，同时只支持 ELF 格式的生成文件；但是，针对多核 DSP 处理器，比如 KeyStoneI 及 II 架构 DSP 的多核开发，做了优化，还可以更好地支持 OpenMP、OpenCL 等软件框架。此外，8.x 版本还更新了对 C/C++语言的支持，支持更新版本的 C/C++标准及更多特性。

C6748 的架构为 C674x，所以使用 7.4.x 或者 8.x 版本的编译工具链都是可以的。推荐使用 8.x 新版本编译工具链，从而获得更好的性能。

1.2.1　安　装

这里以 Windows 10 系统为例进行介绍。下载完成后，双击 ti_cgt_c6000_8.2.0_windows_installer.exe 开始安装，安装界面如图 1-5 所示。

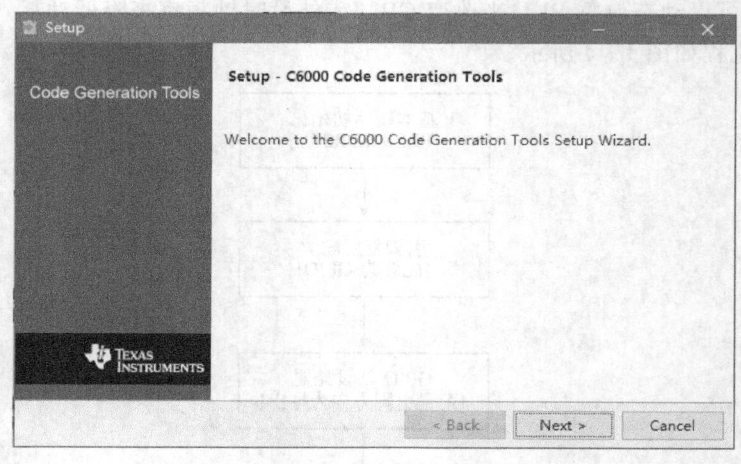

图 1-5　CGT 安装界面

单击 Next 按钮，则弹出选择安装路径界面，如图 1-6 所示。注意，安装路径不能包含非 ASCII 字符，如中文，最好也不要有空格。如果使用的是 Windows 8/8.1/10 操作系统，则须确认用户主目录也没有包含中文字符，这是因为编译过程中会生产一些临时文件，而临时文件默认情况下位于用户主目录，若存在中文，则编译时可能会报错。例如，“C:\Users\F”可以使用，“C:\Users\希望绒默”就会引起错误。此时可以修改用户主目录路径或者创建新的英文名账户。

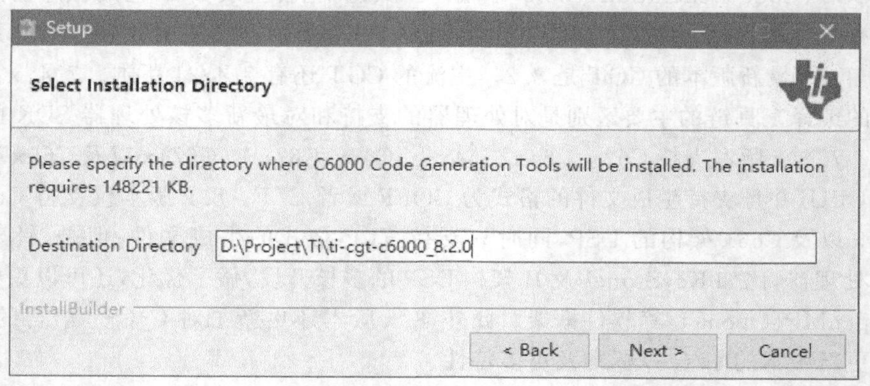

图 1-6　选择安装路径界面

单击两次 Next 按钮，于是安装程序开始复制文件，如图 1-7 所示。

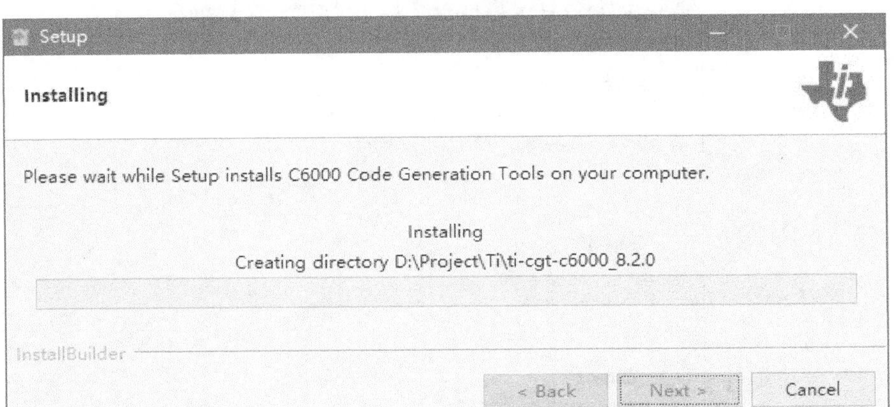

图 1－7　开始安装

安装完成后直接单击 Finish 按钮即可，如图 1－8 所示。

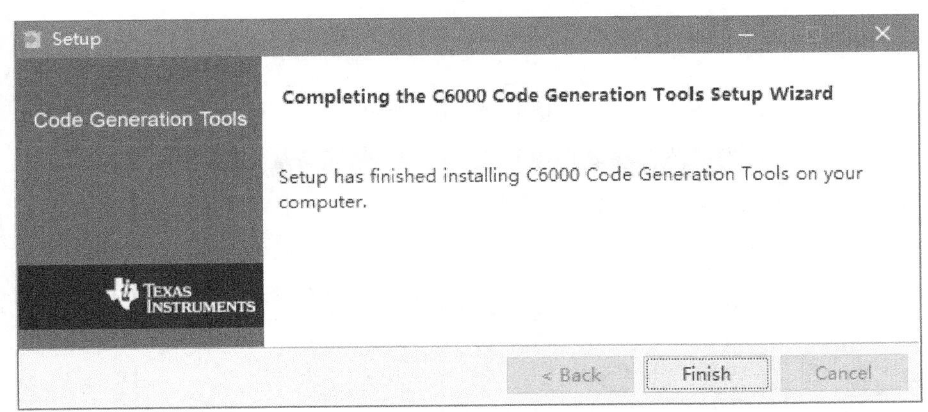

图 1－8　CGT 安装完成

1.2.2　系统环境变量配置

配置系统环境变量是为了方便在命令行提示符（CMD）或者 PowerShell 中调用编译命令。配置完成后，就可以在任意位置调用编译命令。

选择“设置→关于→系统信息→高级系统设置”或者“控制面板→所有控制面板项→系统→高级系统设置”，打开系统属性对话框。然后，选择“高级”选项卡，再单击“环境变量”，如图 1－9 所示。

在弹出对话框的用户变量和系统变量的 Path 变量中添加编译工具链安装目录下的 bin 目录路径。例如，前面安装到 D:\Project\Ti\ti-cgt-c6000_8.2.0，所以需要在 Path 添加“D:\Project\Ti\ti-cgt-c6000_8.2.0\bin”路径，如图 1－10 所示。

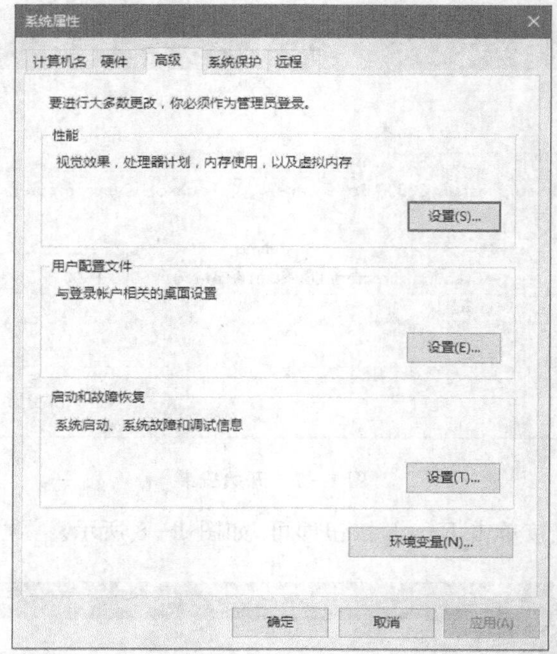

图 1-9　系统属性

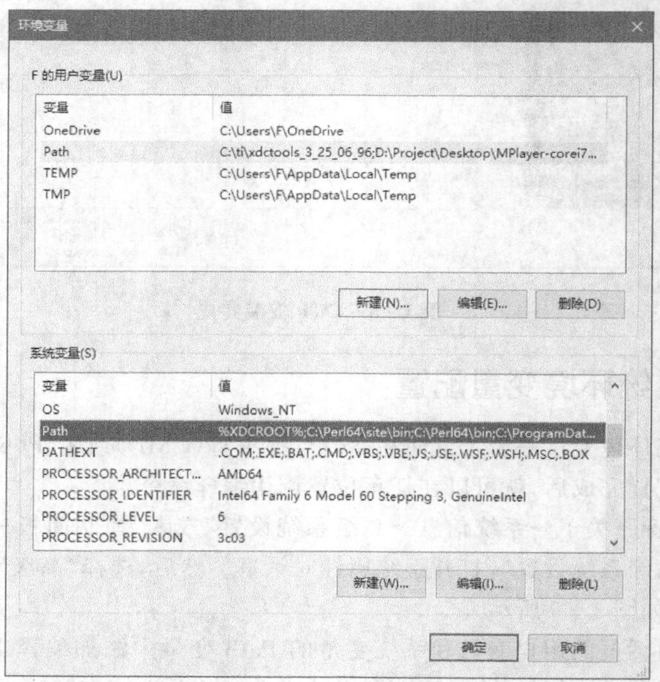

图 1-10　环境变量

在环境变量对话框分别选择用户变量和系统变量中的 Path 变量，单击“编辑”按钮打开编辑环境变量对话框，如图 1-11 所示。

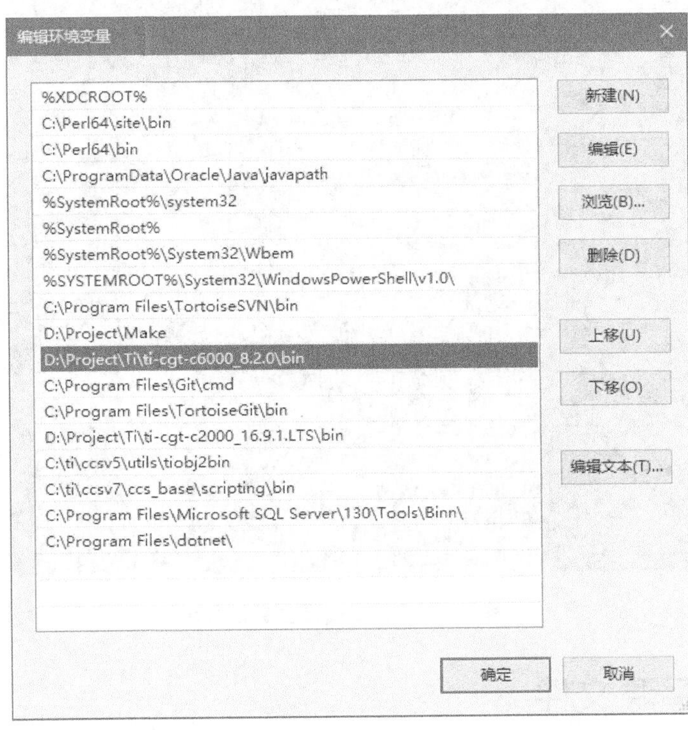

图 1-11　添加环境变量

配置完成之后可以测试一下配置是否正确。打开命令行提示符，执行命令 echo %path%，则可以看到输出 Path 变量的值，其包含了之前设置的编译工具链的安装路径。执行结果如图 1-12 所示。

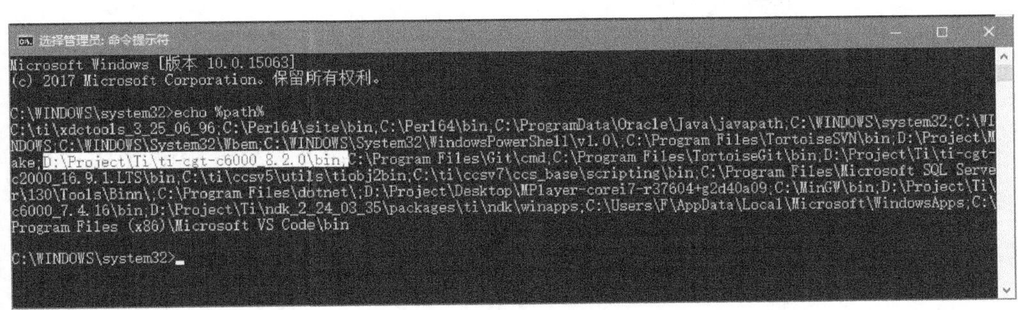

图 1-12　验证环境变量设置

然后执行 cl6x　-v，则可以看到输出编译工具链中各个程序的版本，如图 1-13 所示。

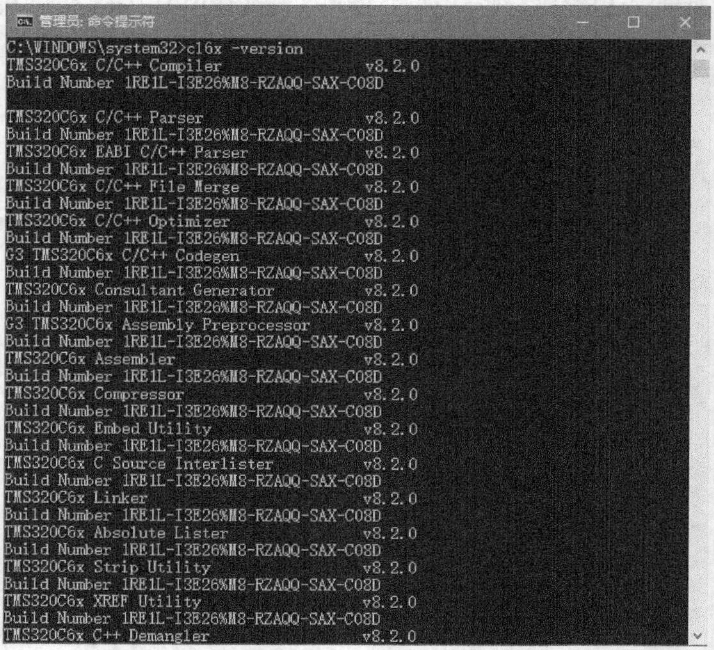

```
管理员: 命令提示符
C:\WINDOWS\system32>cl6x -version
TMS320C6x C/C++ Compiler                    v8.2.0
Build Number 1RE1L-I3E26%M8-RZAQQ-SAX-C08D

TMS320C6x C/C++ Parser                      v8.2.0
Build Number 1RE1L-I3E26%M8-RZAQQ-SAX-C08D
TMS320C6x EABI C/C++ Parser                 v8.2.0
Build Number 1RE1L-I3E26%M8-RZAQQ-SAX-C08D
TMS320C6x C/C++ File Merge                  v8.2.0
Build Number 1RE1L-I3E26%M8-RZAQQ-SAX-C08D
TMS320C6x C/C++ Optimizer                   v8.2.0
Build Number 1RE1L-I3E26%M8-RZAQQ-SAX-C08D
G3 TMS320C6x C/C++ Codegen                  v8.2.0
Build Number 1RE1L-I3E26%M8-RZAQQ-SAX-C08D
TMS320C6x Consultant Generator              v8.2.0
Build Number 1RE1L-I3E26%M8-RZAQQ-SAX-C08D
G3 TMS320C6x Assembly Preprocessor          v8.2.0
Build Number 1RE1L-I3E26%M8-RZAQQ-SAX-C08D
TMS320C6x Assembler                         v8.2.0
Build Number 1RE1L-I3E26%M8-RZAQQ-SAX-C08D
TMS320C6x Compressor                        v8.2.0
Build Number 1RE1L-I3E26%M8-RZAQQ-SAX-C08D
TMS320C6x Embed Utility                     v8.2.0
Build Number 1RE1L-I3E26%M8-RZAQQ-SAX-C08D
TMS320C6x C Source Interlister              v8.2.0
Build Number 1RE1L-I3E26%M8-RZAQQ-SAX-C08D
TMS320C6x Linker                            v8.2.0
Build Number 1RE1L-I3E26%M8-RZAQQ-SAX-C08D
TMS320C6x Absolute Lister                   v8.2.0
Build Number 1RE1L-I3E26%M8-RZAQQ-SAX-C08D
TMS320C6x Strip Utility                     v8.2.0
Build Number 1RE1L-I3E26%M8-RZAQQ-SAX-C08D
TMS320C6x XREF Utility                      v8.2.0
Build Number 1RE1L-I3E26%M8-RZAQQ-SAX-C08D
TMS320C6x C++ Demangler                     v8.2.0
```

图 1-13　查看编译工具链版本

1.3　编写源文件

以下代码实现的功能是点亮底板所有 LED。

```
1.  void main()
2.  {
3.      // 引脚复用配置
4.      *(volatile unsigned int *)(0x01C14124) = 0x88800800;
5.      // 配置为输出口
6.      *(volatile unsigned int *)(0x01E26000 + 0x10) &= 0xFFFFFFD8;
7.      // 点亮 LED
8.      *(volatile unsigned int *)(0x01E26000 + 0x14) |= 0x00000027;
9.
10.     for(;;)
11.     {
12.
13.     }
14. }
```

行 6：通过按位与的方式将需要的位清零，因为需要将相应位对应的 GPIO 口配置为输出口。把 0xFFFFFFD8 转换成二进制，即 1111 1111 1111 1111 1111 1111 1101 1000B，可以看出来，第 0、1、2 和 5 位为 0，这 4 位对应 GPIO 口方向寄存器的第 0、1、2 和 5 位，所以对于方向寄存器 DIR01 这几位的值配置为 0，相应 GPIO 口就配置为输出口。采用按位与的方式，不需要修改的位值为 1 时，与原来寄存器相应位的值相与不会改变原来的值。这条语句在实际执行时首先会读取寄存器的值，再修改值，最后再写回寄存器，即“读→改→写”操作。

虽然上电复位之后默认 GPIO 口的方向就是输出方向，但从严谨的角度考虑还需要做这一步。

行 7：通过按位或的方式将需要的位置位，因为输出高电平才会点亮相应的 LED。按位或操作不管原来那一位的值是 0 还是 1，与 1 进行或运算之后的结果都是 1。这样，通过修改 GPIO 输出数据寄存器对应位值为 1 来使相应 GPIO 口输出高电平。

这样写的代码虽然简单，但是可读性比较差。简单修改一下，把寄存器地址改写成使用宏定义的方式，把对位域的修改写成移位的形式，这样可读性会变得更好一些。

```
#define HWREG(x) (*((volatile unsigned int *)(x)))

#define SYSCFG_PINMUX1  (0x01C14124)

#define GPIO_BASE        (0x01E26000)
#define GPIO_DIR01       (0x10)
#define GPIO_OUT_DATA01  (0x14)

void main(void)
{
    // 引脚复用配置
    HWREG(SYSCFG_PINMUX1) = (8 << 8) | (8 << 20) | (8 << 24) | (8 << 28);

    // 配置为输出口
    HWREG(GPIO_BASE + GPIO_DIR01) &= ~((1 << 0) | (1 << 1) | (1 << 2) | (1 << 5));

    // 点亮 LED
    HWREG(GPIO_BASE + GPIO_OUT_DATA01) |= (1 << 0) | (1 << 1) | (1 << 2) | (1 << 5);

    for(;;)
    {

    }
}
```

1.4　编写 CMD 文件

1.4.1　基本原理

如果从事 DSP 处理器开发，CMD 文件一定是不可忽略的重要文件。当然，CMD 文件也并不是 DSP 处理器的专利，开发 ARM(不运行 HLOS 高级操作系统)、MCU 等处理器也都会遇到 CMD 文件。

CMD 即 Linker Command Files，命令链接文件。CMD 是在程序开发的链接阶段发挥作用。注意，英文 Linker Command Files 中的 Files 是复数，也就是说，在一个 DSP 项目中，CMD 文件可以不止一个。不论是否运行实时操作系统，都可以有多个 CMD 文件，但是不同 CMD 文件中的内容不能有冲突。

C6000 开发一般流程如图 1－14 所示。

既然 CMD 文件在链接阶段发挥作用，那么就需要知道编译工具链在链接阶段做的工作如下：

- 分配段到目标系统可配置内存区域；
- 重新定位符号和段并指派最终地址；
- 解析不同文件中未定义的外部引用；
- 分配段到特定的内存区域；
- 合并目标文件段；
- 定义或重定义链接时全局符号。

简而言之，链接过程主要是一些对符号和程序段内存分配的操作，而 CMD 文件最主要的功能就是内存分配。

CMD 文件主要有三部分内容，分别是链接选项、内存描述以及程序段分配。

1. 链接选项

可以在 CMD 文件修改链接选项，而且这个链接配置的优先级会高于其他方式传入的链接参数。例如，－heap 0x1000 及－stack 0x1000 两个参数是指定堆和栈的大小。注意，虽然堆栈一般放在一起描述，但它们可不是一回事。

链接静态库（－l 小写英文字母 L）：－l ../../../Library/Tronlong.Drivers.le66

这里对库文件的引用使用的是相对路径，当然也可以使用绝对路径。

2. MEMORY 指令

这一部分主要是描述目标处理器中的内存区域，只要是可访问的内存区域都可以在这里描述，不用到的可以不用描述。注意，这个内存描述仅在 CMD 文件中有效，不会影响其他文件，也不可以在其他文件中引用。

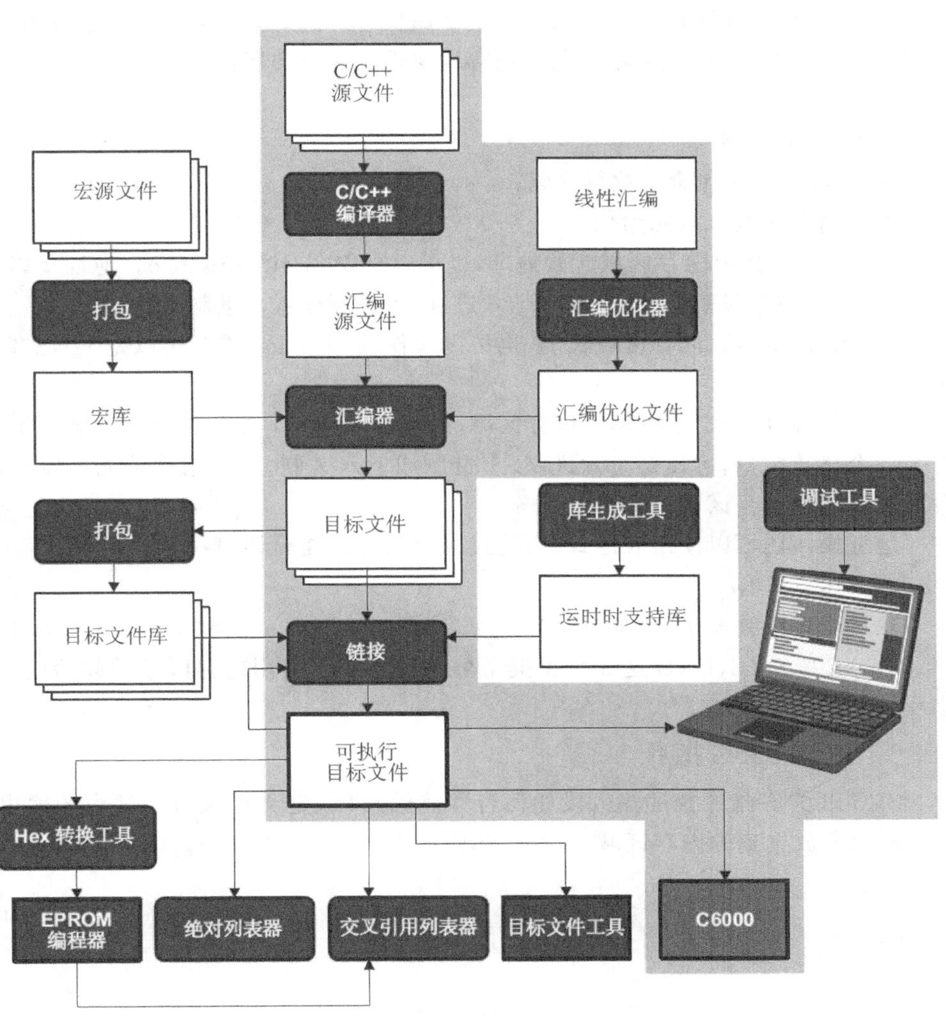

图 1－14　C6000 软件开发流程

语法：

```
MEMORY
{
name 1 [( attr )] : origin = expression , length = expression [, fill = constant]
......
name n [( attr )] : origin = expression , length = expression [, fill = constant]
}
```

name 用于命名一段内存区域，长度为 1～64 个字符，可以使用 A～Z、a～z、$ 、. 以及_。

attr 用于为这段内存区域指定 1～4 个属性，可选参数属性限制程序段的分配；如果不指定该参数，则代表不限制该内存段属性。有效的属性有：

➢ R：内存区域可读；
➢ W：内存区域可写；
➢ X：内存区域包含可执行代码；
➢ I：内存区域可被初始化。

origin 用于指定内存区域起始地址，也可以写作 origin、org 或 o。地址是以字节为单位的 32 位常量表达式，可以是十六进制、十进制或者八进制。

length 用于指定内存区域长度，也可以写作 length、len 或 l，可以是十六进制、十进制或者八进制。

fill 用于使用指定字符填充内存区域，也可以写作 fill 或 f，为可选参数。填充字符为一个整数常量，可以是十六进制、十进制或者八进制。fill 用于填充一段不用来分配程序段的内存区域。

地址操作还可以使用表达式，表达式的规则与标准 C 语言一致。

单目运算符有 — ～ !

双目运算符有 * / % + — << >> == = <<= >>= & | && ||

START、SIZE、END 这 3 个关键字分别用于获取引用内存区域的起始地址、大小及结束地址。

3. SECTIONS 指令

SECTIONS 指令描述输入段如何合并到输出段，定义可执行文件中的输出段、指定输出段放置到的内存区域。此外，还允许重命名输出段。

语法：

```
SECTIONS
{
    name : [property [, property] [, property] . . . ]
    name : [property [, property] [, property] . . . ]
    name : [property [, property] [, property] . . . ]
}
```

加载分配：定义段被加载到的内存区域。

语法：

```
load = 区域
load > 区域
```

运行分配：定义段运行的内存区域。

语法：

```
run = 区域
```

```
run > 区域
```

输入段 定义用于组成输出段的输入段(目标文件)。

语法:

```
{ 输入段 }
```

段类型:定义特定段标志。

语法:

```
type = COPY
type = DSECT
type = NOLOAD
```

填充值:定义用来填充未初始化区域(Hole)值。

语法:

```
fill =值
名称:[属性 = 值]
```


1.4.2 C6748 CMD文件

```
MEMORY
{
    SHDSPL2ROM(RX)  o = 0x11700000  l = 0x00100000  /* 1MB   L2共享内置ROM */
    SHDSPL2RAM      o = 0x118002E0  l = 0x0003FD20  /* 256KB L2共享内置RAM */
    SHRAM           o = 0x80000000  l = 0x00020000  /* 128KB共享RAM */
    DDR2            o = 0xC0000000  l = 0x08000000  /* 128MB DDR2分配给DSP */
}
SECTIONS
{
    .text>  SHDSPL2RAM                  /* 可执行代码 */
    .stack  >  SHDSPL2RAM               /* 栈 */
    .cio>  SHDSPL2RAM                   /* C输入输出缓存 */
    .vectors>  SHDSPL2RAM               /* 中断向量表 */
    .const>  SHDSPL2RAM                 /* 常量 */
    .data>  SHDSPL2RAM                  /* 已初始化全局及静态变量 */
    .switch>  SHDSPL2RAM                /* 跳转表 */
    .sysmem>  SHDSPL2RAM                /* 动态内存分配区域(堆) */
```

```
        .args>  SHDSPL2RAM
        .ppinfo>  SHDSPL2RAM
        .ppdata>  SHDSPL2RAM

        /* TI-ABI 或 COFF */
        .pinit>  SHDSPL2RAM                  /* C++ 结构表 */
        .cinit>  SHDSPL2RAM                  /* 初始化表 */

        /* EABI */
        .binit>  SHDSPL2RAM
        .init_array>  SHDSPL2RAM
        .fardata>  SHDSPL2RAM

        .c6xabi.exidx>  SHDSPL2RAM
        .c6xabi.extab>  SHDSPL2RAM

        .init_array   >  SHDSPL2RAM

    GROUP(NEARDP_DATA)
    {
            .neardata
            .rodata
          .bss
    }           >  SHDSPL2RAM

    .far>  SHDSPL2RAM
    }
```

这个文件看起来比较复杂，主要分为两个部分，一部分是内存区段的描述，也就是 MEMORY 伪指令之中的内容，主要描述了 C6748 内部的存储器及其起始地址、长度及属性等信息。

SHDSPL2RAM 是内存段的名称，可以取任何可以理解并且编译工具链支持的名字(命名规范类似 C 语言)，这就是说 Shared DSP Level 2 Random Access Memory 是共享二级动态随机存储器，它使用的是 L2 RAM 的全局地址。

C6748 中有 32 KB 一级程序缓存/内存、32 KB 一级数据缓存/内存、256 KB 二级缓存/内存，它们均可以被配置为缓存、内存或者两者的组合，在外部最大支持 256 MB DDR2 扩展内存。

SHDSPL2ROM(RX) 同样描述了一段内存，这段内存是 C6748 内部 Boot ROM 中固化的一段引导程序，用来实现不同类型的引导功能。这里的内存地址使用的也是全局地址，但是对这段内存的描述增加了额外的属性 RX；R 代表可读，X 代表可执行,因为这段内存是由TI固化的,不能够被用户编程,所以它只具有这两种属性。默认情况下也就是不增加额外配置,例如,SHDSPL2RAM具有4种属性,RWIX可读、可写、可初始化、可执行。

另一部分是对程序段的分配,也就是SECTIONS段之中的内容,如.text段等。这些程序段都是标准的段,也可以自定义一些段,然后为它们分配空间。例如,可以将大部分程序段放到DDR2中,但是把一些需要高速访问的数据放置在L2 RAM中,从而提高内存I/O性能。一般情况下,如果片上的RAM足够使用,建议将所有的程序段都分配在片上RAM中。

不是所有的程序段都是必须的,这跟具体的DSP程序有关。不过,有很多程序段是编译器定义的。在EABI(ELF)格式下,编译器定义的已初始化段如表1-8所列。

表1-8 已初始化程序段(EABI)

名 称	说 明
.args	宿主加载器命令参数(host-based loader),只读段
.binit	用于决定启动时复制的内容
.cinit	在EABI模式下默认不创建该段,但是使用了--rom_mode链接选项之后会创建该段。其包含已初始化表(全局及静态变量)
.const	远程(far)已初始化的全局及静态常量,包括字符串
.c6xabi.exidx	C++异常(exception)处理索引表,只读段
.c6xabi.extab	C++异常处理Unwinded instructions,只读段
.fardata	远程已初始化的全局及静态变量
.init_array	启动调用的构造器表
.name.load	程序段名称压缩镜像,只读段
.neardata	近程(near)已初始化的全局及静态变量
.ppdata	基于编译工具的性能分析数据选项
.ppinfo	基于编译工具的性能分析相关系数
.rodata	近程全局及静态常量
.switch	large switch语句跳转表
.text	可执行代码和常数

编译器定义的未初始化段如表 1-9 所列。

表 1-9　未初始化程序段(COFF ABI 及 EABI)

名　称	说　明
.bss	全局及静态变量
.far	远程(far)全局及静态变量
.stack	栈
.sysmem	malloc 函数内存(堆)

在这份 CMD 文件中,读者可能没有看到之前描述 C6748 内存分配时所列举的关于 EMIF 的内存空间,这是因为只有在 EMIF 接口上挂载了可以支持寻址的设备,才可以在配置完成后直接通过访问内存地址的方式读/写这个设备,如 SDRAM 或者 EMIF Nor Flash。特别需要说明的是,如果 EMIF 接口挂载的是 Nand Flash,则无法通过这种方式访问,所以这些内存的描述也就没有意义。Nand Flash 是通过复杂的 I/O 协议来读/写的,没有地址线只有数据线。

此外,L2 RAM 中保留了 0x2E0 大小的空间,使用 AISGen 工具转换时会打 Nand Flash ECC 补丁,这个补丁会占用这段空间,如果应用程序使用了这段空间,则会导致程序无法启动。

1.5　编　译

必要的源文件(C、C++线性汇编、汇编源文件以及 CMD 文件)准备好之后,就可以开始编译操作了。

打开命令行提示符或者 PowerShell,依次执行命令:

```
1.    md Debug
2.    cl6x main.c --verbose -mv6740 --abi=eabi -fr Debug -z -I D:\Project\Ti\ti-cgt-c6000_8.2.0\lib -l C6748.cmd -l "rts6740_elf.lib" -m Debug/LED.map -o Debug/LED.out
```

md Debug 命令用于在当前目录创建 Debug 子目录,这个目录用于保存编译过程中生成的目标文件及最终的生成文件。命令执行结果如图 1-15 所示。

执行编译命令即可生成 DSP 可执行应用程序 LED.out。cl6x 程序可以实现编译、优化、汇编和链接操作,cl6x 会根据需要调用其他相关编译工具链程序来处理文件。

编译程序使用的命令参数的详细说明如表 1-10 所列。

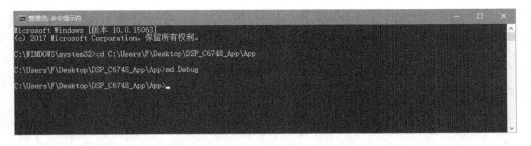

图 1-15　创建 Debug 目录

表 1-10　参数解释

参　数	说　明
main. c	需要编译的源文件，支持 C/C++、线性汇编和汇编文件；通过文件扩展名来区分；多个文件之间通过空格间隔
--verbose	输出函数处理信息
-mv6740	指定目标类型。C6748 属于 C674x 系列，所以这里使用-mv6740。如果没有指定该参数，则默认目标类型为 C64x+。指定该参数可以让编译器针对特定平台优化，从而生成特定处理器支持的指令。由于 C6000 系列 DSP 向下兼容，所以即使是针对旧架构编译出的程序，也可以在新架构的 CPU 上运行，特别是算法
--abi=eabi	指定生成的二进制文件格式为 EABI 格式。EABI 即 Embedded Application Binary Interface，这是一种二进制文件接口，支持 ELF 目标文件格式和 DWARF 调试格式，也是当前主流格式。8. x 编译仅支持该格式。注意，COFF 格式目标文件与 ELF 格式目标文件不能够互相转换
-fr Debug	指定目标文件生成目录，默认使用当前目录
-z	使能链接
-I ...	指定文件搜素路径
-l C6748. cmd	指定 CMD 文件
-l "rts6740_elf. lib"	对于 C/C++程序来说，必须引用 RTS 库。RTS 即 Runtime Support Library 运行时支持库，用于初始化 C/C++运行环境及为 C/C++标准函数提供支持，比如 printf、sin、fopen、cout 等标准函数。RTS 库源码可以在编译器安装目录下找到，也可以根据需要重新编译 RTS 库
-m Debug/LED. map	生成 map 文件，map 文件主要反映内存使用及分配情况
-o Debug/LED. out	生成 out 文件，即 DSP 可执行文件

命令执行过程(即结果输出)如图 1-16 所示。

Debug 目录可以得到 3 个生成文件，分别是 main. obj、LED. out 和 LED. map。main. obj 是 main. c 文件编译后生成的目标文件；LED. out 为最终可以在 DSP 上运

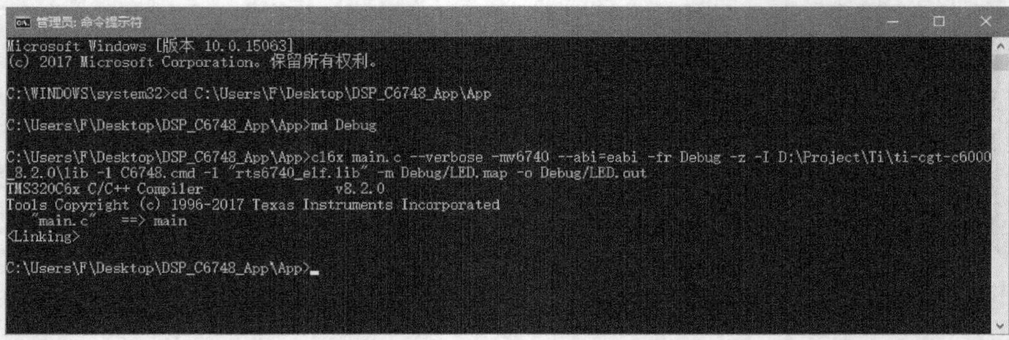

图 1-16　编译程序

行的应用程序；LED.map 文件为链接器生成的符号表，可以查看内存使用情况及程序段分配，从这个 map 文件可以得到程序的入口地址为 0x118008E0，入口函数为 _c_int00。入口地址是 CPU 复位之后开始执行程序的起始地址，在 C 程序中，_c_int00 用于初始化 C 语言运行环境，这个函数也是复位中断的中断服务函数。_c_int00 封装在 RTS 库中，在符号表中很多带有 TI 字样的符号也都是由 RTS 库提供的，有了 RTS 库就不需要开发人员手工编写汇编代码初始化 CPU 及 C 语言运行环境。

```
******************************************************************************
          TMS320C6x Linker PC v8.2.0
******************************************************************************
>> Linked Wed Jun  7 10:35:42 2017

OUTPUT FILE NAME:   <Debug/LED.out>
ENTRY POINT SYMBOL: "_c_int00"  address: 118008e0


MEMORY CONFIGURATION

         name            origin    length      used     unused   attr    fill
----------------------  --------  ---------  --------  --------  ----  --------
  SHDSPL2ROM            11700000   00100000  00000000  00100000  RWIX
  SHDSPL2RAM            118002e0   0003fd20  00000bcc  0003f154  RWIX
  SHRAM                 80000000   00020000  00000000  00020000  RWIX
  DDR2                  c0000000   08000000  00000000  08000000  RWIX


SEGMENT ALLOCATION MAP
```

```
run origin  load origin   length   init length attrs members
----------  ------- ------ ----- ----- ------
118002e0    118002e0    000007a0   000007a0    r-x
  118002e0    118002e0    000007a0   000007a0    r-x .text
11800a80    11800a80    0000040c   00000000    rw-
  11800a80    11800a80    00000400   00000000    rw-  .stack
  11800e80    11800e80    0000000c   00000000    rw-  .fardata
11800e90    11800e90    00000020   00000020    r--
  11800e90    11800e90    00000020   00000020    r--  .cinit

.......

GLOBAL SYMBOLS: SORTED BY Symbol Address

address   name
--------  ----
00000000  __TI_STATIC_BASE
00000400  __TI_STACK_SIZE
118002e0  _auto_init_elf
11800440  __TI_decompress_lzss
118005a0  copy_in
118006a0  exit
11800780  __TI_tls_init
11800840  memcpy
118008e0  _c_int00
11800960  main
118009c0  _args_main
11800a00  _system_post_cinit
11800a20  _system_pre_init
11800a40  C$$EXIT
11800a40  abort
11800a60  __TI_decompress_none
11800a80  _stack
11800e80  __TI_STACK_END
11800e80  __TI_cleanup_ptr
11800e84  __TI_dtors_ptr
11800e88  __TI_enable_exit_profile_output
11800e9c  __TI_Handler_Table_Base
11800ea4  __TI_Handler_Table_Limit
11800ea8  __TI_CINIT_Base
11800eb0  __TI_CINIT_Limit
ffffffff  __TI_pprof_out_hndl
```

```
ffffffff  __TI_prof_data_size
ffffffff  __TI_prof_data_start
ffffffff  __binit__
ffffffff  __c_args__
ffffffff  binit
UNDEFED   __TI_INITARRAY_Base
UNDEFED   __TI_INITARRAY_Limit
UNDEFED   __TI_TLS_INIT_Base
UNDEFED   __TI_TLS_INIT_Limit

[35 symbols]
```

1.6 生成 AIS 文件

编译生成 LED.out 文件之后，怎么才能把程序在 DSP 上运行起来呢？在 C6748 平台一个不可或缺的步骤是转换 LED.out 文件到 LED.ais 脚本文件。

1.6.1 AIS 文件

C6748 内部 1 MB 大小的片上 ROM 固化了一段引导程序，这段引导程序一般被称为 RBL(即 ROM BootLoader)。对于 C6748 来说，除了 HPI 和两种 Nor 启动模式，其他启动模式 RBL 都要求可启动镜像的格式为 AIS，所以这一步需要将 LED.out 转换为 LED.ais。

AIS(即 Application Image Script，应用程序镜像脚本)用来存储启动镜像。AIS 以 32 位字(4 字节)小端字节序方式存储，以魔词(Magic Word) 0x41504954 开始，然后是一些 AIS 命令。

AIS 文件结构如图 1-17 所示。

每个 AIS 命令都具有相似的结构，由操作码、一个或多个可选参数以及数据组成。每个操作码和参数都是 4 字节大小，如果数据不是 4 字节的整数倍，则补零。AIS 命令结构如图 1-18 所示。

Magic Word
命 令
……
跳转并关闭命令

图 1-17 AIS 文件结构

操作码
参 数
……
数 据

图 1-18 AIS 命令结构

AIS 脚本支持的全部命令，如表 1-11 所列。

表 1-11　AIS 命令

命　令	参　数	描　述
0x58535901	加载地址和长度	段加载命令，加载已初始化段到设备内存
0x5853590A	地址、需要填充段大小、数据宽度及待填充值	段填充命令，填充段数据为指定值
0x58535903	无	段加载和段填充完成后进行 CRC 校验
0x58535904	无	禁用 CRC 校验
0x58535902	CRC 值和 Seek 值	CRC 值为预期值，用于跟计算得到的 CRC 值做比较；Seek 存储当前 AIS 脚本位置，当 CRC 校验失败时，重新执行上一次段加载或段填充命令
0x58535906	无	该命令标志 AIS 文件结束，当执行到该命令时，RBL 关闭启动外设恢复参数到默认值，然后跳转到应用程序
0x58535905	地址	跳转到指定地址。该命令主要用来补充 RBL 功能，比如前文提到的 Nand ECC 补丁就是通过这种方式加载的，但是跳转之前需要把相应的段加载到内存
0x58535963	无	连续从 SPI 或 I^2C 从设备读取数据
0x5853590D	函数及参数序号与参数	用于执行 ROM 内置函数，这些函数主要用来完成初始化操作，比如 PLL、DDR2 等外设
0x58535907	类型、地址、数据和休眠时间	Boot Table 命令，启动表命令用于写 8 位、16 位或 32 位数据到设备任意内存；主要用于改写 MMR 寄存器，改写完成后支持等待若干时钟周期以便设置生效

ROM 函数通过 ROM 函数序号来调用。ROM 函数索引如表 1-12 所列。

表 1-12　ROM 函数索引

索　引	函　数
0	PLL0 配置
1	PLL1 配置
2	时钟配置
3	DDR2/mDDR 控制器配置
4	EMIFA SDRAM 配置
5	EMIFA 异步配置
6	PLL 及时钟配置
7	电源及睡眠控制器配置
8	引脚复用配置

1.6.2　使用 AISgen 生成 AIS 文件

打开 AISgen 程序，选择 File→Load Configuration 菜单项，然后选择配置文件。加载完成配置文件后，主要的配置参数均加载到 AISgen 窗口相应条目中，也可以根据需要将修改后的配置保存为新的配置文件。

打开 AISgen 程序，主界面如图 1－19 所示。

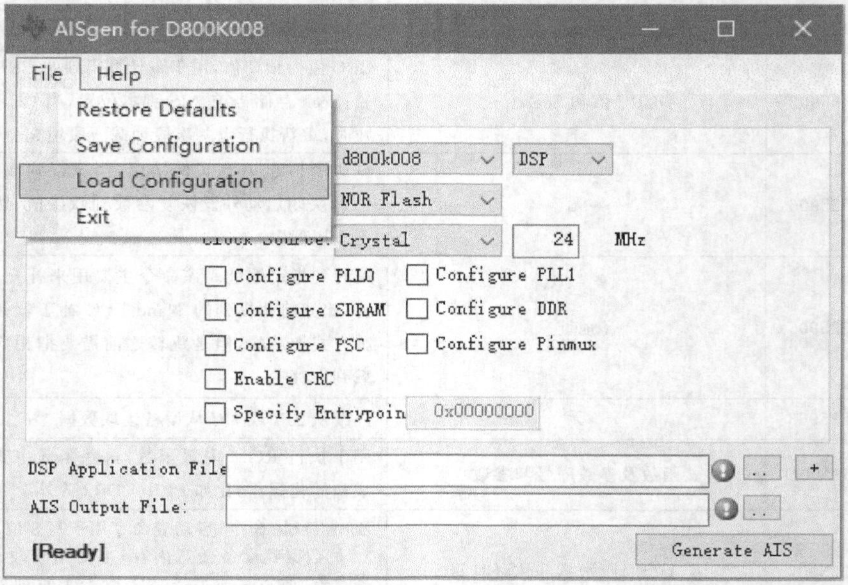

图 1－19　AISgen 主界面

可以通过 AISgen 工具把修改好的配置保存为配置文件存储下来，使用时直接加载之前保存的配置文件即可。加载成功配置文件界面如图 1－20 所示。

```
C6748_456M_Optimization.cfg 配置文件

Boot Mode = NAND Flash
Boot Speed = 115200
Flash Width = 0
Flash Timing = 8224114
Configure Peripheral = False
Configure PLL0 = True
Configure SDRAM = False
Configure PLL1 = True
Configure DDR2 = True
Configure LPSC = True
Configure Pinmux = False
```

```
Enable CRC = False
Specify Entrypoint = False
Enable Sequential Read = False
Use 4.5 Clock Divider = False
Use DDR2 Direct Clock = False
Use mDDR = False
Use DuplicateMddrSetting = False
ROM ID = 3
Device Type = 1
Input Clock Speed = 24
Clock Type = 0
PLL0 Pre Divider = 1
PLL0 Multiplier = 19
PLL0 Post Divider = 1
PLL0 Div1 = 1
PLL0 Div3 = 4
PLL0 Div7 = 10
PLL1 Multiplier = 13
PLL1 Post Divider = 1
PLL1 Div1 = 1
PLL1 Div2 = 2
PLL1 Div3 = 3
Entrypoint = 0
SDRAM SDBCR = 0
SDRAM SDTMR = 0
SDRAM SDRSRPDEXIT = 0
SDRAM SDRCR = 0
DDR2 PHY = c3
DDR2 SDCR = 134632
DDR2 SDCR2 = 0
DDR2 SDTIMR = 264a2a09
DDR2 SDTIMR2 = 4412c722
DDR2 SDRCR = 40000260
LPSC0 Enable = 0 + 1 + 2 + 3 + 4 + 5 + 9 + 11 + 12 + 13 + 15 +
LPSC0 Disable =
LPSC0 SyncRst =
LPSC1 Enable = 0 + 1 + 3 + 4 + 5 + 6 + 7 + 9 + 10 + 11 + 12 + 13 + 14 + 15 + 16 + 17 + 18 + 19 + 20
+ 21 + 24 + 25 + 26 + 27 + 28 + 29 + 30 + 31 +
LPSC1 Disable =
LPSC1 SyncRst =
Pinmux =
App File String =
```

AIS File Name =

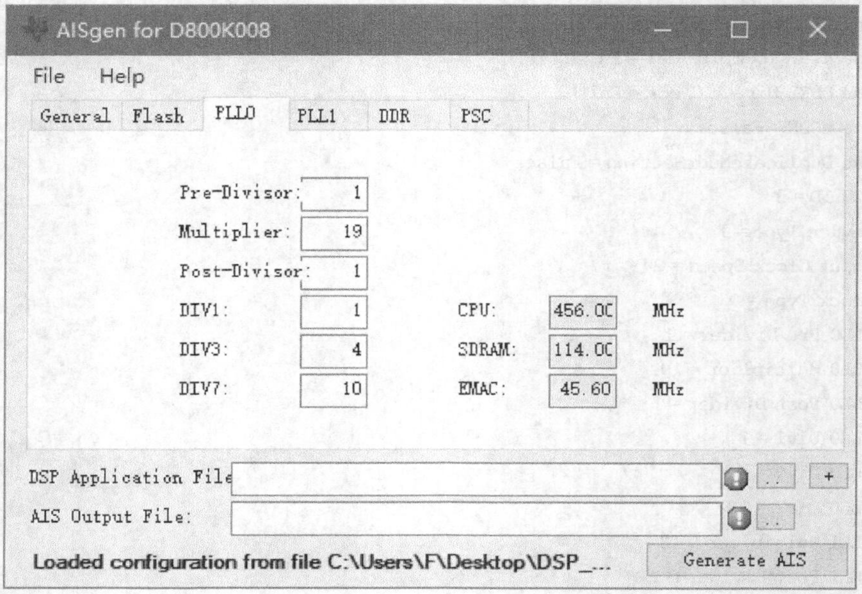

AISgen for D800K008

File Help

General Flash PLL0 PLL1 DDR PSC

Pre-Divisor: 1
Multiplier: 19
Post-Divisor: 1
DIV1: 1 CPU: 456.0C MHz
DIV3: 4 SDRAM: 114.0C MHz
DIV7: 10 EMAC: 45.60 MHz

DSP Application File

AIS Output File:

Loaded configuration from file C:\Users\F\Desktop\DSP_...

Generate AIS

图1-20 加载预置配置文件

在General选项卡中，主要配置启动必备参数。

Device Type用于选择匹配的ROM版本及启动核心类型。ROM版本可以通过GEL打印ROM信息获取或者以字符串形式输出0x11700008开始的8字节字符得到，最新版本的芯片ROM版本都是d800k008。C6748是DSP作为启动主设备的处理器，所以需要选择DSP。

Boot Mode选择启动外设类型，需要注意的是启动外设的硬件连接是固定的，例如，NAND Flash启动模式下，Flash必须挂载在EMIFA总线的CS3片选；NOR Flash启动模式下，NOR Flash必须挂载在EMIFA总线的CS2片选。选择的启动外设会被ROM在启动过程中初始化。根据选择的启动外设的不同，第二个选项也会呈现不同的配置参数。

时钟源选项一般情况下选择Crystal晶体，是无源的，需要靠DSP内部的振荡器工作才能产生时钟信号。

在对话框下面的复选框可以选中需要配置的项目，比如PLL、SDRAM、DDR、PSC、Pinmux等。

PLL(锁相环控制器)时配置分为PLL0和PLL1，PLL0主要为CPU及绝大部分外设提供时钟。EMIFA可以挂载同步SDRAM，但由于C6748有DDR2外设，用得比较少，而且如果需要使用LCD做显示，则必须使用DDR2。EMAC时钟可以为RMII接口的PHY提供时钟，一般情况也很少用到。网络PHY一般会使用独立时钟。PLL1 主要配置 DDR2 时钟，C6748 DDR2 时钟最大支持 156 MHz。在 C6748 中，部分外设的时钟还可以使用 PLL1 时钟输出。

C6748 PLL0 及 PLL1 内部结构如图 1－21 所示。

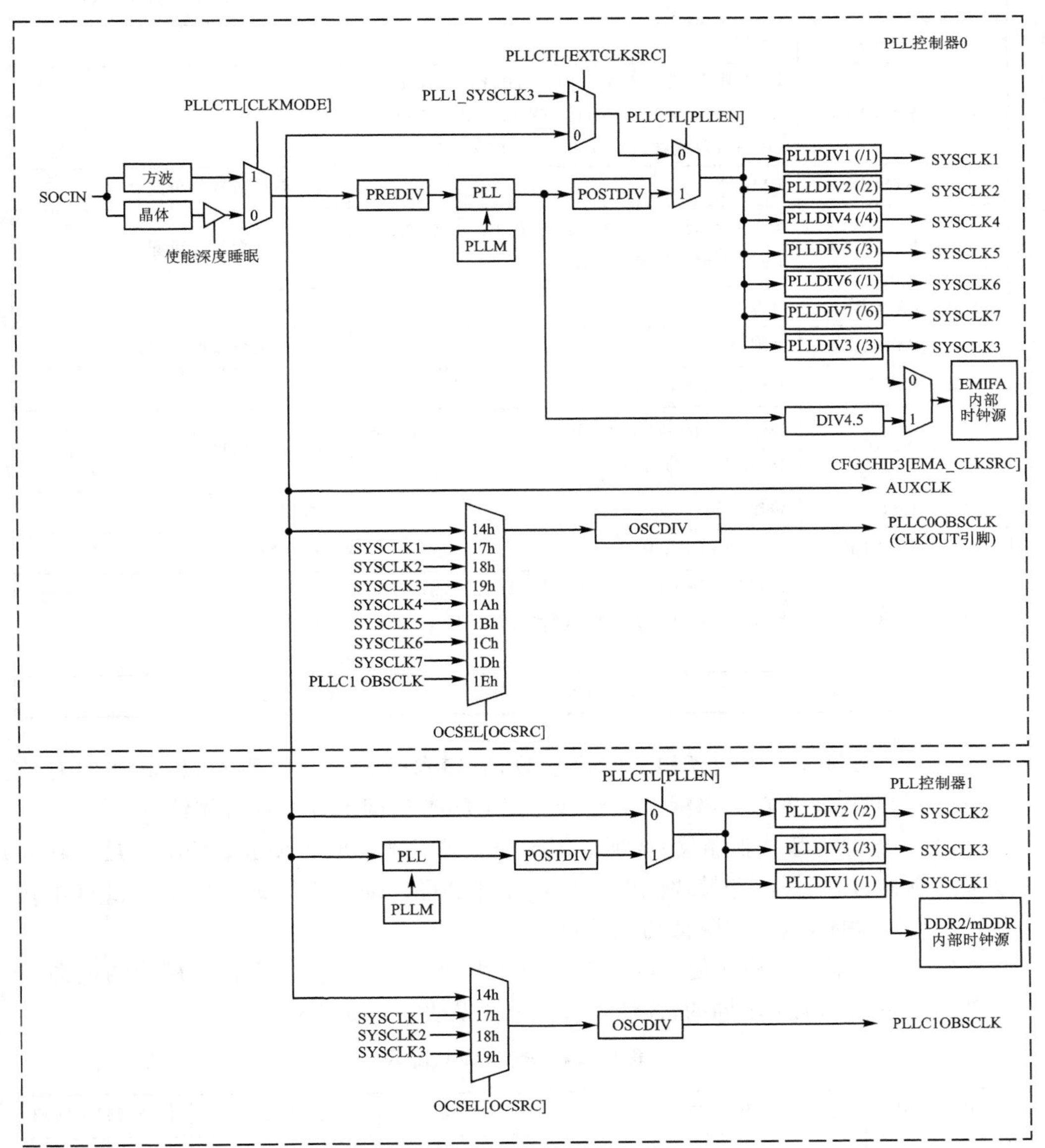

图 1－21　PLL 结构

C6748 内部各个外设使用的时钟域是不同的，部分外设使用的时钟还可以在 PLL0 和 PLL1 之间进行选择。不同模块使用的时钟域如表 1－13 所列。

表 1-13 不同模块使用的时钟列表

输出时钟	使用模块	分 频 相对 PLLn_SYSCLK1
PLL0_SYSCLK1	DSP	1
PLL0_SYSCLK2	DSP 端口、共享 RAM、UART0、EDMA、SPI0、MMC/SD、VPIF、LCDC、SATA、uPP、DDR2/mDDR(总线端口)、USB2.0、HPI 和 PRU	2
PLL0_SYSCLK3	EMIFA	3(分频系数软件可配)
PLL0_SYSCLK4	系统配置(SYSCFG)、GPIO、PLLC、PSC、I2C1、EMAC/MDIO 和 USB1.1	4(分频系数软件可配)
PLL0_SYSCLK5	未使用	3
PLL0_SYSCLK6	未使用	1(分频系数软件可配)
PLL0_SYSCLK7	EMAC RMII 时钟	6
PLL0_AUXCLK	I2C0、Timer64P0/P1、RTC、USB2.0 PHY 和 McASP0 串行时钟	PLL 旁路时钟
PLL0_OBSCLK	观察时钟	可配置
PLL1_SYSCLK1	DDR2/mDDR PHY	1 或禁用
PLL1_SYSCLK2	ECAP、UART1/2、Timer64P2/3、eHRPWM、McBSP、McASP0 和 SPI1(默认使用 PLL0_SYSCLK2)	2 或禁用
PLL1_SYSCLK3	PLL0 输入参考时钟(默认未使用)	3 或禁用

DDR2 选项卡主要配置相关时序参数，时序参数与 DDR2 颗粒、PCB 布线有关系，优化的时序参数在一定程度上可以提高 DDR2 访问的性能和可靠性。

PSC(电源与睡眠控制器)选项卡用于配置外设电源时钟使能。C6748 是一款低功耗处理器，内部大部分模块的电源和时钟都是可以动态打开或关闭的。没有用到的模块可以关闭，以达到降低功耗的目的。

C6748 内部不同模块使用的电源域也不尽相同，上电复位后各个模式的电源和时钟的初始状态也是不同的，详情如表 1-14 及表 1-15 所列。

表 1-14 PSC0 默认配置

LPSC 序号	模块名称	电源域	默认状态	自动睡眠或唤醒
0	EDMA3 0 通道控制器 0	AlwaysON(PD0)	SwRstDisable	—
1	EDMA3 0 传输控制器 0	AlwaysON(PD0)	SwRstDisable	—
2	EDMA30 传输控制器 1	AlwaysON(PD0)	SwRstDisable	—
3	EMIFA(BR7)	AlwaysON(PD0)	SwRstDisable	—

续表 1-14

LPSC 序号	模块名称	电源域	默认状态	自动睡眠或唤醒
6～8	未使用	—	—	—
9	UART0	AlwaysON(PD0)	SwRstDisable	—
10	未使用	—	—	—
11	SCR1(BR4)	AlwaysON(PD0)	SwRstDisable	支持
12	SCR2(BR3、BR5 和 BR6)	AlwaysON(PD0)	SwRstDisable	支持
13	PRU	AlwaysON(PD0)	SwRstDisable	—
14	未使用	—	—	—
15	DSP	AlwaysON(PD0)	使能	—

表 1-15　PSC1 默认配置

LPSC 序号	模块名称	电源域	默认状态	自动睡眠或唤醒
0	EDMA3 1 通道控制器 0	AlwaysON(PD0)	SwRstDisable	—
1	USB0(USB2.0)	AlwaysON(PD0)	SwRstDisable	—
2	USB1(USB1.1)	AlwaysON(PD0)	SwRstDisable	—
3	GPIO	AlwaysON(PD0)	SwRstDisable	—
4	HPI	AlwaysON(PD0)	SwRstDisable	—
5	EMAC	AlwaysON(PD0)	SwRstDisable	—
6	DDR2/mDDR	AlwaysON(PD0)	SwRstDisable	—
7	McASP0(+McASP0 FIFO)	AlwaysON(PD0)	SwRstDisable	—
8	SATA	AlwaysON(PD0)	SwRstDisable	—
9	VPIF	AlwaysON(PD0)	SwRstDisable	—
10	SPI1	AlwaysON(PD0)	SwRstDisable	—
11	I2C1	AlwaysON(PD0)	SwRstDisable	—
12	UART1	AlwaysON(PD0)	SwRstDisable	—
13	UART2	AlwaysON(PD0)	SwRstDisable	—
14	McBSP0(+McBSP0 FIFO)	AlwaysON(PD0)	SwRstDisable	—
15	McBSP1(+McBSP1 FIFO)	AlwaysON(PD0)	SwRstDisable	—
16	LCDC	AlwaysON(PD0)	SwRstDisable	—
17	eHRPWM0/1	AlwaysON(PD0)	SwRstDisable	—
18	MMC/SD1	AlwaysON(PD0)	SwRstDisable	—
19	uPP	AlwaysON(PD0)	SwRstDisable	—
20	eCAP0/1/2	AlwaysON(PD0)	SwRstDisable	—

续表1-15

LPSC序号	模块名称	电源域	默认状态	自动睡眠或唤醒
21	EDMA3 1传输控制器0	AlwaysON(PD0)	SwRstDisable	—
22～23	未使用	—	—	—
24	SCR F0	AlwaysON(PD0)	使能	支持
25	SCR F1	AlwaysON(PD0)	使能	支持
26	SCR F2	AlwaysON(PD0)	使能	支持
27	SCR F6	AlwaysON(PD0)	使能	支持
28	SCR F7	AlwaysON(PD0)	使能	支持
29	SCR F8	AlwaysON(PD0)	使能	支持
30	BR F7	AlwaysON(PD0)	使能	支持
31	共享 RAM	PD_SHRAM	使能	—

在某一时刻，模块可以处于6种状态中的任意一种状态。只有模块处于使能(Enable)状态，模块的电源和时钟才会正常工作。各个状态的详细说明如表1-16所列。

表1-16 模块状态

模块状态	模块复位	模块时钟	描述
Enable(使能)	否	开启	模块正常运行状态
Disable(禁用)	否	关闭	状态一般用于关闭时钟，以降低功耗
SyncReset	是	开启	模块复位，时钟打开
SwRstDisable	是	关闭	模块复位，时钟关闭
Auto Sleep(自动睡眠)	否	关闭	类似Disable状态，不同的是软件配置成该状态后，一旦有内部的读/写请求发生，则自动切换到Enable状态；完成请求后，再自动切换到睡眠状态而且无须软件干预
Auto Wake(自动唤醒)	否	开启	类似Disable状态，不同的是软件配置成该状态后，一旦有内部的读/写请求发生，则自动切换到Enable状态并保持该状态

除了外设的电源和时钟可以通过PSC来配置，部分用于连接各个模块的桥(Bridge)也可以根据需要打开或关闭。

C6748内部总线连接结构如图1-22所示。SCR F0以及BR F7等都是内部模块连接之前的桥，也是可以关闭的，部分桥还支持自动唤醒。

当然，PLL、DDR2以及PSC等配置除了可以使用AISgen工具生成的脚本完成

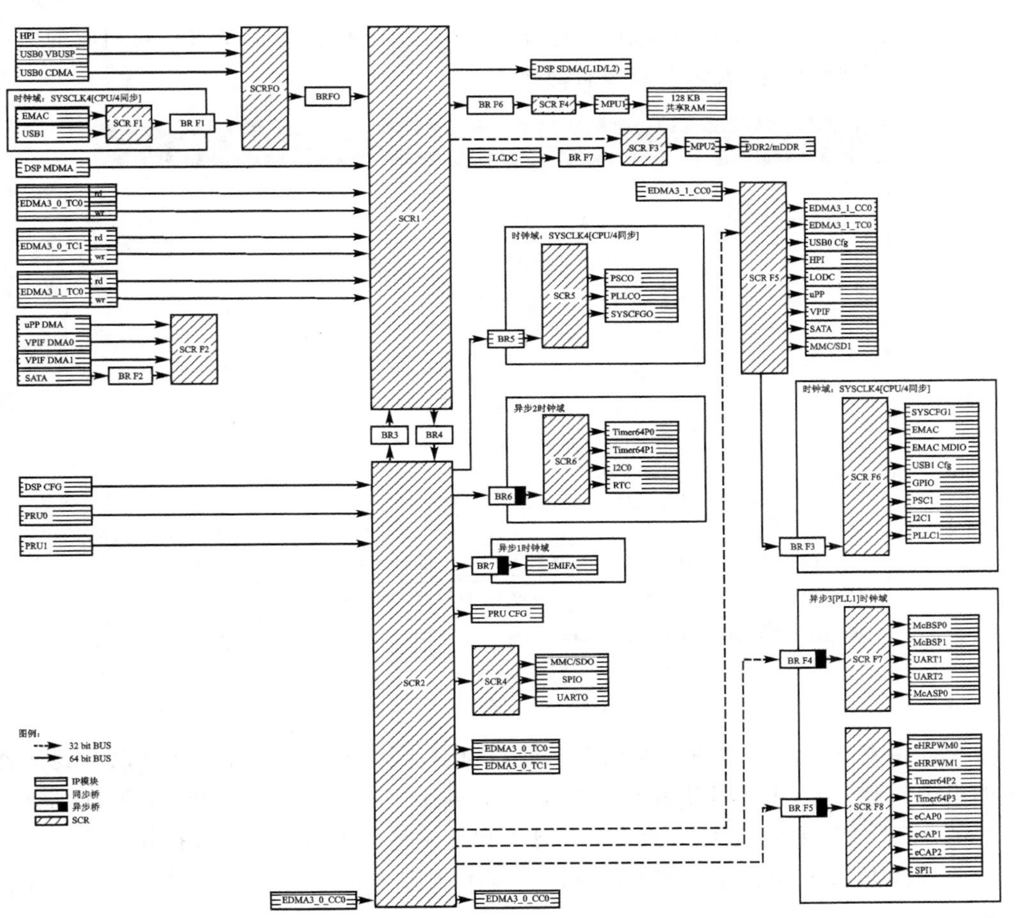

图 1-22　C6748 系统连接

外，也可以在应用程序中通过代码来配置。只不过，如果不选择使用 AIS 脚本来配置，那么启动时就不能使用这个外设。例如，AIS 中没有配置 DDR2，那么应用程序在启动过程中就不能把已初始化的段分配到 DDR2 中，只有当应用程序正常运行并初始化完成 DDR2 之后才可以使用。

修改完成配置之后，可以添加需要转换的文件，步骤如下：单击 DSP Application File 选项最右边的“...”按钮，选择之前编译生成的 LED.out 文件。然后，在 AIS Output File 例表框选择输出的 AIS 文件，注意，扩展名必须是.ais 或者.bin。最后，单击 Generate AIS 按钮生成 AIS 文件。成功后则弹出类似“Wrote 3700 bytes to file C:\Users\F\Desktop\DSP_C6748...”的提示。

AIS 转换成功后界面如图 1-23 所示。单击 DSP Application File 最右边的“+”按钮还可以附加多个文件。这些文件不一定是 DSP 程序，也可以是图片文件、音频文件等其他数据文件。如果不是DSP程序，则需要在文件名后面添加@0xC0000000指定文件的加载地址，这样RBL会将这些数据文件加载到相应的内存中；但是，附加的数据太多会减慢启动速度。

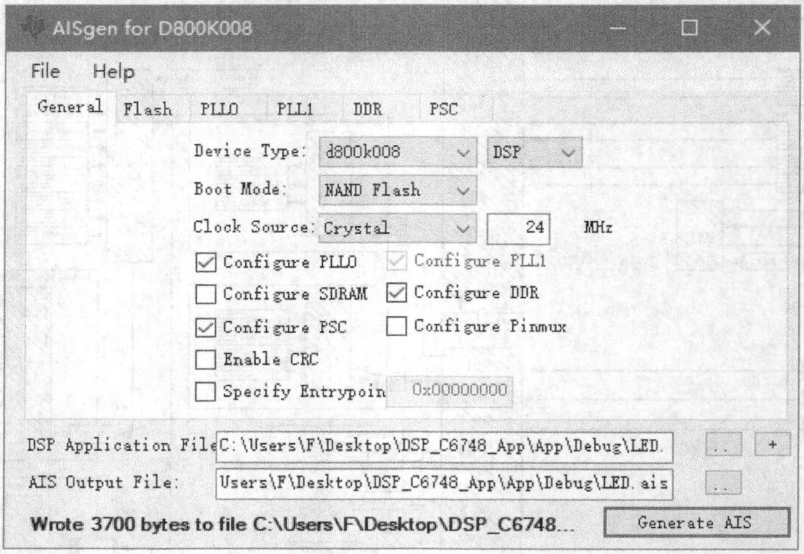

图1-23　生成AIS文件

使用支持十六进制的文本查看软件，这里打开LED.ais文件，则可以看到文件的组织结构。这里使用免费开源的文本编辑器Notepad++打开LED.ais文件，Notepad++需要安装Hex查看插件才可以正确地以十六进制形式打开文件。

选择Plugin Manager→Notepad++插件管理对话框菜单项，如图1-24所示。

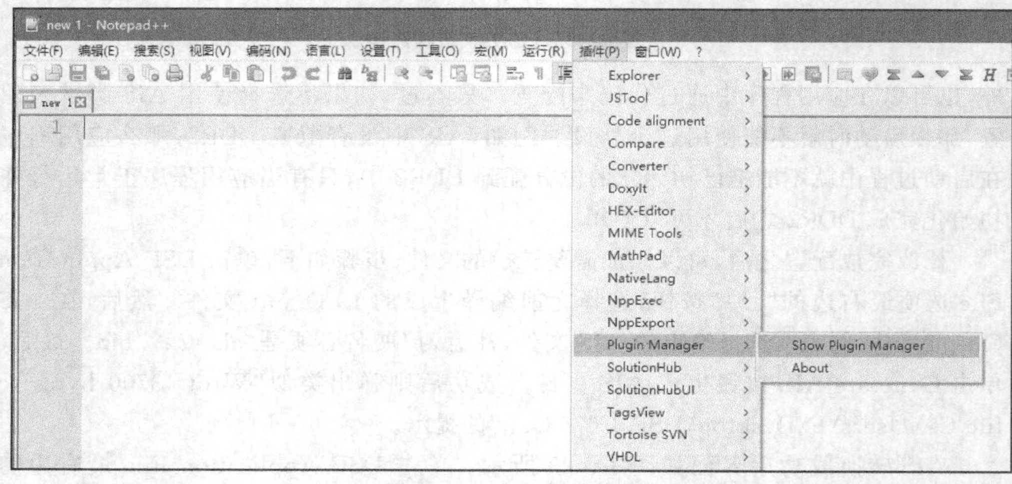

图1-24　打开插件管理

在插件管理对话框的 Available 选项卡中，找到并选中 HEX-Editor，然后单击下面的 Install 按钮即可，如图 1－25 所示。

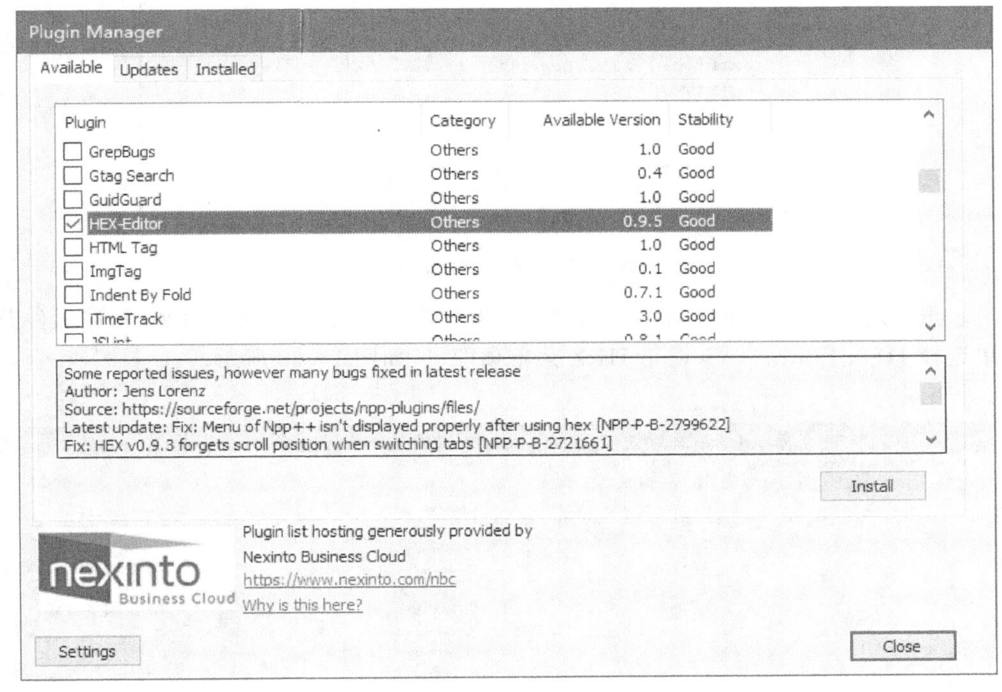

图 1－25　安装插件

根据网络状况不同，安装需要大约几秒钟时间，安装完成后根据提示重启 Notepad＋＋即可。安装过程如图 1－26 所示。

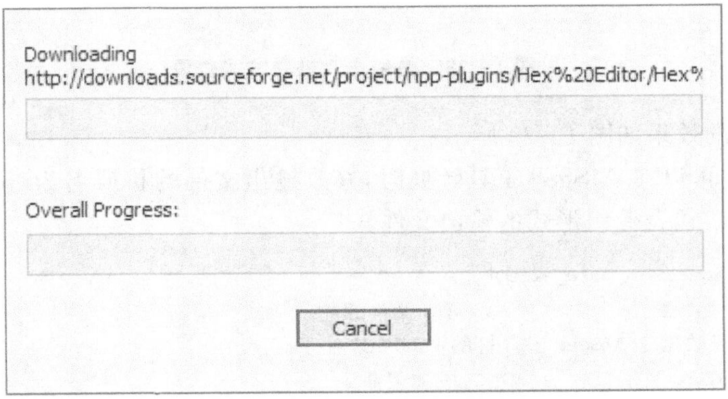

图 1－26　正在安装

根据提示重启 Notepad＋＋，单击“是”按钮即可，如图 1－27 所示。

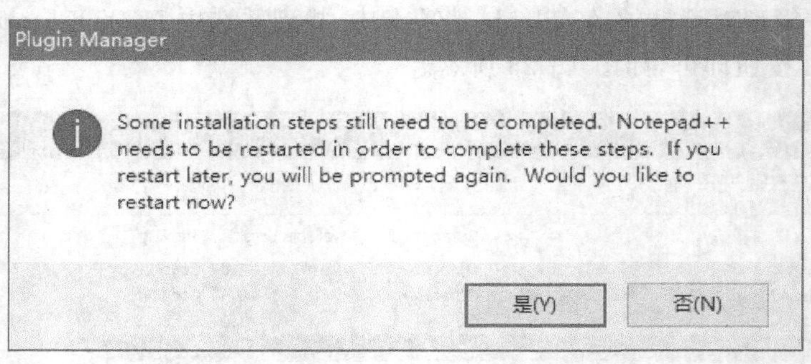
Plugin Manager
Some installation steps still need to be completed. Notepad++ needs to be restarted in order to complete these steps. If you restart later, you will be prompted again. Would you like to restart now?
是(Y)
否(N)

图 1-27 重启 Notepad++

重启之后，打开 LED.ais 文件，则可以看到显示为乱码。为消除乱码，在插件菜单选择 HEX-Editor→View in HEX 菜单项即可，如图 1-28 所示。

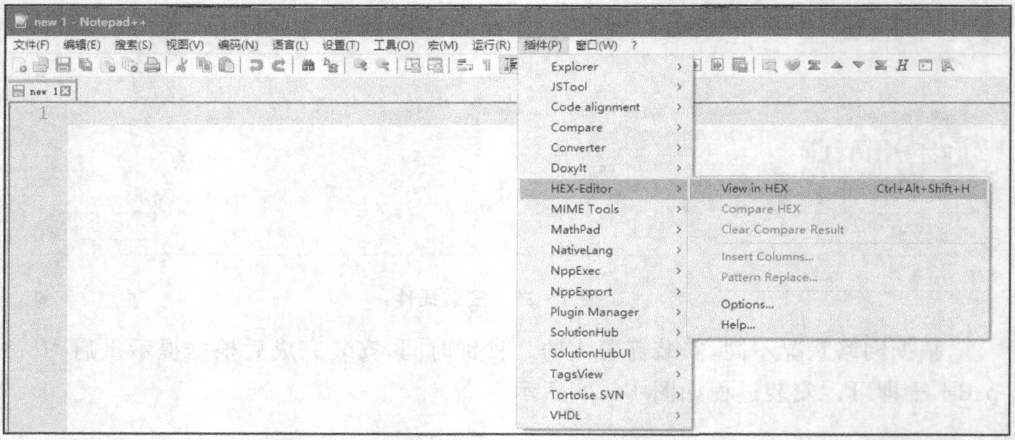

图 1-28 使用十六进制方式查看

打开后的效果如图 1-29 所示。

当然，也可以在 AISgen 工具转换时，修改输出文件的扩展名为.h 或.c，这样就可以得到以 C 语言数组形式的输出文件。

```
const unsigned int data_array[] = {
0x41504954,                  // AIS 文件起始
/* 这一段数据是 AISgen 工具打的 NAND ECC 补丁 */
0x58535901,                  // 段加载命令
0x00800020,                  // 段加载地址
0x000002C0,                  // 段长度
0x02806828,                  // 段数据
0x02B40068,
```

……

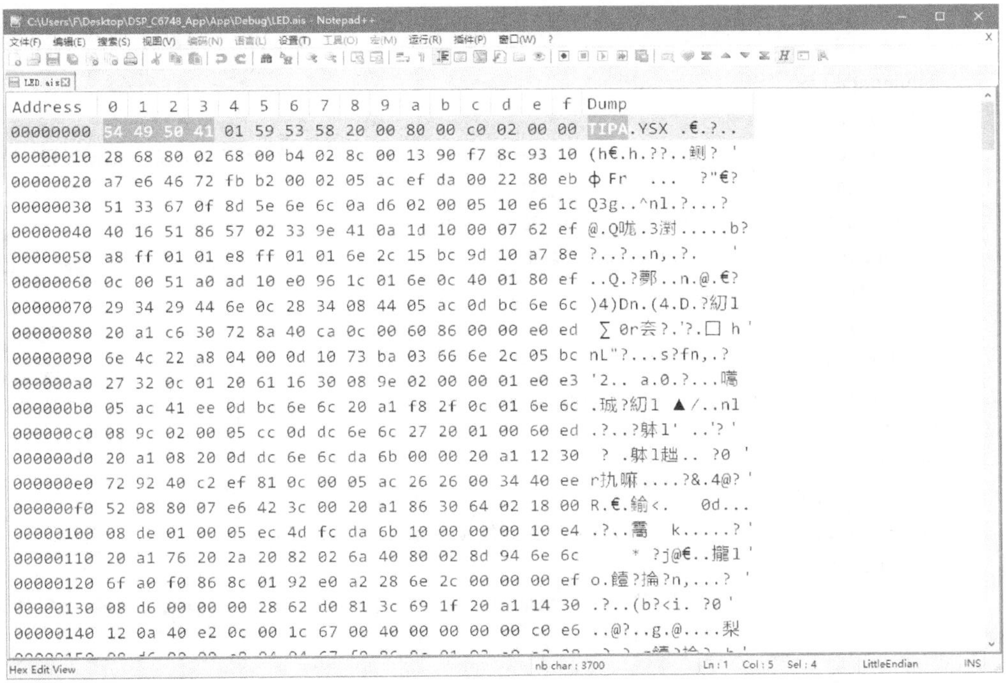

```
C:\Users\F\Desktop\DSP_C6748_App\App\Debug\LED.ais - Notepad++
LED.ais
Address   0  1  2  3  4  5  6  7  8  9  a  b  c  d  e  f  Dump
00000000 54 49 50 41 01 59 53 58 20 00 80 00 c0 02 00 00 TIPA.YSX .€.?..
00000010 28 68 80 02 68 00 b4 02 8c 00 13 90 f7 8c 93 10 (h€.h.??..鍘?
00000020 a7 e6 46 72 fb b2 00 02 05 ac ef da 00 22 80 eb ф Fr  ...  ?"€?
00000030 51 33 67 0f 8d 5e 6e 6c 0a d6 02 00 05 10 e6 1c Q3g..^nl.?...?
00000040 40 16 51 86 57 02 33 9e 41 0a 1d 10 00 07 62 ef @.Q咙.3澍.....b?
00000050 a8 ff 01 01 e8 ff 01 01 6e 2c 15 bc 9d 10 a7 8e ?..?..n,.?.
00000060 0c 00 51 a0 ad 10 e0 96 1c 01 6e 0c 40 01 80 ef ..Q.?鄸..n.@.€?
00000070 29 34 29 44 6e 0c 28 34 08 44 05 ac 0d bc 6e 6c )4)Dn.(4.D.?紉l
00000080 20 a1 c6 30 72 8a 40 ca 0c 00 60 86 00 00 e0 ed  ∑ 0r奃?.'?.□ h
00000090 6e 4c 22 a8 04 00 0d 10 73 ba 03 66 6e 2c 05 bc nL"?...s?fn,.?
000000a0 27 32 0c 01 20 61 16 30 08 9e 02 00 00 01 e0 e3 '2.. a.0.?...嗐
000000b0 05 ac 41 ee 0d bc 6e 6c 20 a1 f8 2f 0c 01 6e 6c .珹?紉l ▲/..nl
000000c0 08 9c 02 00 05 cc 0d dc 6e 6c 27 20 01 00 60 ed .?..?躰l' ..'?
000000d0 20 a1 08 20 0d dc 6e 6c da 6b 00 00 20 a1 12 30  ? .躰l趉.. ?0
000000e0 72 92 40 c2 ef 81 0c 00 05 ac 26 26 00 34 40 ee r抈嘛....?&.4@?
000000f0 52 08 80 07 e6 42 3c 00 20 a1 86 30 64 02 18 00 R.€.鍮<.   0d...
00000100 08 de 01 00 05 ec 4d fc da 6b 10 00 00 00 10 e4 .?..霌  k.....?
00000110 20 a1 76 20 2a 20 82 02 6a 40 80 02 8d 94 6e 6c      * ?j@€..攮l
00000120 6f a0 f0 86 8c 01 92 e0 a2 28 6e 2c 00 00 00 ef o.饐?掄?n,...?
00000130 08 d6 00 00 00 28 62 d0 81 3c 69 1f 20 a1 14 30 .?..(b?<i. ?0
00000140 12 0a 40 e2 0c 00 1c 67 00 40 00 00 00 00 c0 e6 ..@?..g.@....梨
Hex Edit View                    nb char : 3700    Ln : 1  Col : 5  Sel : 4    LittleEndian    INS
```

图 1-29　查看 LED.ais

```
0x00800168,
0x00800132,
0x58535905,                    // 跳转命令
0x00800220,                    // 跳转地址
/* NAND ECC 补丁结束 */
0x5853590D,                    // 执行 ROM 函数
0x00020000,                    // PLL0 配置函数 两个参数
0x00120000,                    // 时钟源:晶体 PLLDIV:0 POSTDIV:0 PLLM:0x12,注意,AISgen
                               // 界面显示的结果是加 1 后的结果,这个值是实际寄存器值
0x00000309,                    // PLLDIV1:0 PLLDIV3:3 PLLDIV7:9,  注意,AISgen 界面显示
                               // 的结果是加 1 后的结果,这个值是实际寄存器值

……
0x011F0103,
/* LED 程序已初始化段开始 */
0x58535901,                    // 段加载命令 通过 LED.map 文件可以知道是 .text 段
0x118002E0,                    // 段加载地址 0x118002E0
0x000007A0,                    // 段长度      0x7A0
0x027FFFA9,                    // 段数据
```

```
0x25F7FDA6,
0x027FFFE9,
......
0x02140FDA,
0x00000000,
0x00000000,
0x58535901,              // 段加载命令 通过 LED.map 文件可以知道是 .cinit 段
0x11800E90,              // 段加载地址 0x11800E90
0x00000020,              // 段长度    0x20
0x00000500,              // 段数据
0x80000104,
0x0000F0FF,
0x11800440,
0x11800A60,
0x00000000,
0x11800E90,
0x11800E80,
0x58535906,              // AIS 文件结束标志 跳转及关闭命令
0x118008E0
         // 应用程序入口地址 通过 LED.map 可以指定是 _c_int00 函数入口地址
};
```

1.6.3 使用 HexAIS 生成 AIS 文件

除了 AISgen 程序，还可以使用 HexAIS_OMAP－L138 程序实现 LED.out 转换成 LED.ais 的操作。不过，HexAIS_OMAP－L138 是需要在命令行中调用的。OMAP－L138、C6748 和 AM1808 是属于相同架构并且硬件完全兼容的一个系列，需要统一使用 HexAIS_OMAP－L138 工具。HexAIS_OMAP－L138 程序需要指定一个配置文件。不过，为了方便后续在 CCS 中调用，这里默认没有打 NAND ECC 补丁，所以生成的 LED.ais 文件会小一些。

```
[General]
busWidth = 8
BootMode = NAND
crcCheckType = NO_CRC

[PLL0CONFIG]
PLL0CFG0 = 0x00120000
PLL0CFG1 = 0x00000309

[EMIF25ASYNC]
A1CR = 0x00000000
```

```
A2CR = 0x08224114
A3CR = 0x00000000
A4CR = 0x00000000
NANDFCR = 0x00000002

[EMIF3DDR]
PLL1CFG0 = 0x0D000001
PLL1CFG1 = 0x00000002
DDRPHYC1R = 0x000000C3
SDCR = 0x00134632
SDTIMR = 0x264A2A09
SDTIMR2 = 0x4412C722
SDRCR = 0x40000260
CLK2XSRC = 0x00000000

[PSCCONFIG]
LPSCCFG = 0x00000003

[PSCCONFIG]
LPSCCFG = 0x00010003

[PSCCONFIG]
LPSCCFG = 0x00020003

[PSCCONFIG]
LPSCCFG = 0x00030003

[PSCCONFIG]
LPSCCFG = 0x00040003

[PSCCONFIG]
LPSCCFG = 0x00050003

[PSCCONFIG]
LPSCCFG = 0x00060003

[PSCCONFIG]
LPSCCFG = 0x000B0003

[PSCCONFIG]
LPSCCFG = 0x000C0003
```

```
[PSCCONFIG]
LPSCCFG = 0x000D0003
[PSCCONFIG]
LPSCCFG = 0x000F0003
[PSCCONFIG]
LPSCCFG = 0x01000003
[PSCCONFIG]
LPSCCFG = 0x01010003
[PSCCONFIG]
LPSCCFG = 0x01030003
[PSCCONFIG]
LPSCCFG = 0x01040003
[PSCCONFIG]
LPSCCFG = 0x01050003
[PSCCONFIG]
LPSCCFG = 0x01060003
[PSCCONFIG]
LPSCCFG = 0x01070003
[PSCCONFIG]
LPSCCFG = 0x01090003
[PSCCONFIG]
LPSCCFG = 0x010A0003
[PSCCONFIG]
LPSCCFG = 0x010B0003
[PSCCONFIG]
LPSCCFG = 0x010C0003
[PSCCONFIG]
LPSCCFG = 0x010D0003
```

```
[PSCCONFIG]
LPSCCFG = 0x010E0003

[PSCCONFIG]
LPSCCFG = 0x010F0003

[PSCCONFIG]
LPSCCFG = 0x01100003

[PSCCONFIG]
LPSCCFG = 0x01110003

[PSCCONFIG]
LPSCCFG = 0x01120003

[PSCCONFIG]
LPSCCFG = 0x01130003

[PSCCONFIG]
LPSCCFG = 0x01140003

[PSCCONFIG]
LPSCCFG = 0x01150003

[PSCCONFIG]
LPSCCFG = 0x01180003

[PSCCONFIG]
LPSCCFG = 0x01190003

[PSCCONFIG]
LPSCCFG = 0x011A0003

[PSCCONFIG]
LPSCCFG = 0x011B0003

[PSCCONFIG]
LPSCCFG = 0x011C0003

[PSCCONFIG]
LPSCCFG = 0x011D0003
```

```
[PSCCONFIG]
LPSCCFG = 0x011E0003

[PSCCONFIG]
LPSCCFG = 0x011F0003

;[INPUTFILE]
;FILENAME = DSP_nand_ecc_patch_OMAP - L138.  out

;[AIS_Jump]
;LOCATION = _NAND_ECC_patchApply
```

打开命令行提示符或者 PowerShell 执行命令即可得到 LED. ais 文件，如图 1 - 30 所示。

```
HexAIS_OMAP - L138.exe  - ini NandFlash.ini  - o LED.ais LED.out
```


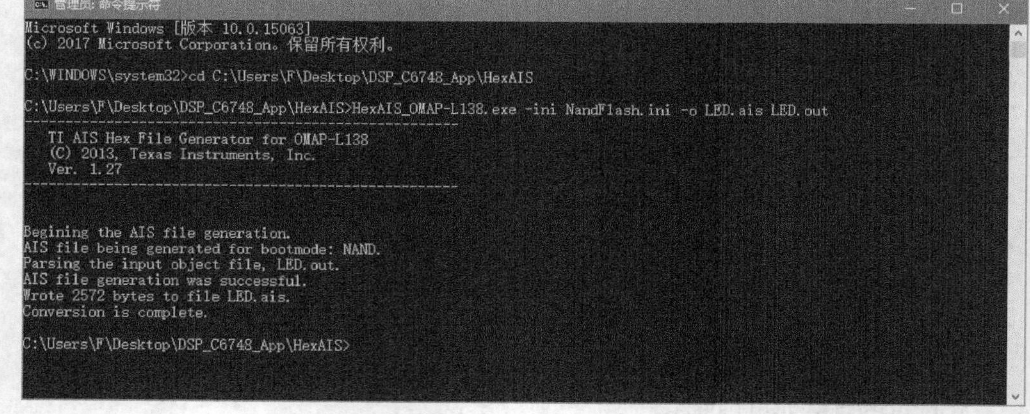

图 1 - 30　使用 HexAIS 转换文件

1.7　烧　写

得到了可启动镜像文件 LED. ais 之后，DSP 开发流程的最后一步就是将文件烧写到 C6748 Flash 中实现自启动。C6748 没有提供用户可编程内部 ROM 或 Flash，所以必须通过外挂的 Flash 来启动，TL6748 - EVM（SOM - TL6748）提供 EMIF Nand Flash、SPI Nor Flash 以及 I^2C EEPROM。程序烧写到不同的 Flash 中，调整到相应的启动模式即可实现程序自启动，但是 SOM - TL6748 核心板上只有 EMIF Nand Flash。

使用 sfh_OMAP-L138 串口烧写工具可以很方便地通过串口烧写 EMIF Nand Flash、SPI Nor Flash 以及 EMIF Nor Flash。该程序需要 .Net 框架才可以正常运行，Windows 下需要安装 .Net 框架 3.5（Windows 7 系统自带，Windows XP、Windows8/8.1/10 需要额外安装）。该程序也可以在 Linux 下使用，但是在 Linux 下需要安装 Mono 开发环境：

```
[ ] 参数是可选参数，< >是必要参数。
Windows
sfh_OMAP-L138 <Command> [-targetType <Target>] [-flashType <FlashType>] [<Options>] [<InputFiles>]
Linux(.exe 扩展名不能省略)
sudo mono ./sfh_OMAP-L138.exe <Command> [-targetType <Target>] [-flashType <FlashType>] [<Options>] [<InputFiles>]
```

串口烧写工具的详细参数说明如表 1-17 所例。

表 1-17 串口烧写工具参数说明

参 数	说 明	
<Command>	-erase	全局擦除 Flash
	-flash_noubl	烧写单个文件到 Flash
	-flash	先烧写二级引导程序(User Boot Loader，UBL)，然后再烧写用户应用程序。第一个输入文件为 UBL，第二个为应用程序
	-flash_dsp	烧写 DSP UBL、ARM UBL 以及应用程序。仅适用于 OMAP-L137
-targetType <Target>	OMAPL138、OMAPL138_LCDK、AM1808、AM1810、C6748、C6746 和 C6748_LCDK(默认 OMAPL138)	
-flashType <Flash>	SPI_MEM、NAND 和 NOR (默认 SPI_MEM)	
<Options>	-h	显示帮助信息
	-v	详细模式，显示更多的输出结果
	-p	指定串口端口号
	-buad	指定串口波特率，默认 115 200
	-appStartAddr	指定应用程序入口地址
	-appLoadAddr	指定应用程序加载地址
	-appFlashBlock	指定烧写起始 Block

打开命令行提示符或者 PowerShell 执行命令，且在 Linux 系统下需要打开终

端。当出现 "Waiting for BOOTME..."提示之后，则复位或者重新上电开发板。注意开发板的启动模式拨码开关必须调到 UART2 启动，即 00101。

```
Windows
sfh_OMAP - L138 - flash_noubl - targetType C6748 - flashType NAND - p COM3 LED.ais
Linux
sudo mono ./sfh_OMAP - L138.exe - flash_noubl - targetType C6748 - flashType NAND - p /
dev/ttyUSB0 LED.ais
```

执行命令后，提示"Waiting for BOOTME"，这时需要复位开发板或者给开发板上电(如果之前没有上电)，如图 1 - 31 所示。

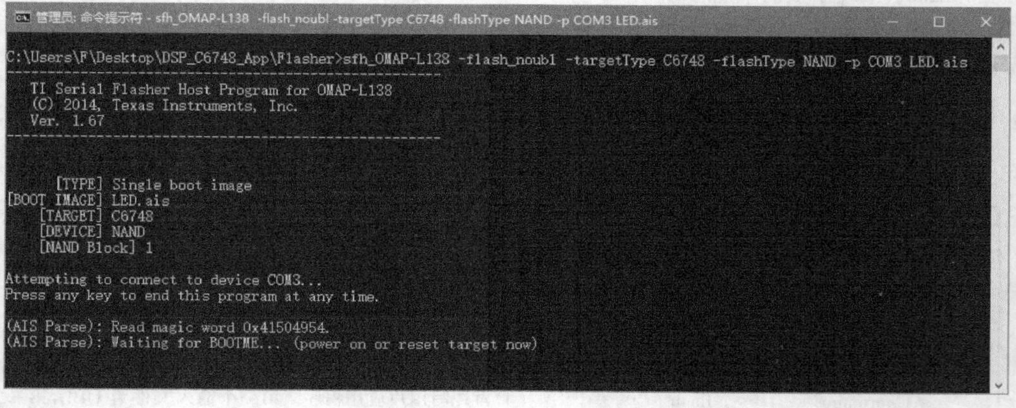

图 1 - 31　需要复位提示

复位之后，串口烧写工具首先通过串口加载目标平台的烧写程序。这个程序是运行在 DSP 上的，用于通过串口接收待烧写的应用程序，并把接收到的程序按照烧写参数配置烧写到指定的存储器中。之所以需要将启动模式调整为 UART2 启动，是因为这个目标平台的烧写程序是可以通过串口加载并启动的。

串口烧写工具通过特定的协议与 DSP 进行通信，可以通过在计算机上安装串口监视精灵或类似的软件来获取串口实时数据。

烧写过程中需要保持串口连接稳定，根据程序大小不同，烧写会持续一段时间。在 Windows 系统下可能看不到进度条滚动，相应步骤执行完成后会直接跳到 100%。烧写完成后会提示"Operation completed successfully"，如图 1 - 32 所示。

烧写成功后，调整拨码开关到 Nand Flash 启动模式，即 01110。然后，复位或者重新上电开发板，则可以看到底板 LED 全部被点亮，如图 1 - 33 所示。

```
管理员: 命令提示符
(AIS Parse): Loading section...
(AIS Parse): Loaded 19808-Byte section to address 0x11800000.
(AIS Parse): Processing command 1: 0x58535901.
(AIS Parse): Performing Opcode Sync...
(AIS Parse): Loading section...
(AIS Parse): Loaded 1364-Byte section to address 0x11804D60.
(AIS Parse): Processing command 2: 0x58535901.
(AIS Parse): Performing Opcode Sync...
(AIS Parse): Loading section...
(AIS Parse): Loaded 20-Byte section to address 0x118052F0.
(AIS Parse): Processing command 3: 0x58535901.
(AIS Parse): Performing Opcode Sync...
(AIS Parse): Loading section...
(AIS Parse): Loaded 16-Byte section to address 0x11805304.
(AIS Parse): Processing command 4: 0x58535906.
(AIS Parse): Performing Opcode Sync...
(AIS Parse): Performing jump and close...
(AIS Parse): AIS complete. Jump to address 0x11804620.
(AIS Parse): Waiting for DONE...
(AIS Parse): Boot completed successfully.

Waiting for SFT on the OMAP-L138...

Flashing application LED.ais (3700 bytes)

 100% [ ████████████████████████████████████████ ]
              Image data transmitted over UART.

 100% [ ████████████████████████████████████████ ]
               Application programming complete


Operation completed successfully.

C:\Users\F\Desktop\DSP_C6748_App\Flasher>_
```

图 1-32　烧写成功

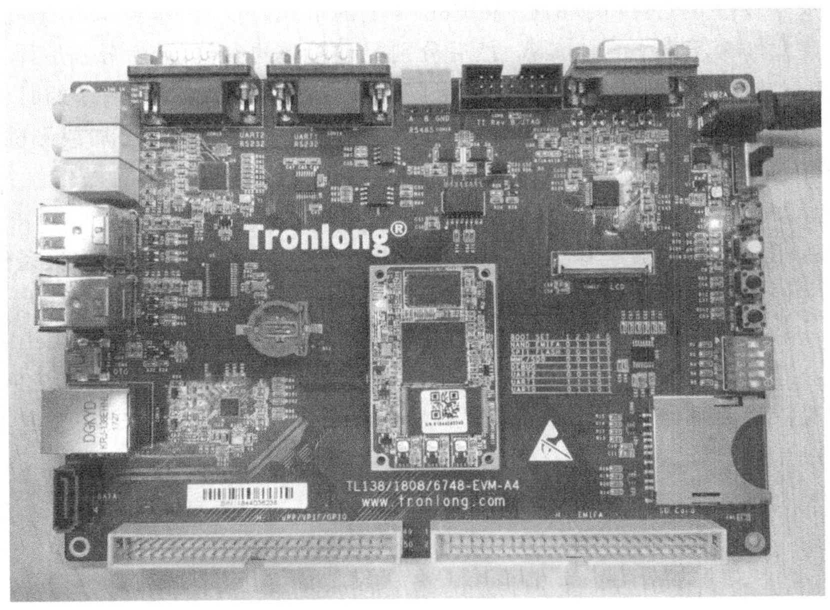

图 1-33　运行效果

第 2 章

Makefile 文件

2.1 概 述

简单来说，Makefile 文件是一种需要通过 Make 程序解析执行的脚本语言。在 Linux 系统或类似的操作系统中用得比较多，Windows 系统中一般使用集成开发环境并通过工程的方式管理，接触 makefile 文件比较少。

使用 makefile 文件的好处是可以更好地实现自动化编译。例如，一个使用 C/C++语言编写的 DSP 算法，因为不涉及具体的外设操作，可移植性很强。现在需要生成这个算法在 C6474、C6748 和 C6678 上的可执行文件，如果采用工程的方式，则需要建立 3 个不同平台的工程，然后分别配置相应的参数，最后分别编译。而使用 makefile 文件则只须编写一个 makefile 脚本文件，就可以在每次编译的时候自动生成这 3 个平台的可执行程序。同时，后期的维护工作也比较少，增加或删除文件、修改编译参数等配置也是非常方便的。所以，Linux 这样跨平台的操作系统就采用 makefile 方式来编译，可以更好地实现程序的模块化。

Makefile 的基本语法其实很简单，目标可以是文件或者标签，而先决条件就是生成这个文件所依赖的文件或条件，命令就是任何可以在命令行提示符与 PowerShell (Windows)及终端(Linux)中执行的命令。Make 程序在解析执行 makefile 文件时不会关心这些命令是什么，只会在意依赖关系。Makefile 文件的核心就是依赖关系，逐层解决依赖关系，生成依赖文件，最后生成应用程序。当然，生成文件也可以是中间文件或者静态/动态库。

```
目标:先决条件
命令
......
```

Make 程序或者 gmake 程序执行时会自动搜索当前目录的 makefile 或 Makefile 文件(Windows 系统下不区分大小写)，如果找到，则执行该脚本；未找到任何匹配的文件，则报错。当然，也可以直接指定 makefile 文件的文件名 make makefile. dsp。找到 makefile 文件之后，就从该文件的第一个目标开始执行。

```
#Makefile 文件

all:
	echo "Hello Tronlong!"
	type tronlong.txt
	echo "出现错误!"
```

其中，# 是注释开始的符号，makefile 文件仅支持行注释。all 即标签（Lable），下面就是命令。注意。命令必须以 Tab 开始，不能是空格。

执行效果如图 2-1 所示。这个 makefile 文件执行时会报错，这是因为 type 命令执行时返回了错误，tronlong.txt 文件不存在。

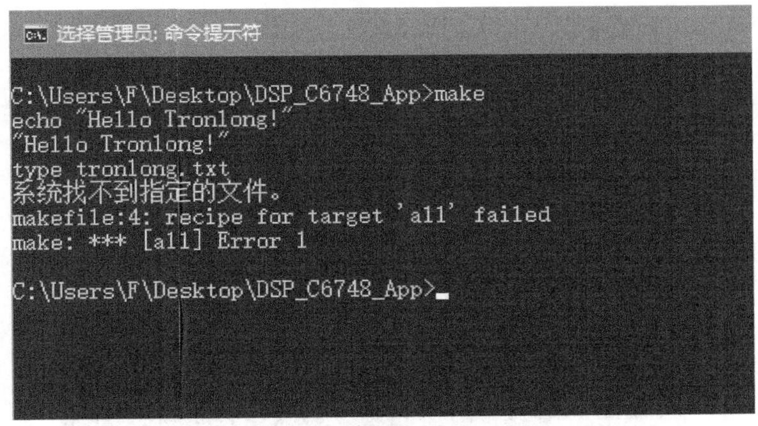

图 2-1 执行结果

Makefile 文件返回退出代码类型，主要有以下两种：

➢ 命令执行成功。

➢ 出现错误。

可以看出，命令本身也被输出来了，可以在命令前面添加"@"符号，使得命令本身不被输出，仅输出命令执行结果。

```
#Makefile 文件

all:
	@echo "Hello Tronlong!"
	@type tronlong.txt
	@echo "出现错误!"
```

执行效果如图 2-2 所示。

当某个命令执行出错时，但仍希望该命令不要影响后续命令的执行，则可以在命令前面添加"-"符号：

图 2-2　隐藏执行命令

```
#Makefile 文件

all:
        @echo "Hello Tronlong!"
        - type tronlong.txt
        @echo "出现错误!"
```


执行效果如图 2-3 所示。

```
管理员: 命令提示符

C:\Users\F\Desktop\DSP_C6748_App>make
"Hello Tronlong!"
type tronlong.txt
系统找不到指定的文件。
makefile:4: recipe for target 'all' failed
make: [all] Error 1 (ignored)
"出现错误! "

C:\Users\F\Desktop\DSP_C6748_App>
```

图 2-3　出错继续执行

在命令- type tronlong.txt 前面添加"-"之后，可以注意到，该命令执行出错后，后续的命令仍然得到执行。这就是 makefile 文件的简单使用，它就是一个脚本文件，只不过提供了很多功能方便程序的编译。

2.2　配置环境变量

为了可以在任何目录下直接调用 make 命令，则需要将 make 程序所在的路径添加到系统的环境变量中。

打开"设置→关于→系统信息→高级系统设置"或者"控制面板→所有控制面板

项→系统→高级系统设置”，打开系统属性对话框。然后，选择“高级→环境变量”。在用户变量和系统变量的 Path 变量中添加 Make 程序所在路径，例如，C:\Users\F\Desktop\DSP_C6748_App\Make，如图 2－4 所示。

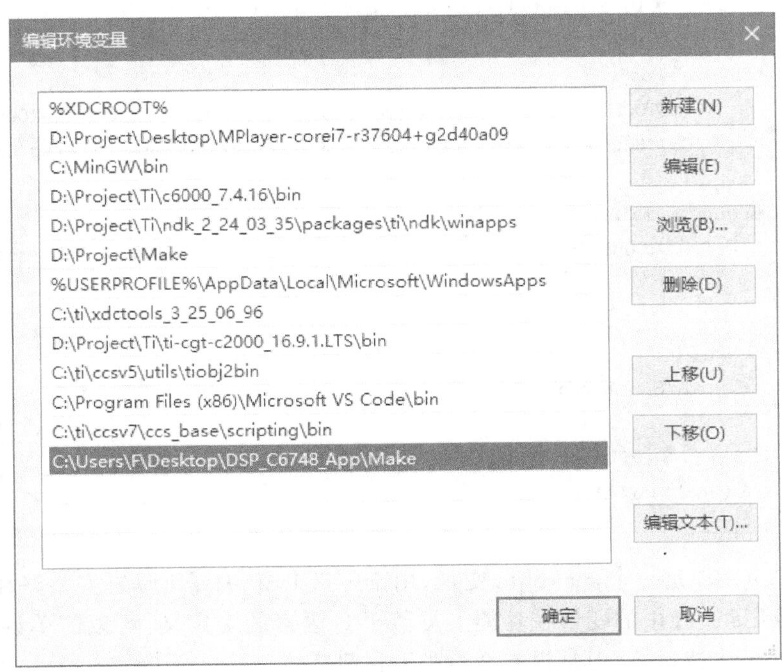

图 2－4　配置 Make 程序环境变量

然后，打开命令行提示符执行 make－v 命令，则可以看到版本信息，即代表环境变量配置正确，如图 2－5 所示。

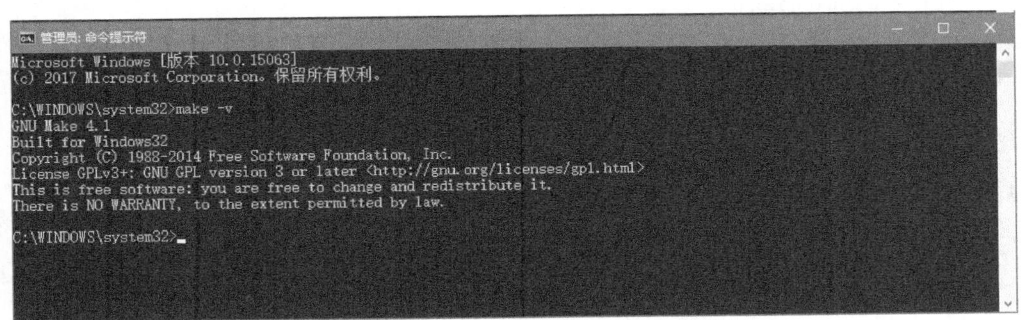

图 2－5　查看 Make 程序版本

2.3 使用 Makefile 生成 DSP 应用程序

```
CGTOOLS = D:/Project/Ti/ti-cgt-c6000_8.2.0

LED: main.obj
	$(CGTOOLS)/bin/lnk6x Debug/main.obj -u _c_int00 -I $(CGTOOLS)/lib -l C6748.cmd -l "rts6740_elf.lib" -m Debug/LED.map -o Debug/LED.out

main.obj: main.c
	$(CGTOOLS)/bin/cl6x -c main.c --verbose -mv6740 --abi=eabi -fr Debug

clean:
	rd /S /Q Debug

ifeq (,$(wildcard Debug))
$(shell md Debug)
endif
```

CGTOOLS 是一个 makefile 变量，用于定义 DSP 编译工具链安装路径。

Makefile 文件中的变量在功能上类似于 C 语言的宏定义，可以简单认为是符号替换，其变量支持运算，但是没有变量类型区别。

使用“:=”定义变量时只能使用前面定义的变量，使用“=”则可以使用后面定义的变量：

```
objs-add = $(objs) uart.o
objs = main.o gpio.o
```

也可以写成这样的形式：

```
objs:= main.o gpio.o
objs-add:= $(objs) uart.o
```

可以使用运算符“+=”方式追加变量内容：

```
objs = main.o gpio.o
objs += uart.o
```

通过 override 关键字还可以改写之前定义的变量：

```
objs = main.o gpio.o
override objs = main.o gpio.o uart.o
```

LED 即目标，而且作为该 makefile 文件中的第一个目标，该 makefile 执行时自动先执行这个目标。但是，这个目标依赖 main. obj 文件。当 Make 程序检测到 main. obj 文件不存在或者 main. c 文件的修改时间比 main. obj 文件新的时候，则执行 main. obj 目标下面的命令重新生成 main. obj 文件，因为 main. obj 依赖 main. c 文件。这样，Make 程序会逐层检查依赖，并生成需要的文件，然后最终生成 LED. out 文件。

前面使用命令行方式编译时，通过 cl6x 程序直接完成了编译链接的操作。Makefile 文件中为了使结构更加清晰，也为了使整个过程模块化更强，则把编译和链接步骤区分开。调用 cl6x 命令时增加“-c”参数，代表只执行编译操作。使用 lnk6x 命令完成链接操作时新增“-u _c_int00”参数，指定程序入口函数，否则生成的程序不完整也无法正确运行。一般情况下，没有用到的函数或符号不会链接到最终生成的 LED. out 文件中，如果不指定入口函数为“_c_int00”，那么在“_c_int00”中调用的 main 函数就不会出现在 LED. out 文件中，那 main 函数调用的语句自然也不会出现在 LED. out 文件中。

```
boot.c
/* ------------------------------------------------------------------------*/
/*  Rename c_int00 so that the linkage name remains _c_int00 in ELF        */
/* ------------------------------------------------------------------------*/
#ifdef __TI_EABI__
#define c_int00 _c_int00
#endif

/*****************************************************************************/
/* C_INT00() - C ENVIRONMENT ENTRY POINT                                     */
/*****************************************************************************/
extern void __interrupt c_int00()
{

#ifdef __VIRTUAL_ENCODING__

#ifndef __TI_EABI__
    __SP = (_symval(_STACK_END) - 4) & ~7;
    __DP = _symval(__bss__);
#else
    __SP = (_symval(__STACK_END) - 4) & ~7;
    __DP = _symval(__TI_STATIC_BASE);
#endif

#else
```

```
/*------------------------------------------------------------------------*/
/* SET UP THE STACK POINTER IN B15.                                       */
/* THE STACK POINTER POINTS 1 WORD PAST THE TOP OF THE STACK, SO SUBTRACT  */
/* 1 WORD FROM THE SIZE. ALSO THE SP MUST BE ALIGNED ON AN 8-BYTE BOUNDARY */
/*------------------------------------------------------------------------*/
#ifndef __TI_EABI__

   __asm("\t  MVKL\t\t  __STACK_END - 4, SP");
   __asm("\t  MVKH\t\t  __STACK_END - 4, SP");

#else

   __asm("\t  MVKL\t\t  __TI_STACK_END - 4, SP");
   __asm("\t  MVKH\t\t  __TI_STACK_END - 4, SP");

#endif

   __asm("\t  AND\t\t  ~7,SP,SP");

/*------------------------------------------------------------------------*/
/* SET UP THE GLOBAL PAGE POINTER IN B14.                                 */
/*------------------------------------------------------------------------*/
#ifndef __TI_EABI__

   __asm("\t  MVKL\t\t  $bss,DP");
   __asm("\t  MVKH\t\t  $bss,DP");

#else

   __asm("\t  MVKL\t\t  __TI_STATIC_BASE,DP");
   __asm("\t  MVKH\t\t  __TI_STATIC_BASE,DP");

#endif
#endif/* Virtual Encoding */

/*------------------------------------------------------------------------*/
/* SET UP FLOATING POINT REGISTERS FOR C6700                              */
/*------------------------------------------------------------------------*/
#ifdef _TMS320C6700
   FADCR = 0; FMCR  = 0;
#endif
```

```
/* ----------------------------------------------------------------*/
/* CALL THE AUTOINITIALIZATION ROUTINE.                             */
/* ----------------------------------------------------------------*/
if(_system_pre_init() != 0)  AUTO_INIT();

   _args_main();

/* ----------------------------------------------------------------*/
/* CALL EXIT.                                                       */
/* ----------------------------------------------------------------*/
   exit(1);
}

args_main.c
int _args_main()
{
#pragma diag_suppress 1107,173
register ARGS *pargs = (ARGS *)_symval(&__c_args__);
#pragma diag_default 1107,173
register int    argc = 0;
register char **argv = 0;

if (_symval(&__c_args__) != NO_C_ARGS)
{ argc = pargs->argc; argv = pargs->argv; }

return main(argc, argv);
}
```

这是从 CGT 工具截取的部分 RTS 库中的代码。通过“_c_int00”函数源码可以知道如何调用 main 主函数。

Makefile 文件中一般都有 clean 目标，既然 makefile 文件是为了方便编译，那同时也需要提供一种方式来清除所有中间文件，重新编译所有依赖文件。因为 clean 目标并不会真正生成一个文件，所以一般称为伪目标。伪目标可以通过“.PHONY”明确地指出来：

```
.PHONY: clean
```

但是，一般情况下不会把生成文件命名为 clean，所以对于 clean 目标，可以不明确指明它是伪目标。

在 clean 中，执行命令删除 Debug 目录。以前把所有文件的输出目录都指定为 Debug 目录，所以删除 Debug 目录就可以删除所有中间文件及生成文件。注意，rd 命令是在 Windows 系统命令行提示符下可以执行的命令，在 Linux 系统下需要使用

rm 命令。

文件的最后是 makefile 文件的条件执行语句，用于在满足特定条件的情况下执行相应的命令。条件判断的关键字有 ifeq、ifneq、ifdef 和 ifndef。

```
条件语句
    条件为真
else
    条件为假
endif
```

$(wildcard Debug)用于判断当前目录下是否存在 Debug 子目录，如果不存在，则通过 shell 方式调用 Windows 命令“md Debug”，从而创建 Debug 目录。

可以简单修改一下这个 makefile 文件，修改后的文件在编译时会同时输出 Debug 和 Release 配置下的文件，两个文件的区别是 Release 开启优化选项，禁用调试符号。当然，不同配置下的编译参数是可以根据需要修改的。

```
CGTOOLS = D:/Project/Ti/ti-cgt-c6000_8.2.0

CC = $(CGTOOLS)/bin/cl6x -c -k --abi=eabi
LD = $(CGTOOLS)/bin/lnk6x

CFLAGS  = -mv6740 $(CCPROFILE_$(PROFILE))
LDFLAGS = -u _c_int00 -c -m $(@D)/$(@F).map

LDLIBS  = -l $(CGTOOLS)/lib/rts6740_elf.lib -l C6748.cmd

CCPROFILE_Debug = --symdebug:dwarf
CCPROFILE_Release = --symdebug:none -O2

SRCS= main.c
OBJS= $(addprefix $(PROFILE)/, $(patsubst %.c, %.obj, $(SRCS)))

all: debug release

debug:
      $(MAKE) PROFILE=Debug DSP.x

release:
      $(MAKE) PROFILE=Release DSP.x

DSP.x: $(PROFILE)/LED.out

```

```
$(PROFILE)/LED.out: $(OBJS)
	@echo "# Making $@ ..."
	$(LD) $(LDFLAGS) -o $@ $(OBJS) $(LDLIBS)

$(PROFILE)/%.obj: %.c
	@echo "# Making $@ ..."
	$(CC) $(CFLAGS) -fs $(PROFILE) --output_file=$@ $<

clean:
	rd /S /Q Debug
	rd /S /Q Release

ifneq (clean, $(MAKECMDGOALS))
	ifneq (, $(PROFILE))
	ifeq (, $(wildcard $(PROFILE)))
 $(shell md $(PROFILE))
	endif
  endif
endif
```

在命令行提示符执行 make 命令即可，结果如图 2-6 所示。

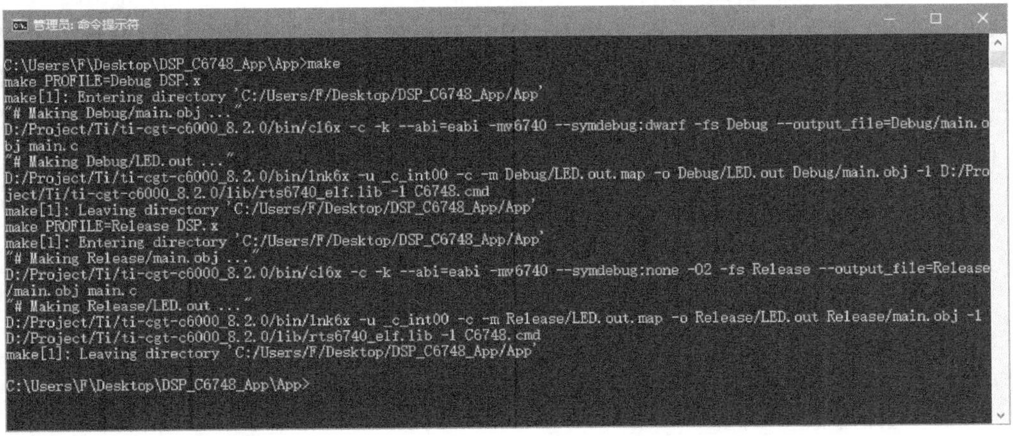

```
管理员: 命令提示符

C:\Users\F\Desktop\DSP_C6748_App\App>make
make PROFILE=Debug DSP.x
make[1]: Entering directory 'C:/Users/F/Desktop/DSP_C6748_App/App'
"# Making Debug/main.obj ..."
D:/Project/Ti/ti-cgt-c6000_8.2.0/bin/cl6x -c -k --abi=eabi -mv6740 --symdebug:dwarf -fs Debug --output_file=Debug/main.o
bj main.c
"# Making Debug/LED.out ..."
D:/Project/Ti/ti-cgt-c6000_8.2.0/bin/lnk6x -u _c_int00 -c -m Debug/LED.out.map -o Debug/LED.out Debug/main.obj -l D:/Pro
ject/Ti/ti-cgt-c6000_8.2.0/lib/rts6740_elf.lib -l C6748.cmd
make[1]: Leaving directory 'C:/Users/F/Desktop/DSP_C6748_App/App'
make PROFILE=Release DSP.x
make[1]: Entering directory 'C:/Users/F/Desktop/DSP_C6748_App/App'
"# Making Release/main.obj ..."
D:/Project/Ti/ti-cgt-c6000_8.2.0/bin/cl6x -c -k --abi=eabi -mv6740 --symdebug:none -O2 -fs Release --output_file=Release
/main.obj main.c
"# Making Release/LED.out ..."
D:/Project/Ti/ti-cgt-c6000_8.2.0/bin/lnk6x -u _c_int00 -c -m Release/LED.out.map -o Release/LED.out Release/main.obj -l
D:/Project/Ti/ti-cgt-c6000_8.2.0/lib/rts6740_elf.lib -l C6748.cmd
make[1]: Leaving directory 'C:/Users/F/Desktop/DSP_C6748_App/App'

C:\Users\F\Desktop\DSP_C6748_App\App>
```

图 2-6　使用 make 编译 DSP 程序

2.4　使用 Makefile 生成 DSP 静态库

库是把很多源文件编译生成的目标文件打包在一起。库分为静态库和动态库，静态库在链接时会直接链接到应用程序中，动态库只是导出符号表，应用程序运行时在内存中寻找相应符号对应的地址，然后执行。在 Windows 下看到的很多 DLL 文件就是动态链接库。

C6000 的 CGT 工具支持静态库和动态库，但是动态库应用相对来说较少，使用静态库会更多一些。一般所说的库都是指静态库。

使用库可以使得程序模块化更强，多位工程师协作完成软件项目时，不同的工程师只负责其中一部分，把相关接口定义好，然后各自编写相应的代码，并以库形式发布。编译应用程序时，库函数不需要每次重新编译，只在链接时重新链接就可以了。使用库函数有一个很重要作用，就是提高了代码的重用性，前提是代码写得足够好。对于 DSP 来说，很多不开源的算法都是以库函数的形式提供的，这样应用程序直接调用函数时就可以不需要源代码，起到了保护的目的。C6748 的很多驱动都是封装成库，例如，StarterWare 驱动库以及最新的 Processor RTOS SDK 中的 PDK(Platform Development Kit)驱动等。TI 公司发布的很多软件都是基于 RTSC(Real - Time Software Component)实时软件组件技术，相比普通的静态库引入组件技术，在应用上更加方便。

这里仍然以点亮 LED 作为目标，但是需要把之前代码稍做修改，最大的改动是把 GPIO 操作的部分修改成函数形式。

gpio.h 头文件中把库函数及主函数中需要用到的宏及函数做出了定义，这些函数即 GPIO 驱动的接口函数。这里实现了 GPIO 引脚方向配置及 GPIO 输出状态配置两个函数，当然这仅仅是 GPIO 外设功能的一部分。C6748 有 9 组(144 个) GPIO，以便函数可以支持对全部的 GPIO 进行配置，所以把寄存器地址写成基地址加偏移地址的方式，从而很方便访问到所有 GPIO 配置寄存器。然后在 gpio.c 文件中实现两个函数，实现的方法与之前配置 GPIO 的方法几乎一致，只不过需要把 GPIO 引脚号和状态作为参数传递到函数中来进行处理。

```
gpio.h 文件
/****************************************************/
/*                                                  */
/*                     宏定义                       */
/*                                                  */
/****************************************************/
#ifndef __GPIO_H__
#define __GPIO_H__

#ifdef __cplusplus
extern "C" {
#endif

```

```
#define HWREG(x)                (*((volatile unsigned int *)(x)))

/* GPIO寄存器定义 */
#define GPIO_BASE               (0x01E26000)

#define GPIO_DIR(n)             (0x10 + (0x28 * n))
#define GPIO_OUT_DATA(n)        (0x14 + (0x28 * n))

/* GPIO引脚方向定义 */
#define GPIO_DIR_INPUT          1    //输入
#define GPIO_DIR_OUTPUT         0    //输出

/* GPIO引脚输出定义 */
#define GPIO_PIN_LOW            0    //低电平
#define GPIO_PIN_HIGH           1    //高电平

/****************************************************/
/*                                                  */
/*                  函数声明                        */
/*                                                  */
/****************************************************/
void GPIODirModeSet(unsigned int baseAdd, unsigned int pinNumber, unsigned int
pinDir);
void GPIOPinWrite(unsigned int baseAdd, unsigned int pinNumber, unsigned int
bitValue);

#ifdef __cplusplus
}
#endif
#endif
```

GPIO驱动函数源文件(gpio.c)参考如下:

```
gpio.c
#include "gpio.h"

/****************************************************/
/*                                                  */
/*                  配置GPIO引脚方向                */
/*                                                  */
/****************************************************/
void GPIODirModeSet(unsigned int baseAdd, unsigned int pinNumber, unsigned int
pinDir)
```

```
{
    unsigned int regNumber = 0;
    unsigned int pinOffset = 0;

    regNumber = pinNumber / 32;
    pinOffset = pinNumber % 32;

 if(GPIO_DIR_OUTPUT == pinDir)
 {
        HWREG(baseAdd + GPIO_DIR(regNumber)) &= ~(1 << pinOffset);
 }
 else
 {
        HWREG(baseAdd + GPIO_DIR(regNumber)) |= (1 << pinOffset);
 }
}

/*********************************************/
/*                                           */
/*              配置 GPIO 输出状态            */
/*                                           */
/*********************************************/
void GPIOPinWrite(unsigned int baseAdd, unsigned int pinNumber, unsigned int bitValue)
{
    unsigned int regNumber = 0;
    unsigned int pinOffset = 0;

    regNumber = pinNumber / 32;
    pinOffset = pinNumber % 32;

if(GPIO_PIN_LOW == bitValue)
{
        HWREG(baseAdd + GPIO_OUT_DATA(regNumber)) &= ~(1 << pinOffset);
}
else if(GPIO_PIN_HIGH == bitValue)
{
        HWREG(baseAdd + GPIO_OUT_DATA(regNumber)) |= (1 << pinOffset);
}
}
```


主函数中的代码也需要修改，把之前对 GPIO 寄存器的直接配置修改成使用库函数来配置。函数形式相比之前直接寄存器读/写方式更加直观。

```
main.c
#include "gpio.h"

#define SYSCFG_PINMUX1  (0x01C14124)

void main(void)
{
// 引脚复用配置
    HWREG(SYSCFG_PINMUX1) = (8 << 8) | (8 << 20) | (8 << 24) | (8 << 28);

    // 配置为输出口
    GPIODirModeSet(GPIO_BASE, 0, GPIO_DIR_OUTPUT);
    GPIODirModeSet(GPIO_BASE, 1, GPIO_DIR_OUTPUT);
    GPIODirModeSet(GPIO_BASE, 2, GPIO_DIR_OUTPUT);
    GPIODirModeSet(GPIO_BASE, 5, GPIO_DIR_OUTPUT);

    // 点亮 LED
    GPIOPinWrite(GPIO_BASE, 0, GPIO_PIN_HIGH);
    GPIOPinWrite(GPIO_BASE, 1, GPIO_PIN_HIGH);
    GPIOPinWrite(GPIO_BASE, 2, GPIO_PIN_HIGH);
    GPIOPinWrite(GPIO_BASE, 5, GPIO_PIN_HIGH);

    for(;;)
    {

    }
}
```

程序源文件修改完成之后，就需要修改生成应用程序的 makefile 文件。在 makefile 文件中添加生成库文件的目标，然后在生成应用程序的部分增加链接 GPIO 驱动库的语句。生成库文件使用 ar6x 程序把源文件（如 gpio.c）编译生成 gpio.obj 文件，然后把 gpio.obj 文件打包成 gpio.lib 文件即可。

```
CGTOOLS = D:/Project/Ti/ti-cgt-c6000_8.2.0

CC = $(CGTOOLS)/bin/cl6x -c -k --abi=eabi
LD = $(CGTOOLS)/bin/lnk6x
AR = $(CGTOOLS)/bin/ar6x

CFLAGS  = -mv6740 $(CCPROFILE_$(PROFILE))
LDFLAGS = -u _c_int00 -c -m $(@D)/$(@F).map
```

```
LDLIBS   = -l $(CGTOOLS)/lib/rts6740_elf.lib -l $(LIB_DIR)/$(LIBRARY).
                 lib -l C6748.cmd

ARFLAGS = -r

CCPROFILE_Debug = --symdebug:dwarf
CCPROFILE_Release = --symdebug:none -O2

SRCS = main.c
OBJS = $(addprefix $(PROFILE)/, $(patsubst %.c, %.obj, $(SRCS)))

LIBRARY  = gpio
LIB_DIR  = Library

LIB_SRCS = gpio.c
LIB_OBJS = $(addprefix $(LIB_DIR)/, $(patsubst %.c, %.obj, $(LIB_SRCS)))

LIBFLAGS = -mv6740

all: lib debug release

debug:
	$(MAKE) PROFILE=Debug DSP.x

release:
	$(MAKE) PROFILE=Release DSP.x

DSP.x: $(PROFILE)/LED.out

$(PROFILE)/LED.out: $(OBJS)
	@echo "# Making $@ ..."
	$(LD) $(LDFLAGS) -o $@ $(OBJS) $(LDLIBS)

$(PROFILE)/%.obj: %.c
	@echo "# Making $@ ..."
	$(CC) $(CFLAGS) -fs $(PROFILE) --output_file=$@ $<

lib: $(LIB_DIR)/$(LIBRARY).lib

$(LIB_DIR)/$(LIBRARY).lib: $(LIB_OBJS)
	@echo "# Archiving $@ ..."
```

```
	$(AR) $(ARFLAGS) $@ $(LIB_OBJS)

$(LIB_DIR)/%.obj: %.c $(LIB_DIR)/.created
	@echo "# Compiling $<"
	$(CC) $(LIBFLAGS) -fs $(LIB_DIR) $< --output_file $@

$(LIB_DIR)/.created:
	-md $(LIB_DIR)

clean:
	-rd /S /Q Debug
	-rd /S /Q Release
	-rd /S /Q Library

ifneq (clean,$(MAKECMDGOALS))
  ifneq (,$(PROFILE))
    ifeq (,$(wildcard $(PROFILE)))
 $(shell md $(PROFILE))
    endif
  endif
endif
```

当然，这个 makefile 文件还有很多不完善的地方，这里主要是使读者对使用 makefile 文件编译 DSP 程序有个初步认识。在命令行提示符下执行 make lib 命令可以仅编译库文件，如图 2-7 所示。执行 make 命令可以根据逐层依赖关系先编译库文件再编译应用程序，如图 2-8 所示。

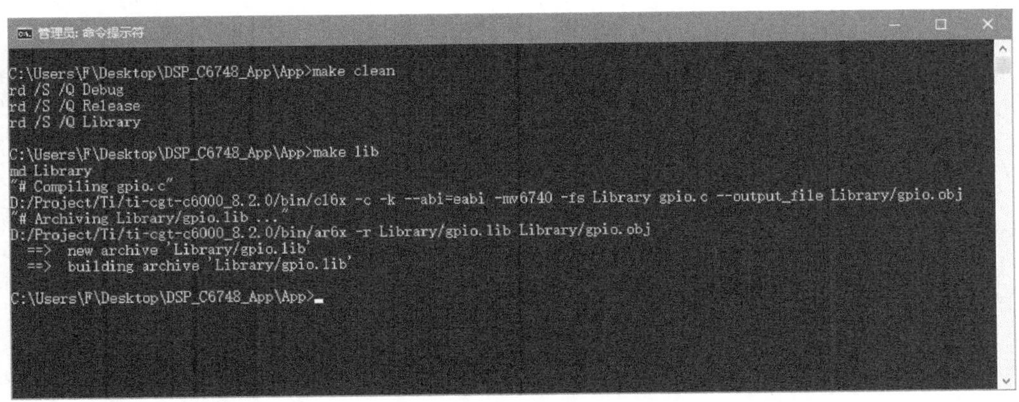

图 2-7　使用 make 编译库文件

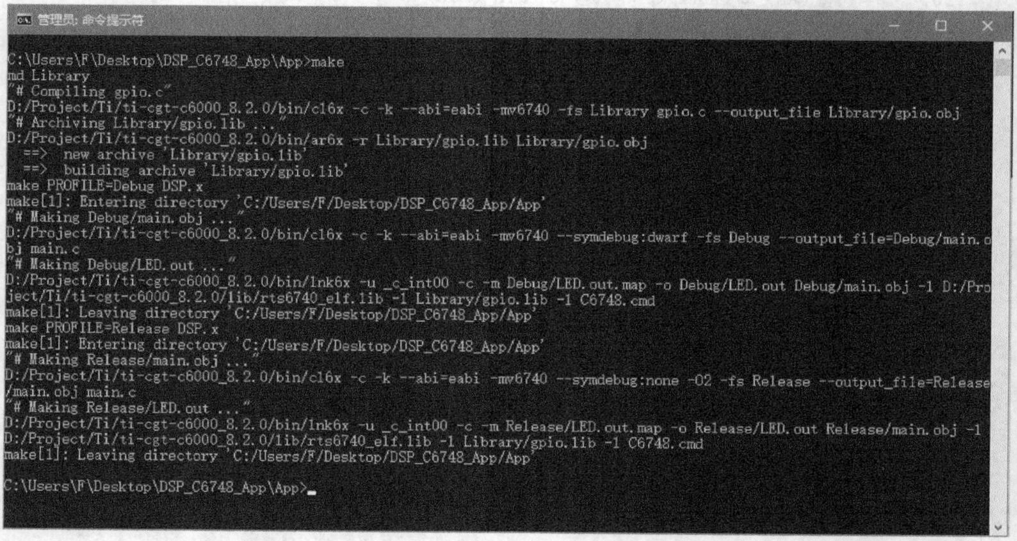

```
管理员: 命令提示符
C:\Users\F\Desktop\DSP_C6748_App\App>make
md Library
"# Compiling gpio.c"
D:/Project/Ti/ti-cgt-c6000_8.2.0/bin/cl6x -c -k --abi=eabi -mv6740 -fs Library gpio.c --output_file Library/gpio.obj
"# Archiving Library/gpio.lib ..."
D:/Project/Ti/ti-cgt-c6000_8.2.0/bin/ar6x -r Library/gpio.lib Library/gpio.obj
  ==>  new archive 'Library/gpio.lib'
  ==>  building archive 'Library/gpio.lib'
make PROFILE=Debug DSP.x
make[1]: Entering directory 'C:/Users/F/Desktop/DSP_C6748_App/App'
"# Making Debug/main.obj ..."
D:/Project/Ti/ti-cgt-c6000_8.2.0/bin/cl6x -c -k --abi=eabi -mv6740 --symdebug:dwarf -fs Debug --output_file=Debug/main.o
bj main.c
"# Making Debug/LED.out ..."
D:/Project/Ti/ti-cgt-c6000_8.2.0/bin/lnk6x -u _c_int00 -c -m Debug/LED.out.map -o Debug/LED.out Debug/main.obj -l D:/Pro
ject/Ti/ti-cgt-c6000_8.2.0/lib/rts6740_elf.lib -l Library/gpio.lib -l C6748.cmd
make[1]: Leaving directory 'C:/Users/F/Desktop/DSP_C6748_App/App'
make PROFILE=Release DSP.x
make[1]: Entering directory 'C:/Users/F/Desktop/DSP_C6748_App/App'
"# Making Release/main.obj ..."
D:/Project/Ti/ti-cgt-c6000_8.2.0/bin/cl6x -c -k --abi=eabi -mv6740 --symdebug:none -O2 -fs Release --output_file=Release
/main.obj main.c
"# Making Release/LED.out ..."
D:/Project/Ti/ti-cgt-c6000_8.2.0/bin/lnk6x -u _c_int00 -c -m Release/LED.out.map -o Release/LED.out Release/main.obj -l
D:/Project/Ti/ti-cgt-c6000_8.2.0/lib/rts6740_elf.lib -l Library/gpio.lib -l C6748.cmd
make[1]: Leaving directory 'C:/Users/F/Desktop/DSP_C6748_App/App'

C:\Users\F\Desktop\DSP_C6748_App\App>_
```

图 2-8　使用 make 编译整个 DSP 程序

第3章

CCS 集成开发环境

3.1 为什么要使用集成开发环境

前面介绍了相对简单的方式来编译生成 DSP 应用程序，也让读者对 TMS320C6748 开发的全部流程有了初步的了解。但是，这种方法对于初学者来说相对困难一些。最为通用的开发 DSP 的方法还是使用 TI 公司推出的 CCS(Code Composer Studio)集成开发环境（IDE，Integrated Development Environment）。CCS 推出了有十几年了，其中，CCSv3 是比较经典的版本，至今仍然有很多工程师在使用。但早期的 CCS 版本在使用便捷性方面已经跟现在主流 IDE 大相径庭，而且也不支持新型号的处理器。TI 公司从 CCSv4 开始使用基于 JAVA 的开源集成开发环境 Eclipse 来二次开发，集成了很多针对 TI 嵌入式处理器的开发插件。之前使用过 Eclipse 的工程师上手非常方便，对于初学者来说学习成本也比较低。最新版本的 CCSv7 基于 Eclipse Neon 4.6 版本及 CDT 9.0 版本。CDT(C/C++ Development Tooling)是针对 C/C++开发人员的 Eclipse 插件。

说了这么多 CCS 到底优势在哪里？通过 CCS IDE，开发人员可以以工程的形式来管理。CCS 集成了文本编辑器、编译器、RTOS 配置以及调试器等组件。其中，最重要的就是调试功能，调试功能是使用集成开发环境的最大动力，通过调试器可以在调试模式下实时获取 DSP 寄存器、变量及内存数据，还可以得到程序的运行输出结果。对于更高端的 C66x，还支持追踪(Trace)功能，从而监测程序运行，方便排查问题。同时，CCS 还集成了版本管理插件 Git，方便对软件版本进行管理、追溯历史版本、比较版本之间代码差异等。

此外，对于 OMAP－L138 这样的 ARM+DSP 架构多核处理器，开发人员还可以在 CCS 下同时开发 DSP 及 ARM 或 Linux 程序。

CCS IDE 把 DSP 开发需要的所有相关功能全部集成在一起，方便开发人员使用。同时，基于 Eclipse 的 CCS 还可以安装各种各样的第三方插件来丰富 CCS 功能。

3.1.1　创建普通 CCS 工程

普通 CCS 工程指不基于 RTSC 实时软件组件技术的、用于生成 DSP 可执行程序的工程。

打开 CCS 集成开发环境，选择工作空间（Workspace）所在目录，如图 3－1 所示。这个目录必须是纯英文路径，不能包含任何非 ASCII 字符，最好也不要包含空格。否则，编译或调试的时候会报错。

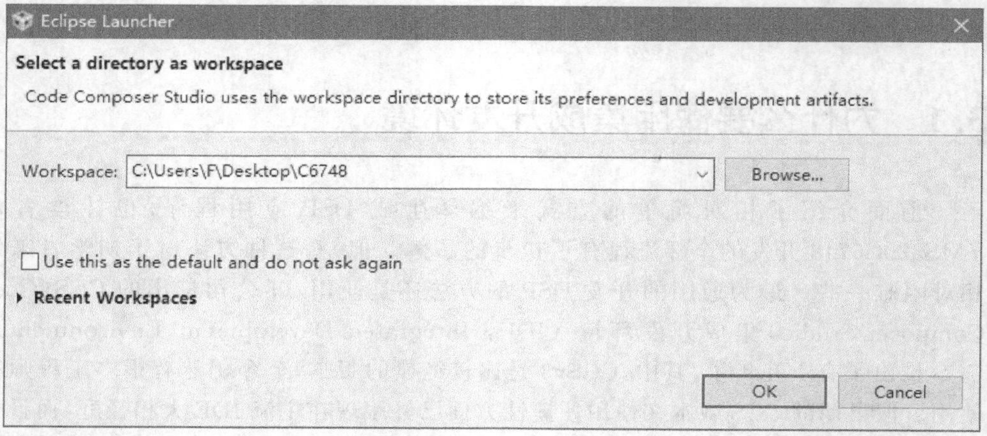

Eclipse Launcher

Select a directory as workspace

Code Composer Studio uses the workspace directory to store its preferences and development artifacts.

Workspace: C:\Users\F\Desktop\C6748　Browse...

☐ Use this as the default and do not ask again

▸ Recent Workspaces

OK　Cancel

图 3－1　选择工作空间

如果之前选中了 Use this as the default and do not ask again 复选框，则不弹出该对话框，那么可以通过修改 CCS 启动设置来打开这个对话框。选择 Window→Preferences 菜单项，在弹出的界面选择 General→Startup and Shutdown 条目，选中 Prompt for Workspace on startup 复选框即可，如图 3－2 所示。

默认情况下 CCS 会打开当前 Workspace 上一次关闭时的视角，可以通过工具栏最右边的按钮来切换视角，主要用到的视角有编辑视角和调试视角。

CCS 编辑视角如图 3－3 所示。

CCS 会将窗口布局配置保存到工作空间所在目录“.metadata”子目录下，不同工作空间时 CCS 界面布局可能不太一样，可以通过选择 Window→Perspective→Reset Perspective 菜单项恢复到默认布局。

选择 File→New→CCS Project 菜单项，打开新建工程对话框，也可以在左边的 Project Explorer 工具栏界面，单击鼠标，并在弹出的级联菜单中选择 New→CCS Project，如图 3－4 所示。

New 菜单中的 Project 选项是 Eclipse 提供的，CCS 使用的是未经过修改的 Eclipse，所以有很多 Eclipse 特性存在。如果需要创建 GCC 工程，则可以选择这个选项。只要是开发 TI 嵌入式处理器，则这里一定要选择 CCS Project；不论这个工程

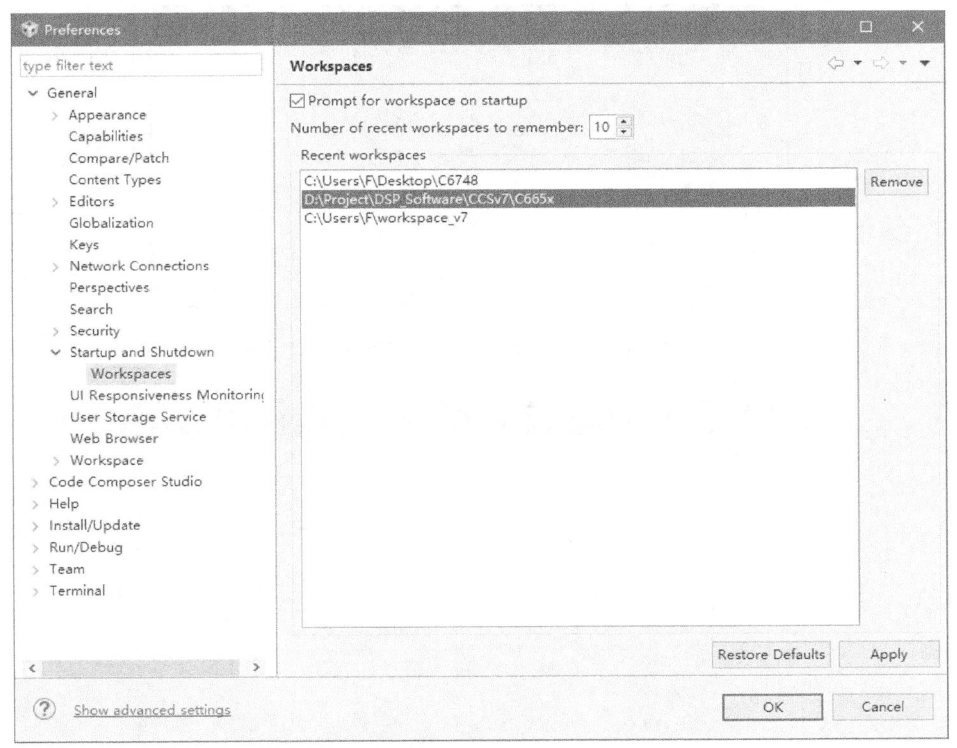

图 3-2 修改程序启动选项

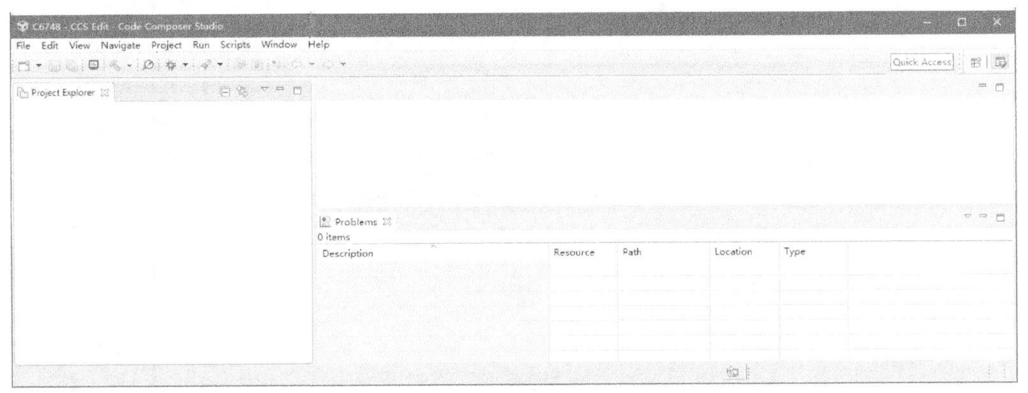

图 3-3 CCS 编辑视角

使用 C 或 C++，还是线性汇编或者汇编语言开发，建立的工程必须是 CCS Project。

新建工程对话框，如图 3-5 所示。

现将对话框内的参数介绍如下：

图 3-4　在工程浏览器打开新建工程对话框

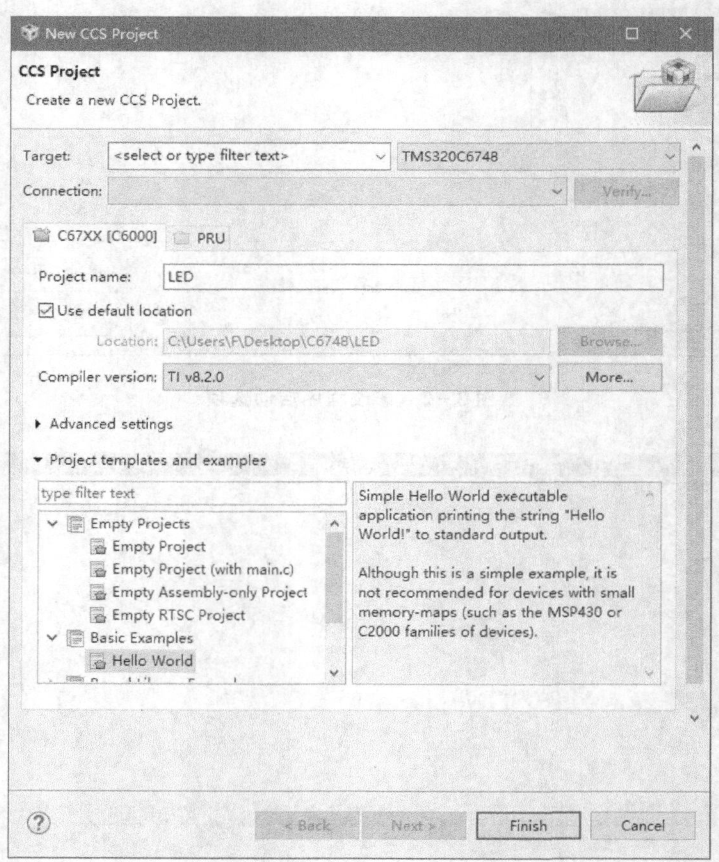

图 3-5　新建 CCS 工程对话框

1. Target

用于选择 CPU 型号，这里的可选型号跟 CCS 安装的处理器支持有关。如果找不到需要的处理器型号，则须添加相应处理器支持。可以直接重新运行 CCS 安装程序，然后在选择安装路径目录时使用当前 CCS 安装目录，则 CCS 安装程序自动检测已安装的组件。若已安装组件呈现灰色字样，则选中没有安装的组件继续安装即可。

2. Connection

用于选择工程调试时连接开发板所使用的仿真器型号，可选型号与 CCS 安装的仿真器支持有关。新建工程后自动生成一个仿真器配置文件.ccxml，选择仿真器型号后可以单击 Verify 按钮测试仿真器连接；测试时需要给开发板上电，同时建议启动模式调整到 Emulation Debug 模式。当然，也可以在新建工程完成之后再添加这个文件，或者使用全局仿真器配置文件。

3. Project name

即工程名称及默认情况下所有文件所在目录的名称，需要注意的是名称里面不能够包含非 ASCII 字符(如中文)；而且必须是半角全英文字符，可以包含空格，但不推荐。

4. Location

即工程所在路径，默认路径是 Workspace 所在路径。Windows 系统文件名及路径是不区分大小写的，但是如果使用的是基于 Linux 版本的 CCS，则需要注意路径的大小写。工程所在目录名称可以跟工程名不一致，一般情况下建议保持一致。

5. Compiler version

即选择编译工具链版本。建议使用新版本的编译工具链，因为新版本会修复旧版本存在的 Bug，也会优化生成程序性能。目前，C6000 编译工具链主要有 8.x、7.6.x、7.4.x 以及 7.4.x 版本，更早的版本已经停止支持。CCSv7 默认预装的 8.1.x 版本。8.x 及 7.6.x 版本主要用于 HPC-MCSDK、OpenMP 和 OpenCL 的开发，也就是说，主要面向多核同构或异构处理器，当然，单核心处理器也完全可以使用。对于已经开发出来的应用程序或者为了兼容早期版本的处理器，建议使用最新的 7.4.x 版本。8.x 版本编译工具链只支持 C64+、C674x 以及 C66x 内核的 DSP，且生成二进制文件格式只支持 ELF。

单击 Advanced settings 打开高级设置，如图 3-6 所示。

6. Output type

即输出文件类型，可以选择可执行文件或者静态库。可执行(Executable)选项用于生成可以在目标处理器直接运行的可执行程序。静态库(Static Library)选项用于生成可以被可执行程序链接的静态库文件，静态库可以认为是很多函数源文件编译生成的目标文件的打包文件。使用静态库时，可执行程序中就不需要包含由静态库提供的函数的源文件，从而提高编译速度，也可以保护非开源部分代码。C6000 系列 DSP 还支持动态链接库，不过一般很少使用。静态库和动态链接库的区别就像

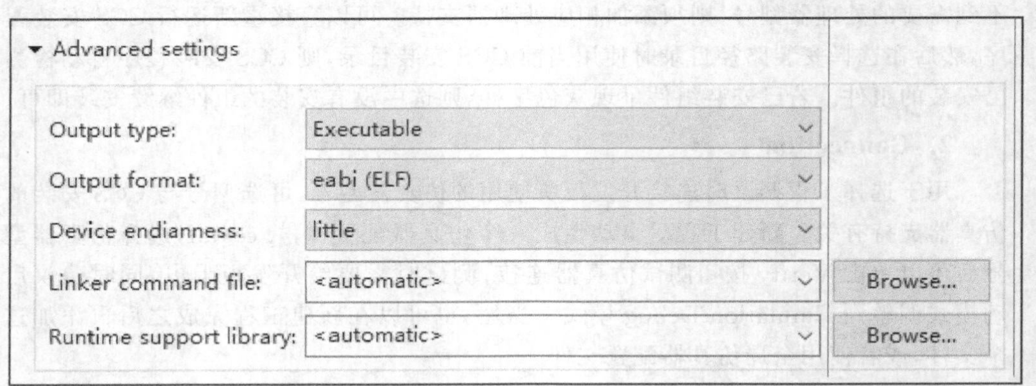

图 3－6　高级设置

Windows 系统下. lib 和. dll 文件的区别。

7. Output format

用于选择 COFF 或者 ELF 格式，它们只是二进制文件组织结构上有所区别，实际上大部分特性是一致的。但是使用 ELF 格式是一种趋势，如果不是为了链接早期 COFF 版本的静态库或二进制目标文件，建议选择 ELF 格式。目前，没有任何工具可以支持 COFF 格式、ELF 格式的静态库，或可执行程序文件之间互相转换，如果程序必须要引用 COFF 版本静态库，除非重新使用源码编译为 ELF 格式的静态库文件，否则程序只能选择 COFF 格式。

8. Device endianness

用于支持大端(Big Endian)及小端(Little Endian)字节序，需要与处理器支持的字节序匹配。C6748 是小端字节序处理器。C6655/57 及 C6678 系列同时支持大端及小端字节序，可以通过特定配置引脚配置，因为这个系列处理器最初是面向通信基础设施应用场景。在网络开发中，为了保证在不同字节序处理器都可以通过网络正常通信，网络协议中规定必须使用大端字节序。

9. Linker command file

即命令链接文件(CMD 文件)。可以使用 CCS 提供的 CMD 文件模板，也可以自己选择 CMD 文件。工程中不存在 CMD 文件时，编译工程中可能不会出现错误，但是调试运行时一定会出错。在开发 TI DSP 程序时，工程中必须添加有效的 CMD 文件。

10. Runtime support library

即 TI C/C++ Runtime Support Library(C/C++运行时支持库)，C/C++语言标准函数的实现。例如，用于输出字符的标准输入输出函数 printf，用于数学计算的 sin、cos 以及 tan 等函数，就是由 RTS 库提供的。RTS 还用于初始化 C/C++语言运行环境、配置堆栈等操作。如果这里选择的<automatic>应用程序中会被添加一个 libc.a 的静态库,则这个库的主要作用是根据应用程序的具体配置在链接的时候选择相应的 RTS 库。当然,也可以直接选定一个 RTS 库,比如 rts6740_elf.lib。

单击 Project templates and examples 打开工程模板与例程,如图 3-7 所示。

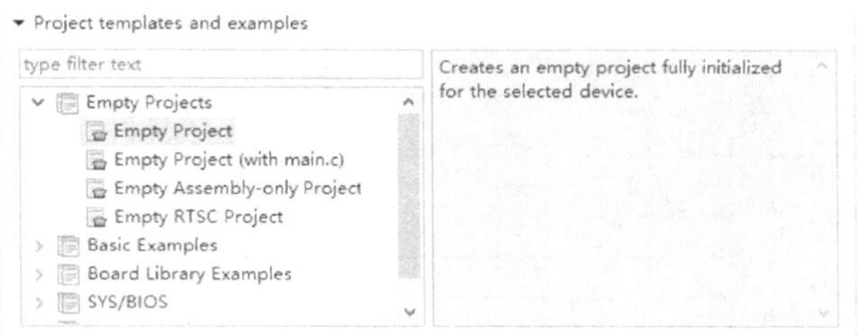

图 3-7 工程模板

11. Project templates and examples

即工程模板及例程。可以选择一个模板或例程作为参考来创建工程,这里列出的条目与 CCS 中安装的组件有关。如果使用 RTSC 工程模板或例程,则工程中必须有有效的.cfg 文件才能正确编译。对于不使用 SYS/BIOS 等实时软件组件的程序,须选择普通工程模板或例程。如果程序中用到 SYS/BIOS 实时操作系统内核、NDK TCP/IP 网络协议栈、IPC 多核/多处理器通信、UIA 系统分析以及多媒体框架组件,则必须使用 RTSC 工程。

在 CCS 新建工程对话框中,除了可以选择创建基于 C67XX[C6000]核心的 DSP 工程(实际上 C6748 属于 C674x 架构,C674x 架构融合了 C67x+和 C64x+架构的优势,同时软件上向下二进制兼容),还可以选择创建基于 PRU 核心的工程。

PRU 属于实时控制单元子系统(PRUSS),在 C674x 或 OMAP-L13x 内部最多有两个 PRU 核心。可以简单地认为 PRU 是一个精简指令集(RISC)的 32 位 MCU,每个 PRU 核心可以运行在 228 MHz 时钟(DSP/ARM 主频一半),每个 PRU 核心拥有 4 KB 指令内存、512 字节数据内存,可以使用 C/C++以及汇编语言开发。PRU 主要用于执行对时间要求比较严格的任务,从而实现各种工业标准协议或者用于减轻 DSP 或 ARM 负载。TI 的很多 Sitira 处理器中都有 PRU 核心,部分 DSP 处理器中也有,比如 AM335x、AM437x、AM57x 以及 66AK2Gx 等,TI 专门为 PRU 设计了支持各种工业协议的固件,如 EtherCAT、PROFIBUS、Ethernet/IP 以及 Profinet 等。C6748/OMAP-L138 中的 PRU 属于 v1 版本,虽然版本比较早,但实用性很强。PRU 可以访问 SOC 内部绝大部分内存和外设,对于部分外设效率会比 DSP 更高。使用 DSP 直接控制 GPIO 输出方波大概只有几 MHz,使用 EDMA3 控制 GPIO 输出方波可以达到 28 MHz,而使用 PRU 直接控制 PRU GPO 时输出方波可以达到 77 MHz。

切换到 PRU 工程创建选项界面，如图 3－8 所示。

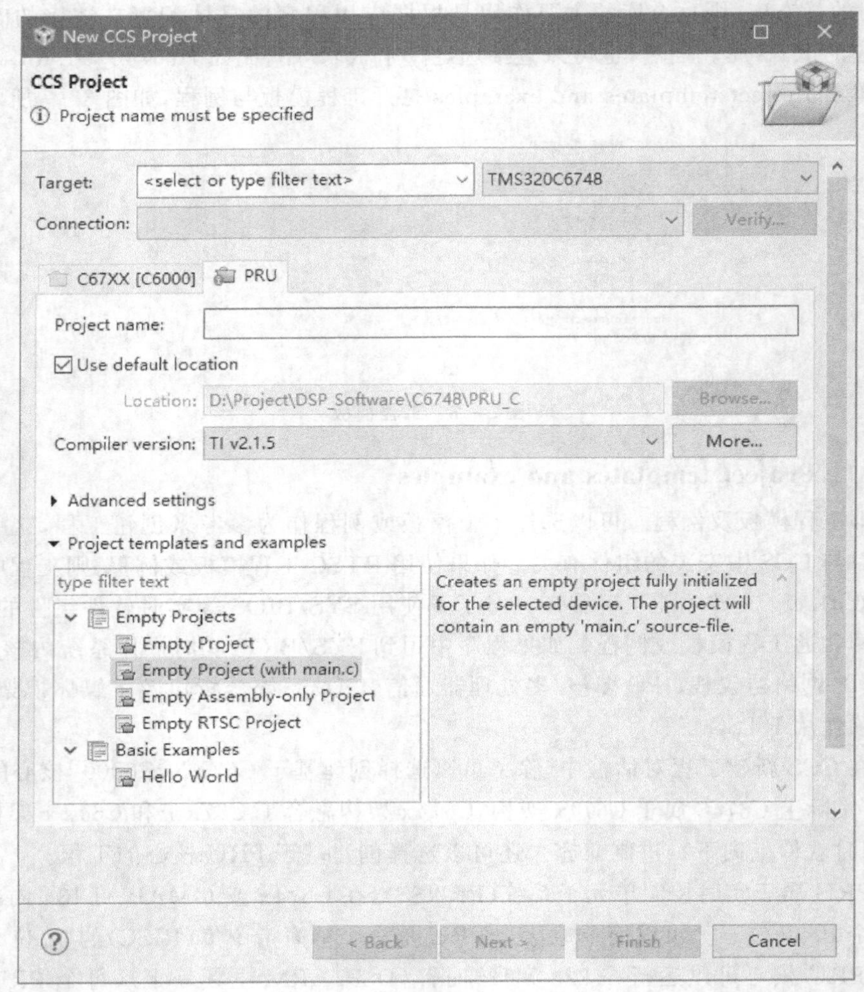

图 3－8 新建 PRU 工程界面

使用 PRU 之前需要安装 PRU 编译器，在 TI 官网下载 PRU 编译器安装包。与 DSP 最新版本编译器一样，PRU 编译器支持 Windows、Linux、MacOS 以及 ARM Linux 系统。双击 ti_cgt_pru_2.1.5_windows_installer.exe 开始安装，之后的安装步骤与安装 DSP 编译工具链基本一致，建议安装到与 CCSv7 相同的目录下（默认 C:\ti\ti-cgt-pru_2.1.5），如图 3－9 所示。

安装完成后，CCS 自动检测并把编译器安装到 CCS 中。如果 PRU 编译器没有安装到与 CCSv7 相同目录，则 CCS 可能检测不到编译器，需要额外手工安装。选择 Window→Preferences 菜单项，在弹出的对话框选择 Code Composer Studio→Build→Compilers 条目，单击 Tool discovery path 右边的 Add 按钮添加 PRU 编译器安装

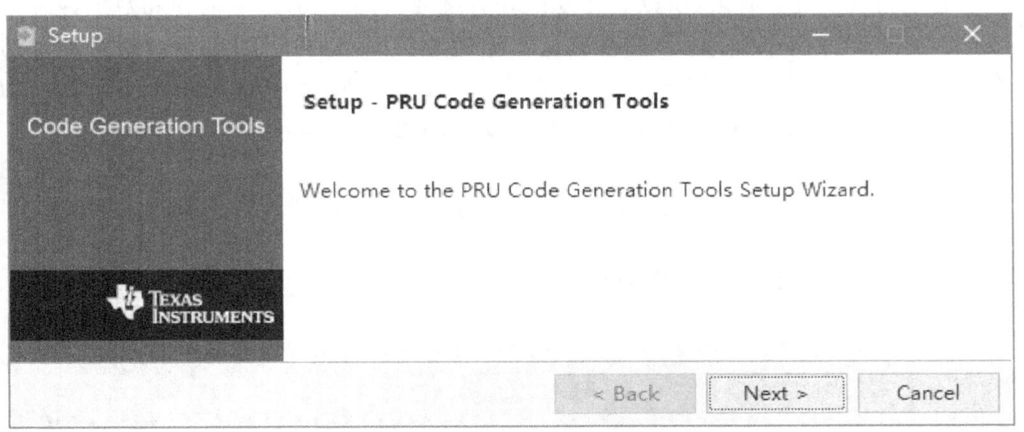

图 3-9　安装 PRU 编译器

目录，如图 3-10 所示，则 CCS 自动扫描并开始安装；也可以单击 Refresh 按钮重新扫描。

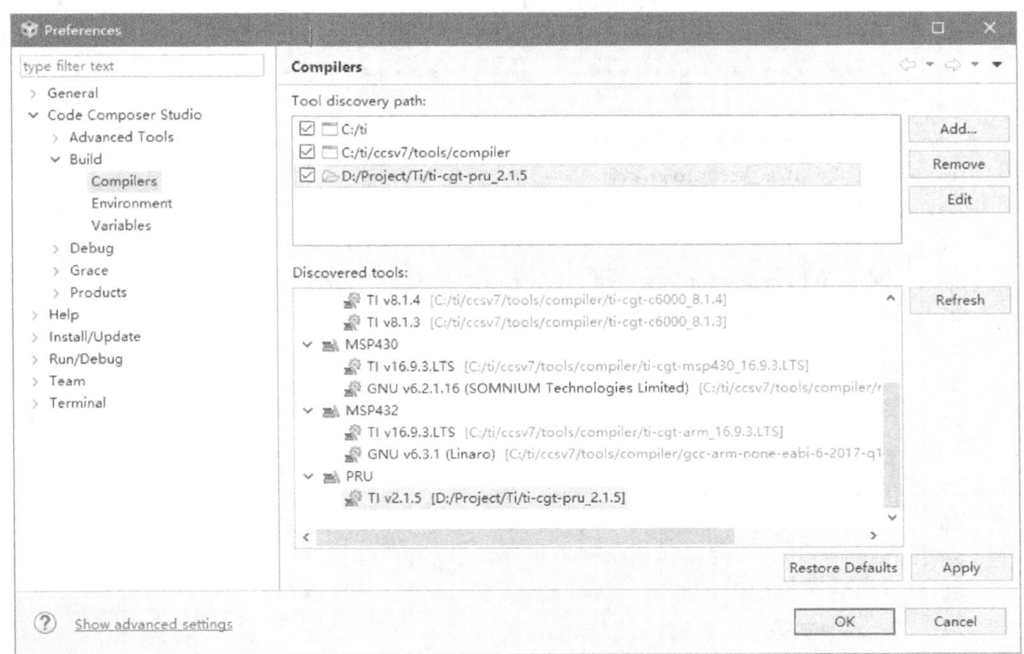

图 3-10　安装 PRU 编译器到 CCS

只有 PRU 编译器被正确安装，才可以创建 PRU CCS 工程。PRU CCS 工程创建需要配置的相关参数与 DSP 工程基本类似。但是，CCSv7 没有提供针对 C6748/OMAP-L138 PRU 正常运行所需的 CMD 文件，这里需要手工导入。

由于PRU资源有限,所以其开发比较有挑战。PRU的指令内存和数据内存是分开的,与DSP核心类似,既可以通过本地地址访问,也可以通过全局映射地址访问。这个CMD文件使用的是本地地址,而且需要固定PRU程序入口地址为0x00000000。PRU程序正确加载后,就会从本地地址0x00000000开始运行。

```
PRU.cmd
/****************************************************************************/
/*                                                                          */
/* 广州创龙电子科技有限公司                                                 */
/*                                                                          */
/* Copyright (C) 2017 Guangzhou Tronlong Electronic Technology Co.,Ltd      */
/*                                                                          */
/****************************************************************************/
/****************************************************************************/
/*                                                                          */
/*                 PRU内存映射与分配                                        */
/*                                                                          */
/*                 2017年06月26日                                           */
/*                                                                          */
/****************************************************************************/
/*
 *   - 希望缄默(bin wang)
 *   - bin@tronlong.com
 *   - DSP项目组
 *
 *   官网 www.tronlong.com
 *   论坛 51dsp.net
 *
 */
-cr// RAM模型
-heap   0x100// 堆
-stack 0x100// 栈

MEMORY
{
    PAGE 0:
    PRUIRAM:   o = 0x00000000   l = 0x00001000   /*  4KB PRU程序内存 */

    PAGE 1:
    PRUDRAM:   o = 0x00000000   l = 0x00000200   /* 512B PRU数据内存 */
}

```

```
SECTIONS
{
    .text:_c_int00 * >   0x00000000
    .text>   PRUIRAM PAGE 0
    .stack>   PRUDRAM PAGE 1
    .bss>   PRUDRAM PAGE 1
    .cio>   PRUDRAM PAGE 1
    .const>   PRUDRAM PAGE 1
    .data>   PRUDRAM PAGE 1
    .switch>   PRUDRAM PAGE 1
    .sysmem>   PRUDRAM PAGE 1
    .cinit>   PRUDRAM PAGE 1
    .rodata>   PRUDRAM PAGE 1
    .fardata>   PRUDRAM PAGE 1 ALIGN 4
    .farbss>   PRUDRAM PAGE 1
    .rofardata>   PRUDRAM PAGE 1 ALIGN 4
}
```

3.1.2 工程导入/导出

可以把之前创建的或其他工程师发布的工程、来源于Git服务器上的工程导入到当前工作空间使用。CCSv7支持导入CCSv3(3.3版本)或者Eclipse版本工程(CCSv4/CCSv5/CCSv6/CCSv7)。但是,由于CCSv3工程的配置文件与Eclipse版本工程差异比较大,导入后可能存在一些错误。这种情况下建议重新建立CCS工程,然后再添加原工程的相关文件(不包括工程配置文件)。

选择File→Import菜单项、Project→Import CCS Projects或Import Legacy CCSv3.3 Projects或者在Project Explorer工具栏窗口空白处右击鼠标都可以打开导入对话框。

Import导入功能和Import CCS Projects导入功能最大的区别是Import除了可以导入工程之外,还可以导入其他配置文件以及普通Eclipse工程等文件,如图3-11所示。

而Import CCS Projects主要用于导入CCS Eclipse工程,如图3-12所示。

在Select search-directory文本框直接输入CCS Eclipse工程所在目录,然后按回车键,则CCS自动搜索当前目录及下级目录中的有效工程,并显示在下面的Discovered projects列表框中;也可以单击右侧的Browse按钮选择路径。最后,选择需要导入的工程并单击Finish按钮即可,如图3-13所示。在Discovered projects列表框中灰色字体的工程表示当前工作空间中已经导入该工程或者已经存在同名工程。

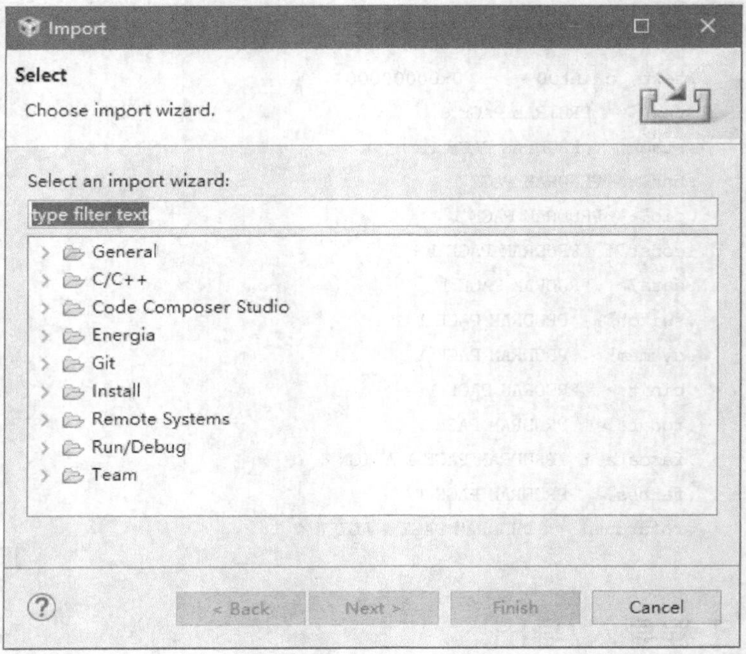

Import

Select

Choose import wizard.

Select an import wizard:

type filter text

General
C/C++
Code Composer Studio
Energia
Git
Install
Remote Systems
Run/Debug
Team

< Back　Next >　Finish　Cancel

图 3 - 11　Import 对话框

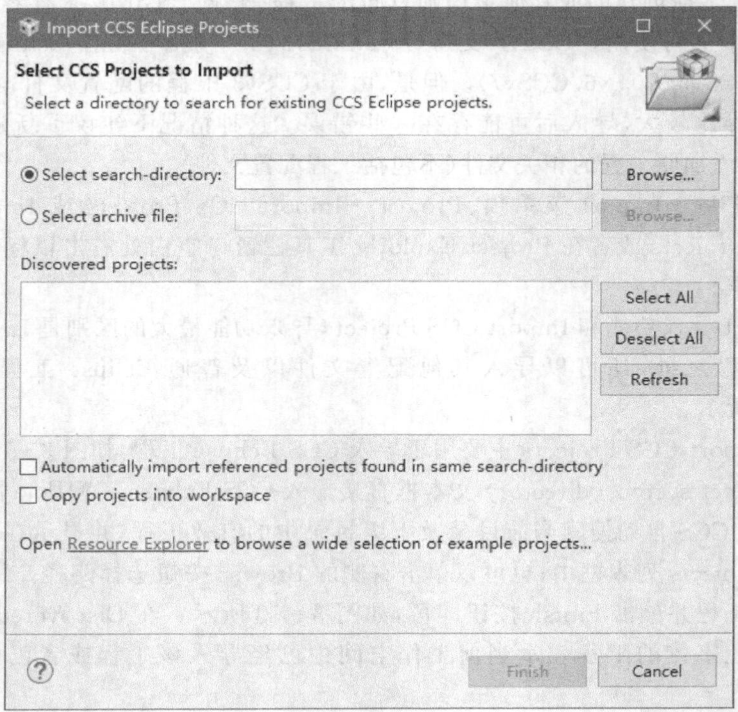

图 3 - 12　Import CCS Eclipse Projects 对话框

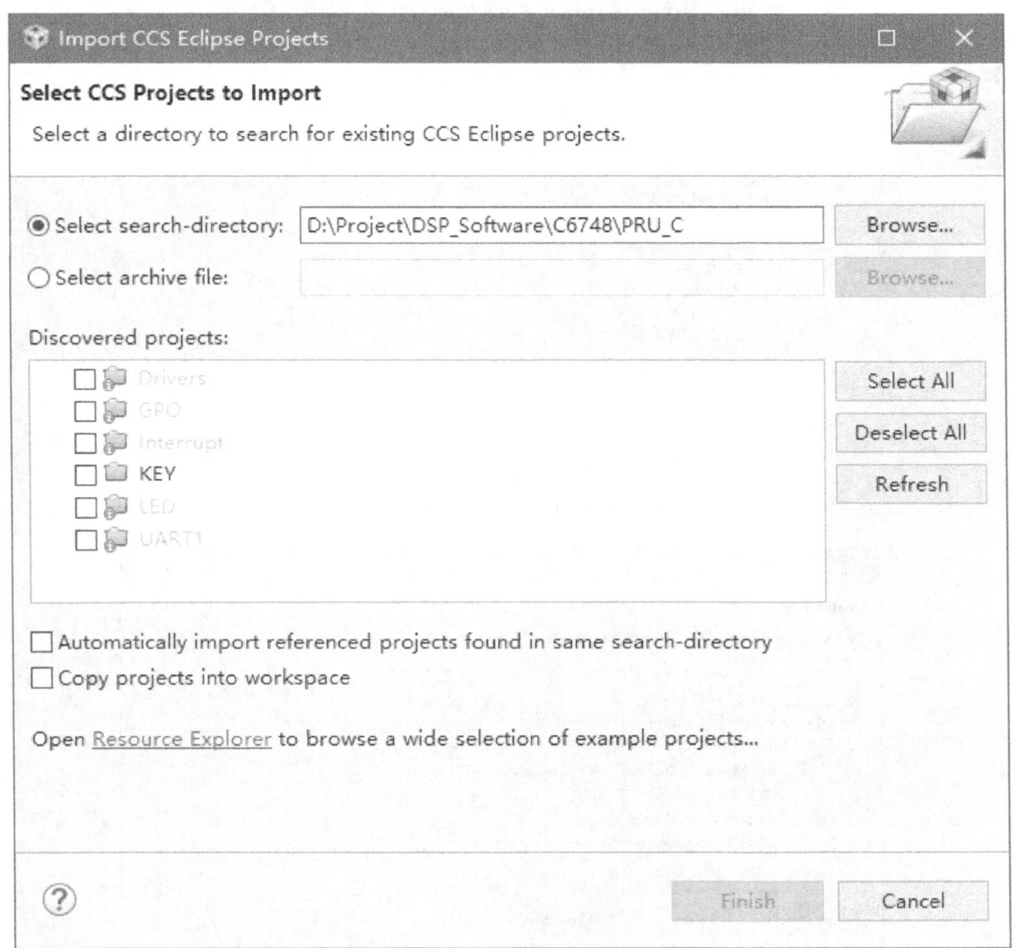

图3-13　选择需要导入的工程

工程导出可以把当前工作空间的工程导出来用于发布，可以导出工程、工程设置以及各种配置文件，比较常用的功能是导出工程到压缩文件方便发布。选择File→Export或Project Explorer鼠标右键菜单都可以打开Export对话框，在Export对话框选择General→Archive File条目，如图3-14所示。

单击Next按钮，在弹出的对话框中配置导出参数，如图3-15所示。选择需要导出的工程及每个工程中需要导出的文件，还可以选择压缩文件文件名及压缩文件格式，单击Finish按钮完成导出。注意，导出功能只能导出当前工作空间内的工程中的文件。

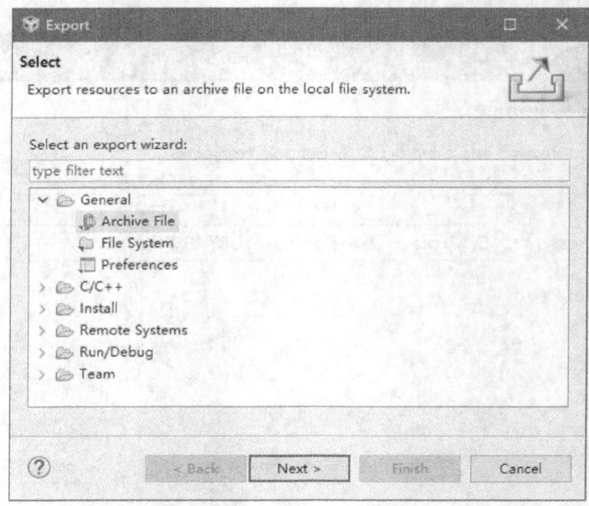

图 3-14　Export 对话框

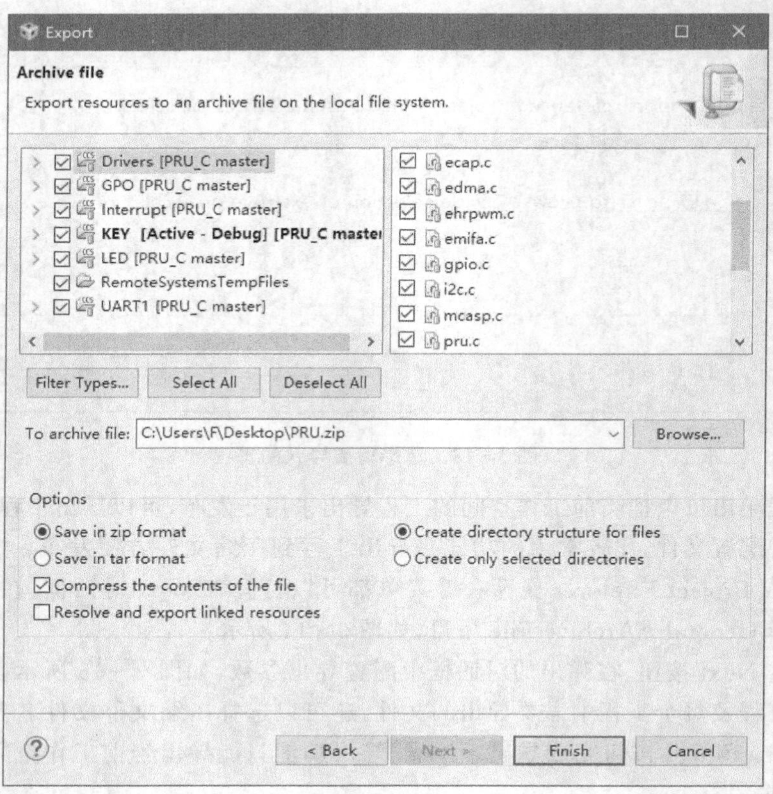

图 3-15　配置导出参数

3.1.3 更改编译选项

在 Project Explorer 工具栏窗口中右击工程或工程中的文件选择属性(Properties)打开属性对话框,如图 3-16 所示。

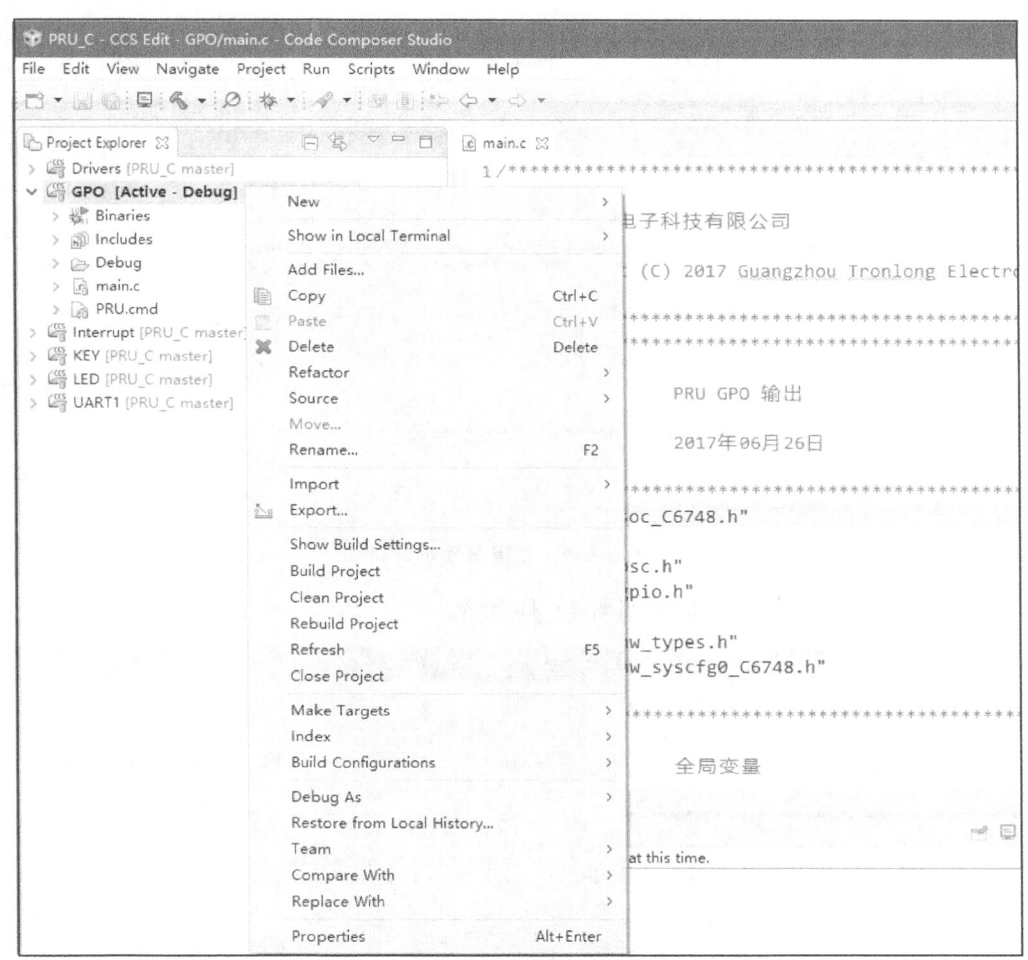

图 3-16 工程鼠标右键菜单

工程的属性配置适用于整个工程的所有有效文件,单个文件的属性配置仅适用于当前文件。工程属性对话框、源文件或 CMD 文件的属性对话框中可以配置的项目是不一样的,工程属性对话框中可以配置的项目比较丰富,文件属性配置项目就要少很多。例如,想测试优化选项对特定文件中的函数运行结果的影响,则可以只在单个文件的编译器优化选项中打开优化功能-o2 或-o3,这样工程中的其他源文件就不会受优化选项影响。

工程属性对话框如图 3-17 所示，还可以单击左下角的 Show advanced settings 查看更多高级设置。

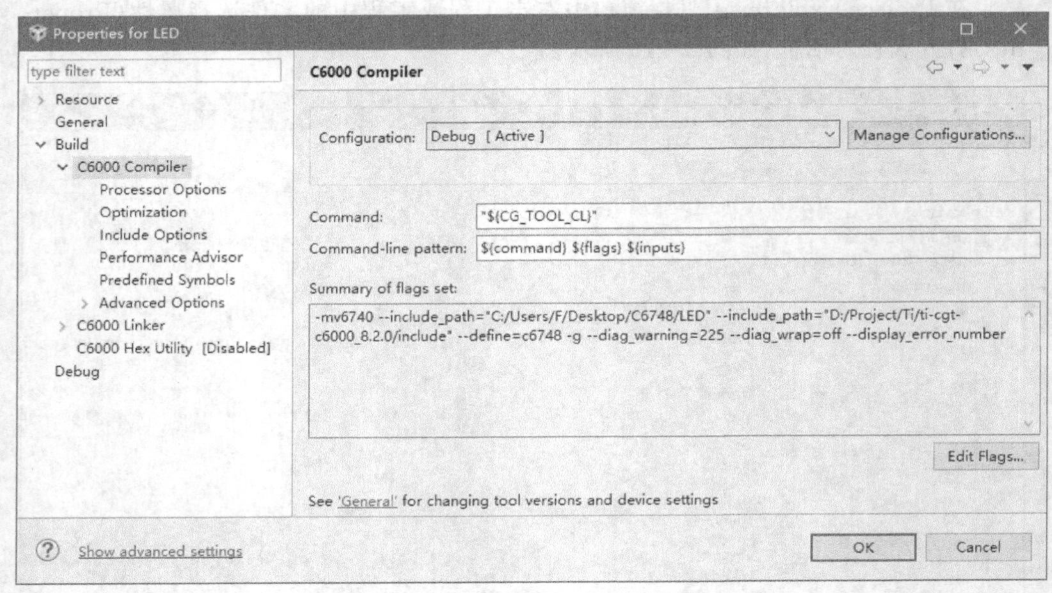

图 3-17　工程属性对话框

C/C++源文件属性对话框如图 3-18 所示。

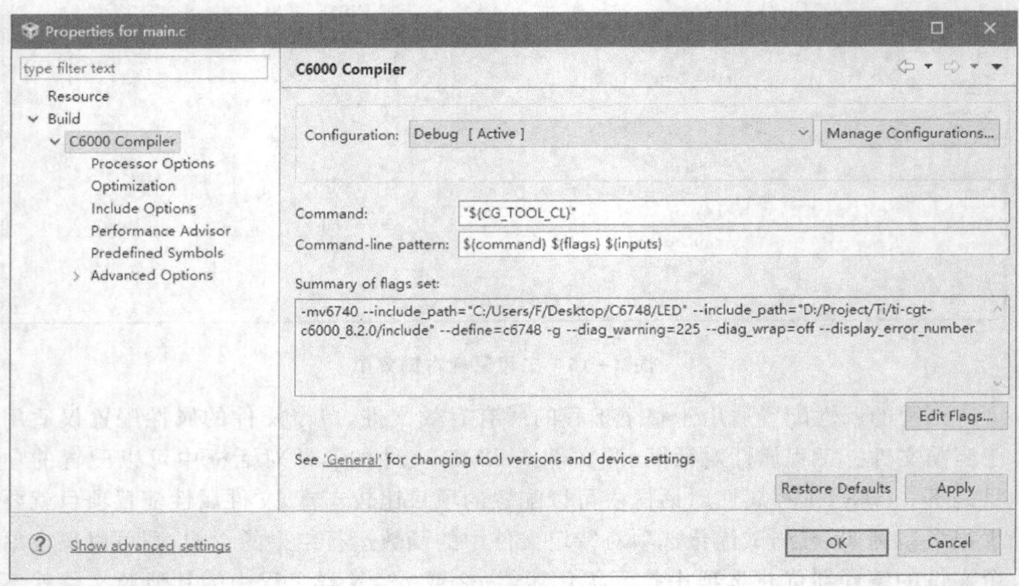

图 3-18　文件属性对话框

在 Build→C6000 Compiler(或 ARM Compiler、PRU Compiler 等)下面的选项页就可以配置编译器的编译选项,当然,根据当前工程类型以及编译器版本的不同,这里可以配置的选项也不同。具体配置选项的含义需要参阅相应平台的编译器手册。

常用选项如下:

Optimization(优化选项):可以配置编译器自动对源文件的优化级别。对于C6000处理器来说,只有优化级别开启-o2以上才会开启流水线,允许最多8条指令并行执行;否则,指令只会一条一条串行执行。不过,在调试验证程序逻辑或功能时一般不会开启优化,因为开启优化可能会影响计算结果。

指定头文件或头文件搜索路径(Include Options),Add dir to #include search path(--include_path,-I)列表框:用于指定头文件的搜索路径,可以使用绝对路径("C:/C6748/Include")、相对路径("../Include")或者带有环境变量组成的路径("${PROJECT_ROOT}/Include")。对于包含环境变量的路径,鼠标指针移动到路径后面的"..."按钮就可以显示相应的实际路径,如图3-19所示。Specify a preinclude file(--preinclude)用于指定单个头文件("C:/C6748/Include/TL6748-EVM.h"),这个选项用得比较少。

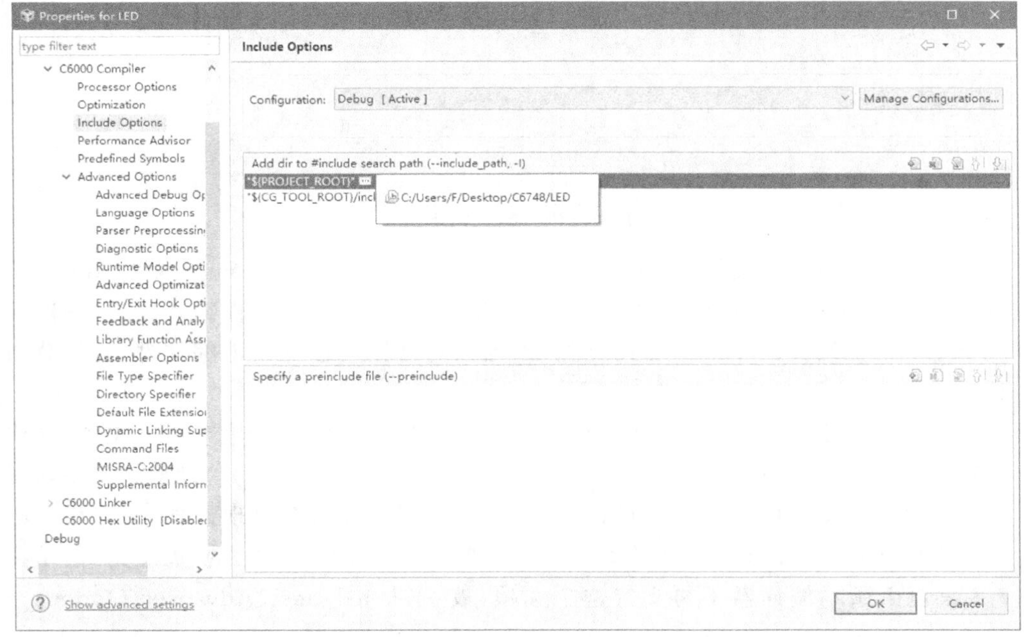

图3-19 头文件搜索路径

调试模型(Advanced Options→Advanced Debug Options→Debugging model):用于配置符号调试级别,如图3-20所示。Full symbolic debug(--symdebug:

dwarf，-g)为默认选项，用于产生 C/C++源码级的调试指令，同时也允许汇编源码级调试。Suppress all symbolic debug generation(--symdebug=none)项表示不在代码中产生任何调试符号，这样生成的程序在性能和体积上会更优一些，但是在 CCS 调试时就看不到当前地址所对应的语句，只能看到反汇编代码。其他选项已经不再支持(DEPRECATED)。

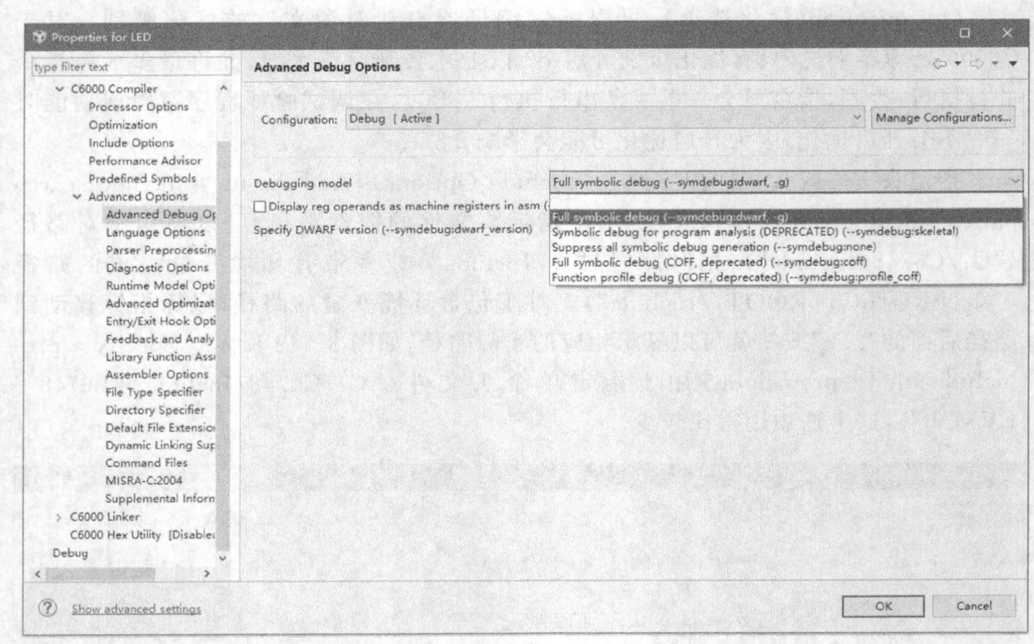

图 3-20 配置调试模型

编译后保留汇编文件(Advanced Options→Assembler Options→Keep the generated language(.asm) file(--keep_asm，-k))，完成 C/C++文件编译之后，一般情况下生成的汇编文件(.asm)自动删除，添加该选项则可以保留汇编文件，方便分析程序。

GCC 语言扩展支持(--gcc)用于支持 GCC 扩展的 C/C++语言特性。例如，在代码中看到类似"void fun_alias() __attribute__((alias("myFunc")));"形式就是属于 GCC 扩展特性，如果不开启 GCC 语言扩展支持，则编译时会出现警告，并且相应语句没有任何效果。7.4.x 版本的编译器中需要额外开启 GCC 语言扩展支持，但是在 7.4.x 以上版本编译器不再支持这个选项，被--relaxed_ansi(Advanced Options→Language Options→Language mode→Relaxed parsing(non-strict ANSI)(--relaxed_ansi，-pr))选项取代，并且这个选项为默认选择，如图 3-21 所示。

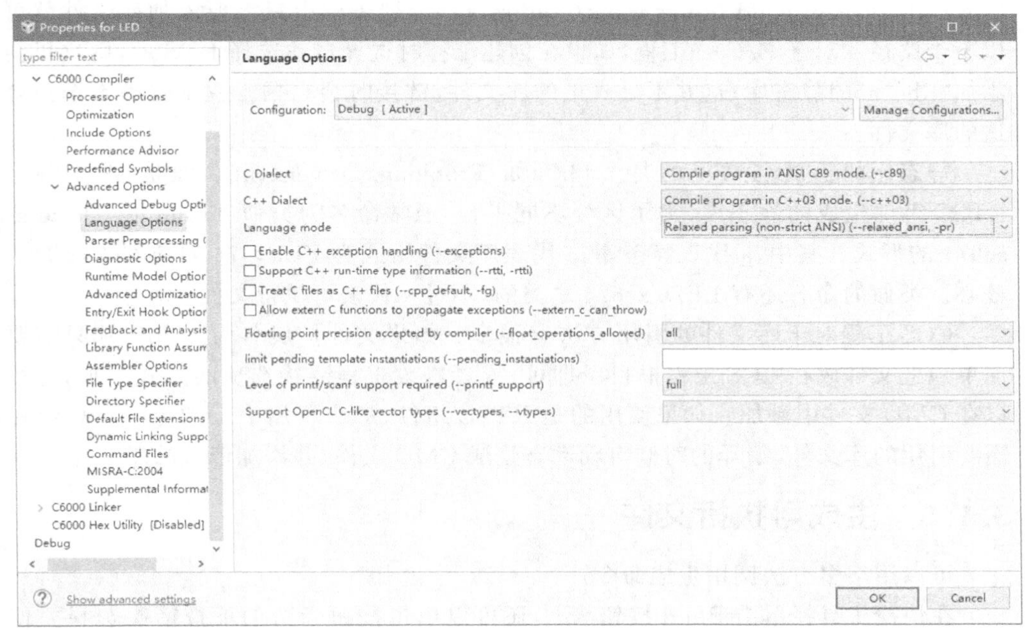

图 3-21 语言选项

3.1.4 更改链接选项

在 Build→C6000 Linker(或 ARM Linker、PRU Linker 等)下面的选项页就可以配置链接器的链接选项，当然，根据当前工程类型以及链接器版本的不同，这里可以配置的选项也不同。具体配置选项的含义需要参阅相应平台的编译器手册。

常用选项如下：

基本选项(Basic Options)：主要配置的是动态内存分配使用的堆大小及 C 语言系统栈大小。这两个参数必须配置为合适的值，如果程序中不需要使用类似 malloc 之类的函数动态分配内存，则这里可以设置为零。栈空间如果设置不合适，则可能导致 C/C++语言标准库函数运行异常。例如，C6748 C++中的 cout 函数需要将栈大小配置为 0x1000 左右才会正常输出，不能输出的时候也不会报告任何编译、链接或运行时错误。当然，这两个选项也可以在 CMD 文件中进行配置，CMD 文件本来就是用于指导链接过程的。

文件搜索路径(File Search Path)：用于指定需要链接的静态库文件。Include library file or command file as input(--library, -l)下面的列表框可以添加单个库文件或 CMD 文件，同样支持绝对路径、相对路径以及包含环境变量的路径("C:/C6748/Library/Tronlong. Drivers. ae674")。当然。也可以在 Add ＜dir＞ to library search path(--search_path, -i)列表框中添加库文件搜索路径，然后 Include library file or command file as input(--library, -l)列表框中只需要添加库文件就可以不带路径。对于 C/C++工程,如果在创建工程时选择自动选择 RTS 库,则这里会添加"libc. a"的静态库;这并不是真正的库文件,链接时会根据工程配置动态选择合适的库文件。

静态库的扩展名常见的是". lib",如 Tronlong. Drivers. lib。但是,对于很多 RTSC 组件生成的静态库,为了区分不同平台,通常命名为类似 Tronlong. Drivers. ae674 的形式。其中,a 代表静态库,e 代表库文件格式为 ELF,674 对应 C674x DSP 核心。类似的命名还有 LED. xe674 之类的,不过 x 代表可执行文件。

CCS 工程对于库文件的引用方法有很多。如果文件扩展名为". lib",那只需要简单地把文件放在 CCS 工程根目录即可;或者修改工程链接选项的方式添加,也可以在 CMD 文件中添加。如果使用的是 RTSC 组件,那么不用手工指定 RTSC 组件需要引用的库文件,编译的时候自动动态生成 CMD 文件,并添加依赖的库文件。

3.1.5　生成可执行文件

可以用很多方法调用生成命令:

在快捷工具栏单击 Build 按钮,还可以单击按钮旁边的下拉箭头选择要使用的配置。

选择 Project→Build Project 菜单项编译当前所选工程,选择 Build All 菜单项编译整个工作空间(Workspace)中的全部工程。Build Configurations 用于选择使用的配置。Build Working Set 用于编译属于工作集中的全部工程。

在工程上右击,并在弹出的级联菜单中选择 Build Project 或者 Rebuild Project,如图 3-22 所示。Build Project 只编译被修改的文件(文件日期时间比生成的目标文件的日期时间新),Rebuild Project 编译所有文件,不论该文件是否被修改。Rebuild Project 相当于先执行 Clean Project 命令来清理工程编译生成的中间文件及目标文件,然后再执行 Build Project 命令重新生成。如果工程中引用的库文件被外部更新,则建议执行 Rebuild Project 命令。

有时候明明工程没有问题,但是编译或链接总是出现各种奇怪错误,这时可以尝试选择 Clean Project 或 Rebuild Project 菜单项。当然,更彻底的方法是删除相应配置文件对应的目录(Debug、Release 或者自定的配置文件同名目录),然后再选择 Build Project 菜单项即可。

于是弹出对话框指示生成的进度,如图 3-23 所示。生成完成后,则在 CCS Console 工具栏窗口出现类似"Finished building target: LED. out"提示,代表已经成功编译及链接生成可执行文件。

Invoking Command 后面的命令 gmake 是不是很熟悉?前面使用 makefile 文件编译 DSP 程序时用的就是 make 命令(make 即 gmake,GNU make)。实际上,基于 Eclipse 的 CCS 在编译工程时需要先根据工程中的文件及工程配置生成相应的

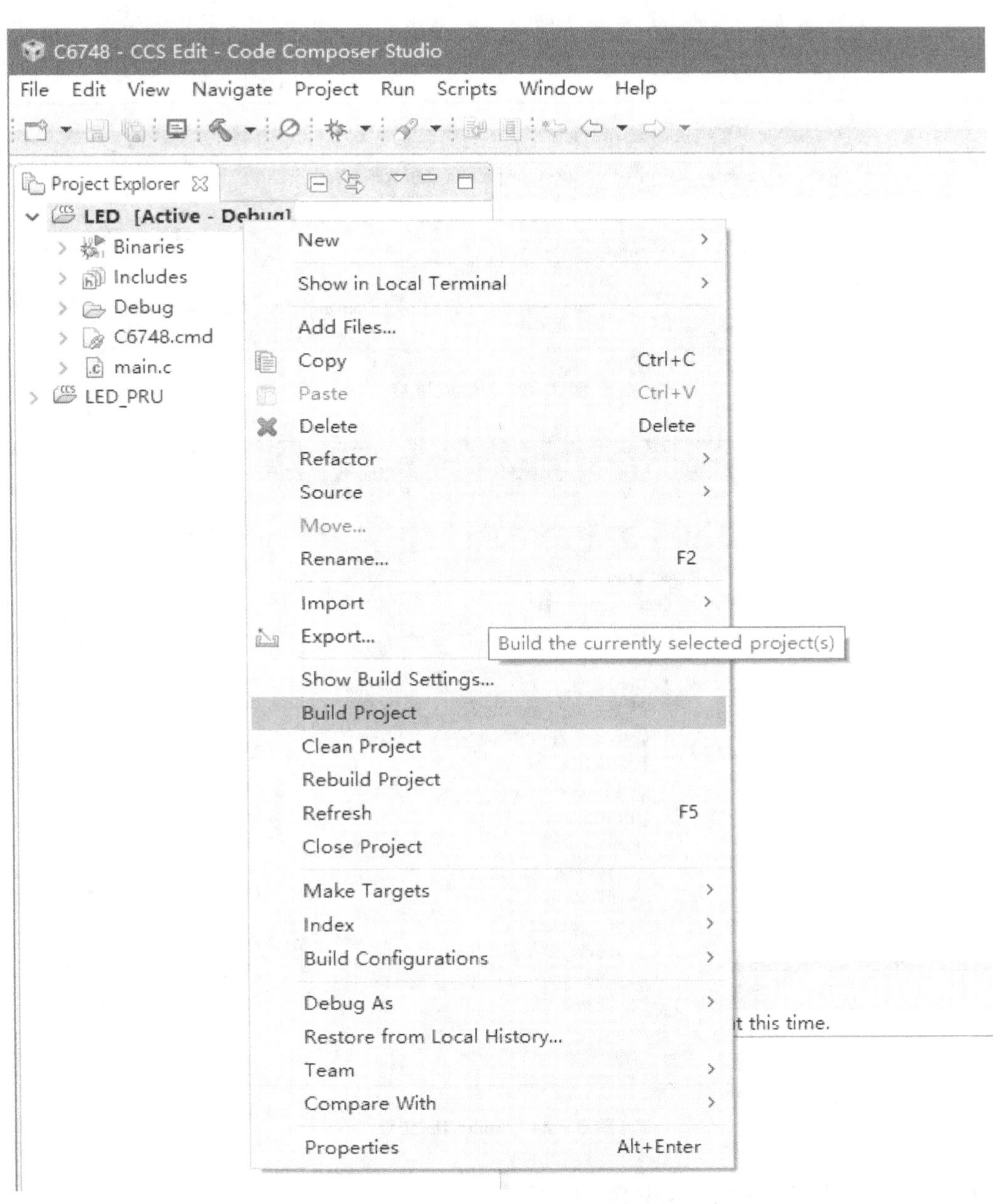

图 3－22　工程鼠标右键菜单

makefile 文件，然后再调用 make 工具解析 makefile 文件生成可执行文件或者静态库。Debug 目录下可以看到生成的 makefile 文件，如图 3－24 所示。

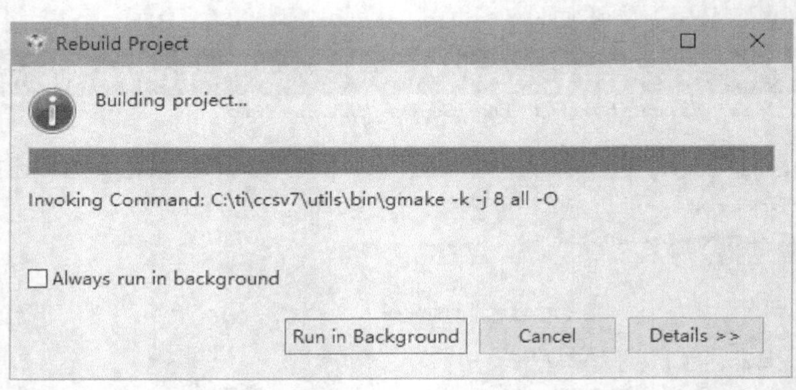

图 3-23　生成进度

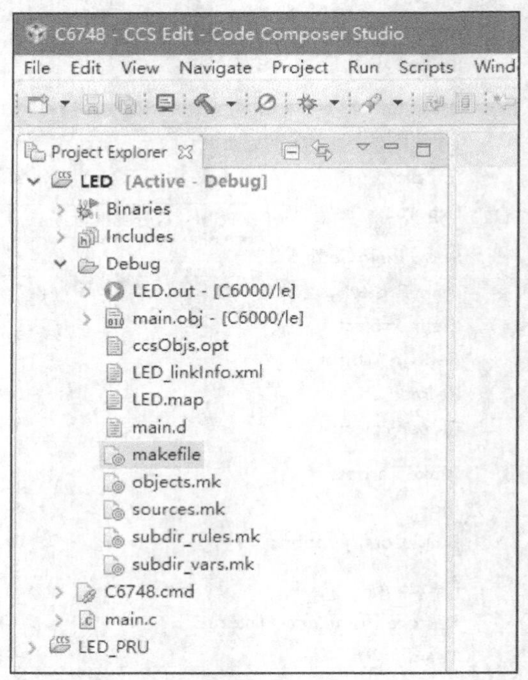

图 3-24　makefile 文件

3.1.6　创建 CCS 静态库工程

创建 DSP 的 CCS 静态库工程与 CCS 可执行程序工程最大的区别是，Advanced settings→Output type 界面要选择 Static Library，如图 3-25 所示。其他选项的配置方法与配置可执行程序工程是完全一样的，不过部分选项静态库工程不可用。对于 PRU 核心来说，创建静态库工程的方法也是一样的。

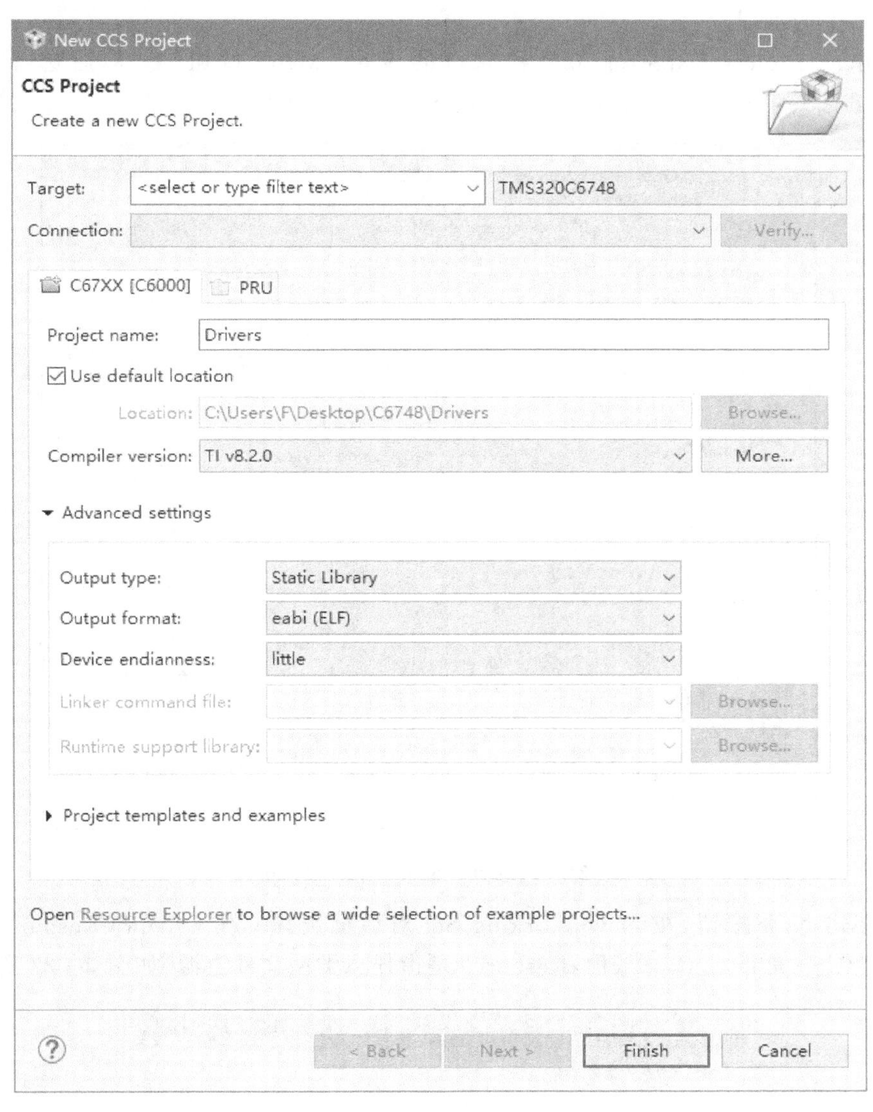

图 3－25　创建静态库工程

静态库工程创建完成后的生成操作也是一样的，只不过生成的文件默认是以“.lib”为扩展名的静态库文件。

3.1.7　工作集

工作集（Working Set）可以认为是由多个相同对象组成的集合，可以是一组 CCS 工程或者一组断点等。如果在当前工作空间中导入数十个 CCS 工程会比较乱，则可以将相关的工程放入工作集，这样看起来就会整洁很多，编译时还可以指定编译整个工作集中的工程。

单击 Project Explorer 工具栏窗口的 View Menu 按钮 ▽，然后选择 Select Working Set 项，则打开 Select Working Set 对话框，如图 3-26 所示。

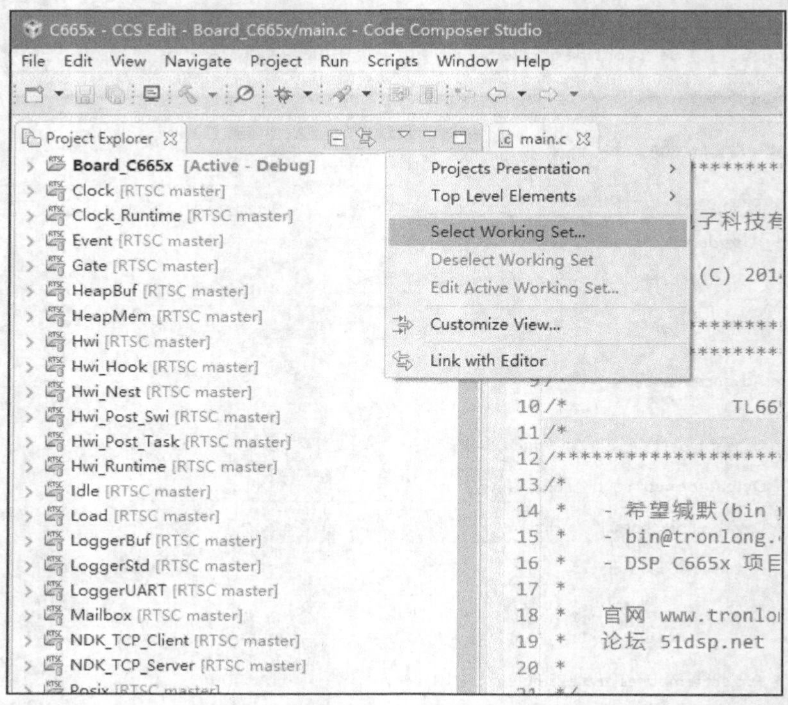

图 3-26 Project Explorer View Menu 菜单

单击 New 按钮，在 New Working Set 对话框选择 C/C++或者 Resource 都可以。C/C++是指 C/C++工程，Resource 是指任意类型文件资源，如图 3-27 所示。

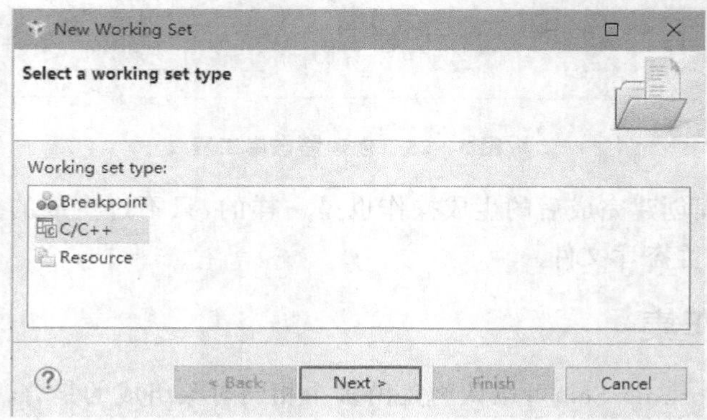

图 3-27 新建工作集

接下来需要选择将哪些工程添加到工作集并指定工作集名称，如图3-38所示。

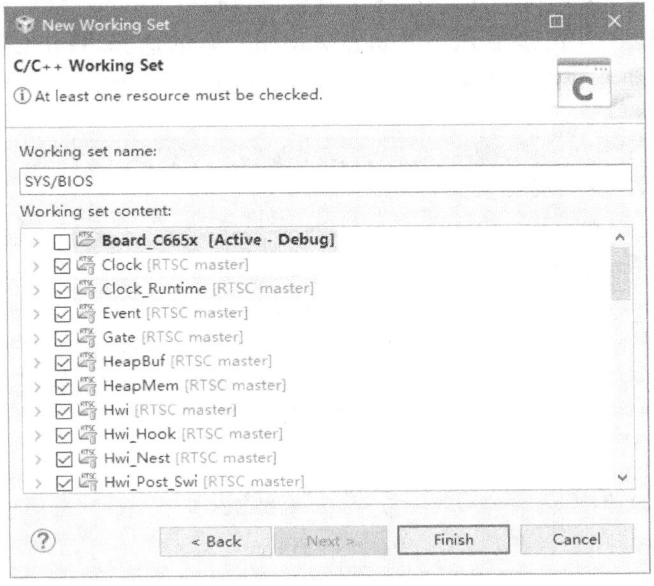

图3-28 选择工作集成员

回到Select Working Set对话框之后，选中需要显示的工作集，如图3-29所示。如果不再需要以工作集方式在Project Explorer列举工程，则打开Select Working Set对话框，选择No Working Sets，或者在View Menu打开的菜单选择Deselect

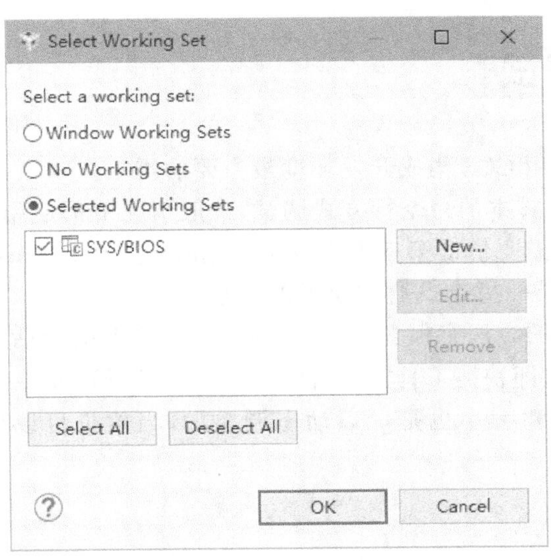

图3-29 选择工作集

Working Set 即可。

默认情况下，在 Project Explorer 工具栏窗口是以 Project 为元素而显示的，并以修改为以工作集为元素显示。在 View Menu 菜单选择 Top Level Elements→Working Sets 切换到以工作集为元素来显示，如图 3－30 所示。

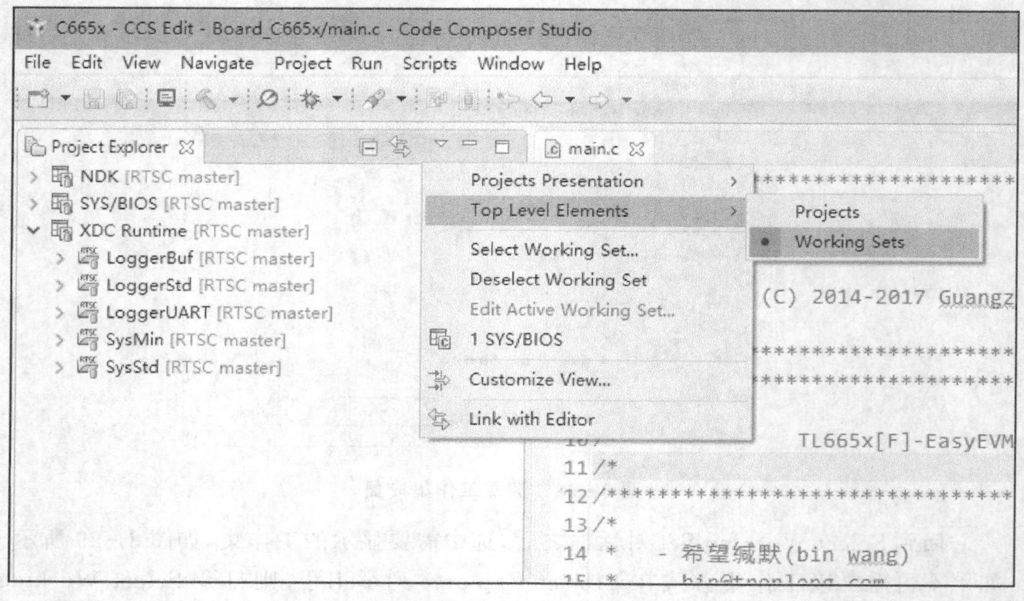

图 3－30　修改为以工作集方式显示

3.2　CCS 调试

调试功能是使用 CCS 集成开发环境最主要的需求。CCS 调试支持图形界面方式调试及使用 DSS 脚本的命令行方式调试，一般情况下都使用图形界面方式调试，使用命令行方式时需要借助第三方编程语言（Java、Java Scripts 等）编写调试脚本。当然，CCS 也提供了一些 DSS 脚本模板供参考。

进入调试视角的方法有很多，最常用的是开启 Debug 会话。也可以通过快捷工具栏切换视角按钮（即快捷工具栏最右侧 ）进行选择并切换。调试视角各个工具栏窗口的位置和大小也是可以动态调整的，当然也可以恢复到默认布局，如图 3－31 所示。

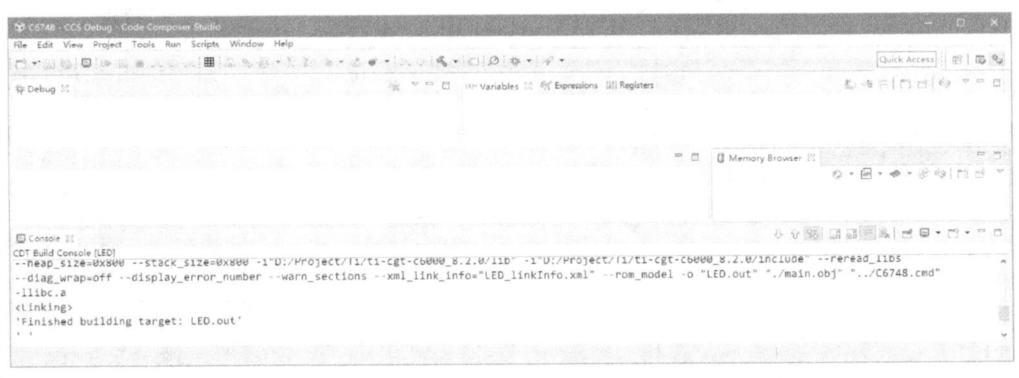

图 3-31　CCS 调试视角

3.2.1　建立仿真器与开发板连接

调试之前要准备好开发板和仿真器，对于 DSP 开发者来说，仿真器几乎是必须的。注意，通过仿真器调试 DSP 程序时程序是运行在 DSP 中的，而不是运行在仿真器中的，仿真器只是一个媒介，主要用于加载程序到 DSP 内存并获取状态传回开发环境。

调试 TI 嵌入式处理器目前常用的仿真器有 XDS100 系列、XDS200 系列以及 XDS560 系列，不同仿真器最主要的差别是性能（见表 3-1）以及是否支持追踪（Core Trace 与 System Trace，Trace 功能必须首先 CPU 支持才行）。当然，对于一些比较老的 DSP 型号还存在兼容性或支持问题。

表 3-1　仿真器特性

	MSP-FET	XDS100	XDS110 /ET	XDS200	XDS560v2 STM	XDS560v2 Pro Trace
ISA 支持（TI 器件）	仅 MSP430	除 MSP430 外全部				
主机支持	Windows/Linux					
主机 PC 接口	USB 2.0			USB 2.0 或网络		
JTAG（IEEE 1149.1）	支持					
cJTAG（IEEE 1149.7）		XDS100v3	支持			
在 CCS 中的相对性能	可用	可用	一般	很好	最好	
符合 ARM Cortex M CMSIS-DAP 标准			支持			
微控制器能量跟踪/功率分析	支持		可选			
ARM Cortex M SWD/SWO 支持			支持			

续表3-1

	MSP-FET	XDS100	XDS110/ET	XDS200	XDS560v2 STM	XDS560v2 Pro Trace
ARM Cortex ETM/PTM追踪支持		仅ETB				ETB及22引脚
DSP追踪支持		仅ETB				ETB及22引脚
系统追踪(STM)支持		仅ETB			ETB及5引脚	ETB及22引脚
追踪接收器最大吞吐量					10 Mbps	1.2 Gbps
追踪接收器最大存储空间					128 MB	2 GB

XDS100系列是TI公司推出的完全开源(硬件设计及固件开源,驱动由CCS提供)的仿真器方案,主要用于降低调试TI处理器所使用的仿真器成本。XDS100系列仿真器主要使用FTDI FT232芯片来实现USB转JTAG协议,XDS100v2/v3分别增加CPLD及FPGA来实现额外功能,成本比较低,但性能也较差,基本上是可以用的水平。XDS100系列仿真器目前主要有3个型号XDS100v1、XDS100v2以及XDS100v3。其中,XDS100v1仿真器支持TMS320C28x、TMS320C54x、TMS320C55x、TMS320C64x+、TMS320C674x以及TMS320C66x核心DSP处理器,XDS100v2仿真器支持TMS320C28x、TMS320C54x、TMS320C55x、TMS320C64x+、TMS320C674x、TMS320C66x、ARM 9、ARM Cortex A (A8、A9以及A15)、ARM Cortex M (M0、M3及M4)以及ARM Cortex R (R4及R5) TI嵌入式处理器,XDS100v3支持的CPU型号与XDS100v2一致,主要增加了IEEE 1149.7协议支持。

由于CCS支持的TI嵌入式处理器与CCS版本有关,不同型号处理器在不同CCS版本中支持也是不同的。在CCSv3.3下只能支持XDS100v1仿真器,仅支持C28x及C674x核心处理器。

XDS100系列仿真器主要使用FTDI FT232芯片实现,而市场上很多USB转串口方案也是使用该芯片。如果计算机系统上的FTDI FT232芯片驱动存在问题,则可能会导致XDS100系列仿真器无法在系统(Windows或Linux)下正确安装驱动。遇到这种情况时建议使用FTClean清理系统中已安装的FTDI驱动,然后尝试在FTDI官网下载并安装最新驱动。

XDS100系列仿真器在Windows系统下正确安装驱动后,则在设备管理器中可以看到如图3-32所示的设备。如果,安装的不是CCSv7(7.2版本),则XDS100仿真器设备可能位于通用串行总线控制器类别下。

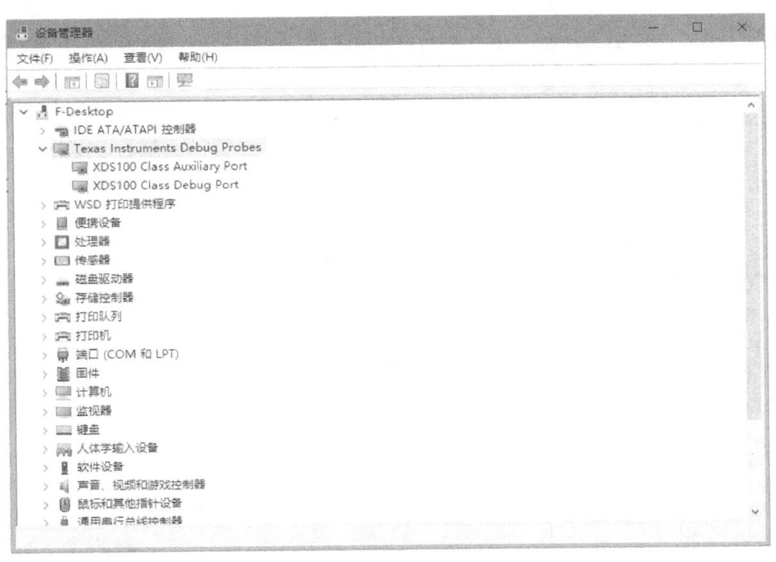

图 3-32 XDS100v2 仿真器

XDS200系列仿真器使用AM180x系列处理器及FPGA来实现，在系统中虚拟为两个串口，支持通过USB或网络与CCS通信并进行调试。性能上与XDS100系列比较会好很多，支持的CPU核心型号与XDS100v2基本一致，但是仅支持CCSv5及以上版本。

由于XDS200系列仿真器在系统中被识别为两个虚拟串口，如果系统中的USB转串口异常，则导致XDS200系列仿真器无法正确安装驱动；一般情况下，使用第三方封装的系统镜像（如Ghost一键安装或者精简版系统等）时比较容易出现这个问题。当然，如果安装其他USB转串口设备驱动，则导致冲突也会影响XDS200驱动。

可以尝试查看C:\Windows\INF\setupapi.dev.log系统驱动安装日志，找到驱动安装出现问题的地方，然后修正这个问题就可以正确安装了；一般情况下，都是驱动系统文件缺失而导致安装失败。

XDS200系列仿真器USB版本在Windows系统下正确安装驱动后，则在设备管理器中可以看到如图3-33所示的设备；不同计算机虚拟串口号可能不同。

XDS560系列仿真器是TI目前性能最强的仿真器，最新版本是XDS560v2。XDS560v2分为系统追踪（System Trace）和核心追踪（Core Trace）两个版本，市场上可以买到的型号一般均支持USB和网络两种连接方式，XDS560v2系列仿真器需要CCSv4及以上版本。

Core Trace功能可以实时获取CPU执行指令信息，包括指令、指令执行时间以及指令延迟等信息。这项功能需要CPU支持才可以使用，C674x不支持，C66x支持。但是CPU内部每核心仅有4 KB的ETB缓冲区（ETB，Embedded Trace Buff-

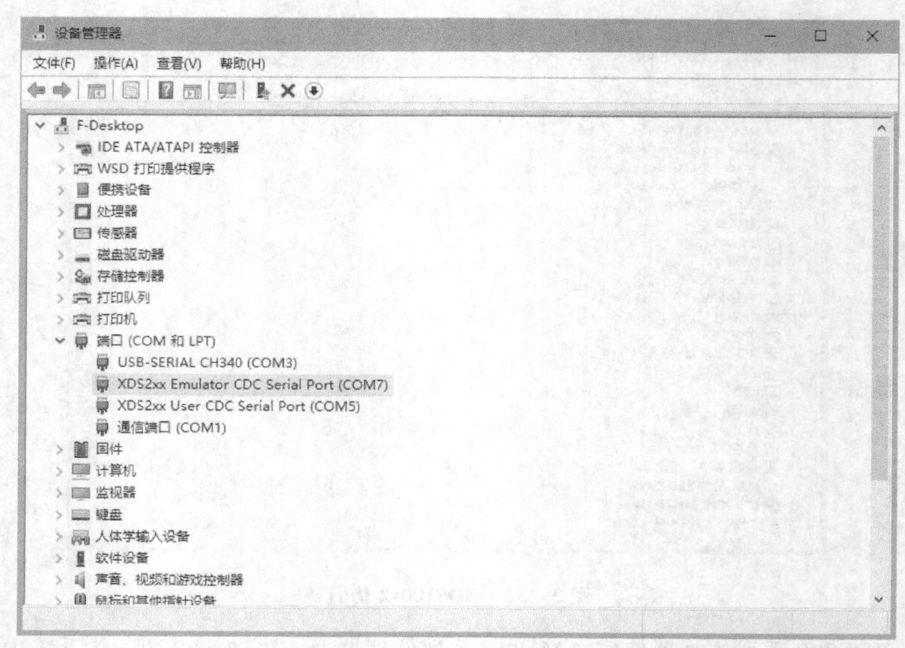

图3-33 XDS200仿真器

er),可以缓存的指令数目有限。支持Core Trace的XDS560仿真器可以缓存至多2 GB的数据到仿真器,但是需要使用额外的仿真器引脚(EMU引脚),这种情况下采用60针的仿真器接口来连接。Core Trace功能对算法性能优化非常有帮助,可以找出程序中消耗时钟周期比较多的指令以及什么时候出现延迟或流水线中断,如图3-34所示。CCS还会统计函数执行时间情况,如图3-35所示,也可以将结果以图形的方式显示出来。

System Trace功能主要用来获取CPU与片上部分外设之间的数据交互情况。根据处理器型号不同,部分型号内部集成32 KB ETB缓冲区。使用支持System Trace的仿真器至多可以缓存128 MB数据。System Trace一般用于分析内存(MSMC SRAM或DDR3)访问性能,如图3-36所示。

除了使用仿真器调试,还可以使用TI提供的一套CTools工具;配套可以运行在DSP处理器上的CTools Lib库来实现调试功能,不过要占用一部分CPU资源。

XDS560v2仿真器USB版本在Windows系统下正确安装驱动后,则在设备管理器中可以看到如图3-37所示的设备;不同厂家的XDS560v2仿真器识别出来的设备型号也不同。

确认仿真器硬件与开发板连接正确,同时仿真器(USB型号)可以被系统正确识别(设备管理器中仿真器设备枚举正确且驱动安装正确)之后,就可以配置CCS与仿真器的连接。CCSv4及以上版本通过CCXML文件描述仿真器连接,但是CCXML

C665x - CCS Debug - D:\Project\DSP_Software\C665x\NonOS\Application\GPIO_LED_C++_C665x\main.cpp - Code Composer Studio

File　Edit　View　Project　Tools　Run　Scripts　Window　Help

*Trace Viewer - C66xx_0　*Code Coverage: Function Coverage - C66xx_0

Receiver stopped due to End All Trace

	Function	Program Address	Load Address	Read Address	Write Address	Disassembly	Source	Cycle	Delta Cycles	Trace Status
)/product/...	operator ne...	0x0080CFB4	0x0080CFB4			NOP 4	<Source file not found>	6174	4	
++_C665x...	main()	0x008007E6	0x008007E6			MV.L1 A4,A0	LED *LED_D7 = new LED(LE...	6178	1	
++_C665x...	main()	0x008007E8	0x008007E8			[!A0] BNOP.S1 0x8007f4,4		6179	5	
++_C665x...	main()	0x008007E8	0x008007E8			[!A0] BNOP.S1 0x8007f4,4		6184	7	Pipeline stall
++_C665x...	main()	0x008007EA	0x008007EA			STW.D2T1 A0,*B15[1]		6191	1	
++_C665x...	main()	0x008007EC	0x008007EC			|| MVK.L2 0,B5		6191		
++_C665x...	main()	0x008007EE	0x008007EE			|| MVK.S2 4,B4		6191		
++_C665x...	main()	0x008007EA	0x008007EA			STW.D2T1 A0,*B15[1]		6192	2	Pipeline stall
++_C665x...	main()	0x008007F0	0x008007F0			CALLP.S2 0x8008b4,B3		6194	6	
++_C665x...	LED::LED(LE...	0x008008B4	0x008008B4			STW.D2T2 B3,*B15--...	{	6200	1	
++_C665x...	LED::LED(LE...	0x008008B8	0x008008B8			STW.D2T2 B4,*B15[2]		6201	1	
++_C665x...	LED::LED(LE...	0x008008BA	0x008008BA			STW.D2T1 A4,*B15[1]		6202	1	
++_C665x...	LED::LED(LE...	0x008008C0	0x008008C0			MV.L2X A4,B5	LED_ID = ID;	6203	1	
++_C665x...	LED::LED(LE...	0x008008C2	0x008008C2			STW.D2T2 B4,*B5[2]		6204	1	
++_C665x...	LED::LED(LE...	0x008008C4	0x008008C4			MVK.S2 0x0580,B4	PIN_Control0_Value = HWR...	6205	1	
++_C665x...	LED::LED(LE...	0x008008C4	0x008008C4			MVK.S2 0x0580,B4		6206	96	Pipeline stall
++_C665x...	LED::LED(LE...	0x008008C8	0x008008C8			MVKH.S2 0x262000...		6302	1	
++_C665x...	LED::LED(LE...	0x008008CC	0x008008CC			|| LDW.D2T1 *B15[1],A3		6302		
++_C665x...	LED::LED(LE...	0x008008CE	0x008008CE			LDW.D2T2 *B4[0],B4		6303	1	
++_C665x...	LED::LED(LE...	0x008008D0	0x008008D0			NOP 4		6304	4	
++_C665x...	LED::LED(LE...	0x008008D4	0x008008D4			STW.D1T2 B4,*+A3[0]		6308	1	
++_C665x...	LED::LED(LE...	0x008008D8	0x008008D8			MVK.S1 0x0010,A3	GPIO_DIR_Value = HWR...	6309	1	
++_C665x...	LED::LED(LE...	0x008008D8	0x008008D8			MVK.S1 0x0010,A3		6310	106	Pipeline stall
++_C665x...	LED::LED(LE...	0x008008E0	0x008008E0			MVKH.S1 0x232000...		6416	1	
++_C665x...	LED::LED(LE...	0x008008E4	0x008008E4			LDW.D1T1 *+A3[0],A3		6417	1	
++_C665x...	LED::LED(LE...	0x008008E8	0x008008E8			|| LDW.D2T2 *B15[1],B4		6417		
++_C665x...	LED::LED(LE...	0x008008EA	0x008008EA			NOP 4		6418	4	
++_C665x...	LED::LED(LE...	0x008008EC	0x008008EC			STW.D2T1 A3,*B4[1]		6422	1	
++_C665x...	LED::LED(LE...	0x008008EE	0x008008EE			MVK.S1 56,A3	HWREG(KICK0_Regsiter) = 0...	6423	1	
++_C665x...	LED::LED(LE...	0x008008F0	0x008008F0			|| MVK.S2 0x0b13,B4		6423		

Info: Trace data contains no gaps or data errors　Showing 4,089 records

LE　759,214,564

图 3-34　Trace Viewer

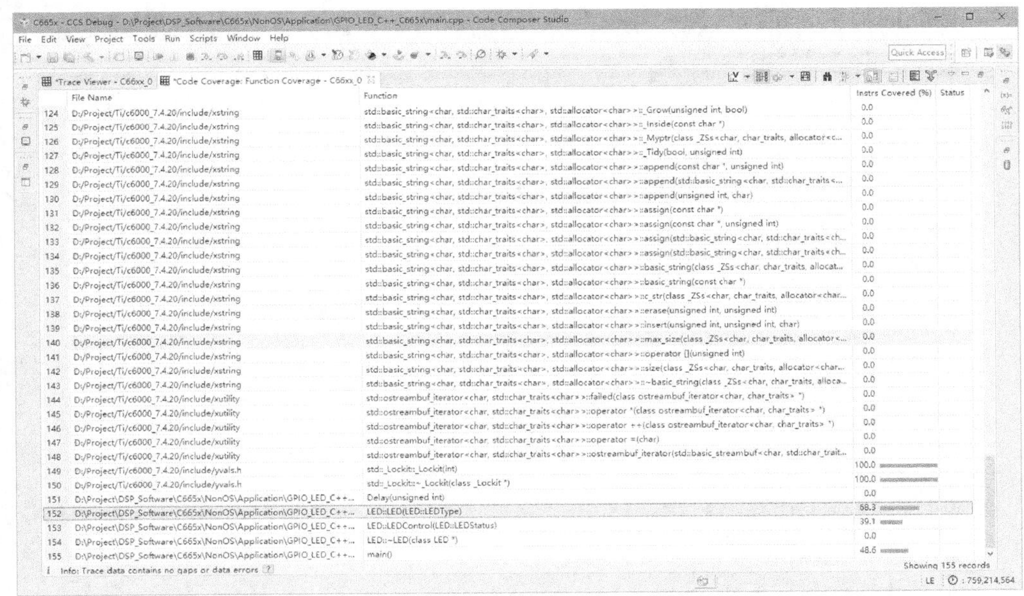

C665x - CCS Debug - D:\Project\DSP_Software\C665x\NonOS\Application\GPIO_LED_C++_C665x\main.cpp - Code Composer Studio

File　Edit　View　Project　Tools　Run　Scripts　Window　Help

*Trace Viewer - C66xx_0　*Code Coverage: Function Coverage - C66xx_0

	File Name	Function	Instrs Covered (%)	Status
124	D:/Project/Ti/c6000_7.4.20/include/xstring	std::basic_string<char, std::char_traits<char>, std::allocator<char>>::_Grow(unsigned int, bool)	0.0	
125	D:/Project/Ti/c6000_7.4.20/include/xstring	std::basic_string<char, std::char_traits<char>, std::allocator<char>>::_Inside(const char *)	0.0	
126	D:/Project/Ti/c6000_7.4.20/include/xstring	std::basic_string<char, std::char_traits<char>, std::allocator<char>>::_Myptr(class _ZSs<char, char_traits, allocator<c...	0.0	
127	D:/Project/Ti/c6000_7.4.20/include/xstring	std::basic_string<char, std::char_traits<char>, std::allocator<char>>::_Tidy(bool, unsigned int)	0.0	
128	D:/Project/Ti/c6000_7.4.20/include/xstring	std::basic_string<char, std::char_traits<char>, std::allocator<char>>::append(const char *, unsigned int)	0.0	
129	D:/Project/Ti/c6000_7.4.20/include/xstring	std::basic_string<char, std::char_traits<char>, std::allocator<char>>::append(std::basic_string<char, std::char_traits<...	0.0	
130	D:/Project/Ti/c6000_7.4.20/include/xstring	std::basic_string<char, std::char_traits<char>, std::allocator<char>>::append(unsigned int, char)	0.0	
131	D:/Project/Ti/c6000_7.4.20/include/xstring	std::basic_string<char, std::char_traits<char>, std::allocator<char>>::assign(const char *)	0.0	
132	D:/Project/Ti/c6000_7.4.20/include/xstring	std::basic_string<char, std::char_traits<char>, std::allocator<char>>::assign(const char *, unsigned int)	0.0	
133	D:/Project/Ti/c6000_7.4.20/include/xstring	std::basic_string<char, std::char_traits<char>, std::allocator<char>>::assign(std::basic_string<char, std::char_traits<ch...	0.0	
134	D:/Project/Ti/c6000_7.4.20/include/xstring	std::basic_string<char, std::char_traits<char>, std::allocator<char>>::assign(std::basic_string<char, std::char_traits<ch...	0.0	
135	D:/Project/Ti/c6000_7.4.20/include/xstring	std::basic_string<char, std::char_traits<char>, std::allocator<char>>::basic_string(class _ZSs<char, char_traits, allocat...	0.0	
136	D:/Project/Ti/c6000_7.4.20/include/xstring	std::basic_string<char, std::char_traits<char>, std::allocator<char>>::basic_string(const char *)	0.0	
137	D:/Project/Ti/c6000_7.4.20/include/xstring	std::basic_string<char, std::char_traits<char>, std::allocator<char>>::c_str(class _ZSs<char, char_traits, allocator<char...	0.0	
138	D:/Project/Ti/c6000_7.4.20/include/xstring	std::basic_string<char, std::char_traits<char>, std::allocator<char>>::erase(unsigned int, unsigned int)	0.0	
139	D:/Project/Ti/c6000_7.4.20/include/xstring	std::basic_string<char, std::char_traits<char>, std::allocator<char>>::insert(unsigned int, unsigned int, char)	0.0	
140	D:/Project/Ti/c6000_7.4.20/include/xstring	std::basic_string<char, std::char_traits<char>, std::allocator<char>>::max_size(class _ZSs<char, char_traits, allocator<...	0.0	
141	D:/Project/Ti/c6000_7.4.20/include/xstring	std::basic_string<char, std::char_traits<char>, std::allocator<char>>::operator [](unsigned int)	0.0	
142	D:/Project/Ti/c6000_7.4.20/include/xstring	std::basic_string<char, std::char_traits<char>, std::allocator<char>>::size(class _ZSs<char, char_traits, allocator<char...	0.0	
143	D:/Project/Ti/c6000_7.4.20/include/xstring	std::basic_string<char, std::char_traits<char>, std::allocator<char>>::~basic_string(class _ZSs<char, char_traits, alloca...	0.0	
144	D:/Project/Ti/c6000_7.4.20/include/xutility	std::ostreambuf_iterator<char, std::char_traits<char>>::failed(class ostreambuf_iterator<char, char_traits> *)	0.0	
145	D:/Project/Ti/c6000_7.4.20/include/xutility	std::ostreambuf_iterator<char, std::char_traits<char>>::operator *(class ostreambuf_iterator<char, char_traits> *)	0.0	
146	D:/Project/Ti/c6000_7.4.20/include/xutility	std::ostreambuf_iterator<char, std::char_traits<char>>::operator ++(class ostreambuf_iterator<char, char_traits> *)	0.0	
147	D:/Project/Ti/c6000_7.4.20/include/xutility	std::ostreambuf_iterator<char, std::char_traits<char>>::operator =(char)	0.0	
148	D:/Project/Ti/c6000_7.4.20/include/xutility	std::ostreambuf_iterator<char, std::char_traits<char>>::ostreambuf_iterator(std::basic_streambuf<char, std::char_trait...	0.0	
149	D:/Project/Ti/c6000_7.4.20/include/yvals.h	std::_Lockit::_Lockit(int)	100.0	
150	D:/Project/Ti/c6000_7.4.20/include/yvals.h	std::_Lockit::~_Lockit(class _Lockit *)	100.0	
151	D:\Project\DSP_Software\C665x\NonOS\Application\GPIO_LED_C++...	Delay(unsigned int)	0.0	
152	D:\Project\DSP_Software\C665x\NonOS\Application\GPIO_LED_C++...	LED::LED(LED::LEDType)	68.3	
153	D:\Project\DSP_Software\C665x\NonOS\Application\GPIO_LED_C++...	LED::LEDControl(LED::LEDStatus)	39.1	
154	D:\Project\DSP_Software\C665x\NonOS\Application\GPIO_LED_C++...	LED::~LED(class LED *)	0.0	
155	D:\Project\DSP_Software\C665x\NonOS\Application\GPIO_LED_C++...	main()	48.6	

Info: Trace data contains no gaps or data errors　Showing 155 records

LE　759,214,564

图 3-35　Code Coverage

文件可以位于工程内部，也可以放置于共享目录中作为全局仿真器配置文件。

新建仿真器配置文件的方法有很多，可以选择 File→New→Target Configura-

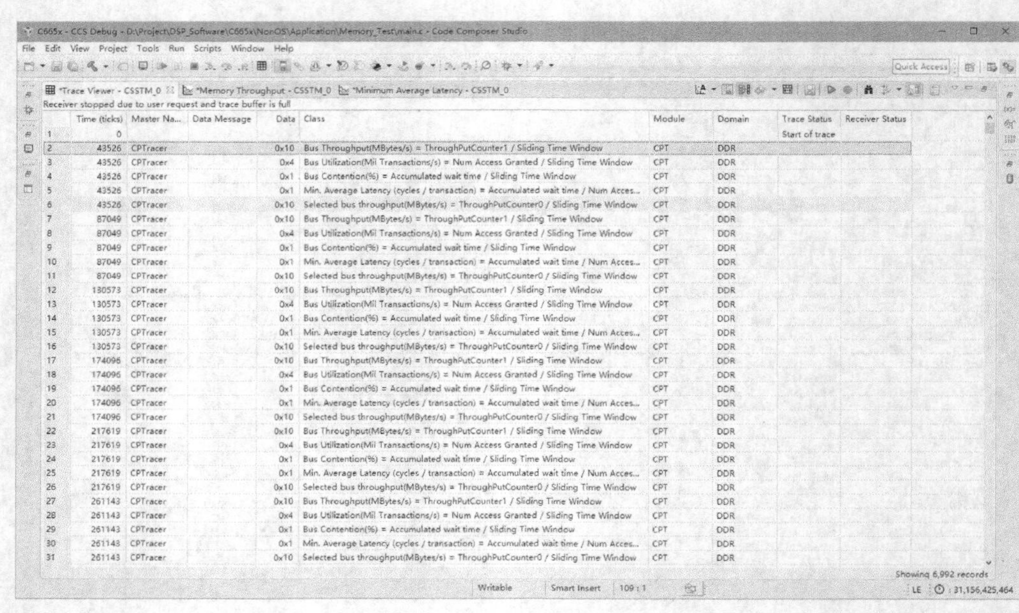

图 3－36　System Trace

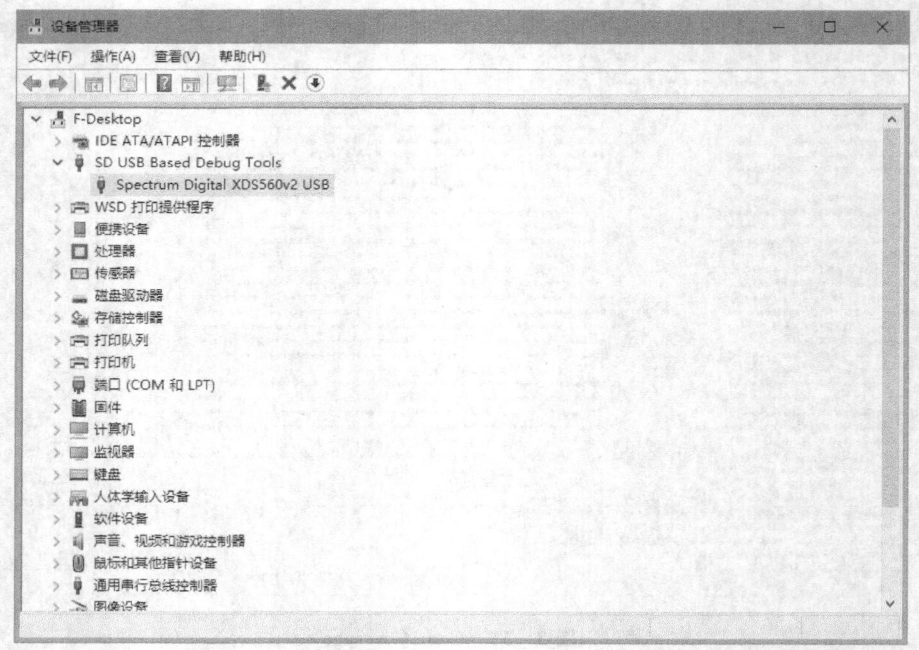

图 3－37　XDS560v2 STM

tion File 菜单命令，打开 New Target Configuration 对话框，如图 3－38 所示。

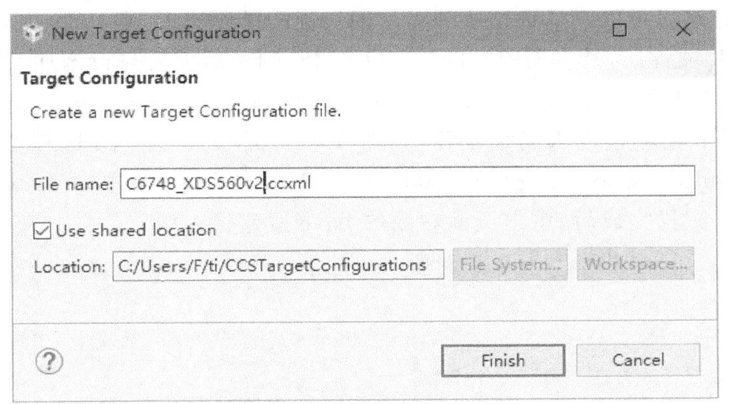

图 3-38　新建仿真器配置文件

文件名可以指定任意有效文件名，不能包含特殊符号、非 ASCII 字符及有全角字符。Location 用于配置文件的存放路径，如果选中了 Use shared location 复选框，则 CCS 会把文件放置到类似 C:/Users/F/ti/CCSTargetConfigurations 的目录。存放在这个目录下的仿真器配置文件会被 CCS Target Configurations 工具栏界面列举出来，也可以将配置文件放置到某一工程所在目录下。新建完成后，CCS 自动打开这个文件，一些必要的参数还需要配置，如图 3-39 所示。

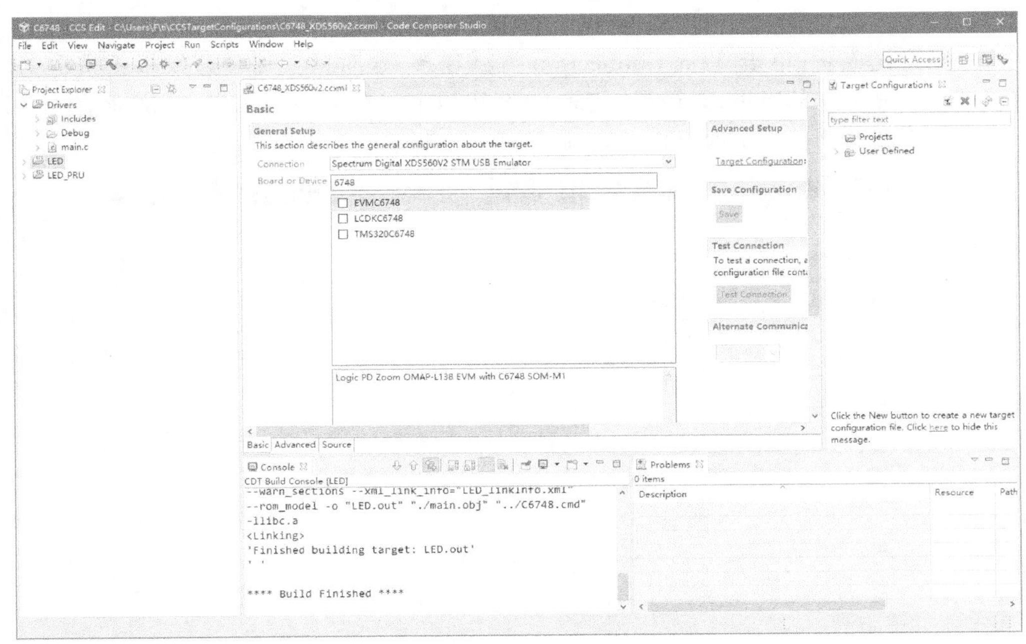

图 3-39　仿真器配置文件

在 Connection 下拉列表框选择仿真器型号，然后在 Board or Device 列表框选择

CPU 型号。这里可以选择评估板或者 CPU,若选择评估板,则 CCS 自动添加这款评估板的 GEL 文件;若选择 CPU TMS320C6748,则稍后需要自行添加 GEL 文件。

最后单击界面下方 Advanced 标签或右侧的 Advanced Setup 下面的 Target Configuration 超链接进入高级设置,如图 3-40 所示。选择 CPU 核心(如 C674X_0),在右边 initialization script 文本框输入 GEL 文件路径,或单击 Browse 按钮选择 GEL 文件。配置完成后,单击页面右侧的 Save 按钮保存设置。

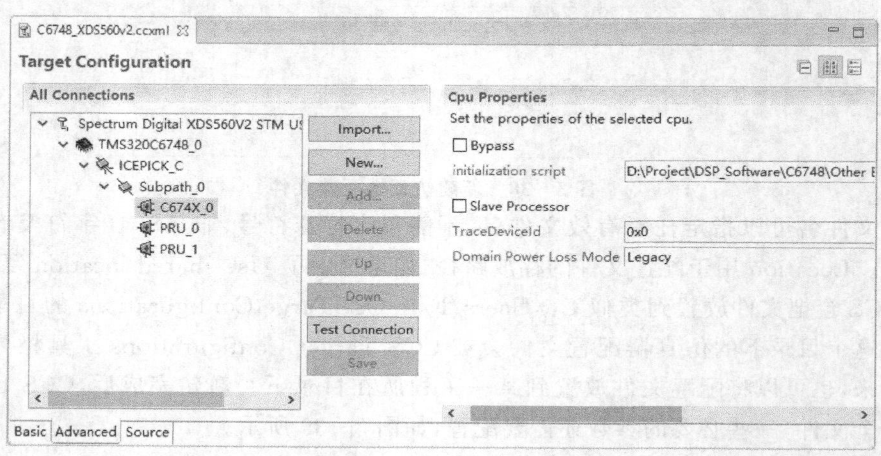

图 3-40 仿真器配置高级设置

配置完成后,单击 Test Connection 测试连接,这时候要保证开发板正常上电。测试结果显示全部通过,无错误,代表 CCS 可以通过仿真器与 DSP 正确通信;不同型号仿真器的测试输出内容也不同,如图 3-41 所示。

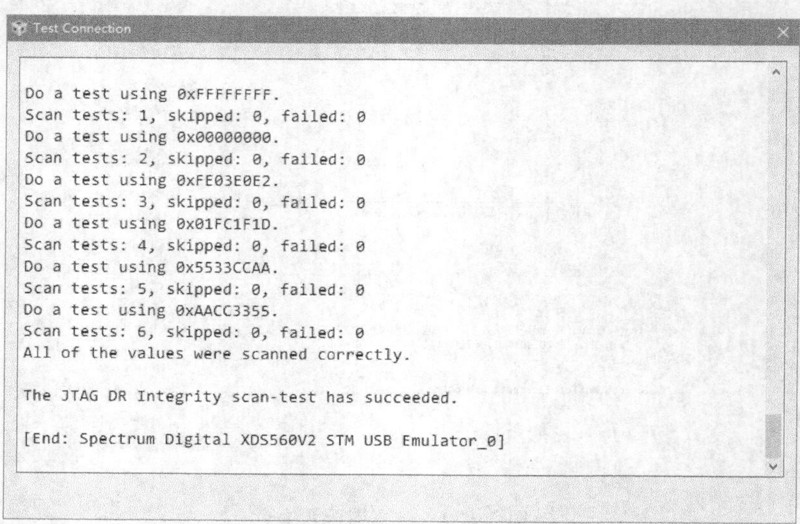

图 3-41 测试仿真器连接

3.2.2　GEL 文件

GEL 是通用扩展语言的缩写(General Extension Language)，曾经被称为 GOD-SP 扩展语言。GEL 语言是类似 C 语言语法的解析型编程语言，而 GEL 文件是用 GEL 语言编写的，用于扩展 CCS 调试器(Debuger)功能。GEL 文件一般用于在调试环境下初始化硬件、锁相环(PLL)、DDR 等外设，也可以用于输出调试信息。GEL 文件并不是必须的，但是 GEL 文件依赖 CCS 调试环境，脱离 CCS 则 GEL 文件无法使用，因为 GEL 文件需要由 CCS 调试器解析执行。若没有 GEL 文件，则调试时必须在应用程序代码中完成必要初始化操作。对于 DSP 开发来说，如果没有使用 GEL 文件初始化 DDR，那么程序在完成 DDR 初始化之前将不能使用 DDR，也就是不能在 CMD 文件中把程序段分配到 DDR 中。

GEL 语言定义了很多关键字和内置函数。关键字中除了与 C 语言语法相同的常见条件语句(if 及 if-else)和循环语句(for 循环、while 及 do-while 循环)之外，增加了 menuitem、hotmenu、dialog 以及 slider 用于图形界面交互。

menuitem 和 hotmenu 用于在 CCS 调试视角下为 Scripts 菜单添加菜单项，如图 3-42 所示。

```
menuitem "Tronlong";
hotmenu Hello()
{
    GEL_TextOut("Hello Tronlong! \n");
}
```

dialog 关键字用于在 Scripts 菜单添加弹出对话框菜单项，如图 3-43 所示。

```
menuitem "Tronlong";
dialog Add(a "a Value", b "b Value")
{
    GEL_TextOut("a + b = %d\n",,,,, a + b);
}
```

slider 关键字在 Scripts 菜单添加弹出包含滑块控件的对话框菜单项，如图 3-44 所示。括号中的参数分别指最小值、最大值、递增/递减值(使用 Up 或 Down 键)以及页递增/递减值(使用 Page Up 或 Page Down 键)。

```
menuitem "Tronlong";
slider Value(0, 25, 1, 2, value)
{
    GEL_TextOut("Value = %d\n",,,,, value);
}
```

内置函数就比较多了，包括内存映射相关、文件操作相关以及控制程序运行的相

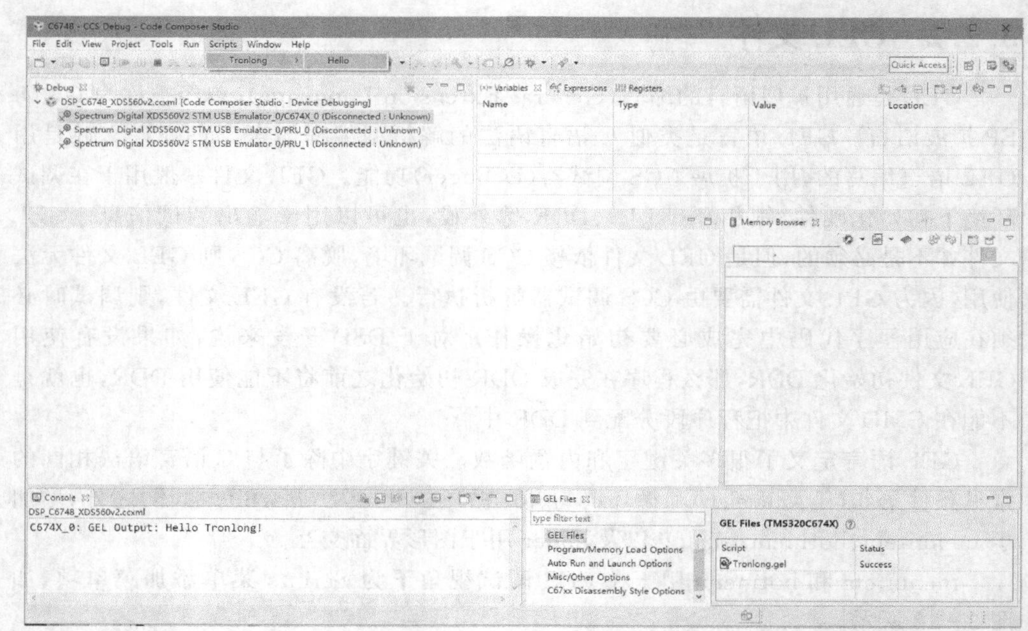

图 3 - 42　hotmenu 关键字

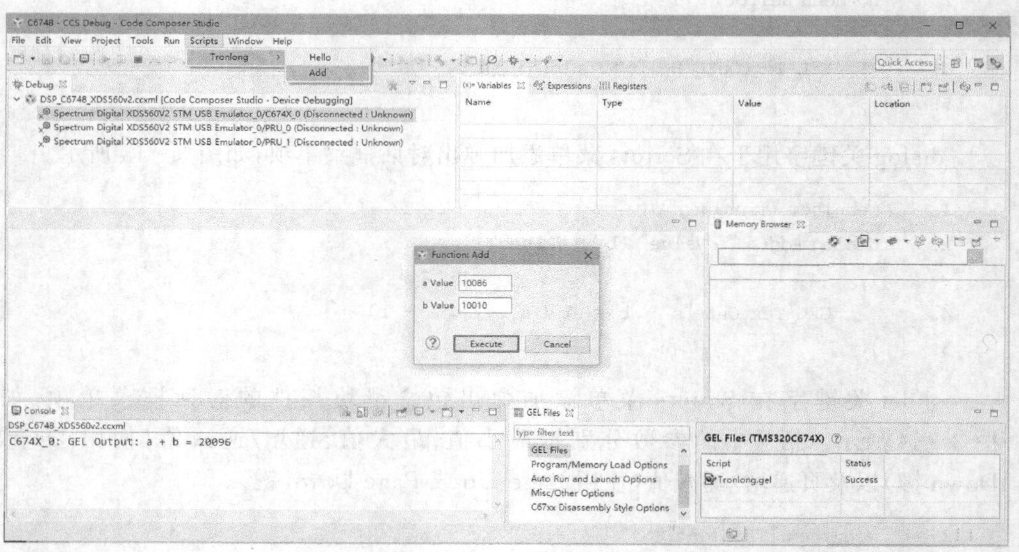

图 3 - 43　dialog 关键字

关函数等。这些函数中有部分是回调函数，在特定事件被触发之后会自动调用。

GEL 文件加载成功后调用 StartUp(int major_file_version, int minor_file_version, int revision_file_version, int build_file_version)：

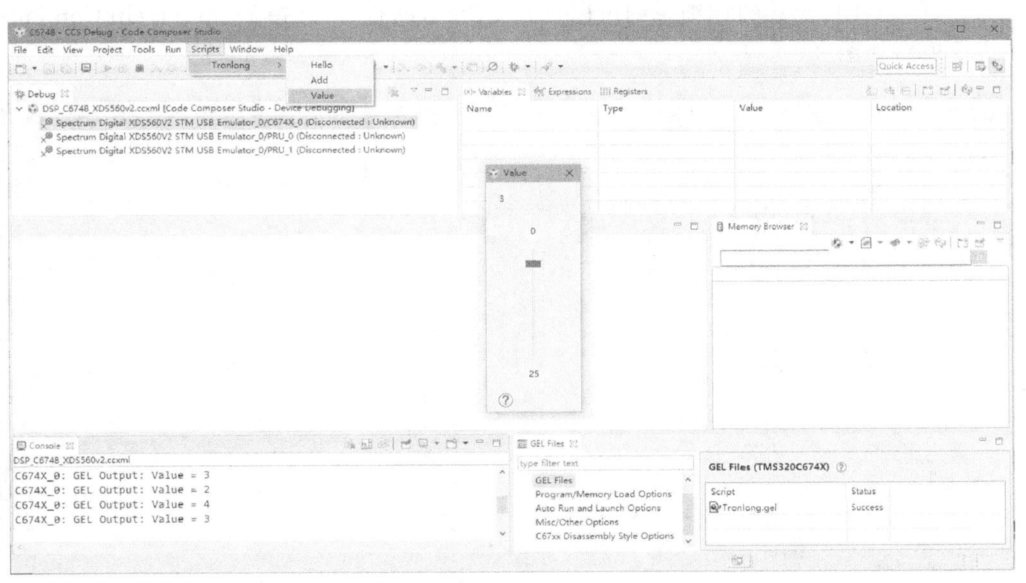

图 3-44 slider 关键字

```
StartUp(int major_file_version, int minor_file_version, int revision_file_version, int build_file_version)
{
    GEL_TextOut ("CCS Version %d.%d.%d.%d\n",,,,, major_file_version, minor_file_version, revision_file_version, build_file_version);
}
```

GEL 文件被成功加载后通过 GEL_TextOut 函数输出当前 CCS 版本号：

```
C674X_0：GEL Output：CCS Version 7.2.0.2057
```

GEL_TextOut 函数用于在 CCS Console 工具栏窗口输出调试信息，同时还可以配置文本输出标签等信息；格式字符与 C 语言类似，支持%d 整型、%u 无符号整型、%x 十六进制整型、%f 浮点型、%e 科学计数法形式(指数形式)以及%s 字符串：

GEL_TextOut("text" [, "outputLabel"[, textColor[, lineNumber[, appendToEnd [, param1, param2, .. param4]]]]]);

每次连接目标时自动触发，主要用于调用初始化函数。对于 C6748 来说，主要是初始化 PLL、DDR2 以及 PSC。

```
OnTargetConnect();
```

文件(程序或符号)加载成功后被调用，即程序加载后需要执行的额外操作；可以执行刷新缓存、释放 EDMA 通道或者清除中断标志等操作。

```
OnFileLoaded( int nErrorCode, int bSymbolsOnly );
```

更多 GEL 函数的详细说明可以打开 CCS 帮助查看(选择 Help→Help Contents 菜单项),如图 3-45 所示。

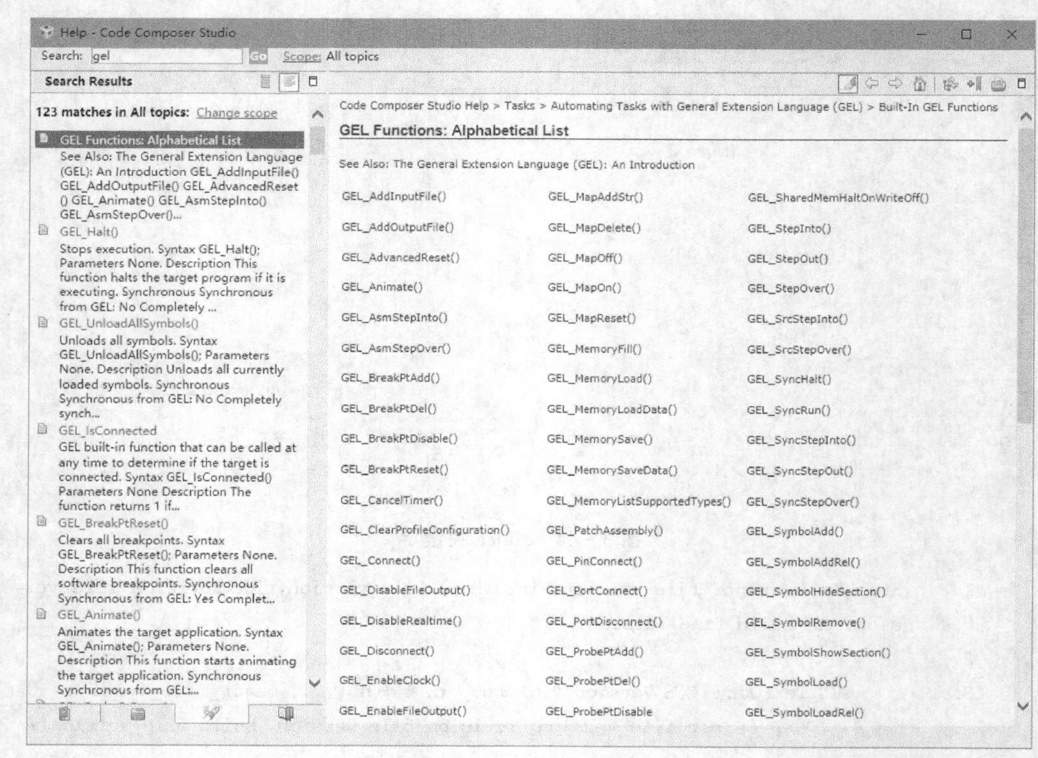

图 3-45　GEL 帮助

3.2.3　调试工程

在 Project Explorer 工具栏窗口选定(鼠标单击)要进行调试的工程,则工程名称后出现 Active-Debug 字样。打开 Target Configurations 工具栏(选择 View→Target Configurations 菜单项),选择之前创建的仿真器配置文件,右击鼠标并在弹出的级联菜单中选择 Set as Default,将其设置为默认配置文件。设置完成后,所有工程使用相同的仿真器配置文件,如图 3-46 所示。如果工程中也存在仿真器配置文件,那么优先级会比这个全局配置要高。

必须是保存在共享位置的配置文件,才可以在 Target Configurations 窗口直接显示出来。当然,可以在 Target Configurations 工具栏空白处右击鼠标,并在弹出的级联菜单中选择 Import Target Configuration 导入存储在其他位置的配置文件。选择完后,则提示复制文件或链接文件,如图 3-47 所示。选择"复制文件"(Copy files),则会把所选配置文件复制到 CCS 仿真器配置文件的共享目录下(C:\Users\F

\ti\CCSTargetConfigurations，F 为用户主目录）；选择“链接文件”（Link to files），则会在 CCS 创建一个指向该文件的链接。

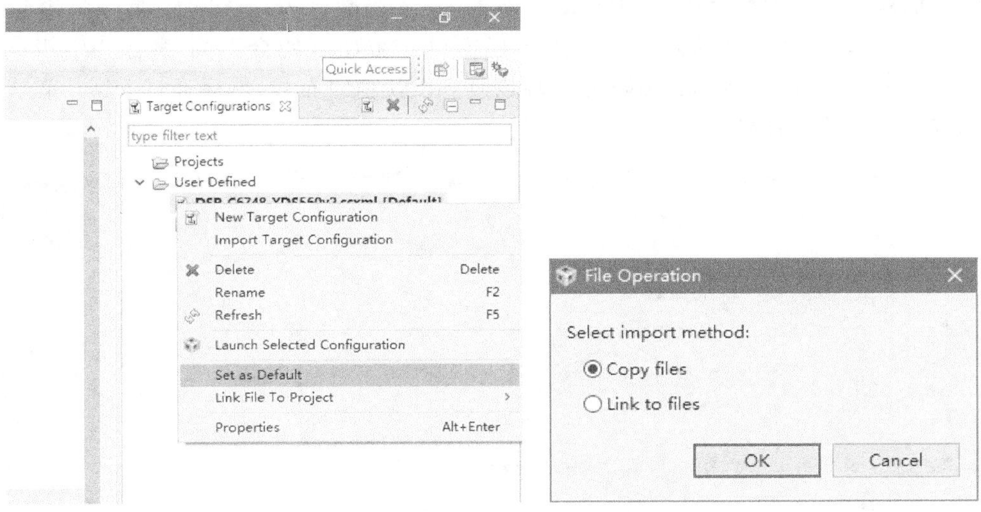

图 3－46　设置默认配置文件　　　　图 3－47　文件操作

正确设置后，则可以发现工程名称和仿真器配置文件名称都会变成粗体，如图 3－48 所示。

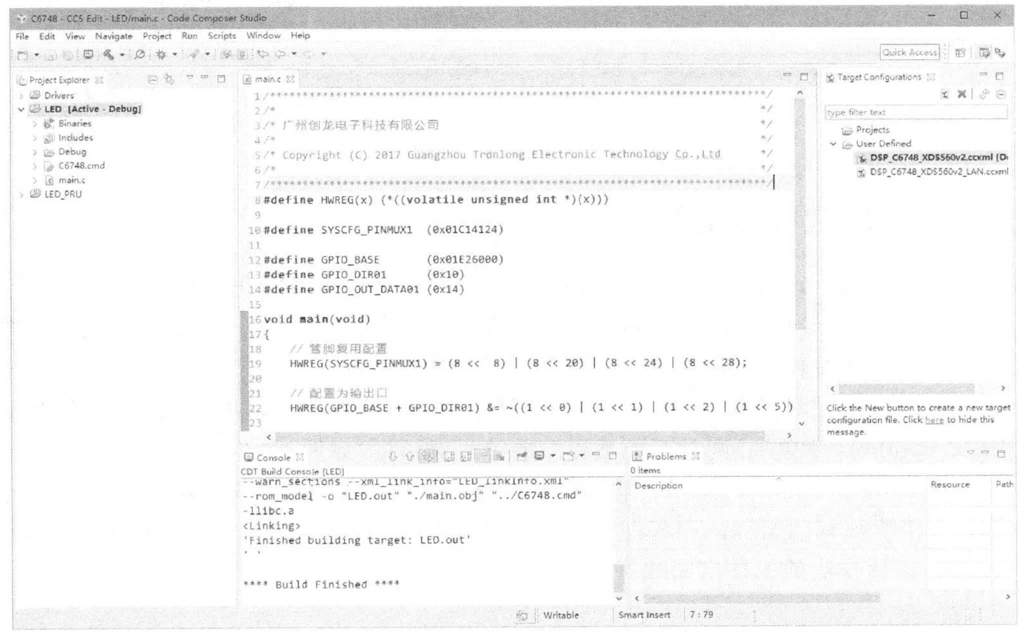

图 3－48　调试设置

单击快捷工具栏调试按钮 (甲壳虫标志)、选择 Run→Debug 菜单项或者按快捷键 F11 都可以进入调试模式。进入调试模式后，CCS 会初始化调试环境、连接目标并加载程序。加载完成后，则自动跳转到 main 函数(C/C++程序)第一条语句并暂停运行，如图 3-49 所示。各个工具栏窗口和布局可能会不同，通过 Window→Perspective→Reset Perspective 菜单项恢复到默认窗口布局，然后通过 View 菜单选择需要打开的工具栏。

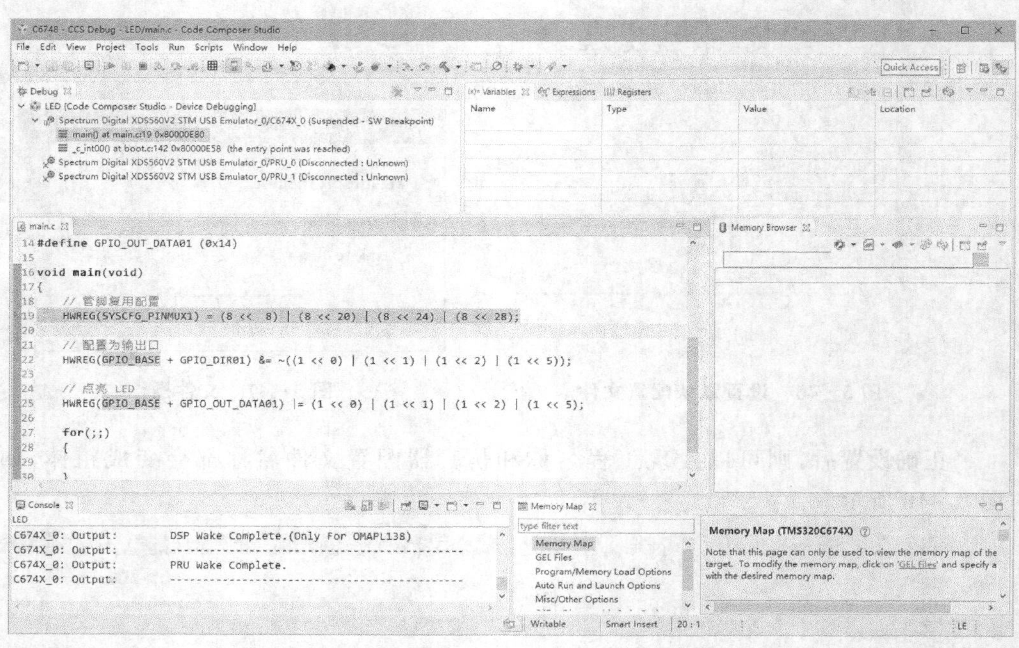

图 3-49　调试界面

3.2.4　加载程序或符号

进入调试模式后，可以重新加载程序或符号。程序是可以在目标平台执行的可执行文件，而符号是用于 CCS 调试的符号表。加载的虽然都是.out 文件，但是 CCS 会解析文件并加载不同的部分。加载符号不会影响程序运行。

单击快捷工具栏加载按钮 、选择 Run→Load→Load Program 菜单项或 Load Symbols 菜单项，则打开加载程序或符号对话框，如图 3-50 所示。

在 Program file 文本框直接输入文件路径即可，或者单击 Browse 按钮选择文件。如果要加载的文件的工程在当前工作空间(Workspace)中，则可以单击 Browse project 按钮在当前工作空间选择。

图 3-50　加载程序

3.2.5　查看变量、表达式及寄存器值

1. 查看变量值

进入调试模式后，在程序暂停运行的时候，Variables 工具栏窗口会自动获取当前函数中的局部变量并将其列举出来，如图 3-51 所示。

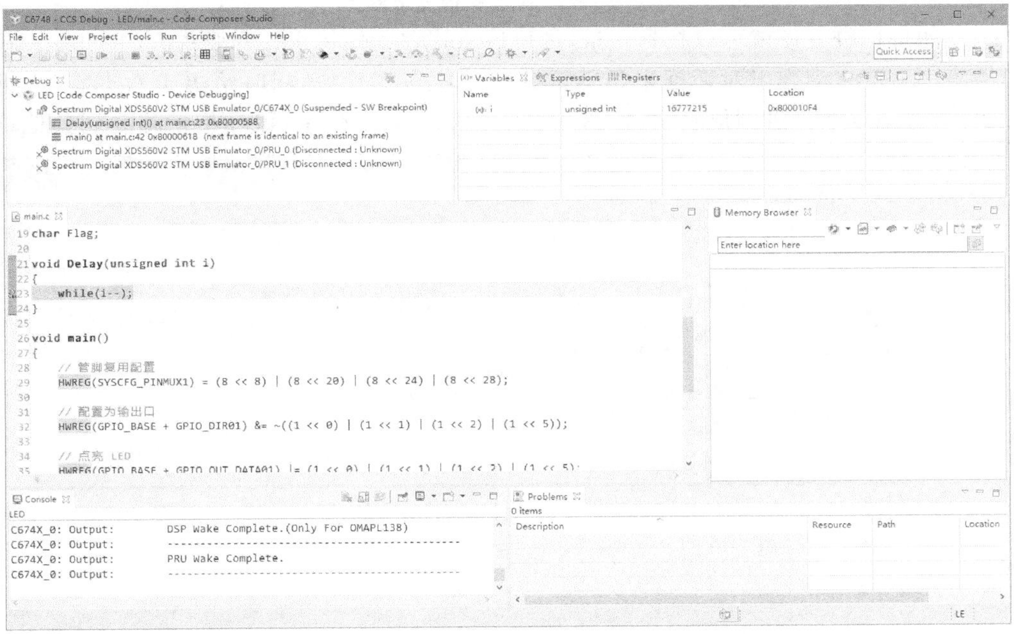

图 3-51　查看局部变量

在变量上右击鼠标，在弹出的级联菜单的 Number Format 子菜单中可以选择数据显示格式，如 Default 默认格式（十进制），Hex 十六进制，Decimal 十进制、Octal 八进制以及 Binary 二进制，如图 3-52 所示。

在 Q-Values 子菜单可以选择以 Q 格式（用定点数表示浮点数的方法）显示浮点数值。Q 格式在定点 DSP 处理器使用比较多，主要是为了提高浮点数在定点 DSP

上的计算性能，在浮点 DSP 处理器使用比较少。

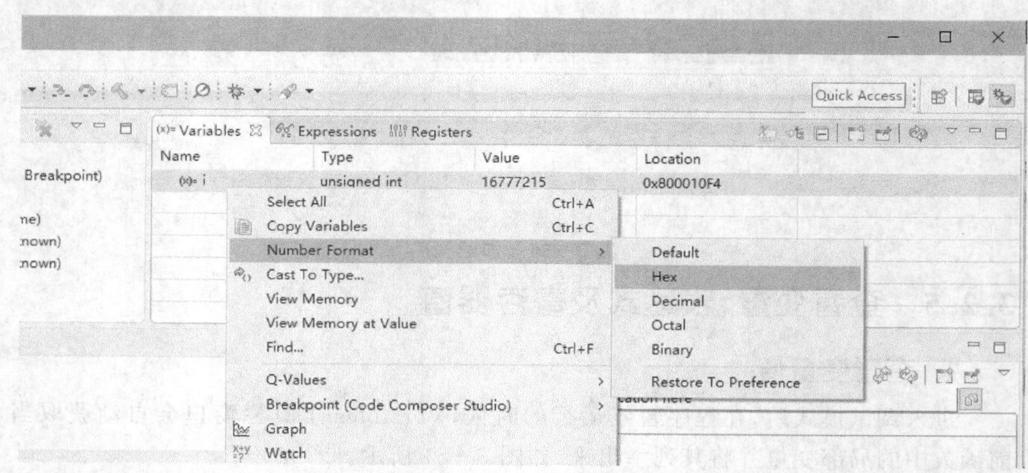

图 3-52　修改数值显示格式

如果比较方便就可以找到变量，则可以直接移动鼠标指针到要查看的变量上面，稍等一下就自动弹出对话框来显示鼠标指针所在变量值，同时给出十六进制、十进制、八进制以及二进制值表示，如图 3-53 所示。除了变量，鼠标指针移动到其他符

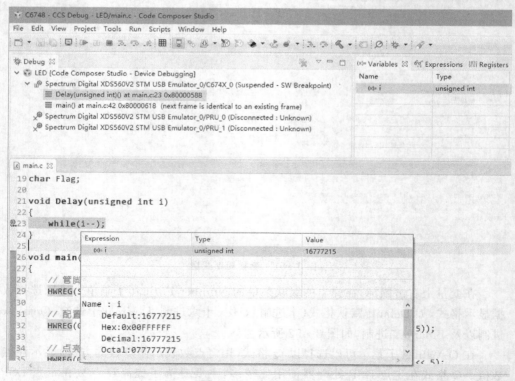

C6748 - CCS Debug - LED/main.c - Code Composer Studio

File　Edit　View　Project　Tools　Run　Scripts　Window　Help

Debug

LED [Code Composer Studio - Device Debugging]

Spectrum Digital XDS560V2 STM USB Emulator_0/C674X_0 (Suspended - SW Breakpoint)

Delay(unsigned int)() at main.c:23 0x80000588

main() at main.c:42 0x80000618 (next frame is identical to an existing frame)

Spectrum Digital XDS560V2 STM USB Emulator_0/PRU_0 (Disconnected : Unknown)

Spectrum Digital XDS560V2 STM USB Emulator_0/PRU_1 (Disconnected : Unknown)

(x)= Variables　Expressions　Registers

Name	Type
(x)= i	unsigned int

main.c

```
char Flag;

void Delay(unsigned int i)
{
    while(i--);
}

void main(
{
    // 管脚
    HWREG(S
    
    // 配置
    HWREG(C
    
    // 点亮
    HWREG(C
```

Expression	Type	Value
(x)= i	unsigned int	16777215

```
Name : i
    Default:16777215
    Hex:0x00FFFFFF
    Decimal:16777215
    Octal:077777777
```

图 3-53　查看符号值

号上面也会显示出相应的值,符号类型不同则显示的内容也不同。

2. 查看表达式值

Expressions 表达式工具栏主要用于查看全局变量值,单击 Add new expression 标签输入变量名就可以查看全局变量值。当然,也可以输入表达式查看表达式的值,如 Flag & 0x0001(查看特定位值)、*(0xC0000000)(使用指针查看任意内存值)、(int)(Flag)(强制转换变量显示类型)以及 1+1 等都是合法的表达式。根据需要的不同表达式可能会更复杂,如图 3-54 所示。单击 Expressions 表达式工具栏右上角持续刷新按钮 ,则 CCS 就会通过仿真器实时从 CPU 获取该变量最新值;如果变量值被更新,则相应的 Value 列底色变为黄色。

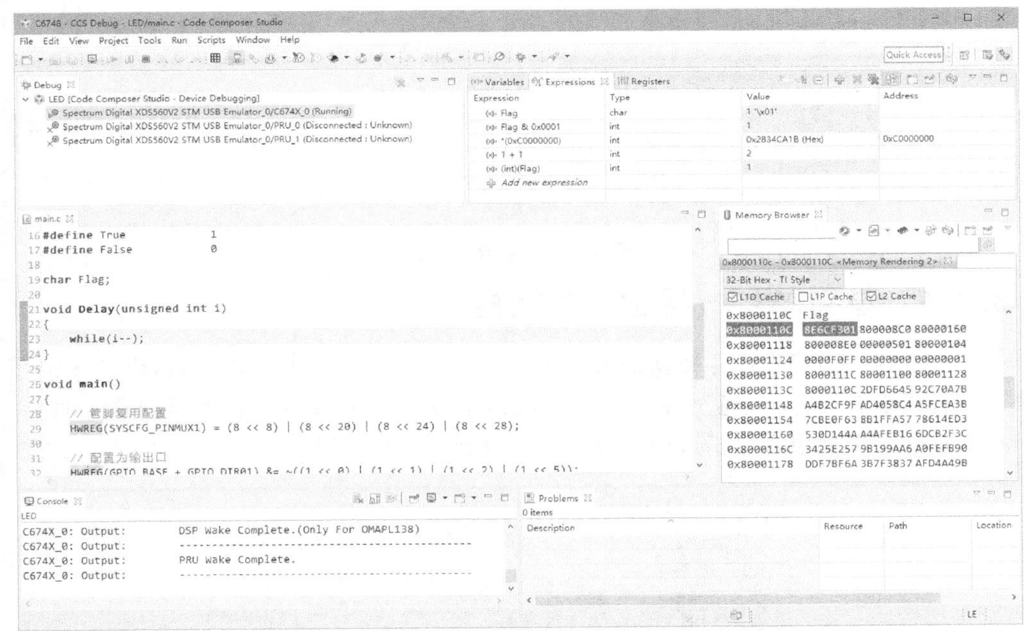

图 3-54 查看表达式值

3. 查看寄存器值

Registers 工具栏用于查看 SOC 内部寄存器值,包括 CPU 核心寄存器(没有被映射到特定内存地址)以及外设寄存器。不同 CPU 看到的寄存器也不同,在 C6748 PRU 核心视角只能看到 PRU 核心寄存器和 Debug 寄存器。Registers 工具栏列举的寄存器在不同版本的 CCS 下可能不同,与 SOC 数据手册描述的寄存器数目和名称也可能稍有差异。

在 Registers 工具栏同样可以单击右上角的持续刷新按钮,从而实时获取寄存器最新值,如图 3-55 所示。CCS 很多工具栏都有这个持续刷新(Continuous Refresh)按钮。

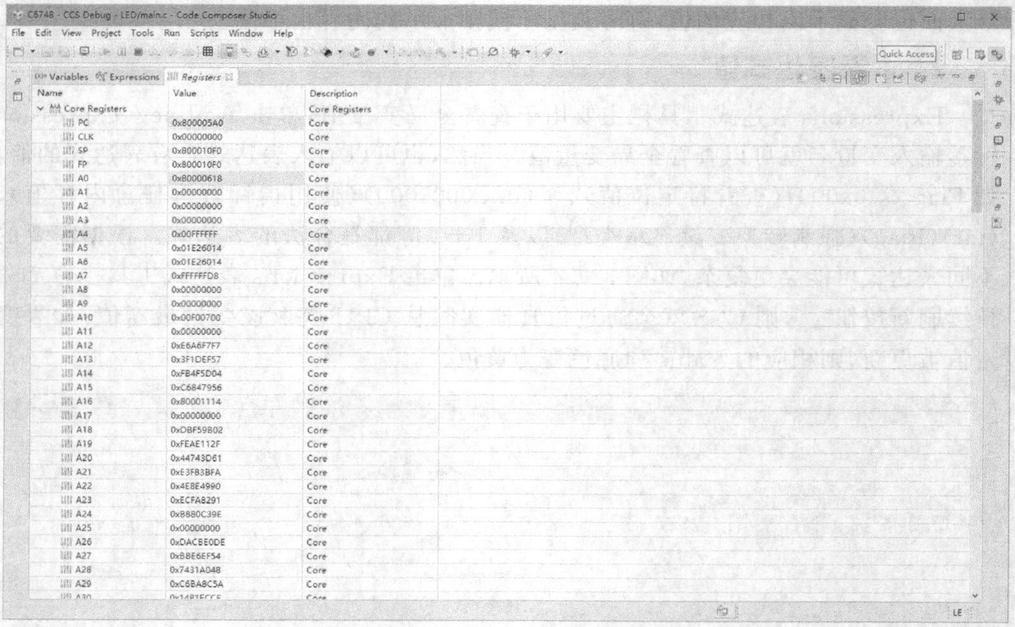

图 3－55　查看寄存器值

3.2.6　查看、导入/导出内存数据

查看、导入/导出内存数据需要通过 Memory Browser 工具栏实现，默认布局下该工具栏没有被打开，通过 View→Memory Browser 菜单项打开内存浏览工具栏。在工具栏文本框中直接输入内存地址即可，如图 3－56 所示。

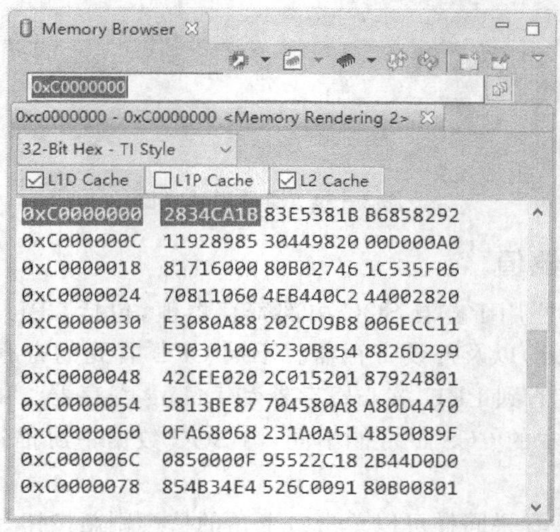

图 3－56　查看内存数据

C6748 内部所有内存及寄存器都是统一编址的，可以直接查看。对于部分 CPU 来说，数据、程序以及寄存器位于不同的内部总线，此时需要先选择要查看的数据总线类型，然后再输入内存地址，C6748 PRU 核心就是这样的总线设计，如图 3－57 所示。

注意，图中红色的 No source available for "0x0"提示，表示当前地址找不到对应的源程序来显示。没有加载有效程序、程序执行完成后退出、当前执行的语句被封装到库中或者程序跑飞到异常地址时，都会看到类似的提示。出现这个提示不一定代表程序运行出错。如果程序被封装到库中，则单击 Locate file 按钮手工指定源文件所在目录；指定目录包含相应的源文件时 CCS 自动打开该文件，并跳转到对应语句。若 C6748 运行的程序中的主函数中没有无限循环语句，则执行完成后会出现类似的提示，提示内容是“/tmp/TI_MKLIBps1kJb/SRC/exit.c”。这个文件包含在 RTS 库中，指定这个文件的路径到 DSP 编译器安装目录 lib/src（如 D:\Project\Ti\ti-cgt-c6000_8.2.0\lib\src）即可看到源码，实际上是一个位于_CODE_ACCESS void abort (void)函数中的 for (;;);循环。

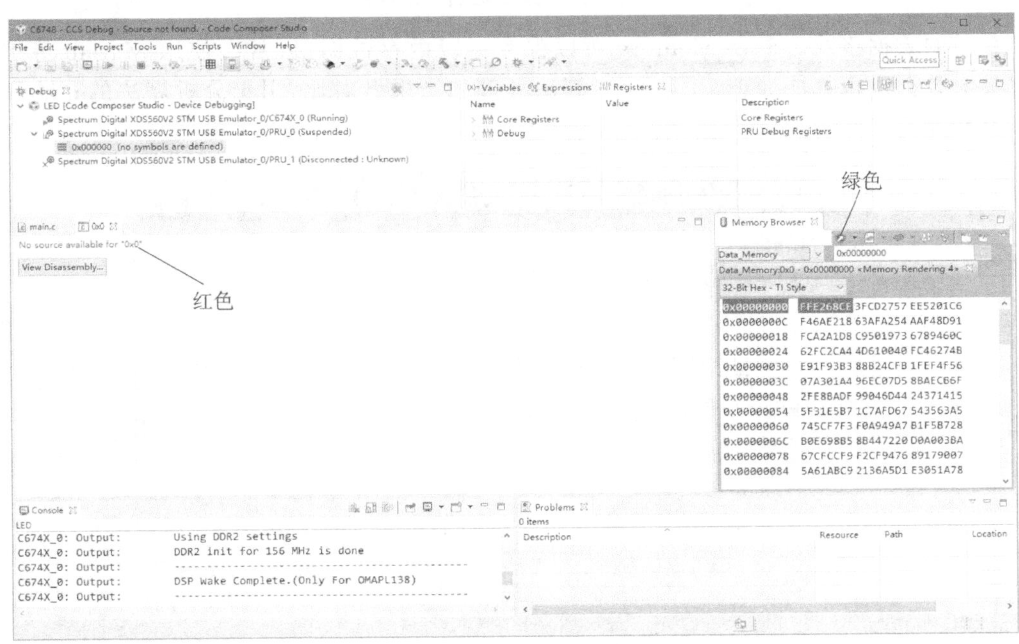

图 3－57　查看 PRU 内存值

单击 32－Bit Hex－TI Style 列表框，则可以选择数据显示格式，如整型、浮点型以及字符型，都可以根据需要选择，如图 3－58 所示。

单击绿色的芯片图标按钮，则可以打开 Save Memory 对话框，用于保存内存数据到文件，如图 3－59 所示。File 文本框填写要保存的文件名，File Type 选择保

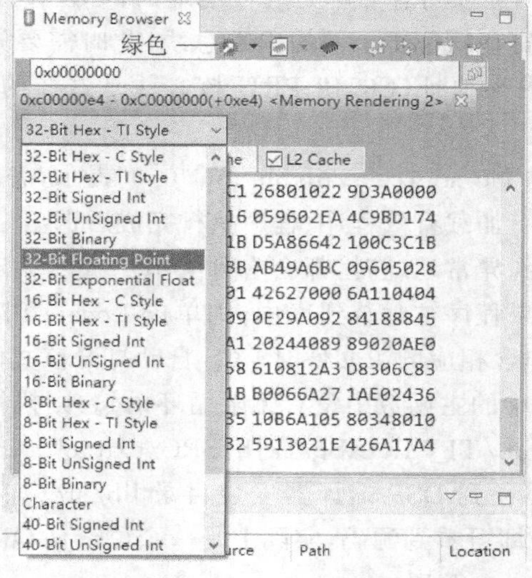

图3-58 选择数据显示格式

存后的数据格式。Save Memory可以保存一段内存数据，通常会使用Matlab等工具对数据进行算法处理，并与DSP算法处理的结果做对比，用于分析算法的正确性及性能。

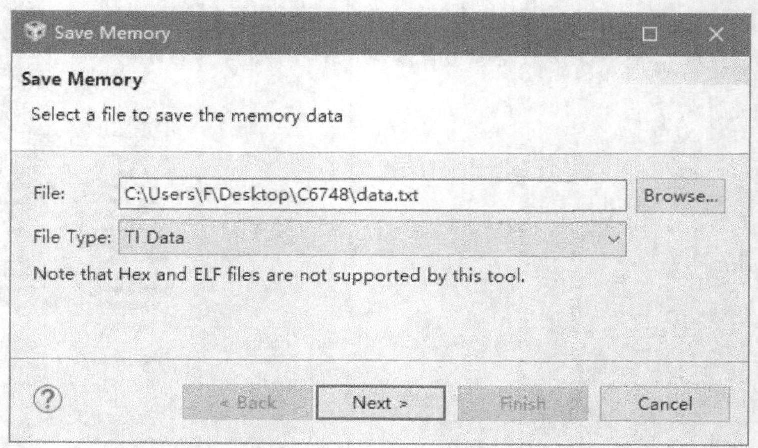

图3-59 保存内存数据

选择要保存的内存数据的起始地址、数据格式及数据长度，长度可以按字(或字长，这与所选数据格式有关)或行列方式指定，如图3-60所示。单击Finish按钮完成保存。保存数据需要的时间与数据长度、仿真器性能有关。

单击图3-58绿色快捷键旁边的下拉箭头打开的菜单可以选择Load Memory加载文件到内存，或Fill Memory填充内存，如图3-61所示。

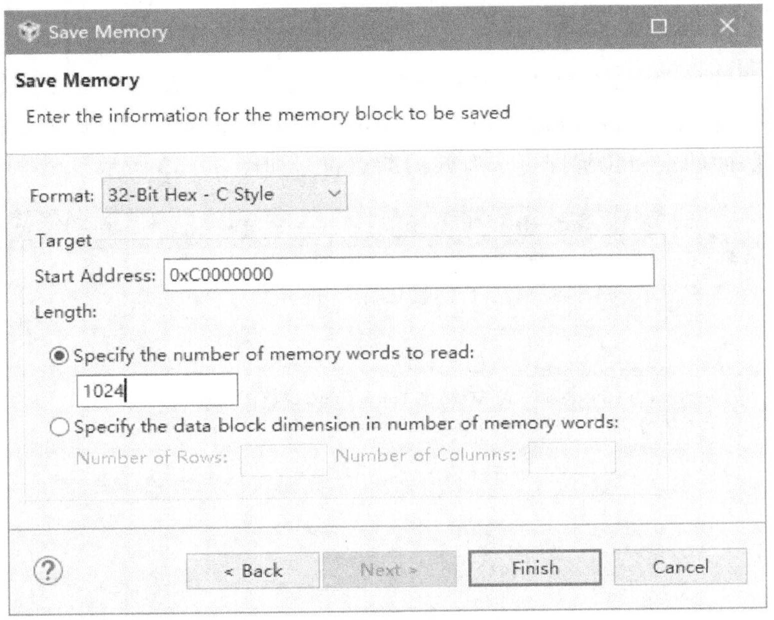

图 3-60　配置要保存内存数据参数

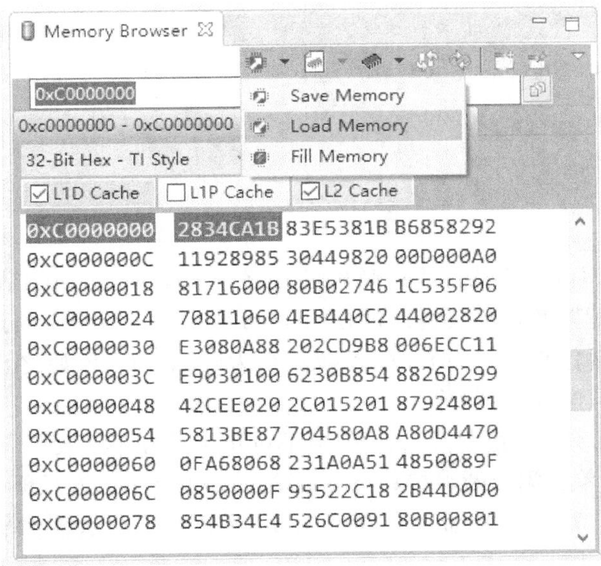

图 3-61　其他内存操作

3.2.7 设置/配置断点

程序调试过程中，断点是很重要的调试方式。通过设置断点可以逐步分析出问题的代码位置，便于解决问题。CCS 设置断点的方式很简单，直接双击不是注释的代码行号前面的空白位置即可。有效的断点符号如图 3-62 所示。

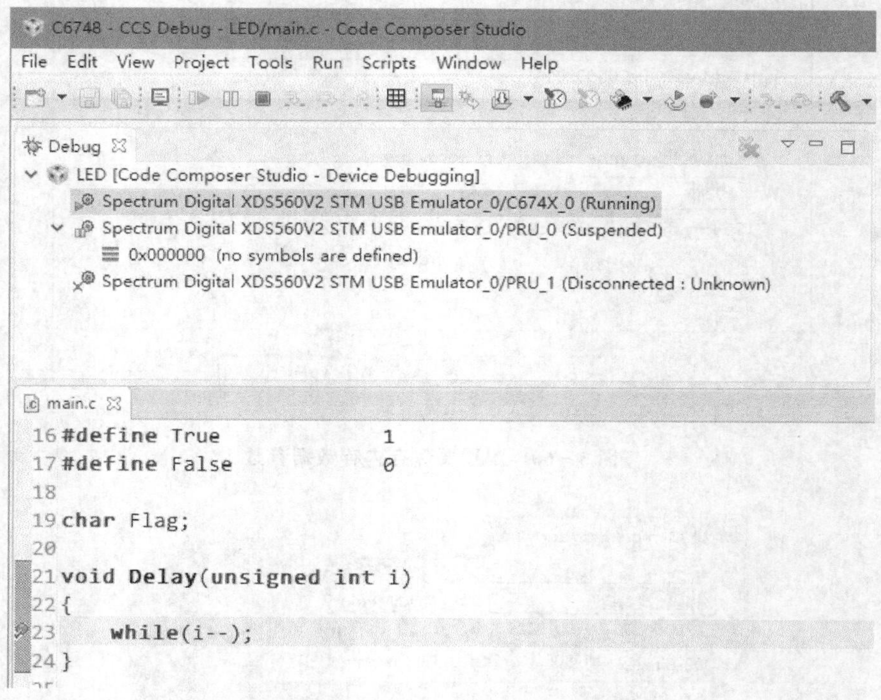

图 3-62 设置断点

在断点图标上右击鼠标，并在弹出的级联选择 Breakpoint Properties 打开断点属性对话框，并配置断点高级属性，如图 3-63 所示。可以指定断点在到达多少次之后再执行行为(暂停程序运行)。配置断点行为(Action)，比如终止运行、读/写文件以及执行表达式(GEL)等操作。

打开断点工具栏(选择 View→Breakpoints 菜单项)设置其他类型断点，如图 3-64 所示。单击添加断点按钮旁边的下拉箭头，选择硬件断点(Hardware Breakpoint)并设置停止地址。程序运行到指定地址后会暂停运行，如图 3-65 所示。

注意，设置的断点必须是程序可以运行到的语句，如果程序根本不会执行到设置断点的语句，那么断点永远不会被触发。

很多型号 C6000 处理器可以使用软件断点。软件断点是一条汇编语句，只要插入到程序任何有效位置，则都会触发程序暂停运行，如图 3-66 所示。

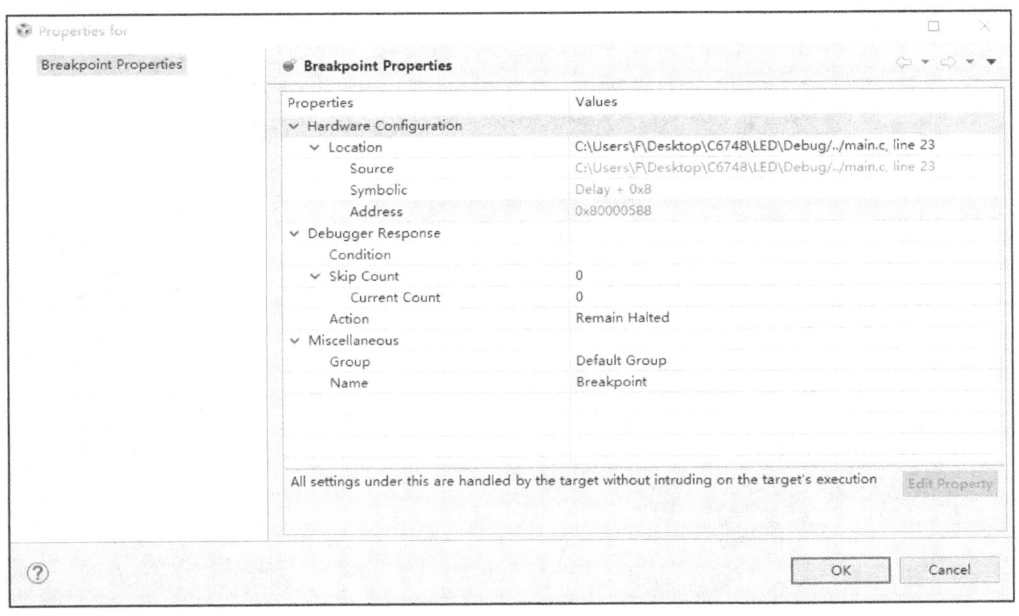

图 3－63　断点属性

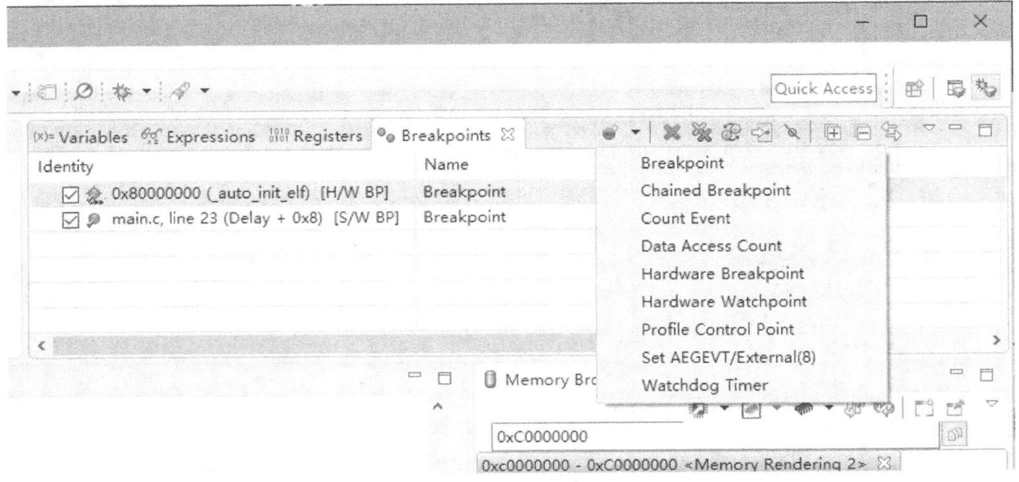

图 3－64　设置其他类型断点

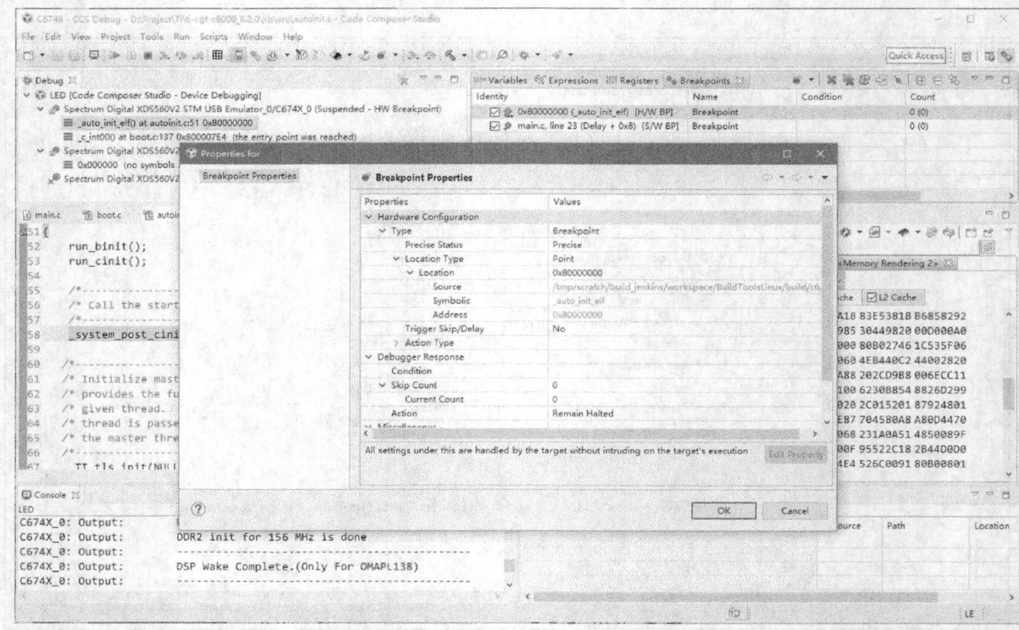

图 3-65　硬件断点

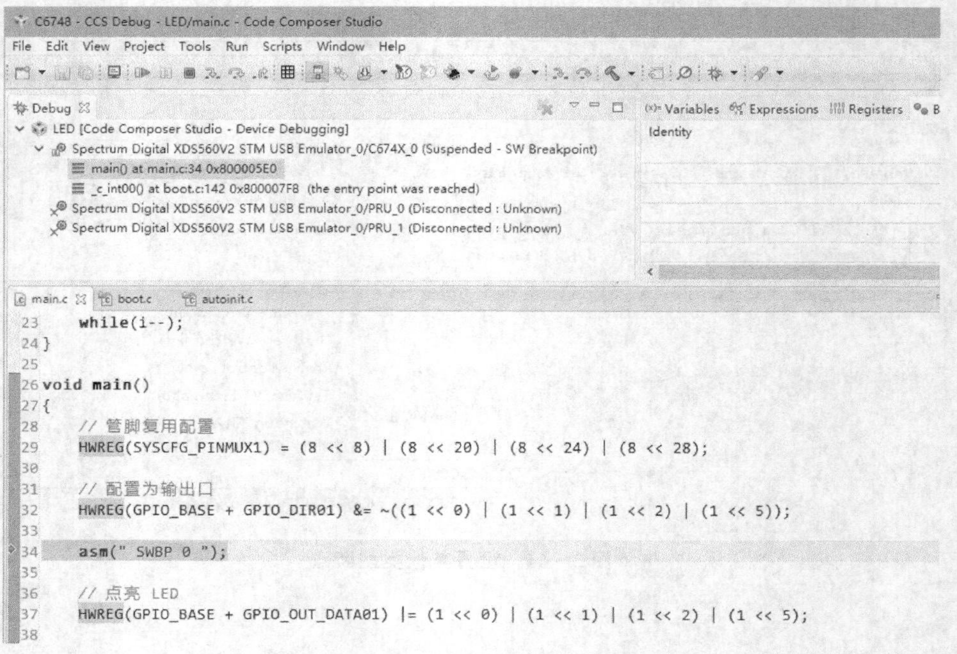

图 3-66　软件断点

3.2.8　单步调试

单步调试是指逐条语句执行代码，方便比较语句执行结果。单步调试包含 Step Into(F5)进入函数、Step Over(F6)跳过函数、Step Return(F7)返回、Assembly Step Into(Ctrl+Shift+F5)汇编进入、Assembly Step Over(Ctrl+Shift+F6)汇编跳过以及 Run to Line(Ctr+R)运行至所选行等操作，括号里面是对应的快捷键。这些命令可以在快捷工具栏及 Debug 菜单找到，如图 3-67 所示。其他常用的操作有 Restart 重新开始和 Reset 复位。执行 Restart 操作后，则程序跳转到 main 函数起始位置(C/C++程序)或入口(线性汇编及汇编程序)。Reset 包括 CPU Reset 和 System Reset(通过 CPU Reset 按钮旁边的下拉箭头打开的列表选择)，CPU Reset 只复位当前所选 CPU，而 System Reset 则复位整个芯片。

图 3-67　调试工具栏

3.2.9　软件仿真模式

软件仿真可以通过 CCS 虚拟 CPU 环境来运行程序，并测试程序执行结果。软件仿真功能已经从 CCSv5 以上版本移除，最后一个可以使用软件仿真的 CCS 版本为 5.5。软件仿真有一定的局限性，支持的 CPU 型号、外设种类都比较少。而且在软件仿真模式下测试代码性能是会忽略掉内存访问延迟的，在实际程序运行过程中内存延迟对性能的影响非常大。很多 TI 的算法性能测试都是通过软件仿真得出时钟周期数目。

软件仿真支持 3 种模式：CPU 或核心仿真，在这种模式下仅仿真相应的 CPU 核心，如 DSP C64x+、C674x、C66x、ARM 9、ARM Coretex A15 等；设备仿真，可以仿真 CPU 及缓存、DMA 和外设；系统或 SOC 仿真，仿真多种及多个核心，如 ARM + DSP 等。

软件仿真模式不需要开发板及仿真器这些硬件设备，一般用于删除硬件做出来之前同步验证算法的正确性。软件仿真模式下，PSC 或者缓存配置等代码是无法执行的，程序从硬件仿真转向软件仿真时需要注意屏蔽这类代码。

配置软件仿真与配置硬件仿真器的配置文件类似，只不过仿真器型号需要选择 Texas Instruments Simulator。对于 C6748 DSP 来说，设备选择 C674x CPU Cycle Accurate Simulator，Little Endian 即可，如图 3-68 所示。

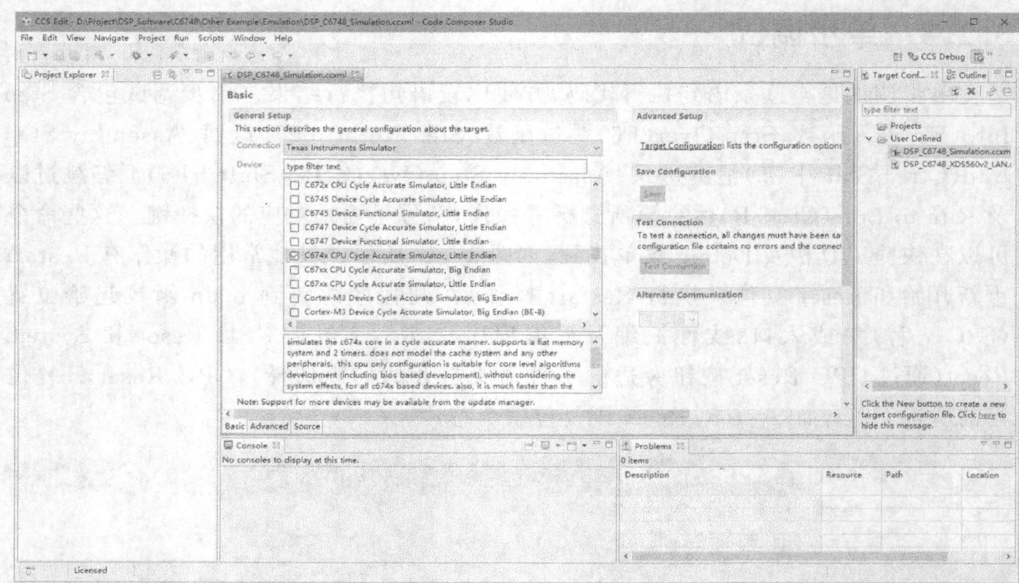

图 3-68 配置软件仿真

配置完成后，仍然像连接硬件仿真器一样使用软件仿真就可以了，如图 3-69 所示。

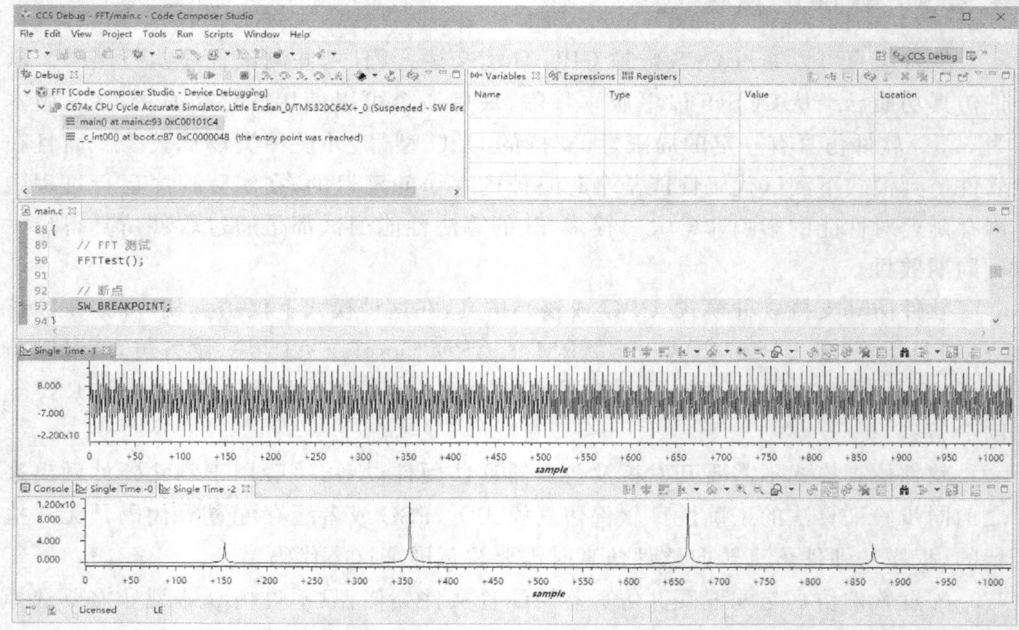

图 3-69 软件仿真

3.2.10　图形分析

图形分析是 CCS 集成开发环境提供的用于绘制曲线的工具。此外，CCS 还支持对原始数据进行快速傅里叶变换，然后绘制出数据的幅值图、相位图以及瀑布图。图形分析工具需要在调试视角才能打开，如图 3－70 所示。

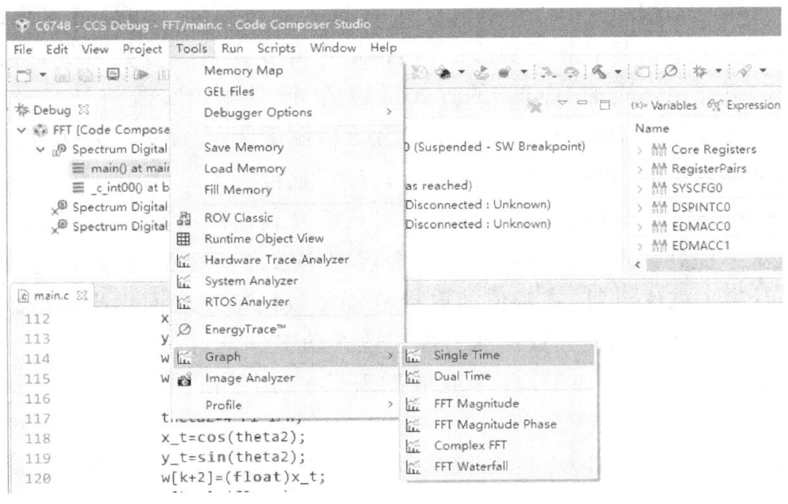

图 3－70　图形分析菜单

最常用的功能是单时域图(Single Time)功能，单时域图允许绘制单个信号的时域图形。在绘制图形之前首先需要配置相关参数，如图 3－71 所示。

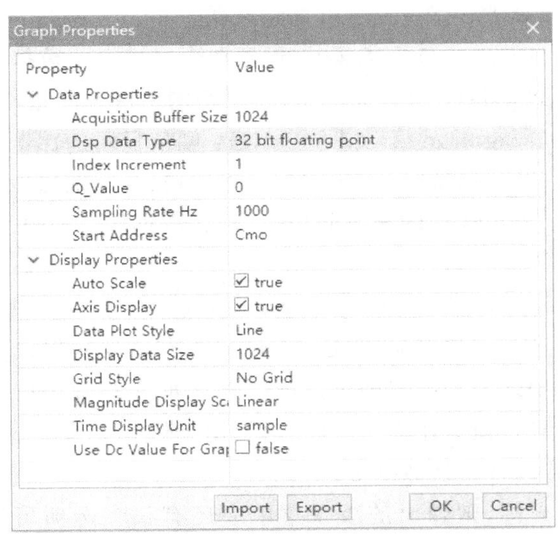

图 3－71　图形属性

数据属性(Data Properties):配置需要绘制图形的数据参数。

数据缓冲区大小(Acquisition Buffer Size):配置用于绘制图形的数据长度。例如,需要绘制1 024点FFT幅值图形,则这里就可以配置为1 024。

数据类型(Dsp Data Type):配置采样点的数据格式,可选8位、16位、32位、64位定点有符号或无符号整数类型、32位单精度、64位双精度浮点类型。

采样点增量索引(Index Increment):配置采样点间隔。如果是连续数据,则配置为1即可。数字信号处理函数库中,快速傅里叶变换对于复数数据是按照"实部-虚部-实部-虚部……实部-虚部"的方式排列的,但是对于实数信号来说虚部为零。如果需要单独绘制实部的图形,则这个参数可以配置为2,代表间隔采样。绘制模拟数字转换结果图形时,也可以使用这种方式进行抽样。

Q值(Q Value):Q格式是一种使用定点数来表示浮点数据的方法,一般用于在定点处理器中提高浮点数计算速度。人为规定小数点所在位置,然后把浮点数按照定点数的计算方式来计算,在数值的取指范围与数据精度之间做出取舍。Q值配置为多少即代表小数点位置在数据从右往左数移动多少位。

采样率(Samling Rate Hz):配置数据采样率,用于横坐标单位为时间的时候进行坐标值换算。

起始地址(Start Address):配置数据缓冲区起始地址,可以直接填写全局变量名或内存地址。

显示属性(Display Properties):配置绘制图形的样式。

自动缩放(Auto Scale):自动调整坐标轴。

显示坐标轴(Axis Display):配置是否显示坐标轴。

数据图样式(Data Plot Style):可选线或条。

显示数据大小(Display Data Size):配置图形区域显示数据长度或个数。

网格样式(Grid Style):可选无网格、小间距网格或大间距网格。

幅值显示比例(Magnitude Display Scale):幅值显示的比例,可选线性或对数。

横轴显示单位(Time Display Unit):配置横轴(时间轴)显示单位,可选采样、微秒、毫秒和秒。如果单位选择的是时间单位,那么数据属性那里采样率要配置为合适的值。

使用直流值(Use Dc Value For Graph):配置在图形上是否显示直流值。

配置完参数后还可以选择导出(Export)配置参数到文件,这样需要绘图的时候只需要导入(Import)之前的配置即可。绘图效果如图3-72所示。

打开的图形工具栏窗口还提供一些按钮,用来修改图形绘制的高级参数、放大或缩小图形、添加书签以及查找数据等。

在图形上右击鼠标,则弹出的级联菜单中还有很多选项可以选择,如图3-73所示。

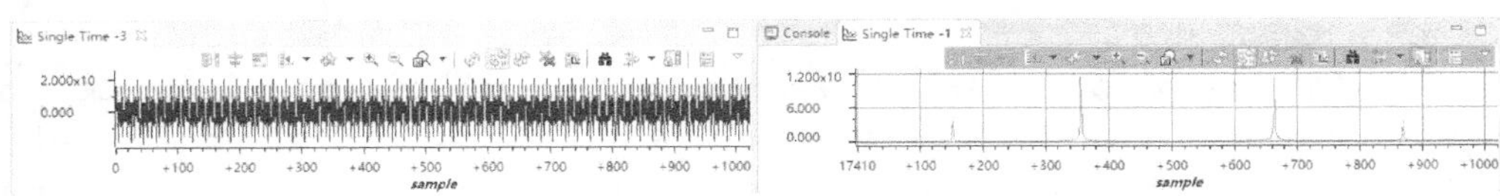

图 3－72　图　形

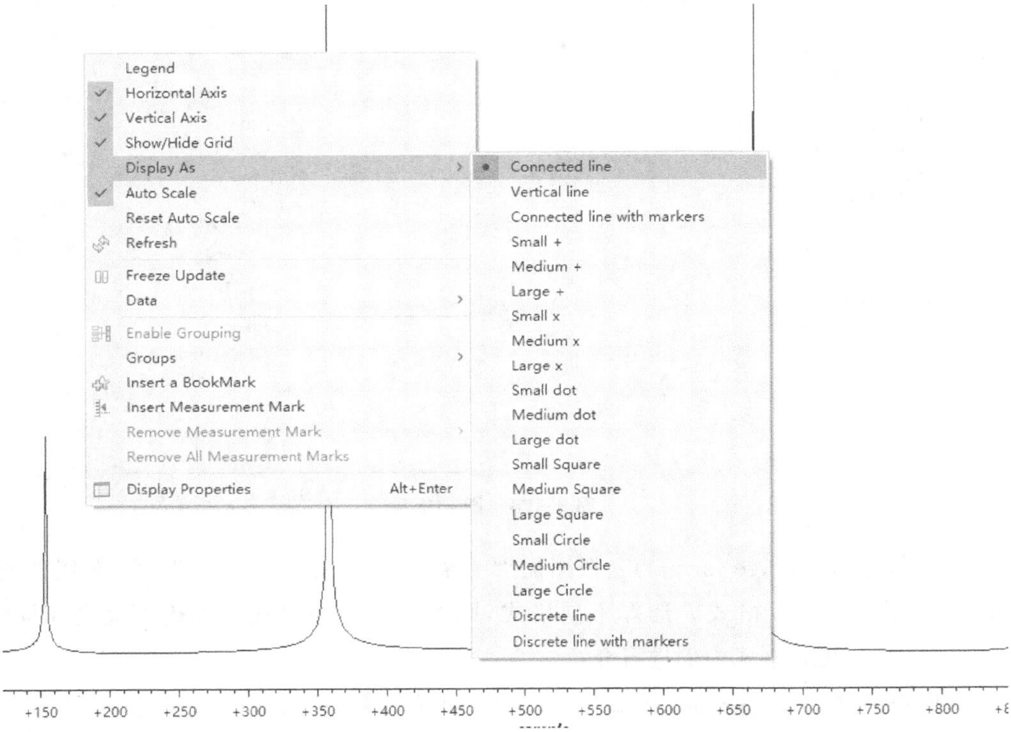

Legend
Horizontal Axis
Vertical Axis
Show/Hide Grid
Display As
Auto Scale
Reset Auto Scale
Refresh
Freeze Update
Data
Enable Grouping
Groups
Insert a BookMark
Insert Measurement Mark
Remove Measurement Mark
Remove All Measurement Marks
Display Properties　Alt+Enter

Connected line
Vertical line
Connected line with markers
Small +
Medium +
Large +
Small x
Medium x
Large x
Small dot
Medium dot
Large dot
Small Square
Medium Square
Large Square
Small Circle
Medium Circle
Large Circle
Discrete line
Discrete line with markers

+150 +200 +250 +300 +350 +400 +450 +500 +550 +600 +650 +700 +750 +800

图 3－73　图形鼠标右键菜单

3.2.11　图像分析

图像分析是 CCS 提供的主要用于查看图像的工具，仅可以在调试视角打开。选择 Tools→Image Analyzer 菜单项，打开图像分析工具栏。图像分析工具会同时打开 Image 窗口和 Properties 窗口，Image 窗口用于查看图像，Properties 窗口用于配置图像参数，如图 3－74 所示。

标题(Title)：配置图像显示窗口标题。

背景颜色(Background color)：配置图像显示窗口背景颜色，默认白色(255,255,255)。

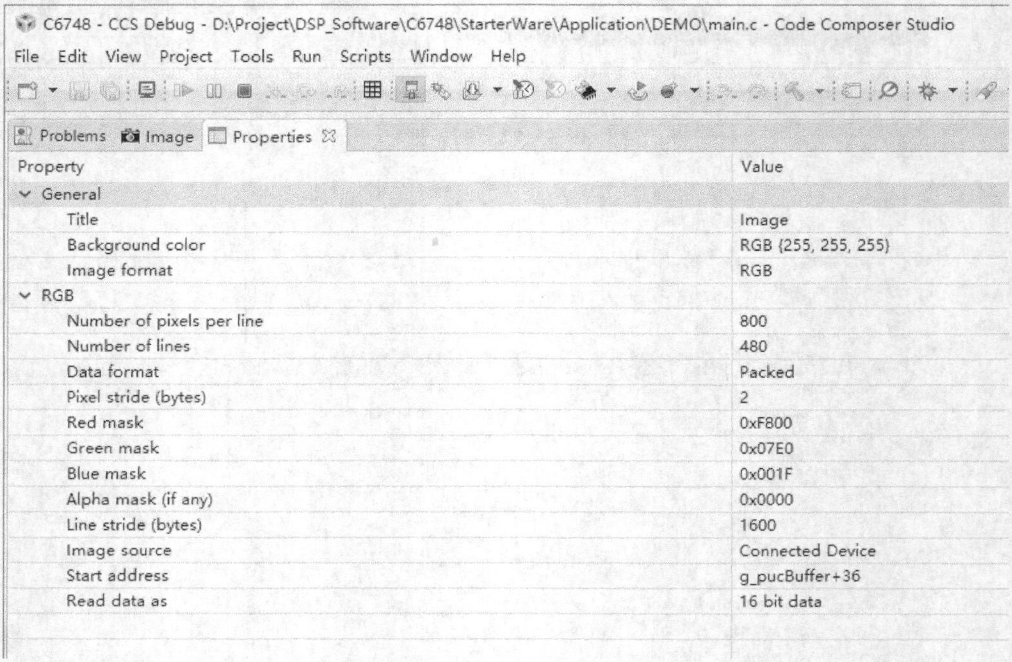

C6748 - CCS Debug - D:\Project\DSP_Software\C6748\StarterWare\Application\DEMO\main.c - Code Composer Studio

File　Edit　View　Project　Tools　Run　Scripts　Window　Help

Problems　Image　Properties

Property	Value
General	
Title	Image
Background color	RGB {255, 255, 255}
Image format	RGB
RGB	
Number of pixels per line	800
Number of lines	480
Data format	Packed
Pixel stride (bytes)	2
Red mask	0xF800
Green mask	0x07E0
Blue mask	0x001F
Alpha mask (if any)	0x0000
Line stride (bytes)	1600
Image source	Connected Device
Start address	g_pucBuffer+36
Read data as	16 bit data

图3-74　图像参数

图像格式(Image format)：根据需要查看的图像格式不同来选择，常用的是RGB格式或YUV格式。选择不同格式，则需要配置的参数选项也不完全相同。

这里以RGB格式为例进行介绍。

图像宽度(Number of pixels per line)：配置图像宽度。

图像高度(Number of lines)：配置图像高度。

数据格式(Data format)：选择图像RGB三原色数据是打包存储在同一内存地址，还是分开存储在不同内存地址。

像素大小(Pixel stride)：每个像素占用内存空间，RGB565占用16位2个字节。

红色掩码(Red mask)：打包存储的数据中，红色数据的位置掩码为1有效。

绿色掩码(Greenmask)：打包存储的数据中，绿色数据的位置掩码为1有效。

蓝色掩码(Blue mask)：打包存储的数据中，蓝色数据的位置掩码为1有效。

对于RGB565格式(LCD控制器支持的颜色格式)，红色掩码为0xF800，即16位数据中高5位表示红色；绿色掩码为0x07E0，即16位数据中中间6位表示绿色，由于人眼对绿色比较敏感，所以绿色比其他颜色多出1位来表示；蓝色掩码为0x001F，即16位数据中低5位表示蓝色。

透明掩码(Alpha mask)：透明色掩码，不是必须参数。

行像素字节数(Line stride)：每行占用的字节数，对于 RGB565 图像宽度为 800 的图像来说，每一行占用 1 600 字节。

图像来源(Image source)：选择图像从连接的设备内存读取还是从计算机中文件读取。

起始地址(Start address)：如果从设备内存中读取需要指定内存地址，则可以使用变量符号或物理地址。

数据存储格式(Read data as)：选择图像数据是以 8 位、16 位或 32 位格式存储。

图 3-74 配置的参数用于查看 LCD 控制器显示缓存中的数据，也就 LCD 显示的图像内容，显示结果如图 3-75 所示。

图 3-75　图像查看

在图像查看窗口右击鼠标，在弹出的级联菜单中可以选择仅查看图像红色、绿色或蓝色分量；还可以导入或导出图像属性配置参数，如图 3-76 所示。

图 3-76　图像查看窗口右键菜单

3.2.12　串口终端

嵌入式处理器调试开发过程中会不可避免地通过串口输入或输出信息，单片机时代一般使用串口调试助手、Linux 时代更多的是使用串口终端。串口终端可以更方便地通过串口交互数据，CCS 支持串口终端、SSH、Telnet、Git Bash 以及本地终端（Windows 系统环境为命令行提示符）。

选择 View→Terminal 菜单项，打开终端工具栏，如图 3-77 所示。

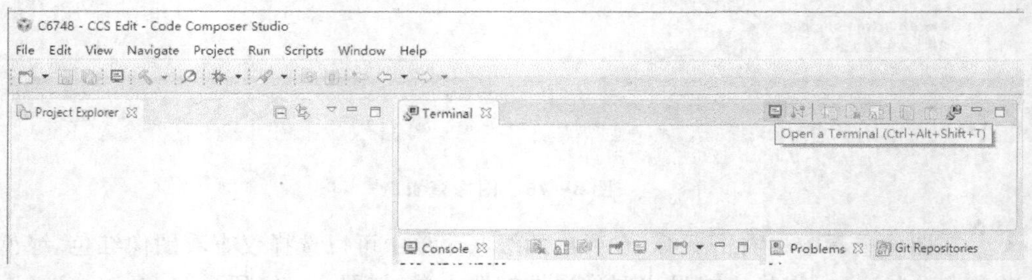

图 3-77　终端工具栏

单击工具栏窗口右上角第一个图标新建终端，打开打开终端对话框，如 3-78 所示。

终端类型（Choose terminal）选择串口（Serial Terminal），然后配置串口波特率（Buad Rate）、数据位（Data Bits）、校验位（Parity）、停止位（Stop Bits）以及是否使用流控（Flow Control）。编码用于配置终端窗口显示文本使用的字符编码类型，如果

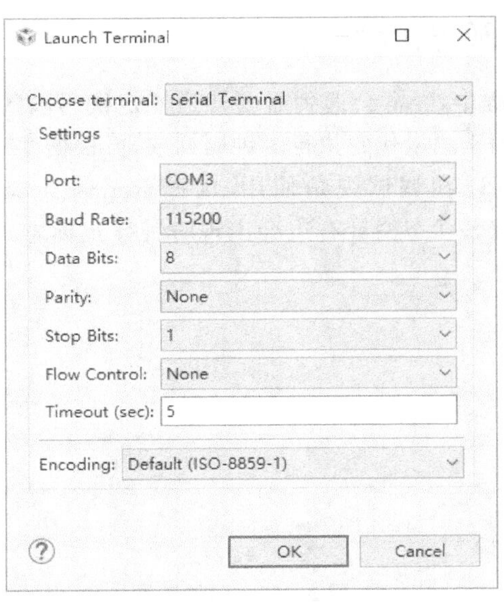

图 3-78 终端配置对话框

需要显示中文字符，则使用 GBK 或 UTF-8 编码格式。配置参数完成后，单击 OK 按钮打开终端，如图 3-79 所示。

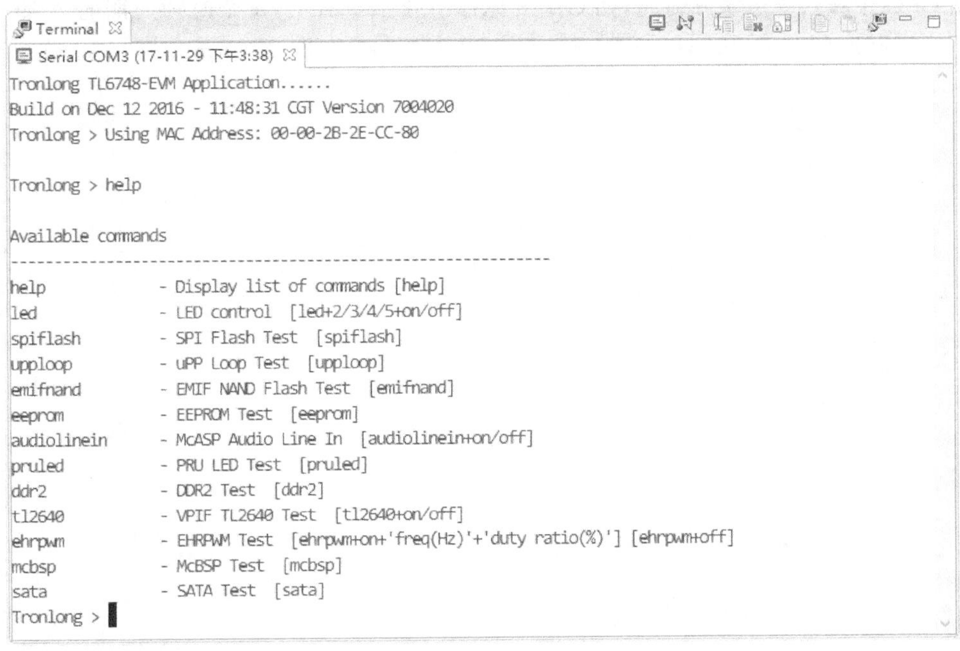

图 3-79 串口终端

3.2.13 测量代码执行时间

DSP算法调试过程中，经常会遇到需要知道特定代码段的执行时间的情况。CCS提供了Clock工具来用于测量代码执行时钟周期数，再根据CPU主频换算成实际执行时间。Clock工具仅可以在调试视角使用，选择Run→Clock→Enable菜单项，使能Clock工具。之后在CCS状态栏最右边会出现时钟样式标志，如图3-80所示。

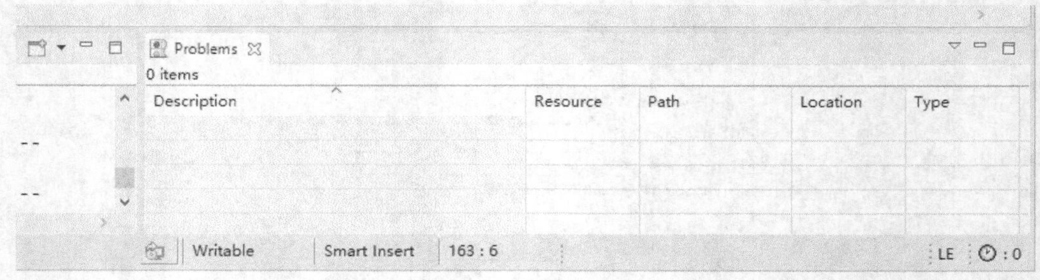

图3-80 时钟工具

在需要测量的代码段前后分别添加断点，当程序执行到被测代码段前面断点的时候，则双击时钟图标清零计数。此时再次运行程序到被测代码段后面的断点，时钟图标后面显示的数值即被测代码段执行的时钟周期数目，如图3-81所示。然后根据CPU主频换算成实际时间，如C6748标称主频456 MHz，每个时钟周期的2.19 ns，那么实际时间为6.75061×2.19 ns=1 478 383.59 ns，即1.48 ms。

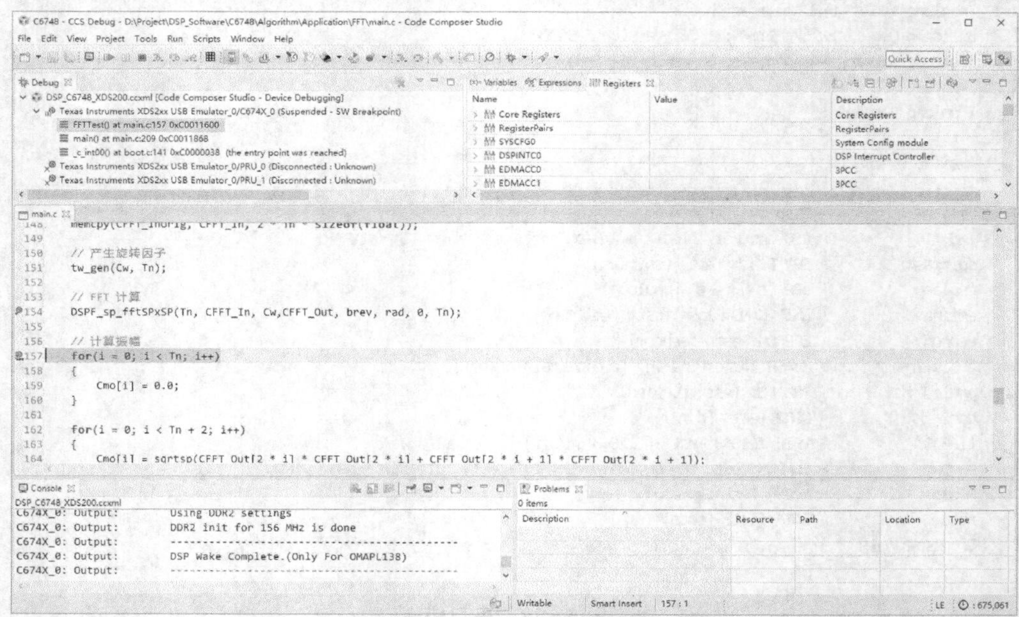

图3-81 测量代码执行时间

3.3　版本管理

3.3.1　Git 概述

Git[/gɪt/]是一个开源的分布式版本管理软件，最初由林纳斯·托瓦兹（Linus Torvalds）设计，于 2005 年以 GPL 软件协议发布，最初目的是更好地管理 Linux 内核开发。

有了版本管理，就可以保存程序代码多个版本快照，从而用于比较及检查，也会方便项目组内多个成员协同工作。Git 相对于 Svn 等版本管理方式，最大的区别是，Git 是分布式，而 Svn 是基于服务器和客户端形式。在不能联网的情况下，本地 Git 仓库也会保存整个项目的全部历史；等网络恢复后，再与 Git 服务器同步数据，保持本地与远程数据一致。

3.3.2　CCS Git 插件使用

Git 已经作为插件默认安装到 CCS 集成开发环境中，只要 CCS 正确安装即可。

1. 创建或克隆仓库

使用 Git 之前，需要创建本地仓库或者从 Git 服务器 Clone 仓库。打开 CCS 集成开发环境 Show View 对话框（选择 View→Other 菜单项打开），如图 3－82 所示。

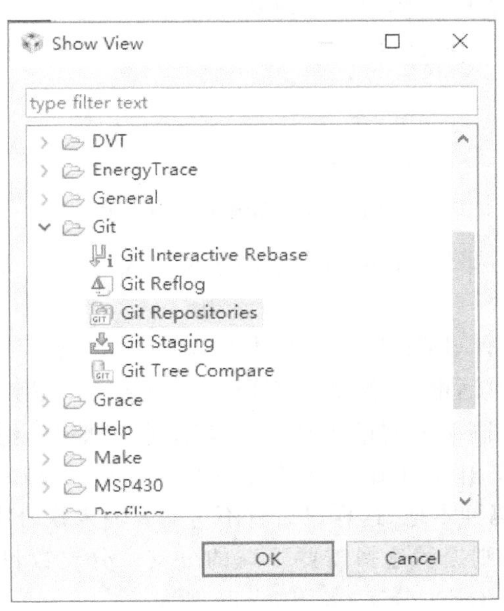

图 3－82　Show View 对话框

找到 Git Repositiories 条目并单击 OK 按钮打开 Git 仓库工具栏,如图 3-83 所示。这里给出 3 个选项,分别是添加已存在本地 Git 仓库(Add an existing local Git repository)、克隆仓库(Clone a Git repository)以及创建新的本地 Git 仓库(Create a new local Git repository)。

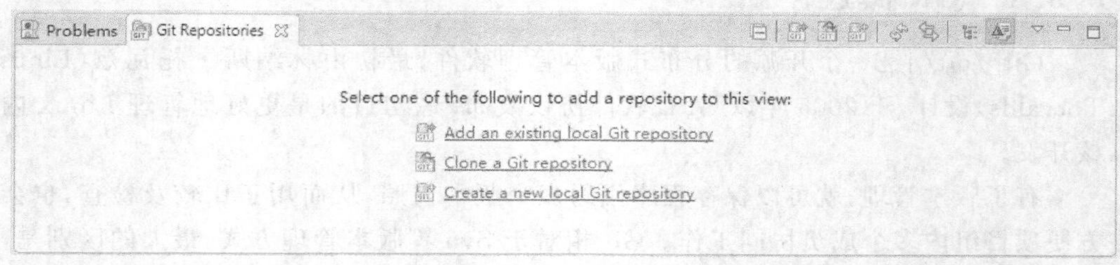

图 3-83 Git Repositories 工具栏

选择"创建新的本地 Git 仓库"打开新建仓库对话框,如图 3-84 所示。输入本地仓库存储的位置,单击 Finish 按钮。注意,路径最好是由全英文半角字符组成,而且所选目录最好是空目录。

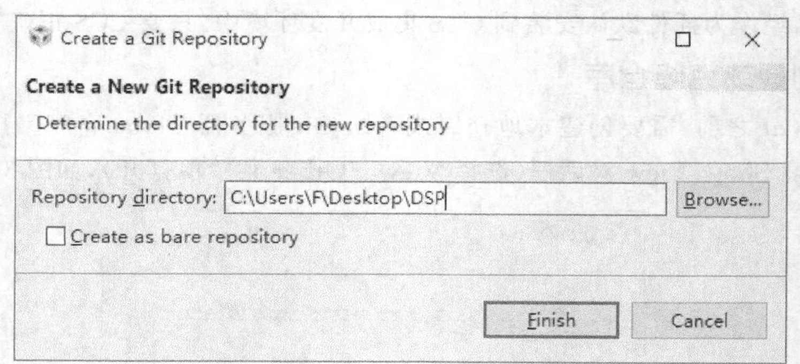

图 3-84 新建仓库对话框

创建完成后在所选目录下自动生成隐藏文件夹.git,该文件夹存储当前仓库的全部内容。

克隆仓库是将已有 Git 仓库下载到本地,单击 Git 仓库工具栏克隆仓库快捷按钮,打开克隆仓库对话框,如图 3-85 所示。输入 Git 服务器提供的仓库的 URI 地址及账户、密码,不同服务器端支持的协议不同,一般都会支持 Http、Https 以及 SSH 协议。SSH 协议相对 Http 协议安全性更高一些。选中 Store in Secure Store 复选框,保存账号密码到本地,这样以后就不再需要输入账号密码了。

单击 Next 按钮,则提示选择需要下载的分支。分支数目根据仓库的不同而不同,但一般都会有 master 主分支,如图 3-86 所示。

单击 Next 按钮,配置本地仓库参数,如图 3-87 所示。这里主要需要配置本地

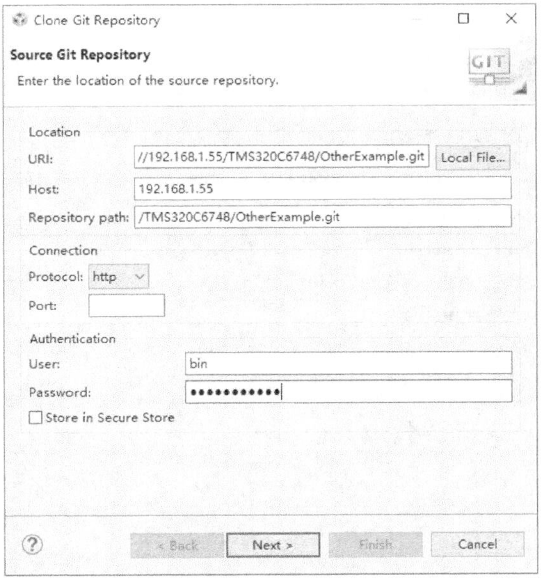

图 3-85　克隆仓库对话框

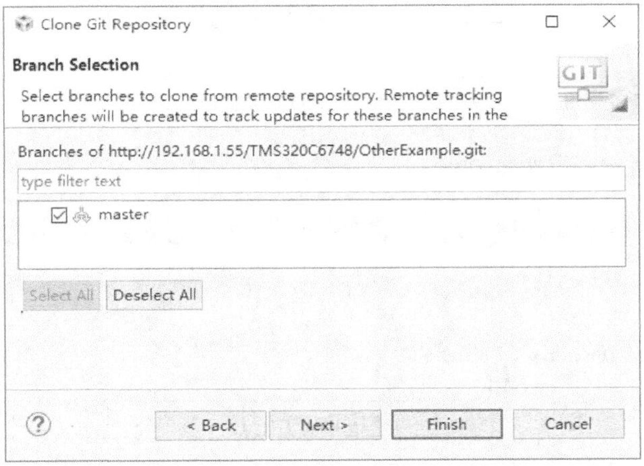

图 3-86　选择分支

仓库的存放路径及初始分支，可以选中 Import all existing Eclipse projects after clone finishes 复选框，则在克隆完成之后自动导入 Eclipse 工程到当前工作空间(Workspace)。

根据网络状况及仓库大小不同，克隆时间也不同，如图 3-88 所示。

2. 提交与推送

在 Git 仓库所在目录新建 CCS 工程或者复制已有工程，然后将这些工程导入

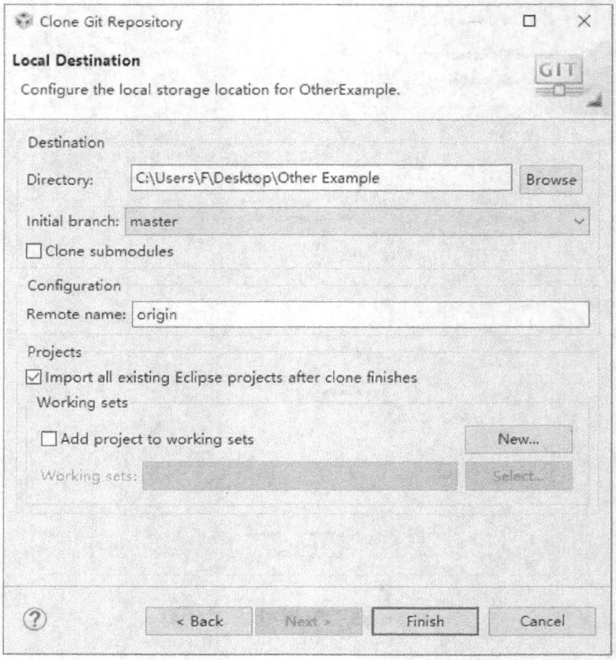

图 3-87 配置本地仓库参数

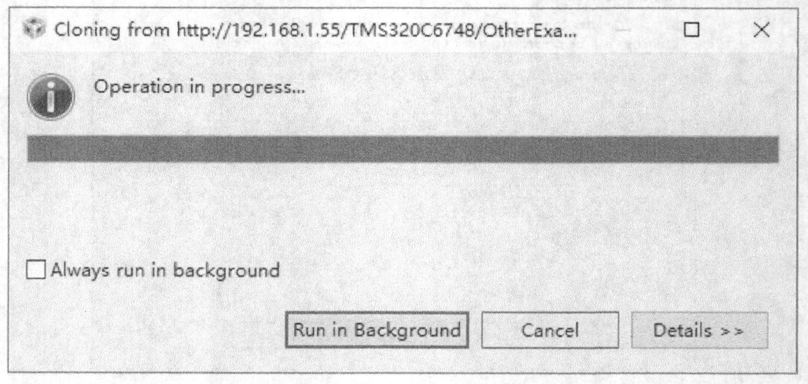

图 3-88 克隆仓库

CCS 工作空间。CCS 会在工程名后面标注[DSP NO-HEAD],DSP 即之前创建的 Git 仓库名;NO-HEAD 本应该显示当前所处分支,但是因为创建的是一个全新的仓库,不包含任何分支,所以这里显示 NO-HEAD,如图 3-89 所示。

在 Project Explorer 工具栏工程名右击鼠标,在弹出的级联菜单中选择 Team→Commit,如图 3-90 所示,则弹出如图 3-91 所示界面。

提交工具栏出现的默认位置可能不方便操作,可以直接拖动到编辑区域。将本

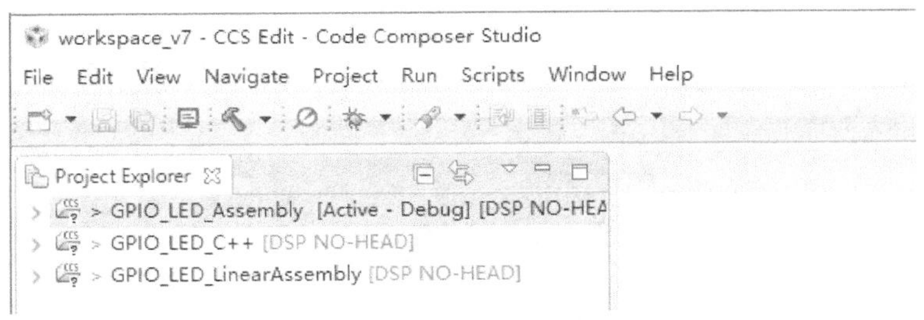

图 3-89 受版本管理的 CCS 工程

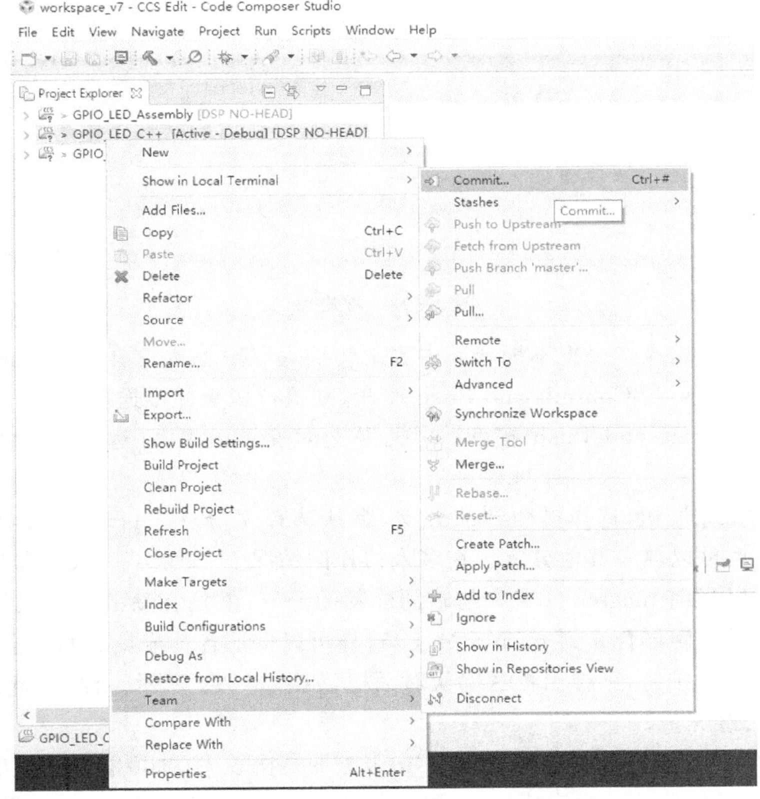

图 3-90 Team 菜单

次需要提交的文件拖动到 Staged Changes 列表框，在 Commit Message 文本框输入有关提交内容的信息，填写有意义的信息会方便以后追溯版本。Author 和 Committer 文本框输入作者及作者邮箱、提交者及提交者邮箱；如果作者和提交者是同一人，则可以填写相同的内容。这里填写的信息将会出现在 Git 仓库日志中。

提交(Commit)和推送(Push)实际上是两个操作，执行提交操作仅把改动写入

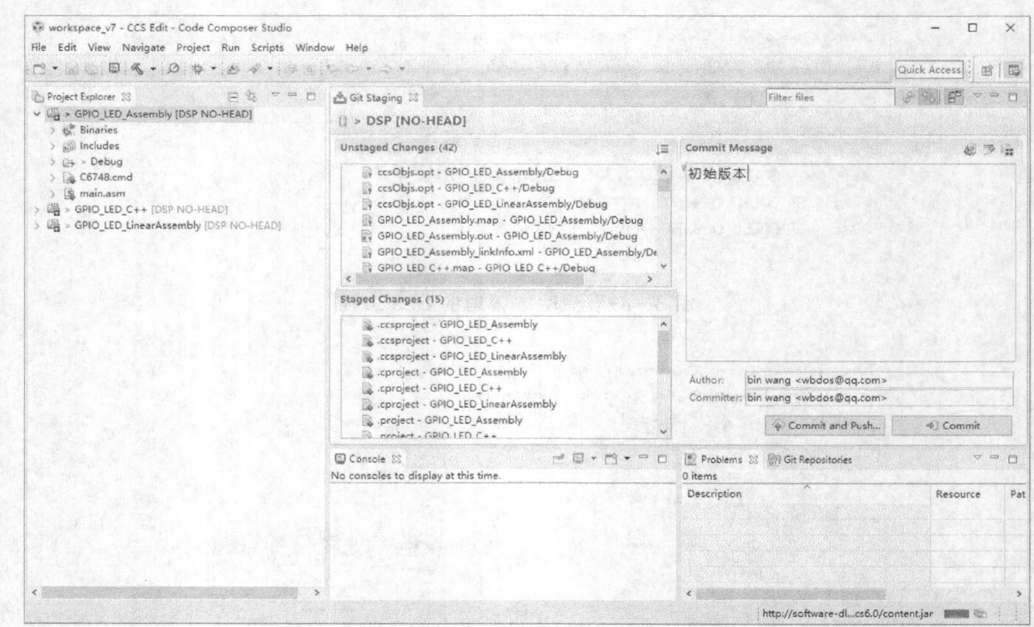

图 3-91　提交窗口

到本地仓库，推送操作会把本地仓库内容上传到远程服务器。单击 Commit 按钮，则执行提交操作；单击 Commit and Push 按钮，则执行提交并推送操作。

单击 Commit and Push 按钮，首次提交时会弹出配置远程仓库对话框，如图 3-92 所示。

单击 Next 按钮，选择提交到的分支，默认选择主分支(master)，如图 3-93 所示。当然，也可以填写其他分支。在多人协作的情况下，如果某一成员需要实现新功能，则一般以当前 master 分支为基础创建新的分支，然后在新的分支实现并验证功能，确保无误之后再合并到 master 分支，这样可以保证各个成员之间不会相互影响。

单击 Next 按钮，则弹出推送确认对话框，如图 3-94 所示。注意，此时 Commit 提交操作已经完成。

单击 Finish 按钮确认推送，根据 Git 服务器端协议不同，可能还会弹出对话框要求输入账号及密码。推送完成后，则弹出推送成功对话框，如图 3-95 所示，这样其他项目组成员就可以看到这次提交及推送的数据。

3. gitignore 文件

DSP 编译过程中会产生很多中间临时文件，这些文件是在编译及链接的时候动态生成的，所以这些文件不需要提交及推送，可以通过编写 .gitignore 文件的方式自动过滤这些中间文件。

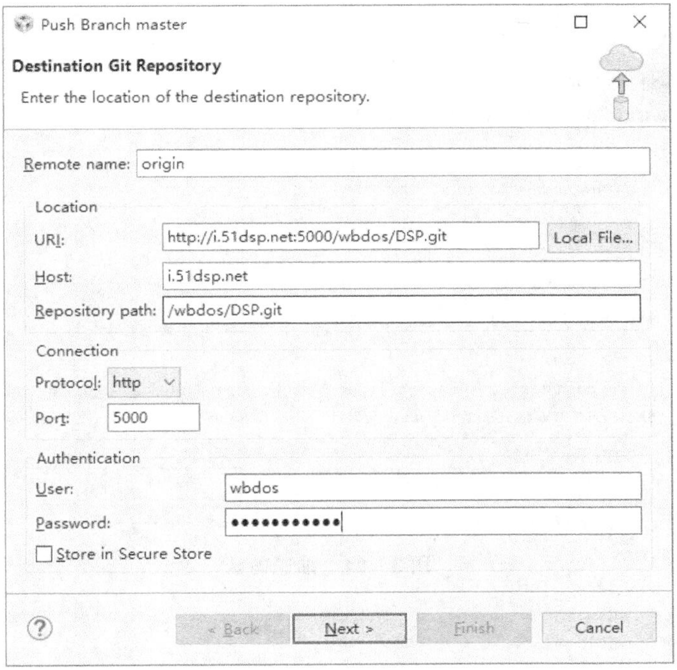

Push Branch master

Destination Git Repository

Enter the location of the destination repository.

Remote name: origin

Location

URI: http://i.51dsp.net:5000/wbdos/DSP.git　Local File...

Host: i.51dsp.net

Repository path: /wbdos/DSP.git

Connection

Protocol: http

Port: 5000

Authentication

User: wbdos

Password: ••••••••••••

Store in Secure Store

< Back　Next >　Finish　Cancel

图 3-92　远程仓库配置

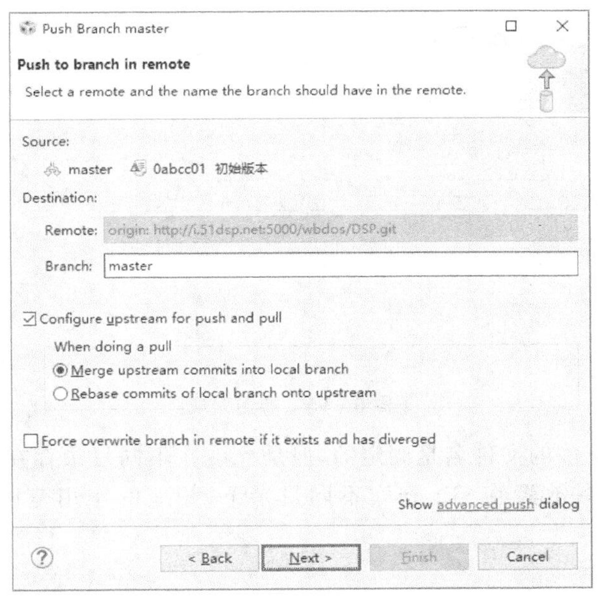

图 3-93　选择远程仓库分支

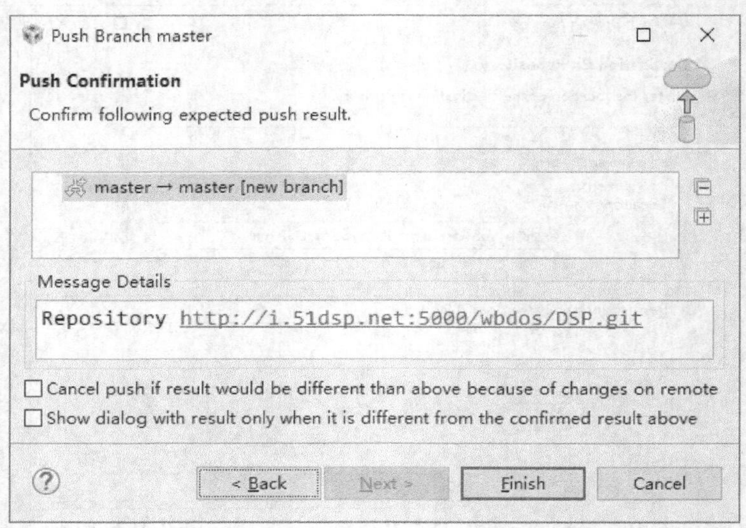

图3-94 推送确认

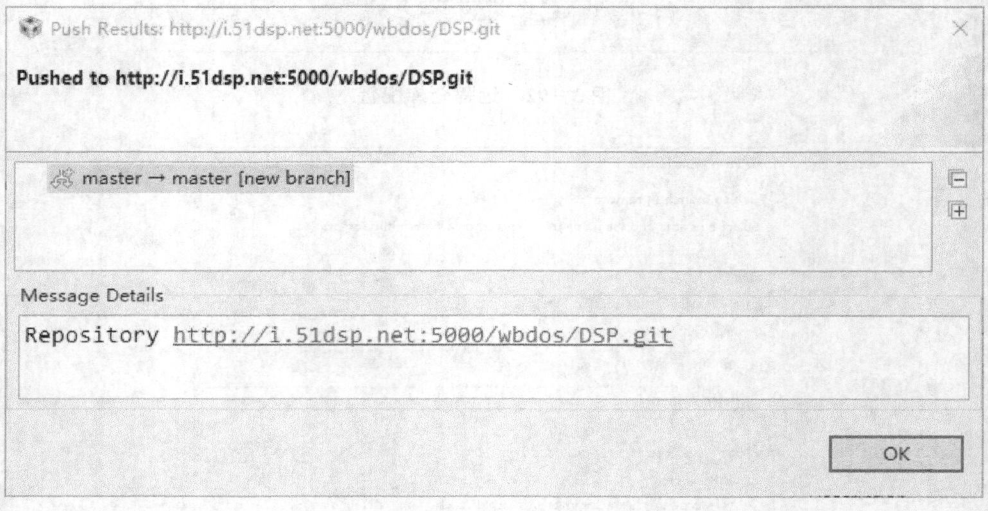

图3-95 推送完成

.gitignore文件的文件名是固定的，但是允许在不同目录存在多个.gitignore文件。.gitignore文件放置在Git仓库不同目录下，相应的作用范围不同。参考模板如下：

```
# 文件
# .gitignore
.xdchelp
```

```
# 目录
.metadata/
.jxbrowser-data/
.platformWizard/
dvt/
.launches/
.settings/
.config/
src/
Debug/
Release/

# 额外
! /Library/Debug/
```

这里主要排除了 CCS 工作空间及 CCS 工程自动创建的目录及文件。在 Windows 系统下创建没有文件名只有扩展名的文件不方便，可以使用命令行提示符或者 Power Shell 执行 copy con 命令实现。copy con 是 DOS 系统下创建文本文件的命令。

执行 copy con .gitignore 命令，然后输入任意字符或者直接回车，最后按 CTRL + Z 键结束输入，如图 3-96 所示。这样就创建了.gitignore 文本文件，然后使用记事本或者其他文本编辑器打开即可编辑修改。

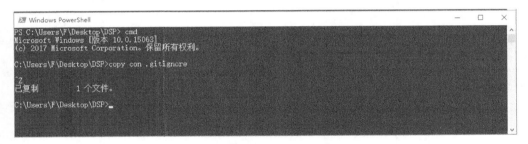

图 3-96　通过命令行提示符创建无文件名文件

增加.gitignore 文件之后，被排除的目录及文件不会出现在 Unstaged Changes 列表框中。注意，要将.gitignore 文件提交并推送到 Git 仓库，否则.gitignore 文件中的配置仅对当前本地仓库有效。

4. 查看提交历史

Git 允许很方便地查看每次提交的文件及比较文件差异。选择 Team→Show in History 菜单项打开 History 工具栏窗口，如图 3-97 所示。History 窗口列举出了当前仓库全部提交内容，选择相应的版本可以列出被修改的文件；选择被修改文件还可以做 Diff，也就是比较与上一个版本的差异。

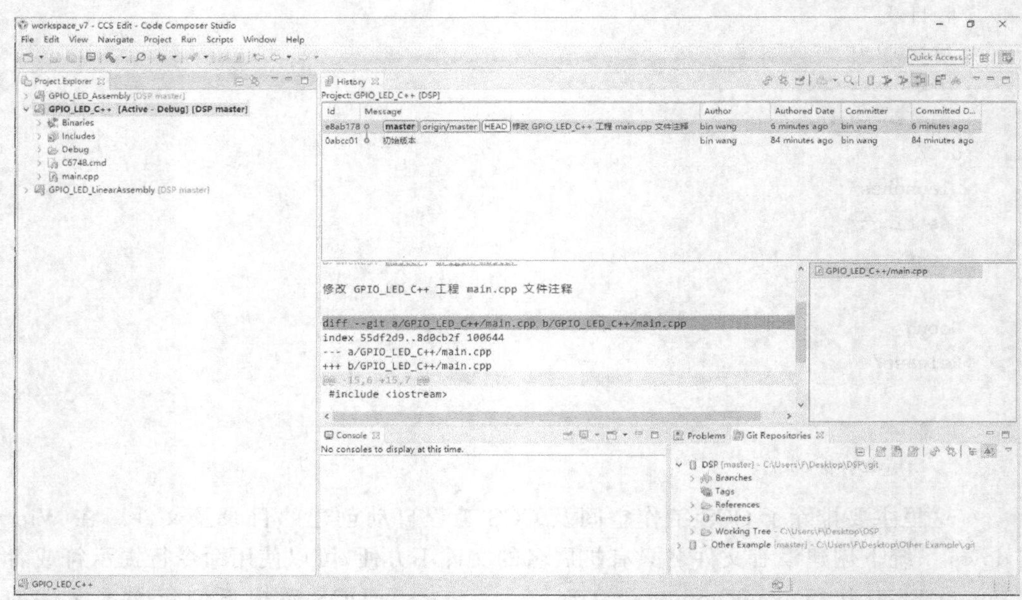

图 3-97　查看历史版本

双击特定文件，则可以打开所选版本文件快照，如图 3-98 所示。

图 3-98　文件快照

5. 恢复到之前版本

在 History 版本列表中需要恢复（重置）到的版本条目上右击，在弹出的级联菜单中选择 Reset 子菜单，再选择相应的重置选项，如图 3-99 所示。

Git 支持 3 种重置模式：

① Soft 模式：当前分支重置到指定提交记录位置，仅更新 HEAD。这种模式下仅将修改还原，提交的时候文件仍然会列举到 Staged Changes 列表框。

② Mixed 模式：当前分支重置到指定提交记录位置，更新 HEAD 和 Index。这

种模式下除了将修改还原，还将索引(Index)还原。如果当前版本与还原到的版本之间存在新建的文件，那么这些文件不包含在索引中，再次提交的时候会被列举到 Unstaged Changes 列表框。

③ Hard 模式：当前分支重置到指定提交记录位置，更新 HEAD、Index 以及 Working Directory。完全重置当前分支到所选版本，任何修改都将被删除。

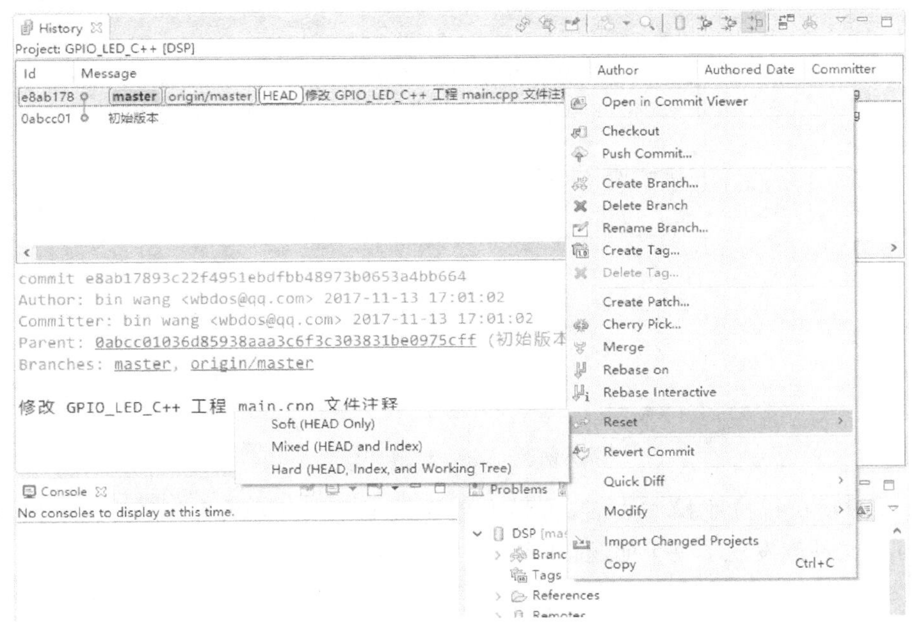

图 3-99　恢复到之前版本

6. 解决冲突

多人协作完成项目的时候，通常是各个成员在自己的分支实现相应功能，验证通过无误的时候就需要把改动合并到主分支(master)。如果不同成员之间的修改没有冲突，那么 Git 自动合并相关内容并产生新的合并提交。如果出现不同提交对相同内容做出修改，则合并会出现冲突，所以必须首先解决冲突才能继续完成合并提交。

假设 DSP 工程师 A 和 DSP 工程师 B 共同完成 Hello World 这一项目，下文简称为 A 和 B。这个项目目标很简单，通过 C 语言标准输入/输出函数从 CCS Console 窗口实时输出 Hello World 字符串。B 觉得没问题，所以，建立工程、添加源文件、添加 cmd 文件以及编写源文件。B 在编译链接之后，零错误零警告，于是就没有再进行仿真调试的步骤，直接提交到 Git 仓库。然后 B 告诉 A 功能实现了，可以测试。

A 收到通知后，首先需要做的工作是同步仓库，也就是从 Git 服务器获取最新版本。打开 CCS，在 Git Repositories 工具栏相应的 Git 仓库右击鼠标，在弹出的级联菜单中选择 Pull 菜单项。Pull 成功后则报告 Pull 结果，如图 3-100 所示。拉取操作(Pull)实际上是先后执行了两步操作，首先从服务器获取(Fetch from Upstream)最新版本数据到暂存区，然后执行合并(Merge)操作，将本地最新提交版本与服务器获取的最新版合并。这里已经执行了 Fetch 操作，所以 Fetch Result 提示已经是最新版本(Everything up to date)。

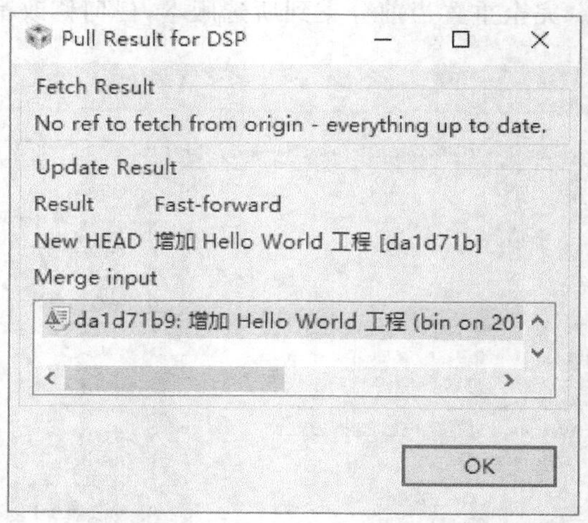

图 3-100 拉取结果

A 成功执行拉取操作之后，再将工程导入工作空间(Workspace)。不过，打开 main.c 文件就发现了一个问题，如图 3-101 所示。

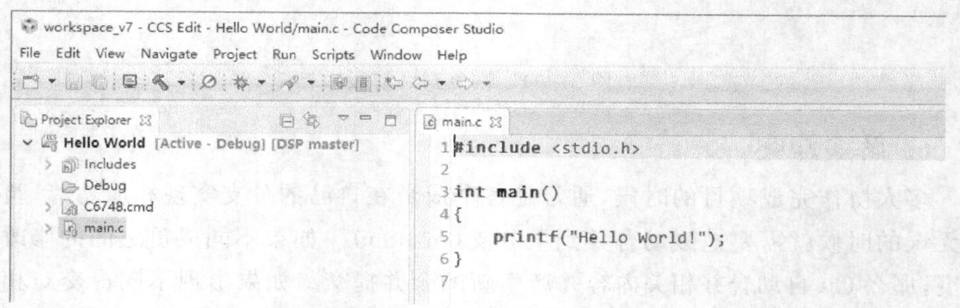

图 3-101 Hello World 工程

什么问题呢？printf 输出的格式化字符串没有以换行符(\n)结尾。C 语言标准输出函数默认输出到环形缓冲区，只有当缓冲区满了或者遇到换行符才会输出。所以，当程序执行完成 printf 这一条语句的时候并不会马上输出，程序会继续执行直到退出的时候才会输出。这显然与预期不符，随即 A 做出修改，添加了换行符，然后准备提交并推送。

但是，B 也发现了这个问题赶紧予以修正，还没来得及通知 A。B 抢先做了一次提交，如图 3-102 所示。

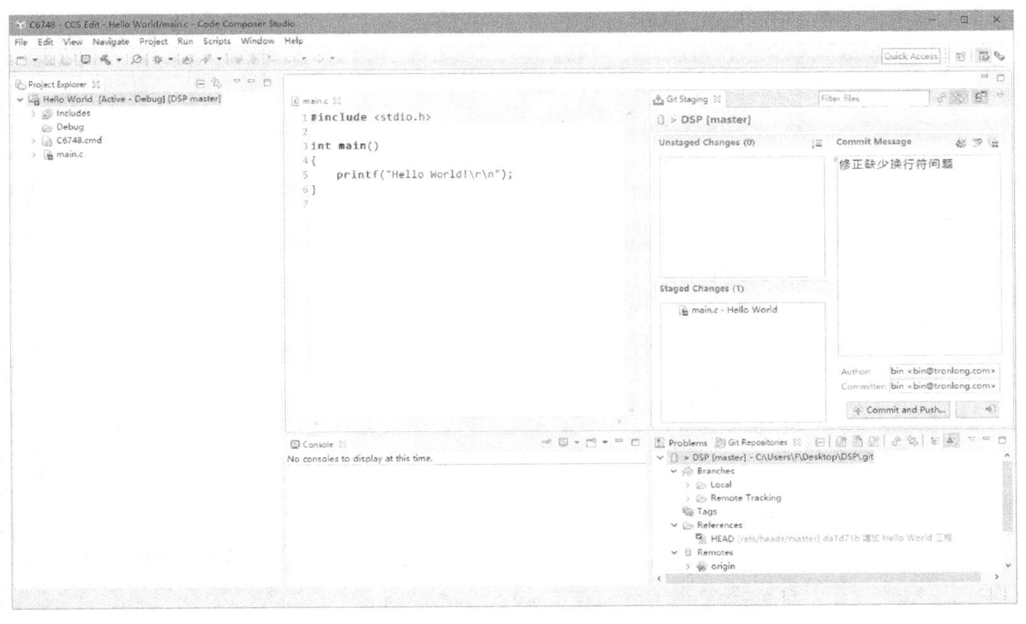

图 3 - 102　修正问题

随后，A 再提交并推送的时候就会遇到错误，如图 3 - 103 所示。

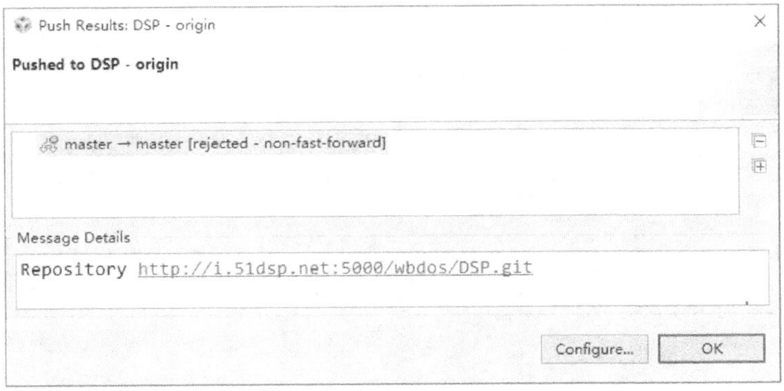

图 3 - 103　推送失败

这是因为 A 修改的版本不是服务器端最新的版本，而且修改的内容存在冲突，服务器无法自动合并。这时候 A 需要执行一次拉取(Pull)操作，拉取完成后会报告并显示冲突内容，如图 3 - 104 所示。冲突需要 A 手工解决之后才可以再次提交。从提示内容可以看出，B 添加的是回车及换行，A 添加的是换行。这两种方法都是可以的，回车代表回到当前行行首，换行代表重新开始一行。不同的操作系统对文本回车和换行的处理方法不同，Windows 系统采用回车及换行的方式，Linux 系统采用换行的方式。

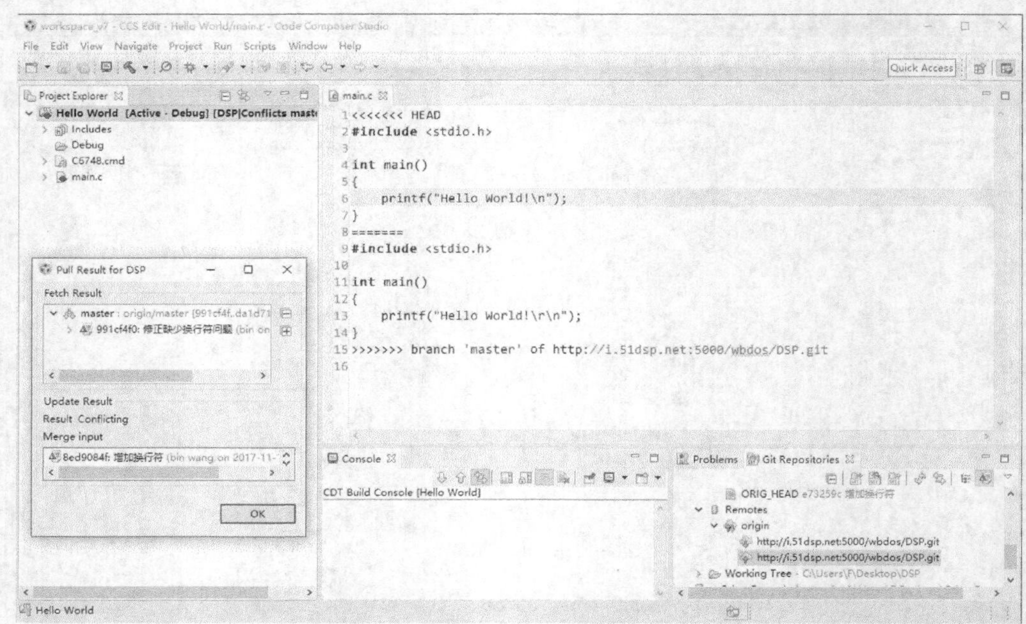

图 3-104　合并冲突

这时候可以借助 Git 合并工具来协助解决冲突，如图 3-105 所示。

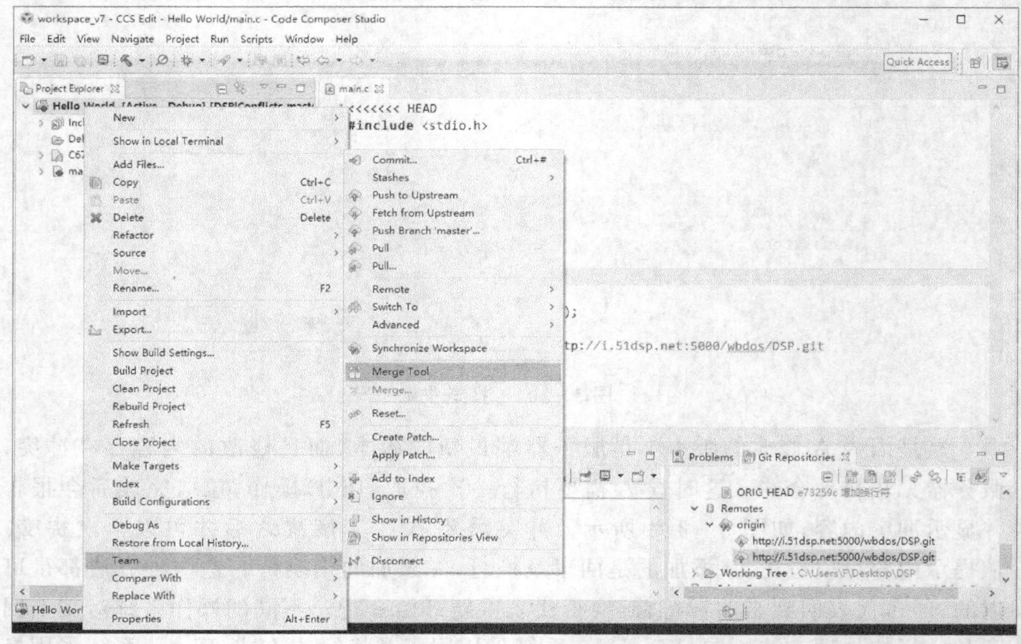

图 3-105　合并工具

A 觉得回车和换行的方式其实更好，所以在合并工具中修改为\r\n，退出合并工具并保存。然后添加冲突文件（红色标记文件）到索引（Term→Add to Index），如图 3－106 所示。

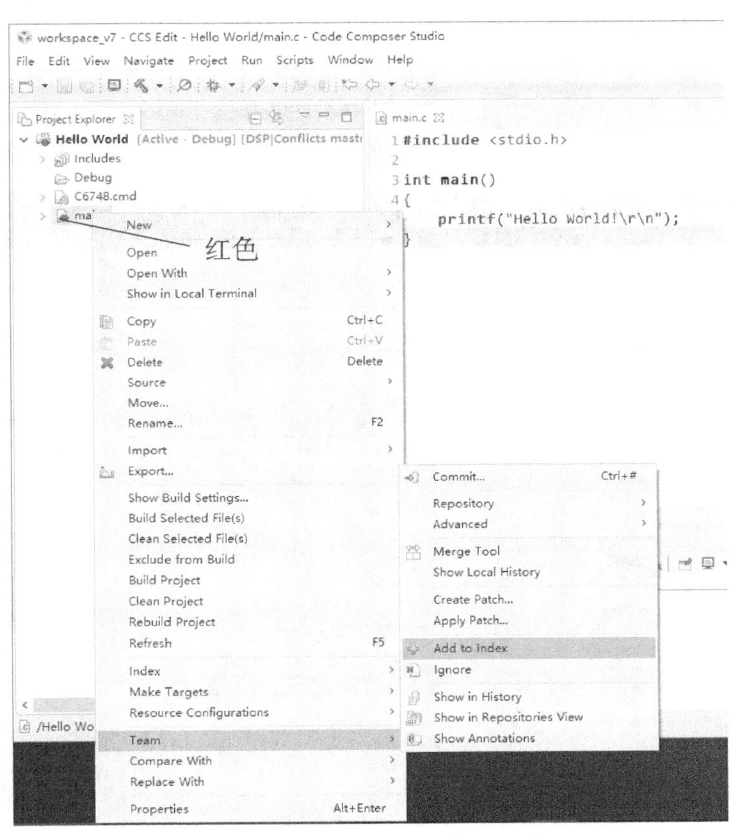

图 3－106　添加文件到索引

添加文件到索引后冲突标志消失，然后再执行一次提交并推送，则 CCS Git 插件自动生成合并提交消息。提交及推送成功后，打开 History 工具栏，则可以看到合并提交以及分支图，如图 3－107 所示。A 提交推送之后，B 就可以拉取合并，以确保 A、B 及 Git 服务器端数据一致性。

7. Git 服务器

为了方便不同成员协作，需要使用 Git 服务器来共享仓库。可以使用开放的公共网站（GitHub 等）提供的服务，也可以搭建内部 Git 服务器。

GitHub 使用比较简单，注册账户并登陆之后就可以创建 Git 仓库。Public 类型的仓库可以被任何人访问，但可以指定谁可以提交；Private 类型仓库需要指定谁可以查看及提交，如图 3－108 所示。

History

Project: Hello World [DSP]

Id	Message	Author	Authored Date	Committer	Committed Date
350fd1b	master origin/master HEAD Merge branch 'master' of http	bin wang	2 minutes ago	bin wang	2 minutes ago
8ed9084	增加换行符	bin wang	4 hours ago	bin wang	4 hours ago
991cf4f	修正缺少换行符问题	bin	4 hours ago	bin	4 hours ago
da1d71b	增加 Hello World 工程	bin	6 hours ago	bin	6 hours ago

图 3-107 合并提交

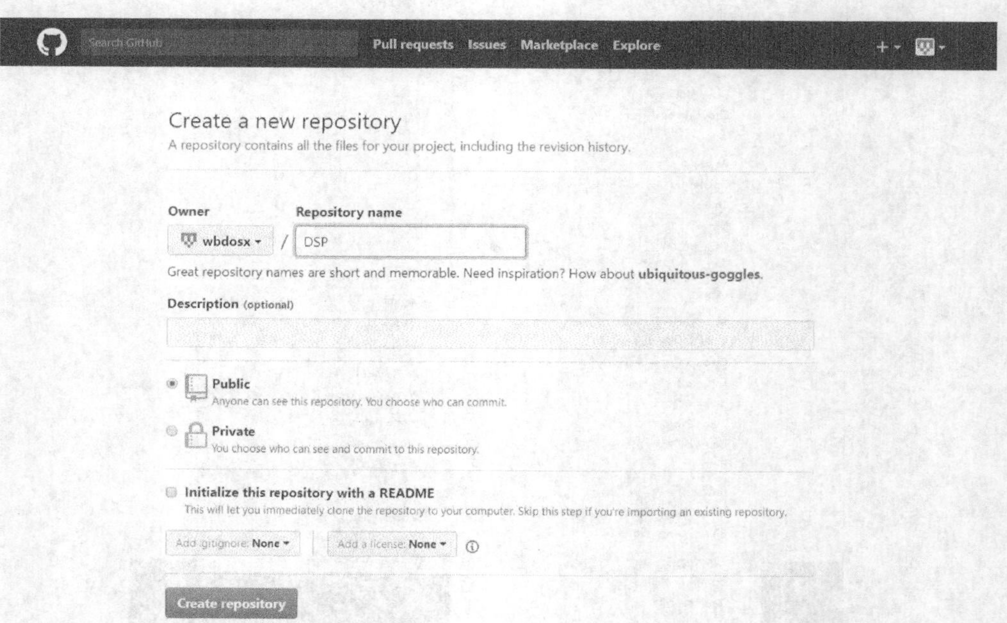

图 3-108 新建 GitHub 仓库

创建完成后，GitHub 会给出仓库地址。然后在 CCS 中配置远程仓库，如图 3-109 所示。

配置完成后，选择 Team→Push to Upstream 菜单项将本地仓库推送到服务器，这样就都可以看到相关代码了，如图 3-110 所示。

部署内部 Git 服务器可以选的方案也有很多，根据服务器操作系统及网络环境的不同进行选择。Git 依赖很多第三方工具才能比较方便使用，所以建议使用 Git 集成环境部署减少工作量。Gitlab 是目前功能比较强大也比较好用的开源 Git 服务器端，包括 Gitlab CE(社区版)以及 Gitlab EE(企业版)；企业版功能更强大，但是需要付费，社区版也可以完全满足需要。不过，Gitlab 只能在 Linux 系统下安装运行，安装步骤相对繁琐(也可以采用 Docker 镜像方式部署，简单很多)，而且当前社区版缺少镜像仓库功能(镜像其他 Git 仓库到本地)。推荐使用 Gogs 这款基于 Go 语言开

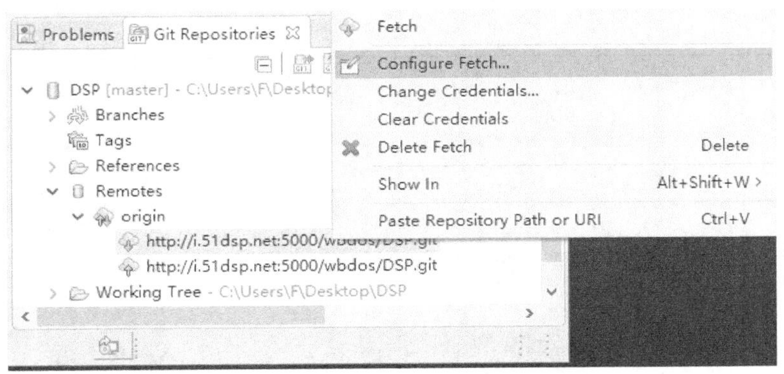

图 3-109　配置远程仓库

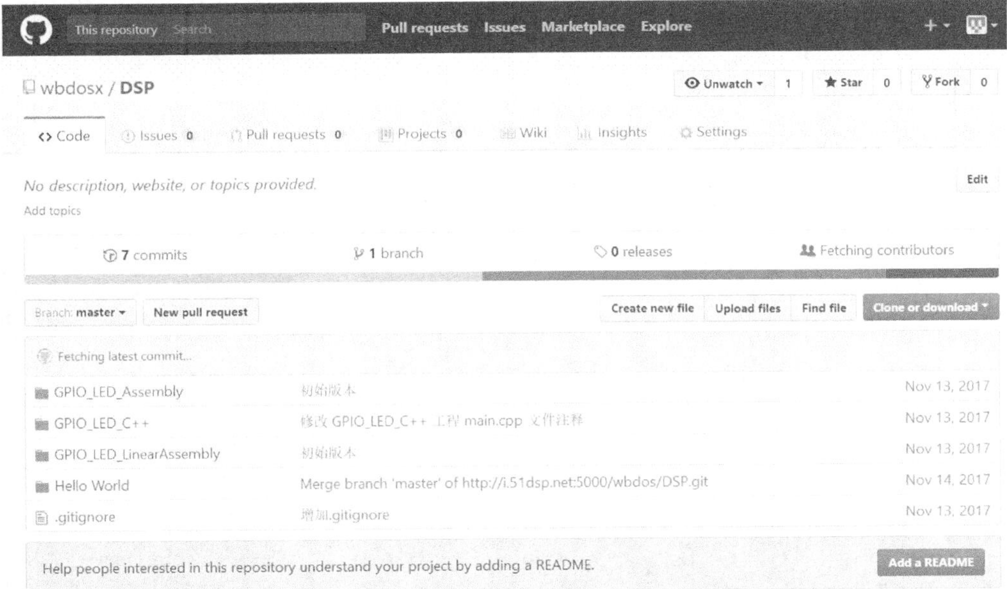

图 3-110　推送到 GitHub

发的开源软件，可以免费使用 Git 服务器端程序，其同时支持多种不同平台（Windows、Mac、Linux 以及 ARM）。虽然功能没有 Gitlab 强大，但是完全可以满足需要，而且多国语言原生支持中文（Gitlab 需要打中文补丁）。Gogs 仓库界面如图 3-111 所示。

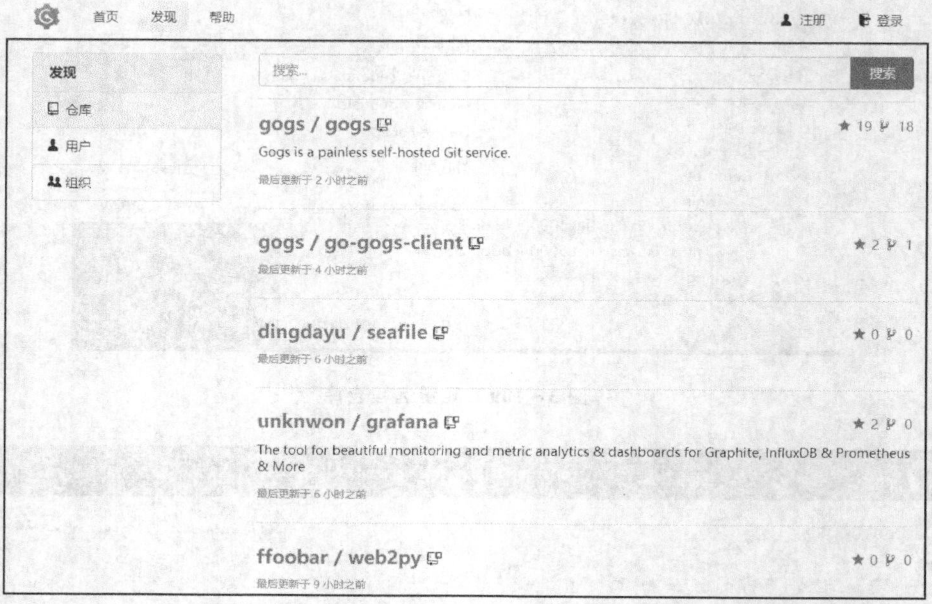

图 3－111 Gogs

硬件概述篇

第 4 章　硬件设计

第 4 章

硬件设计

4.1 核心板硬件设计

SOM－TL6748 核心板使用 TI 的 DSP 芯片 TMSC320C6748，搭建了一个最小系统，核心板上主要器件包括电源、NAND FLASH、DDR2 以及晶振等，电源使用 DCDC 提供 C6748 所需要的 4 路电源；C6748 和 NAND 之间通过 8 位的 NAND 相连，支持 256 MB、512 MB、1 GB 的 NAND FLASH PIN TO PIN 兼容；C6748 和 DDR2 之间通过 DDR 16 位总线相连接，支持 128 MB、256 MB 的 DDR2 PIN TO PIN 兼容；布线的难点和常用存储集成到核心板，降低客户的开发难度。核心板主要部分电路的设计如图 4－1 所示。

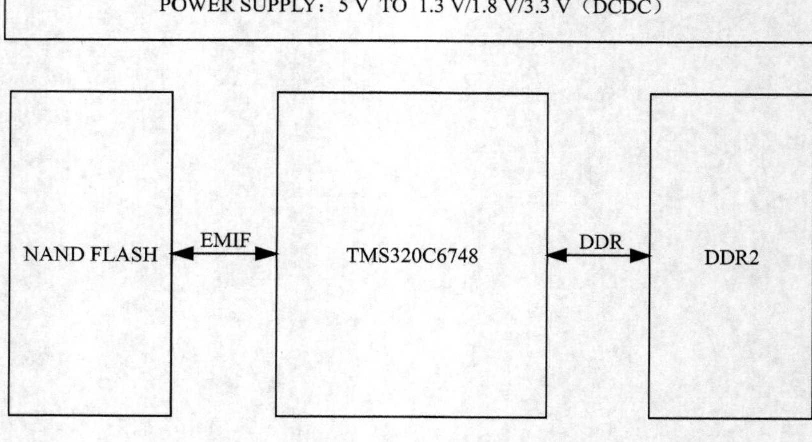

图 4－1　最小系统框图

1. POWER

如图 4－2 所示，C6748 工作在不同电压的时候，核心电源的供电是不一样的。在 456 MHz 工作的时候，总共需要提供的电源有 1.2 V、1.3 V、1.8 V、3.3 V，上电顺序是由低电压到高电压。核心板上通过 DCDC 和时序控制电路实现了核心板的电源供电。设计主芯片各路电源时，要注意对应电源允许的波动范围，以免工作异常。各路电源稳定之前，复位信号(RESETn 和 TRSTn)必须处于低电平状态。

	名称	描述	条件	最小	正常	最大	单位
	CVDD	核心逻辑供电电压(可变)	1.3 V(工作点)	1.25	1.3	1.35	V
			1.2 V(工作点)	1.14	1.2	1.32	
			1.1 V(工作点)	1.05	1.1	1.16	
			1.0 V(工作点)	0.95	1.0	1.05	
	RVDD	内部RAM供电电压	456 MHz(版本)	1.25	1.3	1.35	
			375 MHz(版本)	1.14	1.2	1.32	V
Supply Voltage	RTC_CVDD	RTC核心逻辑供电电压		0.9	1.2	1.32	V
	PLL0_VDDA	PLL0供电电压		1.14	1.2	1.132	V
	PLL1_VDDA	PLL1供电电压		1.14	1.2	1.32	V
	SATA_VDD	SATA核心逻辑供电电压		1.14	1.2	1.32	V
	USB_CADD	USB0 USB1核心逻辑供电电压		1.14	1.2	1.32	V
	USB0_VDDA18	USB0 PHY供电电压		1.71	1.8	1.89	V
	USB0_VDDA33	USB0 PHY供电电压		3.15	3.3	3.45	V
	USB1_VDDA18	USB0 PHY供电电压		1.71	1.8	1.89	V
	USB1_VDDA33	USB0 PHY供电电压		3.15	3.3	3.45	V
	DVDD18	1.8 V逻辑供电		1.71	1.8	1.89	V
	SATA_VDDR	SATA PHY内部调节器供电电压		1.71	1.8	1.89	V
	DDR_DVDD18	DDR2 PHY供电电压		1.71	1.8	1.89	V
	DDR_VREF	DDR2 PHY参考电压		0.49* DDR_DVDD18	0.5* DDR_DVDD18	0.51* DDR_DVDD18	V
	DDR_ZP	DDR2/mDDR阻抗控制 使50 Ω电阻连接到VSS			Vss		V
	DVDD3318_A	电源A双电压IO供电电压	1.8 V(工作点)	1.71	1.8	1.89	V
			3.3 V(工作点)	3.15	3.3	3.45	V
	DVDD3318_B	电源B双电压IO供电电压	1.8 V(工作点)	1.71	1.8	1.89	V
			3.3 V(工作点)	3.15	3.3.	3.45	V
	DVDD3318_C	电源C双电压IO供电电压	1.8 V(工作点)	1.71	1.8	1.89	V
			3.3 V(工作点)	3.15	3.3	3.45	V

图 4-2 推荐工作条件

查阅底板芯片数据手册进行初略的功耗评估，如表 4-1 所列。

表 4-1 功耗预估表

主要耗能芯片	功耗预估/mW
C6748	750
NAND	330
DDR2	280
总功耗	1 360

然后根据预估的功耗，预算总输入功耗为 1～2 W，这里按照 2 W 进行设计。各路电源按照数据手册提供的功耗数据进行设计，将输入的 5 V 通过 DCDC 芯片转成 1.2 V 等电源。

2. CLOCK

核心板上总共需要 3 路时钟，分别是主时钟、RTC 时钟和 SATA 参考时钟。各时钟电路如及图 4－3 及图 4－4 所示。

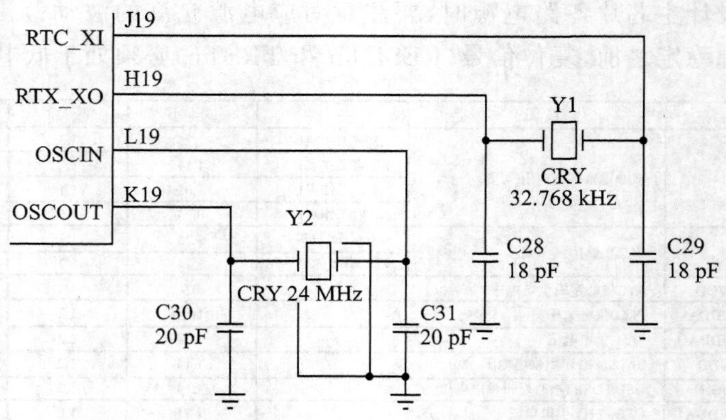

图 4－3　主时钟及 RTC 时钟电路

SATA 时钟使用 75MHz 单端时钟转换成 75 MHz 的 LVDS 差分时钟，再提供给 C6748 作为 SATA 功能的参考时钟。

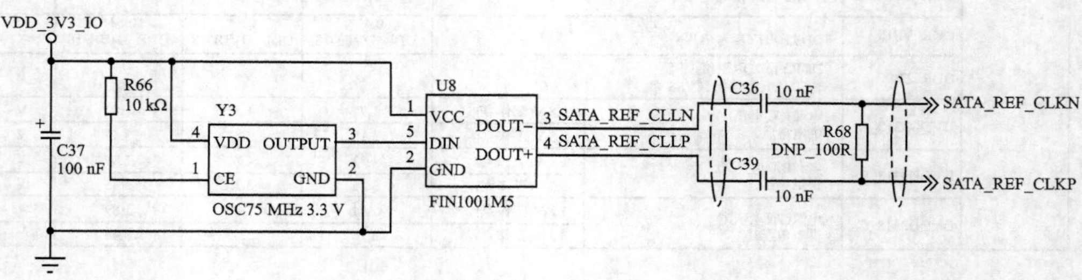

图 4－4　SATA 时钟电路

3．RESET

(1) POR(POWER ON RESET)

POR RESET 也就是上电复位，用于给芯片重新上电，以恢复到默认状态。上电方式是把 RESETn 和 TRSTn 两个引脚同时拉低。复位的时候，RESETOUTn 作为一个指示信号，使指示系统处于复位状态，通常也会使用该信号作为其他外设的复位信号。复位状态下，CPU 引脚处于高阻态。

(2) WARM RESET

热复位是一种局限的复位方式，触发方式是将 RESETn 引脚拉低，此时 TRSTn 引脚保持高电平。触发的结果和上电复位不一致的是，在热复位过程中，内部存储一直保持有效。

4．DDR2

内存是处理器执行程序和处理数据的地方，它的稳定性直接决定了处理器系统的稳定性。处理器对内存读/写效率直接决定了系统的效率，只有它有足够的存储空间，处理器才能最高效地运行更多的程序任务。因此，CPU 与内存间的设计是嵌入式系统中非常重要的。C6748 和 DDR2 之间的连接示意图如图 4－5 所示。

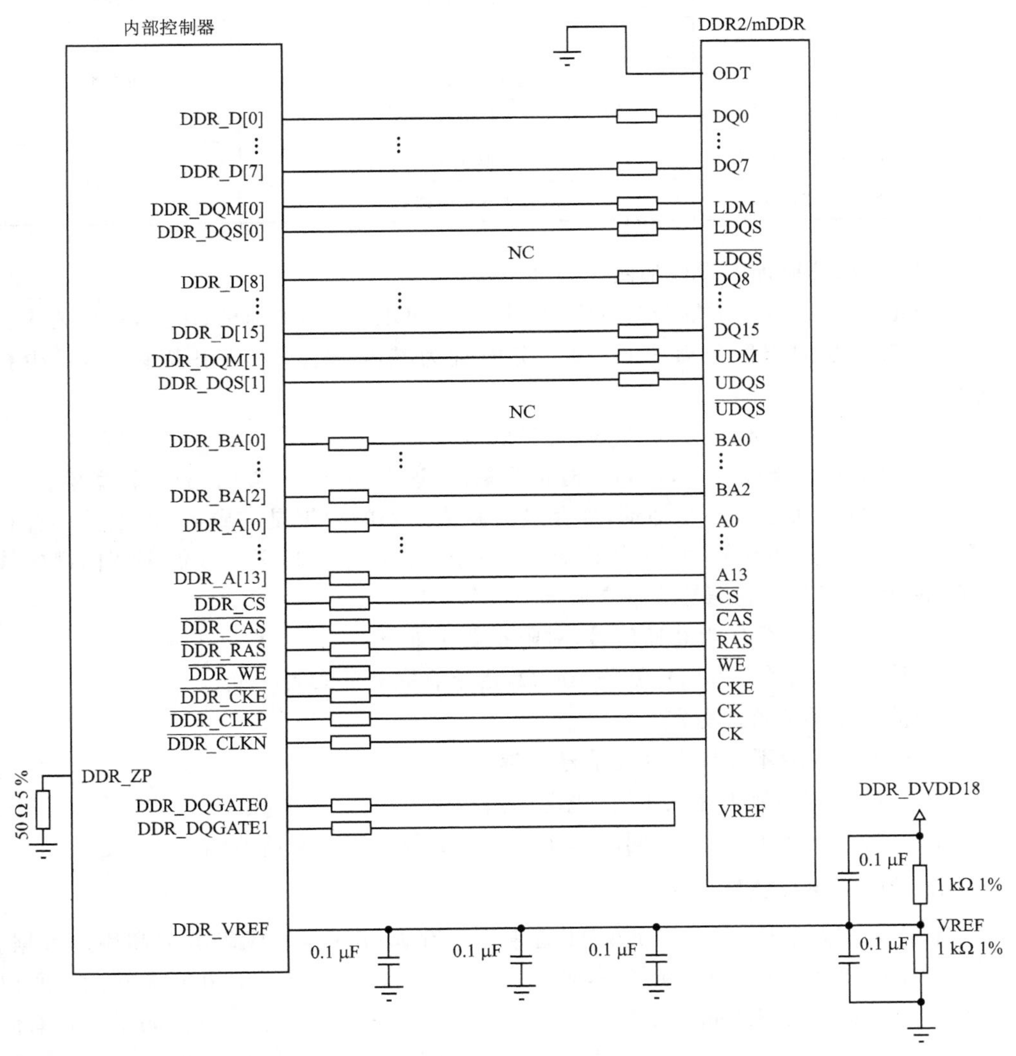

图 4－5　C6748 和 DDR2 之间的连接

DDR2 的信号线可以分为 3 类，分别是时钟类，数据类及控制类，如表 4－2 所列。

表4-2 DDR2信号列表

<table>
<tr><th>信号名</th><th>描 述</th><th>类 别</th></tr>
<tr><td>CLK_P CLK_N</td><td>时钟信号</td><td>时钟类</td></tr>
<tr><td>DQ0～DQ15</td><td>数据线</td><td rowspan="3">数据类</td></tr>
<tr><td>DQM0/1</td><td>数据掩码信号</td></tr>
<tr><td>DQS*_N</td><td>DQM1</td></tr>
<tr><td>A0～A12</td><td>地址线</td><td rowspan="2">控制类</td></tr>
<tr><td>WE,CSBA0～2,CKE</td><td>接收位时钟</td></tr>
</table>

DDR2部分原理图设计如图4-6所示。

DDR2的Layout质量会严重影响CPU和DDR2之间的通信,因此,建议要求:

① 数据线同组同层做等长,以差分时钟为基准,误差25 mil以内,尽量少打过孔。

② 时钟线尽量走内层,尽量少打过孔。

③ 地址和控制做等长,以差分时钟为基准,误差300 mil以内,要求较宽松。

④ CPU只关心同一个地址,即存进去和读出来的数据是一致的,而不关心存在DDR里面是不是错乱的,所以为了layout上的便利,会将高字节或低字节内部的线序调整,甚至配合控制信号线将高低字节翻转。

DDR2的信号线作为高速信号,对阻抗要求如下:

- 特性阻抗,单端50 Ω,差分100 Ω,要求有完整的参考平面;
- 信号线不允许跨分割;
- DDR2区域不允许有其他信号穿越;
- 去耦电容要靠近相关IC的电源引脚。

以上为常用要求,根据不同的DDR2芯片具体要求会有所改动。

5. Nand FLASH

在嵌入式系统中,Nand FLASH通常用于存储处理器的代码数据和用户数据。如果说DDR2是PC机的内存条,那么Nand FLASH就是PC机的硬盘了,所以CPU与Nand FLASH间的设计也是嵌入式系统中非常重要的环节。如果闪存有问题,那么整个系统将无法启动,对闪存的读/写快慢也决定了整个系统冷启动的快慢。

C6748通过EMIFA端口来拓展Nand FLASH,Nand FLASH属于异步设备,C6748和Nand FLASH之间的连接结构示意图如图4-7所示,实际连接图如图4-8所示。

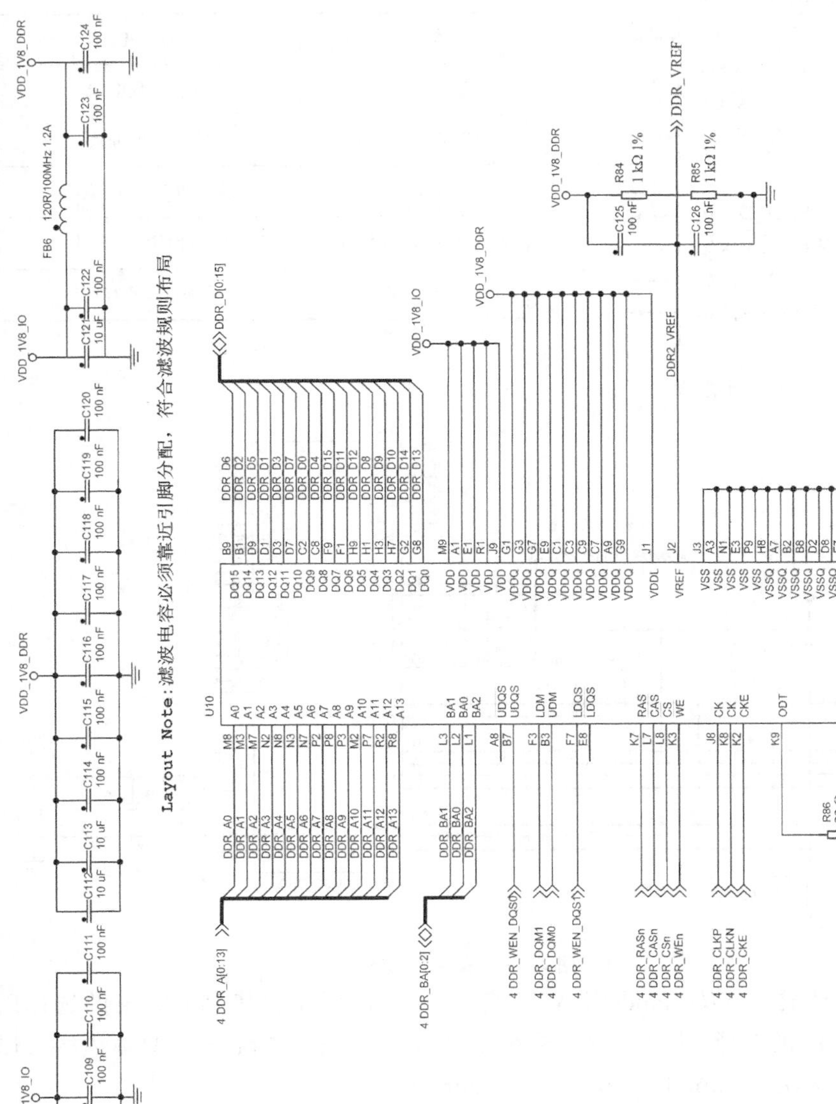

图4-6 DDR部分原理图

信号说明如表 4-3 所列。

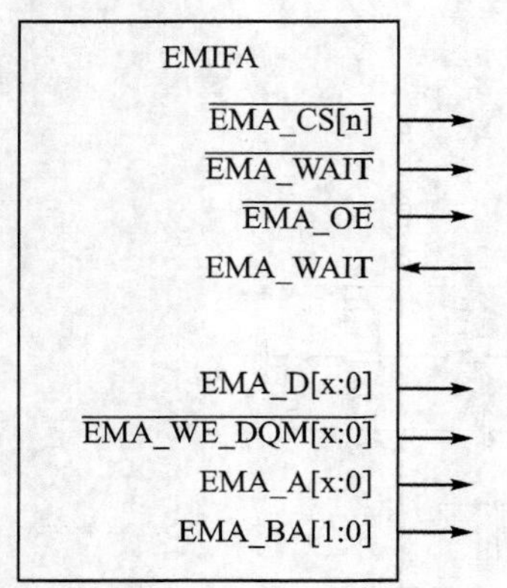

图 4-7 连接示意图

表 4-3 EMIFA 信号汇总列表

信号名	描 述
EMA_D[x:0]	通信的数据线
EMA_ A[x:0]	通信的地址线
EMA_BA[1:0]	通信的 BANK 地址
EMA_WE_DQM[x:0]n	字节使能,低有效
EMA_WEn	写使能,低有效

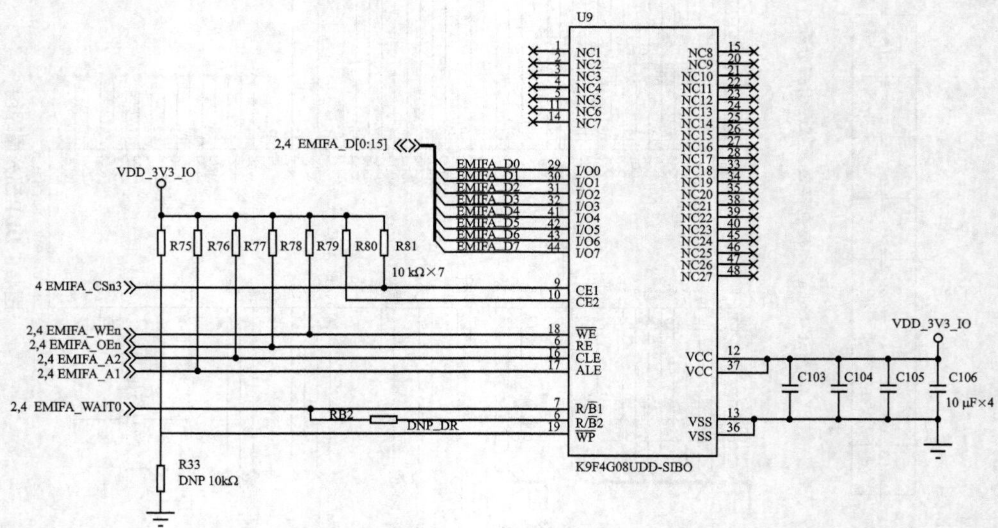

图 4-8 实际连接图

这里设计成支持从 Nand FLASH 启动,所以需要注意其 Pin Mux 的选择以及 Nand FLASH 的选择,建议尽量选择支持 ONFI 标准协议的芯片。具体内容可以参考 http://www.ti.com/lit/an/spraat2f/spraat2f.pdf。

4.2 底板硬件设计

1. POWER

(1) 功耗评估

查阅底板芯片数据手册进行初略的功耗评估,结果如表 4-4 所列。

表 4-4 整板功耗评估表

主要耗能芯片/接口	功耗(理论最大)/mW
核心板功耗	1 360
AU9254A21(USB HUB)	500
LAN8710A-EZC(ETH)	176
LCD	2 500
总功耗	4 536

考虑到外接的 USB 接口的设备,这里预留了 50%的额度,所以设计功耗为 6.75 W。根据这个功耗选择供电适配器规格为 DC 5 V@2 A。

(2) 选择电源

根据评估结果选择电源芯片类型,如图 4-9 所示。

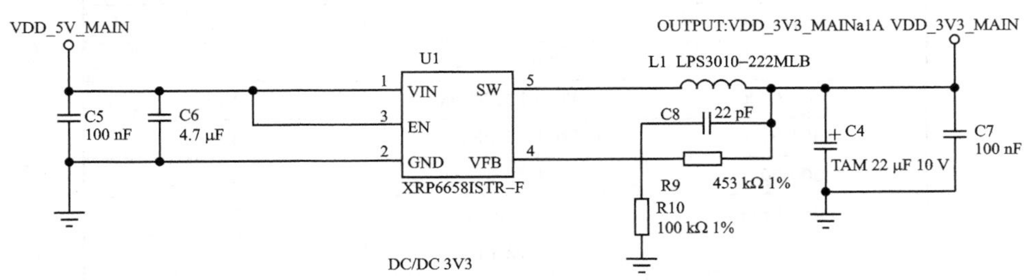

图 4-9 5 V 转 3.3 V 原理图

(3) 检 查

设计完毕,则与数据手册提供的参考图比对、检查,对有疑惑的引脚,须再翻看数据手册。此外,官方还会提供一个评估板,评估板的文档也应查阅。

2. RESET

(1) 复位输入

核心板内部已经添加了上拉电阻,底板上只需要按照要求添加 10 nF 的电容,即可满足上电过程中 RESETn 引脚一直处于低电平状态的时序要求。图 4-10 中的 D8 是 ESD 器件,用于防人体静电,避免静电损坏复位输入引脚。

(2) 复位输出

使用 RESETOUTn 信号作为底板上各个外设的复位信号输入。

3. BOOT SET

BOOT SET,顾名思义,就是启动设置,用来选择加载启动文件的接口类型。在上电后,复位信号拉高时,C6748 将设置信息加载进来。C6748 用于配置启动接口的引脚有 8 个 BOOT[7:0],常用的启动方式有 NAND8、MMC/SD0、UART2 等,分别对应从 Nand FLASH、MMC/SD0、UART2 加载启动文件。启动模式如表 4-5 所列。

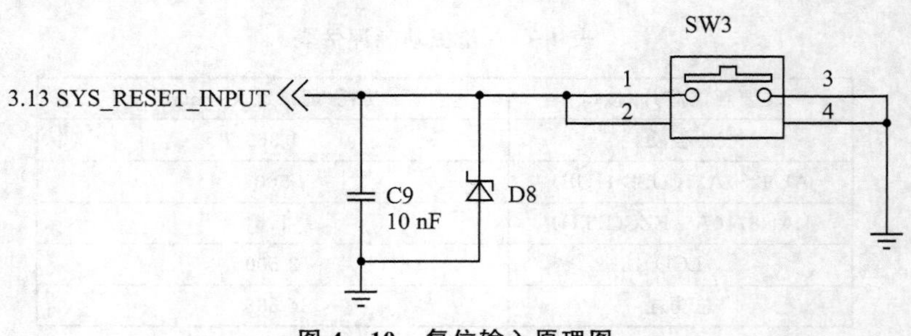

图 4-10 复位输入原理图

表 4-5 Boot 启动模式

BOOT[7:0]	启动模式	是否支持
0000 0010	NOR	Yes
0xx0 1110	NAND8	Yes
0xx1 0000	NAND16	Yes
00x1 1100	MMC/SD0	Yes
0000 0000	I2C0 EEPROM	Yes
0000 0110	I2C1 EEPROM	Yes
0000 0001	I2C0 Slave	Yes
0000 0111	I2C1 Slave	Yes
0000 1000	SPI0 EEPROM	Yes
0000 1001	SPI1 EEPROM	Yes
0000 1010	SPI0 Flash	Yes
0000 1100	SPI1 Flash	Yes
0001 0010	SPI0 Slave	Yes
0001 1100	SPI1 Slave	Yes
xxx1 0110	UART0	Yes
xxx1 0111	UART1	Yes
xxx1 0100	UART2	Yes
0000 0100	HPI	No
0001 1110	Emulation Debug	No

BOOT SET 在核心板上的配置是使用 8 个 49.9 kΩ 的电阻作下拉，因为经常使用的启动方式的高 3 位一直都是 0，所以底板上只须针对低 5 位进行配置，如图 4-11 所示。注意，使用拨码开关可以方便地实现上拉。

例如，配置为从 Nand FLASH 的 8 位模式启动，对应的启动 BOOT SET 是 0000 1110，所以拨码开关的设置就是 01110。由于 BOOTSET 寄存器在第一次复位时会异常使能内部上拉，从而导致无法 BOOT SET 读取错误，所以需要增加二次复位电路。这个问题在当前最新芯片版本 2.3 版本中依然存在，详细说明请参考：http://www.ti.com.cn/cn/lit/er/sprz301m/sprz301m.pdf。

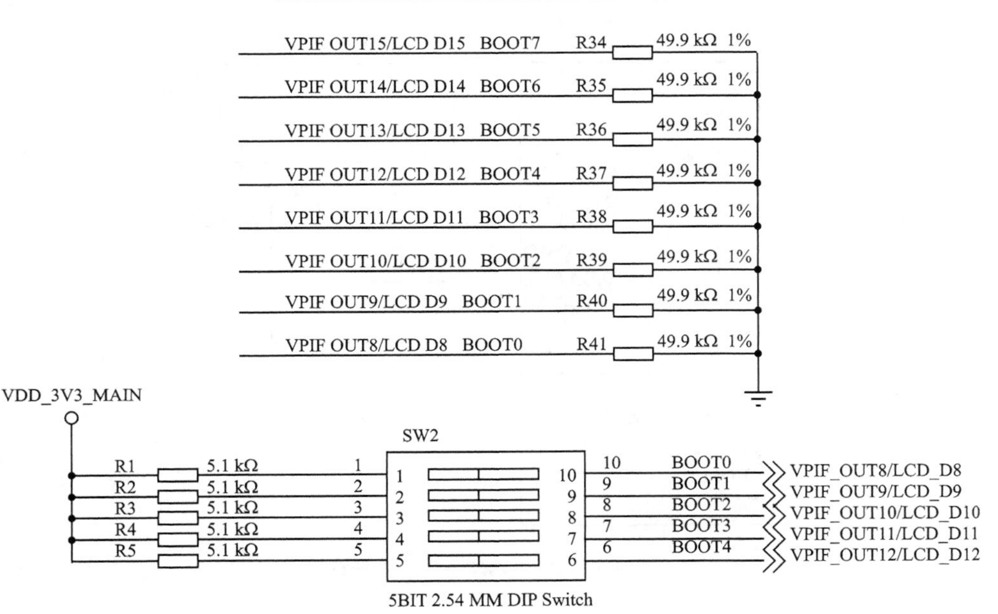

图 4－11　启动设置的引脚配置

4. SD Card

SD 卡，即 Secure Digital Card，安全数位卡，作为存储设备而广泛应用于各类电子产品中，最常见到的莫过于手机里面的 Micro SD 卡。C6748 的评估板上也有 SD 卡的身影，其 SD 卡的作用和 Nand FLASH 类似，作为程序存储和数据存储设备使用，但更具移动性。SD 卡外型如图 4－12 所示，引脚功能如表 4－6 所列。

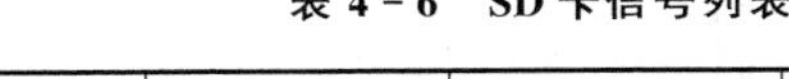

表 4－6　SD 卡信号列表

脚　号	名　称	类　型	描　述
1	CD/DAT3	I/O 或 PP	卡检测/数据线 3
2	CMD	PP	命令/回应
3	VSS1	POWER	电源地
4	VDD	POWER	电源
5	CLK	I	时钟
6	VSS2	POWER	电源地
7	DAT0	I/O 或 PP	数据线 0
8	DAT1	I/O 或 PP	数据线 1
9	DAT2	I/O 或 PP	数据线 2

注：POWER，电源；I，输入；O，采用推拉驱动的输出；PP，采用推拉驱动的输入/输出。

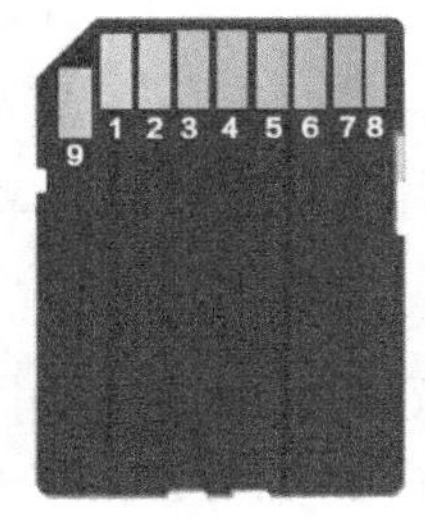

图 4－12　SD 卡外型图

C6748 和 SD 卡连接的接口是 MMC/SD 控制器，如图 4－13 所示，支持 1 根、4 根、8 根数据线的模式。EVM 中使用了 4 根数据线的模式，连接如图 4－14 所示。

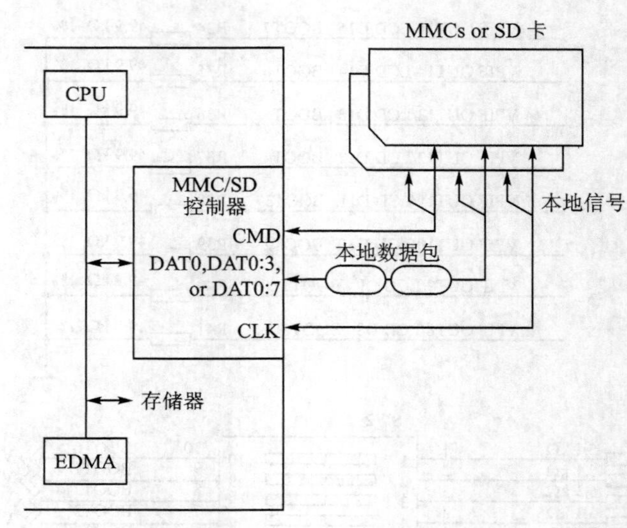

图 4-13 MMC/SD 卡连接图

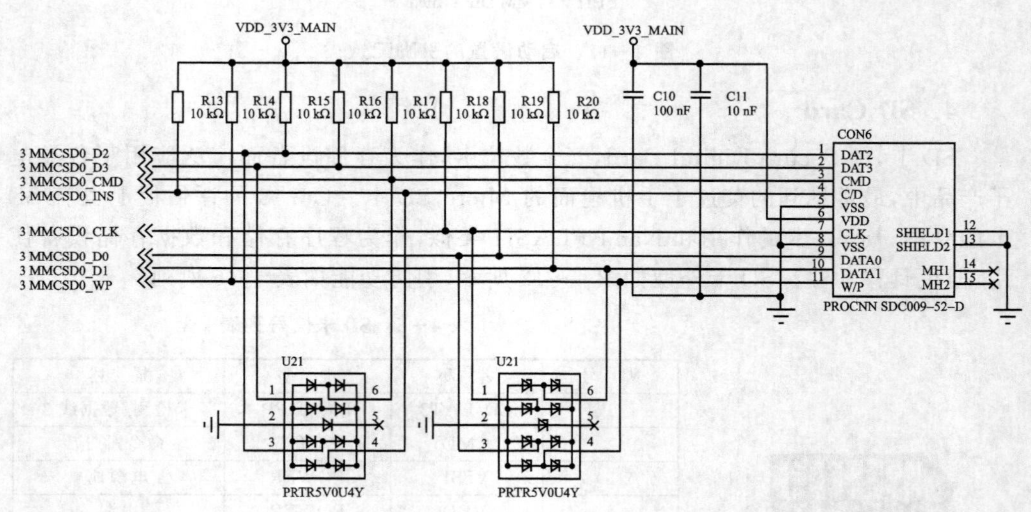

图 4-14 SD 卡原理图

5. JTAG

C6748 通过 JTAG 接口连接仿真器，进而和计算机的 IDE(即 CCS)连接，用于程序的仿真、调试、下载。TI 的 JTAG 调试端口有多种规格，比如 TI 14 - Pin、TI 20 - Pin 等。不同的调试端口间可以通过转接板进行转接，C6748 的 EVM 调试端口使用的是 TI 14 - PIN，支持 100、200、560 等仿真器。调试端口的引脚信号定义如表 4 - 7 所列。

表 4-7 调试端口的引脚信号定义

序 号	引 脚	类 型	描 述
1	TMS	I	测试模式选择
2	nTRST	I	测试逻辑复位
3	TDI	I	测试数据输入
4	TDIS	O	目标断开指示
5	VTRef	O	目标参考电压
6	KEY		测试按键
7	TDO	O	测试数据输出
8	GND	P	数字地
9	RTCK	O	测试时钟返回
10	GND	P	数字地
11	TCK	I	测试时钟
12	GND	P	数字地
13	EMU0	I/O	仿真数据端口
14	EMU1	I/O	仿真数据端口

在底板上的连接方式如图 4-15 所示。

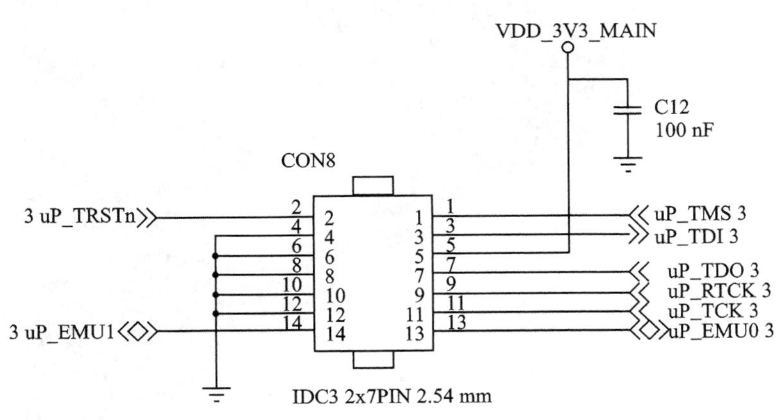

图 4-15 JTAG 原理图

6. SATA

SATA 接口即存储接口，用于和 SATA 硬盘等大量存储设备进行连接。SATA 接口由 Tx 和 Rx 两对差分对组成。SATA 有 1.0、2.0、3.0 等标准，C6748 支持的标准是 SATA 1.0 和 SATA 2.0，最高传输速率可达 3.0 Gbps。EVM 评估板使用 7 pin 的 SATA 连接器，只提供了数据接口，连接存储设备的电源需要单独提供。

SATA 连接器信号定义如表 4-8 所列。

表 4-8 SATA 连接器信号定义

序 号	引 脚	类 型	描 述
1	SATA_TXP/N	O	发送差分对
2	SATA_RXP/N	I	接收差分对

板上的连接图如图 4-16 所示。连接器实物图如图 4-17 所示。

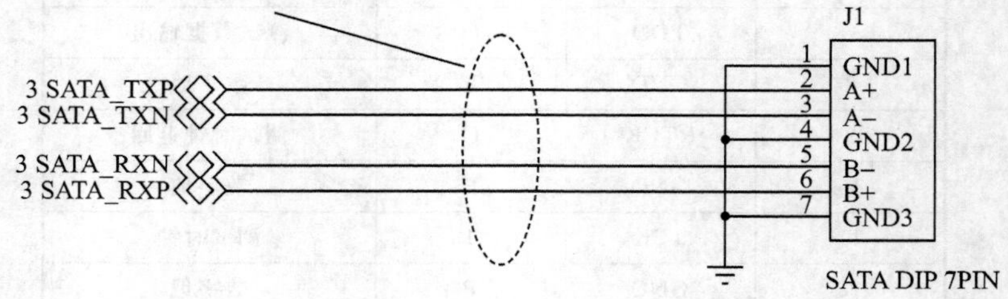

图 4-16 SATA 接口原理图

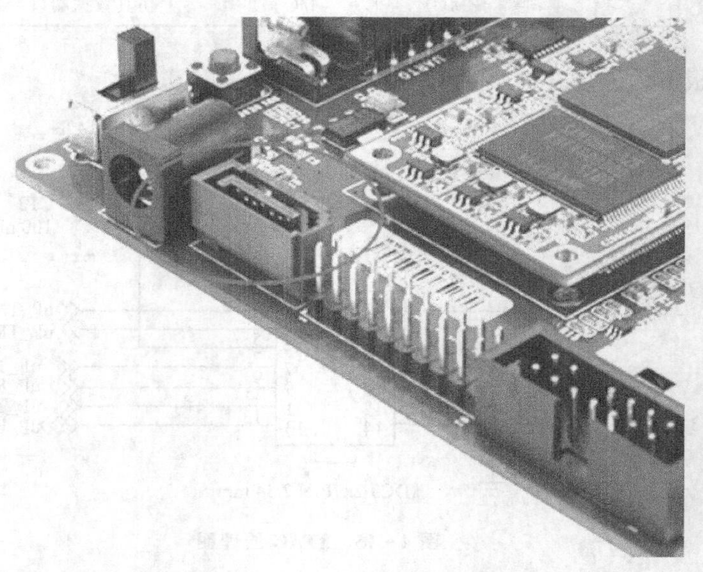

图 4-17 SATA 接口实物图

7. USB OTG

USB On-The-Go 通常缩写为 USB OTG,标准的 USB 采用主从式的结构。ON THE GO 的功能可以使 USB 接口作为主设备,用于连接一些比如鼠标、U 盘等的外围设备;也可以使 USB 接口作为从设备,与计算机等设备连接进行数据传输。带有

OTG 功能的 USB 接口有 5 根信号线,如表 4-9 所列。

表 4-9 USB 信号线描述

脚 号	引 脚	类 型	描 述
1	VBUS	P	电源,USB2.0 里面电源的规格是 5 V@500 mA
2	D−	I/O	数据传输差分对负
3	D+	I/O	数据传输差分对正
4	ID	I/O	OTG 功能的引脚增加了 ID 引脚,用于识别身份
5	GND	P	地脚

OTG 设备使用插头中的 ID 引脚来区分 A/B Device,ID 接地被称作为 A-Device,A-Device 始终为总线提供电力;ID 悬空被称作为 B-Device,ID 引脚决定了供电方是哪个。设备的 USB Host/USB Device 角色可以通过 HNP(主机交换协议)切换。OTG 设备连接时不能跨越 USB Hub,如果跨越 USB Hub,则失去 HNP 功能。A-Device/B-Device 与 USB Host/Device 没有必然的关系,主机切换完毕,则 A-Device 变成 USB 从设备,但是仍然为总线供电。

在 C6748 的 EVM 上,OTG 部分的电路是按照如图 4-18 所示进行设计的。其中,和 C6748 端的连接使用了 USB0_DRWBUSn、USB0_VBUS、USB0_DM、USB0_DP、USB0_ID。此处的 ID 脚属于浮空状态,也就是 B-Device 的状态,此时由外接设备供电,比如接计算机。当需要外接硬盘的时候,则需要外接一个 OTG 的线,从而实现将 ID 脚拉到地;同时,转换为 HOST 接口,此时为 A-Device。C6748 检测到 ID 脚状态,则通过 USB0_DRWBUSn 使能一个 500 mA 限流的电源 U2,从而实现 HOST 的功能。

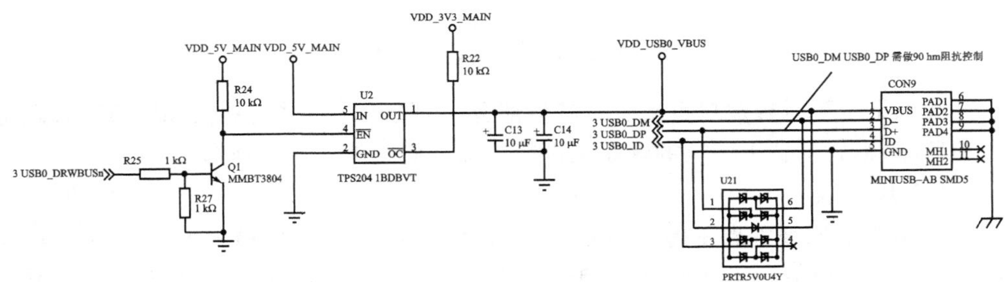

图 4-18 OTG 原理图

8. AUDIO IN/OUT

在嵌入式硬件设备中,音频输入主要指 MIC IN 和 LINE IN,也是通常看到的麦克风输入和线输入;音频输出主要指 LINE OUT 和 Header OUT,也就是通常看到的线输出和耳机输出。音频输入通常作为音频信号采集、录制等场合,常见于录播设备、声音信号处理等产品中。音频输出主要用于声音回放或者输出到下一级功放后输出、还原声音信号。

设计中,通常使用专门的音频芯片进行电路设计,比如开发板电路中的TLV320AIC3106IRGZ。3106是TI的一款低功耗的立体声音频编码芯片,支持多通道的单端和差分的输入和输出方式,是用来学习音频输入和输出不错的芯片。处理器主要使用I²S、McASP、McBSP等总线和类似3106的音频芯片通信。这里的设计使用的是McASP总线。McASP是多通道音频串行口(Multichannel Audio Serial Port)的简称,其主要信号如表4-10所列。

表4-10　McASP信号描述

信号名	描　述	信号名	描　述
AXR[0:15]	16个音频串行数据通道	AHCLKR	接收主时钟
AHCLKX	发送主时钟	ACLKR	接收位时钟
ACLKX	发送位时钟	AFSR	接收帧同步
AFSX	发送帧同步	AMUTE	静音输出

McASP对应的AHCLKX、ACLKX和AFSX也可以配置为接收,因此可以只通过一组发送引脚来实现录音和输出的功能。查看数据手册发现,对接3106的数字接口引脚是37~41引脚,如图4-19所示。

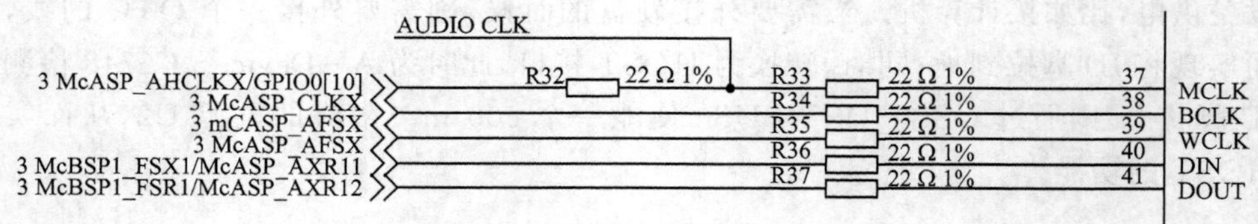

图4-19　McASP连接图

找到了主要对接端口再来看看其他部分,按照电源、晶振、复位、靠处理器端、远处理器端、模式配置上下拉的顺序来进行该部分的硬件设计或理解。

(1) 电　源

3106总共需要3路电源,分别是3.3 V数字电源、3.3 V模拟电源、1.8 V数字电源。这里主要偏向于功能实现,所以降低对3.3 V模拟电源的要求,使用3.3 V数字电源过滤后作为3.3 V模拟电源,因此简化后需要2路电源。一路使用板载的3.3 V电源,一路使用3.3 V添加DCDC转换出来的1.8 V电源。然后就是接地,分模拟地和数字地。

(2) 晶振/时钟

3106对音频信号的采集、I²C通信等依赖于MCLK等时钟,MCLK通常使用外部的有源晶振提供,以提高频率的准确性和稳定性。根据数据手册的描述,可以使用

512 kHz～50 MHz 的时钟源进行供应，这里使用 24.576 MHz 的有源晶振。

(3) 复位信号

数据手册无特殊要求，直接使用系统复位输出即可。

(4) 靠处理器端

即数字端，除了上面的 McASP，还有一个 I^2C 接口用于寄存器的配置。I^2C 的设计须预留一个上拉电阻，通常使用的上拉电阻阻值为 2.2 kΩ，如图 4－20 所示。

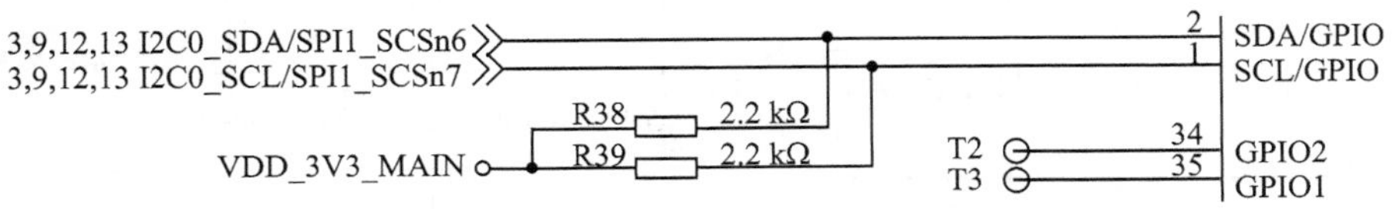

图 4－20 I^2C 总线上拉原理图

(5) 远处理器端

即模拟端，设计要求实现 LINE IN、LINE OUT 和 MIC IN 的立体声输入。

LINE IN：从端口中选取一个通道进行设计，这里选择通道 1。电路如图 4－21 所示，添加的二极管主要是防止输入的信号过压；电容 C24 和 C25 用于隔直通交，去除直流偏置；C170 和 C169 用于滤波。

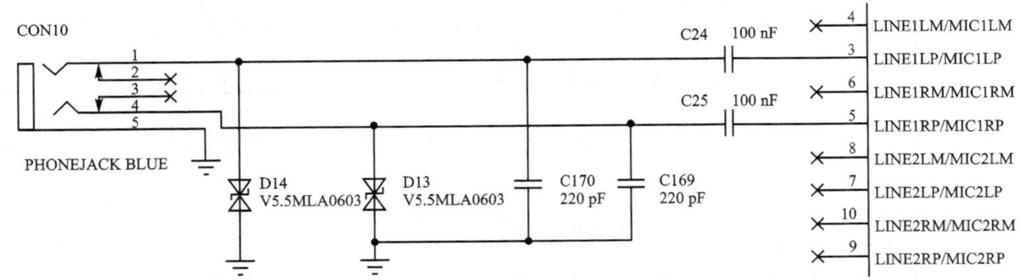

图 4－21 线输入连接图

LINE OUT：同样，选取一个通道作为立体声输出。电路如图 4－22 所示。

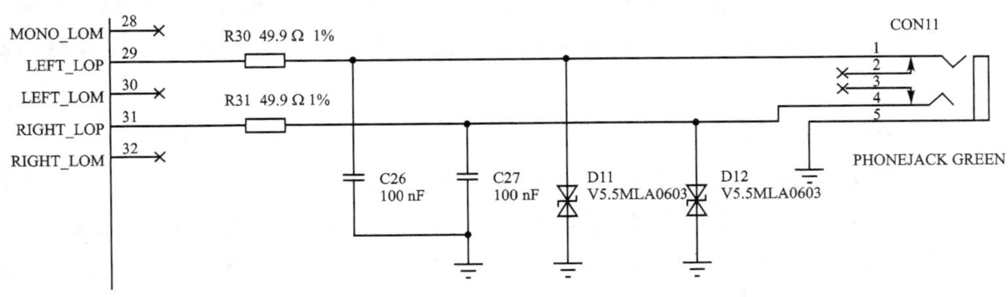

图 4－22 线输出连接图

MIC IN:麦克风输入,主要用于接咪头等无源器件。注意,需要添加偏置电路。电路如图 4-23 所示。

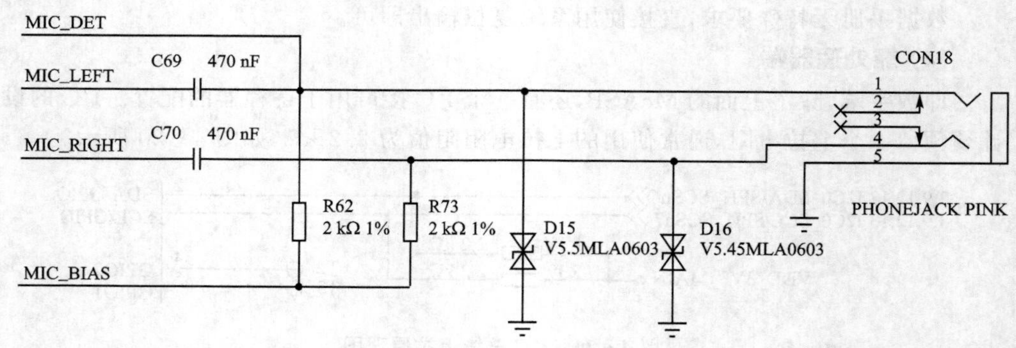

图 4-23　麦克风输入连接图

(6) 模式配置上下拉

模式配置主要是 I^{2}C 的地址,通过下拉电阻 R40 和 R41 将地址设置为 00,如图 4-24 所示。

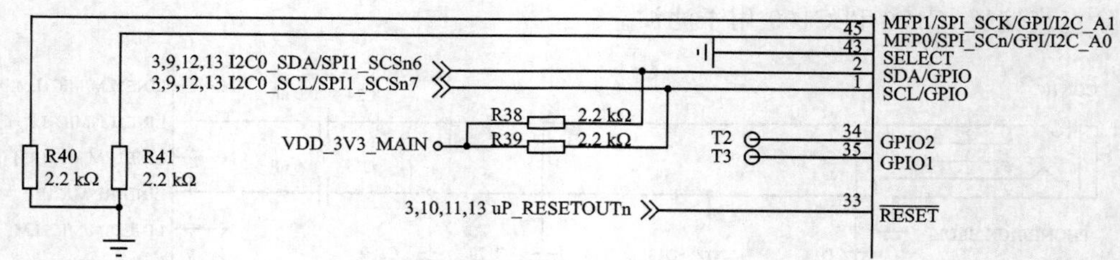

图 4-24　I^{2}C 地址配置

其他剩余引脚根据自己需要的功能来配置,再检查数据手册各部分,看有无特殊说明会影响到以上硬件设计。

至此,原理图设计完了。PCB 处理上主要是模拟信号、模拟电源、模拟地的处理。其中,主要是数字信号,尤其是时钟信号不用靠近以上模拟部分。模拟地单独分割出来,使用磁珠连接到数字地,保持模拟地的干净。去耦电容靠近芯片电源引脚放置。

9. USB1.1 HUB

USB HUB,即 USB 集线器,通过一个 USB 口连接多个 USB 设备,在嵌入设备中主要用来解决 USB 接口不够的问题,从而拓展连接多个低速的 USB 设备,比如 USB 鼠标、USB 键盘等。使用了 C6748 的 USB 1.1 接口连接 AU9254A21 这款 HUB 芯片实现了拓展。USB 1.1 是不支持 OTG 的,在 USB HUB 电路中 USB 作为主设备使用。

USB接口使用到的信号如表4-11所列。

表4-11 USB信号列表

信号名	描 述
USB1_DM	USB传输差分“一”信号
USB1_DP	USB传输差分“+”信号

原理图同样按照电源、晶振、复位、靠处理器端、远处理器端、模式配置上下拉的顺序来进行硬件设计或理解。

(1) 电 源

查看电源相关的引脚定义和描述，总结出电路路数和参数要求，如表4-12所列。这里需要一路5 V输入，内部可自己产生3.3 V的电源输出，则使用C6748 EVM上的主供电源供给即可，无须进行电源转换。考虑到可能用来接硬盘等设备，所以供电端没有设计500 mA的限流开关。因此，4路USB接口的负载开关和过载指示均没有使用，悬空处理。于是，芯片端供电设计如图4-25所示。

表4-12 芯片推荐工作条件

SYMBOL	参 数	MIN	TYP	MAX	UNITS
V_{CC}	供电电压	4.5	5.0	5.5	V
V_{IN}	输入电压	0		V_{CC}	V
T_{OPR}	工作温度	−5		85	℃

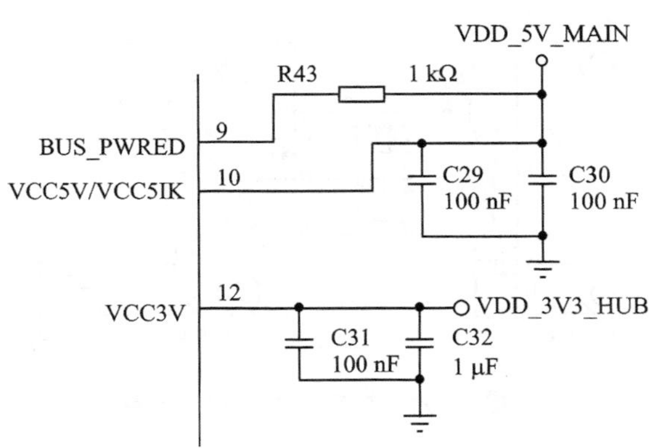

图4-25 芯片供电部分原理图

(2) 晶 振

芯片需要一路12 MHz的晶振，这里使用无源晶振进行设计。选好晶振后计算出合适的负载电容值即可，图4-26中的R45用于帮助晶振起振。

(3) 复 位

此芯片没有复位引脚，忽略即可。

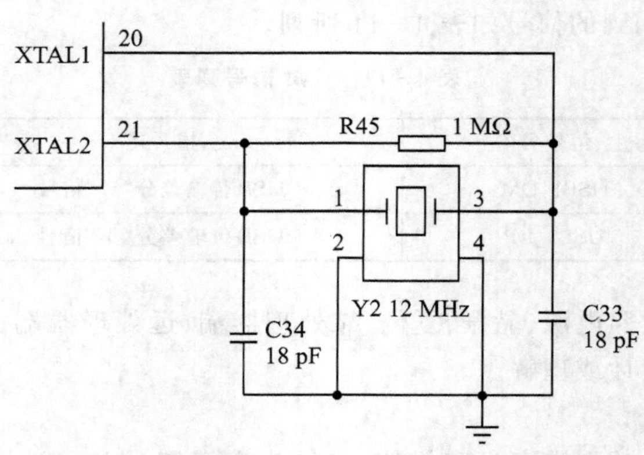

图 4-26 晶振部分原理图

(4) 靠处理器端

USB HUB 电路靠处理器端的信号就只有 USB1.1 的一对差分对。

(5) 远处理器端

远处理器端靠近接口端，主要是 4 对差分对和 4 路电源。对于常插拔的接口，考虑到人体静电可能会造成设备损坏，通常会在接口处增加 ESD 器件。此处使用了 PRTR5V0U2X，该 ESD 管保护电压可达 8 kV。当信号线上的电源瞬态电压超过 VCC 之后，则被导入到 GND 和 VCC，进而保护处理器的信号引脚。图 4-27 是双层 USB 接口原理图。

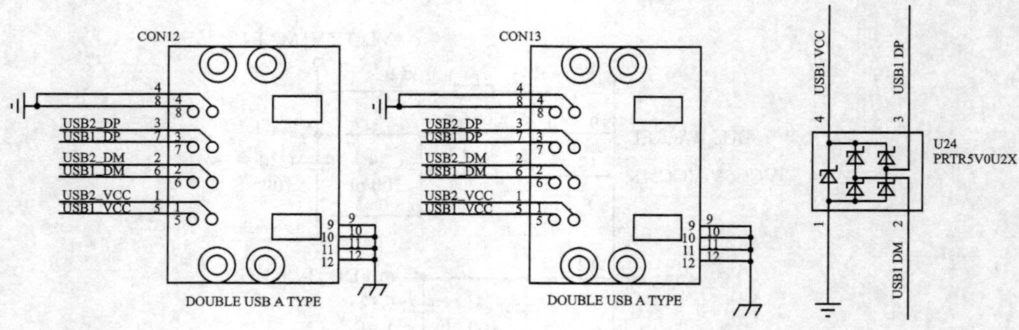

图 4-27 双层 USB 接口原理图

(6) 模式配置上下拉和其他

此时，还有 BUS_PWRED、SUSPEND、GANGPOWER 等引脚，按照数据手册对相关引脚的定义，在输入/输出方向进行引脚配置。

(7) PCB 设计

PCB 布局时，主要注意 ESD 器件的放置，要靠近 USB 接口放置。PCB 布线时，ESD 部分要求信号线先经过 ESD 器件再连接到其他设备。USB 差分对要求做 90 Ω 的差分阻抗控制，要求参考平面完整，尽量少打过孔。

10. RS232

RS232是一种串行接口，常用于计算机和外围串行设备的连接，比如调制解调器、打印机等；其传输距离较短，实际最大传输距离在15 m左右。在嵌入式设备中，该接口主要用来连接处理器和串口WIFI、串口蓝牙等小数据量的设备。常用的物理接口有DB9、DB25等，最常用是DB9，其引脚描述如表4-13所列。

表4-13 DB9的引脚描述

脚号	信号名	描述	脚号	信号名	描述
1	DCD	数据载波检测	6	DSR	数据设备准备好
2	RXD	数据接收	7	RTS	请求发送
3	TXD	数据发送	8	CTS	清除发送
4	DTR	数据终端准备	9	DELL	振铃指示
5	GND	信号地			

RS232接口最早是用于计算机和调制解调器之间的连接，所以保存有DCD等相关引脚，而嵌入式中常用的信号线只有RXD和TXD。

RS232接口是一种负逻辑的接口，其逻辑1的信号电平范围对应为−3～−15 V，逻辑0的信号电平范围对应为3～15 V。C6748端出来的信号是3.3 V的LVCMOS信号，和该规范的电平不吻合，因此，C6748 EVM的设计中使用了MAX3232CUE进行电平转换。原理图设计如图4-28所示。这里将两路3.3 V电平的串口通过电平转换连接到DB9上。

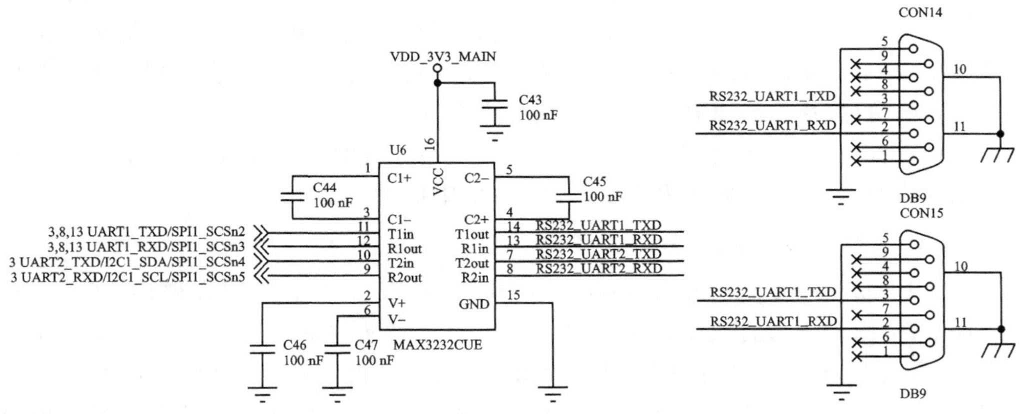

图4-28 C6748 EVM原理图

MAX3232CUE比较简单，主要是电源和输入、输出。电源部分使用3.3 V电源，内部所需的负电源使用电压泵提供，外围只须连接几个电容，按照数据手册推荐的值放置即可。注意，PCB布局时电容靠近芯片放置。

11. RS485

类似于 RS232,RS485 也是一个串行接口,利用差分对的差模电压作为信号的传播。常用的 RS485 是一个半双工的接口,其传输距离较长,可达 1 200 m,传输线主要使用双绞线。RS232 是一种点对点的通信方式,而 RS485 是一种总线型的通信方式。也就是说,RS485 两根线上可以挂载很多个 RS485 设备,极大地减少了低速率通信设备间的线缆数量,常用于飞机上的低速率数据传输、音频系统控制等。

RS485 有两根信号线,即 A 和 B。当 A 的信号线电压减去 B 上的电压大于 220 mV 时,接收端判定接收到了 1;反之,如果 B 减去 A 的电压大于 220 mV ,则判定为接收到了 0。

RS485 应用广泛,然而 C6748 并没有提供该接口。因此,这里使用 ISO3082DW 芯片将其自带的串口转换成 RS485 接口,原理图如图 4-29 所示。

电源部分使用 ISO3082DW,这是一款隔离芯片,配合隔离电源,左右两端的信号是隔离的。其供电是独立的,VCC1 端为近处理器端供电,而 VCC2 为远处理器供电。左边按照 I/O 口电平供电,使用 3.3 V;右边为了使差分对的偏差范围更大,使用 5 V 供电。C6748 EVM 的设计上没有使用隔离电源模块,而使用了磁珠,并不能实现电气隔离,实际应用中建议使用隔离电源。

在近处理器端部分,UART 是一个双工的口,而 RS485 是半双工的,因此需要增加一个 GPIO,无论芯片是工作在接收还是发送状态。三极管部分的电路只做功能预留,实际并未使用。DNP 标记的含义为不贴器件。

在远处理器端部分,485_A 和 485_B,拉出到 CON16 端子座上;D3、R56、R60 主要用来提供 AB 之间的默认差,使接收端默认处在逻辑 1 的状态。R58 是规定的终端匹配电阻 120R。D4、D5、C52、C53 主要为夹杂的高配、瞬态高压信号提供低阻抗的回路,以免影响信号的接收或损坏 I/O 口。考虑到总线上可能会出现某个设备出现短路的情况,这里添加 R57 和 R59 起限流作用。

在 PCB 设计上,RS485 的差分对要求按照差分对的走线规则,做到靠近、等长,但无具体的阻抗要求,通常按照差分 100 Ω 的阻抗进行设计。

12. SPI FLASH

SPI FLASH(Serial Peripheral Interface FALSH),串行接口存储器,在嵌入式设计中,常用来作为启动设备存储 uboot 等,然后将文件系统放到 Nand FLASH 里面,以避免 Nand FLASH 坏块问题导致无法启动,也常用来存储配置参数。SPI FLASH 常见大小是 1 MB~64 MB,和 C6748 的对接口是 SPI。SPI 总线是一种串行、全双工、主从结构的一种总线,其连接框图如图 4-30 所示。其信号如表 4-14 所列。

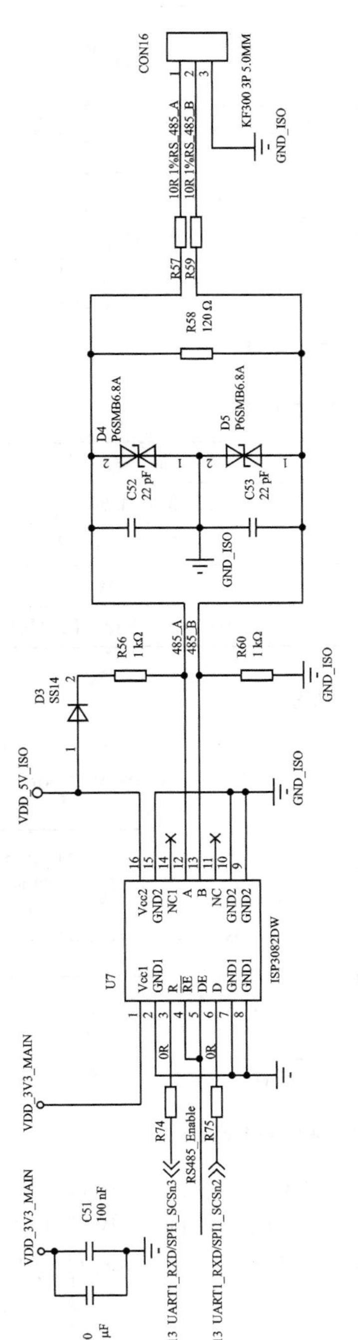

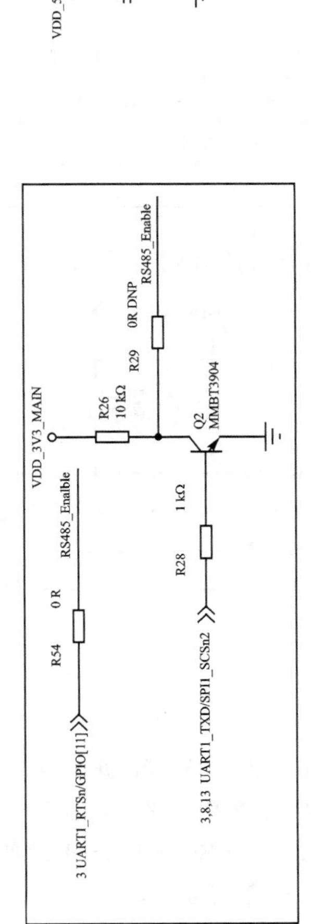

图4－29 RS485电路原理图

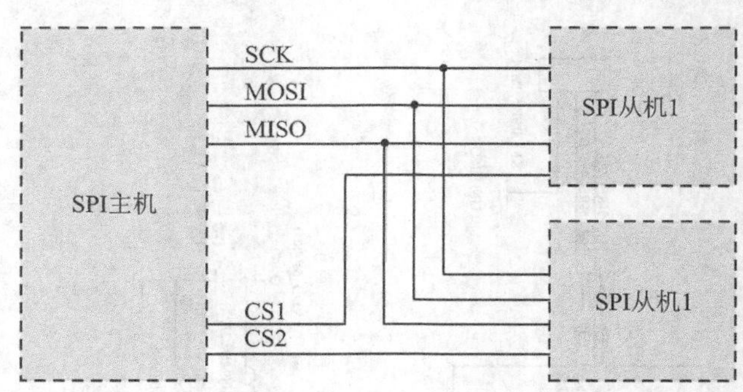

图 4-30　SPI 连接框图

表 4-14　SPI 信号描述

信号名	描　述
SPI_SIMO(Slave Input/Master Output)	从机输入/主机输出
SPI_MISO(Master Input/Slave Output)	从机输出/主机输入
SPI_CLK	时钟信号
SPI_CSn	片选信号,用于选择不同的从机

和 C6748 的对接原理图设计如图 4-31 所示。

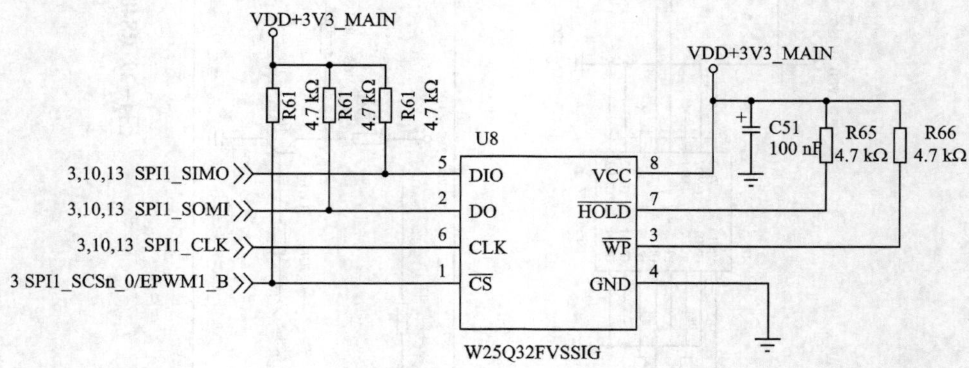

图 4-31　SPI 与 C6748 连接原图

开发板设计时,为了节省引脚,类似写保护(WPn)等引脚都配置了上拉电阻,所以 SPI FALSH 只通过 SPI 接口控制即可。SPI FLASH 的 PCB 设计可参考芯片数据手册,注意,连接多个 SPI FLASH 设备时,不要走成 T 型结构,尽量走成菊花链的模式,这样有利于提高信号质量。

13. EEPROM

EEPROM(Electrically-Erasable Programmable Read-Only Memory),即电可擦

除可编程只读存储器。ROM(Read-Only Memory,只读存储器)与之前推出的同类型存储器相比,修改存储器中的数据时,不再需要用到紫外线,而是可以直接读/写了。但是随着技术的发展,其实已经是可读/写的了。在嵌入式设计中,EEPROM 常用来存储配置参数或板卡 ID。比如 TI 的开发板中使用的是同一套软件,但是针对不同板子,需要加载不同的 uboot、内核等,这时就可以在 uboot 一开始就读取板卡的 ID,然后加载不同的测试程序。

EEPROM 使用的是 I^2C 接口。I^2C 接口是一种串行、半双工、低俗、一主多从的总线,其硬件拓扑如图 4 - 32 所示。

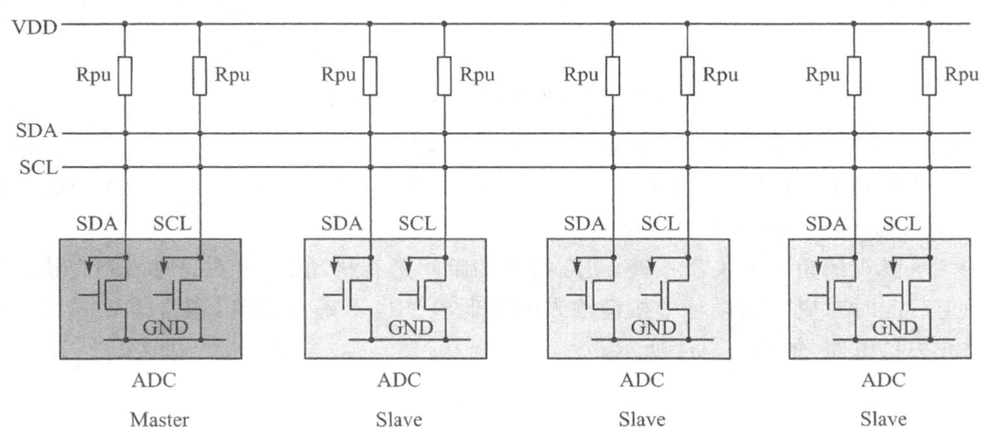

图 4 - 32　I^2C 总线硬件拓扑结构

使用到的信号如表 4 - 15 所列。

表 4 - 15　I^2C 信号列表

信号名	类　型	描　述
SDA	I/O	串行数据线
SCL	主机 O,从机 I	串行时钟线

C6748 的 EVM 的原理图设计如图 4 - 33 所示。可见,其内部接口是一个漏极开漏的结构,用于不同的工作电压,因此需要在总线添加上拉电阻。常用的电阻值为 2.2 kΩ～4.7 kΩ,电阻取值注意考虑设备数量,通常是在每个设备接口上都预留 2.2 kΩ 的电阻。

PCB 设计上和 SPI FLASH 类似,连接多设备时线较长,须尽量使用菊花链模式。

14. 按键和 LED

按键和 LED 是最常见、最简单的输入/输出设备,在嵌入式设计中,经常作为入门的设备。在实际应用中也经常出现使用键盘作为输入,从而触发设备启动、停止等

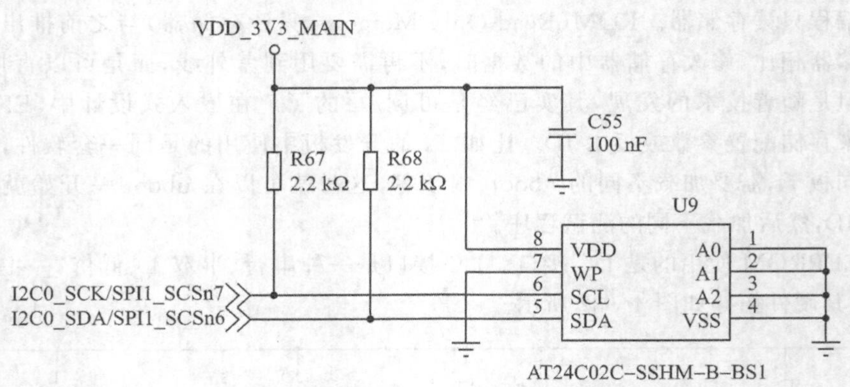

图 4-33 C6748 与 E^2PROM 连接图

功能,而 LED 作为指示灯来指示设备的工作状态等。

按键和 LED 都是通过 GPIO 和 C6748 连接起来的,接按键时,GPIO 为输入模式;接 LED 时,GPIO 为输出模式。

从微观的角度上去看按键,实际按下的瞬间是有抖动的,抖动的时候闭合状态不稳定。此时对应电路设计中按键输入的高低电平也不确定,所以通常需要添加一个滤波去抖电路,如图 4-34 所示。

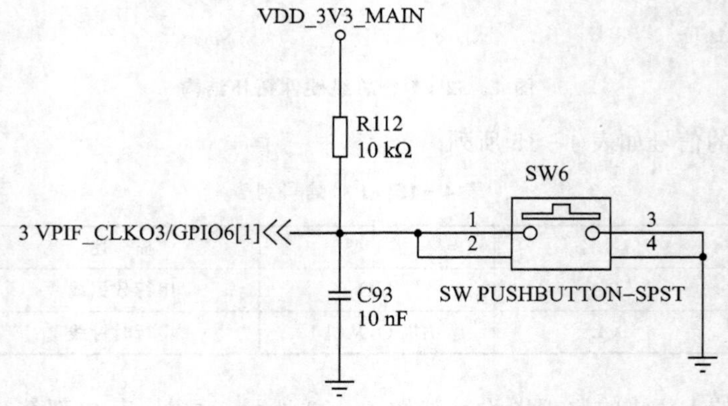

图 4-34 按键去抖电路

LED 的设计则主要考虑 LED 的导通电压和导通后的亮度,这个可以根据 LED 的数据手册来设计。根据以往的设计经验,LED 的导通电压通常在 2.0 V 左右,如果开发板上使用的 LED 亮度过高,则将导致使用不习惯;通常 1 mA 左右的电流时,LED 的亮度比较合适。其电路设计如图 4-35 所示,高电平是 3.3 V,LED 压降 2.0 V,那么限流电阻上的电压是 1.3 V,对应通过的电流是 1.3 mA,可以正常使用。如果需要将亮度提高,则降低限流电阻值即可,但应注意 LED 能承受的最大电流限制。LED 电路设计如图 4-35 所示。PCB 设计时,按键和 LED 属于低速设备,没有特别要求。

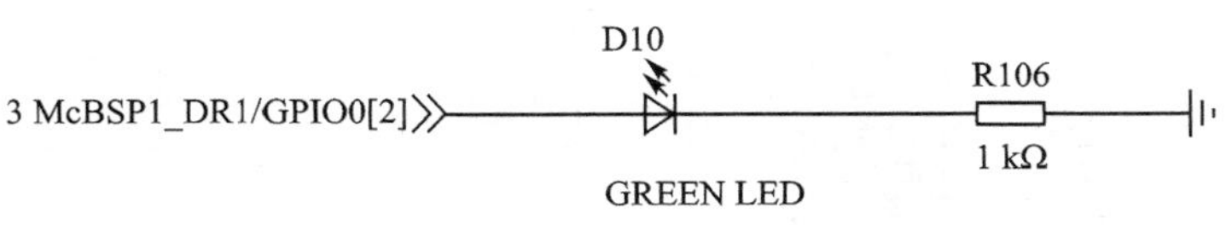

图 4-35　LED 电路设计图

15. LCD/TOUCH

LCD 屏(液晶显示屏)是嵌入式系统常用的显示设备,通常配合触摸屏使用,触摸屏分为电容屏和电阻屏。LCD 屏通常比计算机显示器的屏幕要小,根据不同应用场合,有 3.5 英寸、7 英寸、10.4 英寸等。电阻屏通过按压屏幕改变触摸点的分压实现,只能单点触控;因为需要按压、不容易触发,所以较常应用于工业设备或安全要求较高的设备中。电容屏利用人体的电流感应进行工作,可以实现多点触控,无须按压,容易触发,使用灵活,常用于消费类的产品中,比如智能手机等。C6748 和屏幕之间的连接使用到了如表 4-16 所列的信号。

表 4-16　LCD 信号列表

信号名	描　述
LCD[0:15]	LCD 的数据总线,16 位
LCD_MCLK	LCD 的存储时钟,在 C6748 EVM 中仅作为普通 GPIO
LCD_AC_ENB_CSn	LCD 的 AC 偏置使能,实际使用时作为数据使能
LCD_VSYNC	LCD 的垂直同步,每一帧信号一个电平变化
LCD_HSYNC	LCD 的水平变化,每一个像素信号一个电平变化

除了上述信号,还需要增加 PWM、GPIO 等,用于控制显示屏的亮度和使能等。

电阻屏的连接使用的是一个专门的触摸芯片,使用 SPI 口和 C6748 进行通信。整个屏幕的原理图如图 4-36 所示。

C6748 EVM 通过 FFC 端口和屏幕连接。细心的读者可能已经发现,屏幕那一端使用的是 24 位的数据接口,而 C6748 端使用的是 16 位数据接口,如何连接呢?这就需要回到一个像素点的数字记录方式。

以该屏幕为例,一个像素点的显示效果是由红色、绿色、蓝色,也可是 3 种颜色的亮度一起组合显示。24 位的数据接口 RGB888 代表使用了 3 个字节,一个字节记录一种颜色的亮度。为了压缩数据量,并结合人眼对绿色比较敏感的特性,这里使用了 RGB565 的形式,即总共使用 2 字节,前 5 位代表红色亮度,中间 6 位代表绿色亮度,后面 5 位代表蓝色亮度。当 C6748 使用 RGB565 颜色标准,而显示屏使用 RGB888 颜色标准时,它们之间如何连接呢?可以高位对齐,低位补零。实际上为了保持较好的线性度,常使用低位补齐的方式,也就是 C6748 EVM 中的方式。

在这个模块的电路设计上,注意数据线要并行走线,可做等长,时钟和同步信号

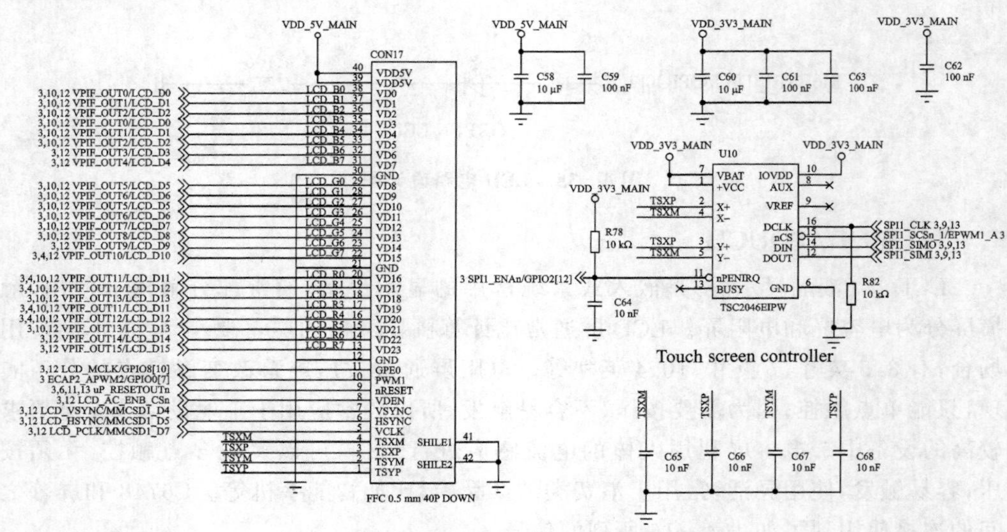

图 4-36　触摸屏和显示屏接口电路

要求和其他信号保持 3 倍线宽间距。触摸屏端要求触摸模拟信号，线尽可能短，布线周围没有干扰信号，比如时钟信号、输入电源。当走线较长时，则出现显示图案不稳定的情况，此时建议在线路中间增加驱动芯片。

16. VGA

VGA(Video Graphics Array，即视频图形阵列)，起初是 IBM 提出的用于传输模拟信号的计算机显示标准。VGA 接口常用来对接计算机显示器、VGA 屏幕等。VGA 接口是模拟接口，而 C6748 是数字芯片，那么它们之间是如何连接起来的呢？这里使用 DAC 芯片，不过这个是专门用来做 VGA 的 DAC 芯片，C6748 EVM 中使用 CS7123 将上面提及的 LCD 接口转换成红、绿、蓝的模拟信号，以及符合 VGA 接口电平的同步信号。VGA 常用的物理接口是 DB15，其外形如图 4-37 所示。其接口信号定义如表 4-17 所列。

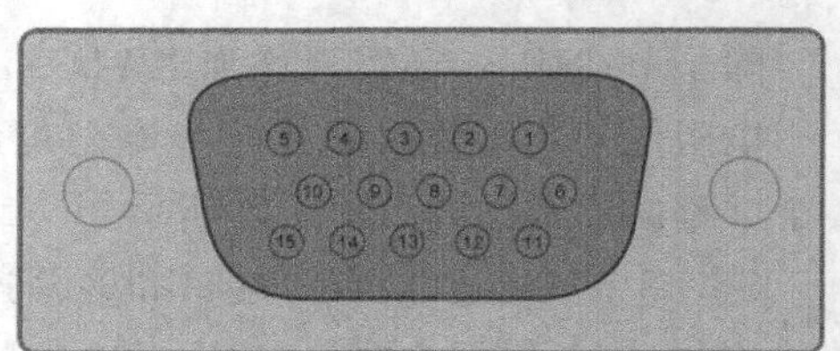

图 4-37

表 4-17　VGA 信号列表

脚　号	信号名	描　述
1	RED	红色视频信号
2	GREEN	绿色视频信号
3	BLUE	蓝色视频信号
4	ID2/RES	保留位，显示器 ID 的第二位，不使用浮空

续表 4-17

脚 号	信号名	描 述
5	GND	数字地
6	RED_RTN	红色信号回流,接模拟地
7	GREEN_RTN	绿色信号回流,接模拟地
8	BLUE_RTN	蓝色信号回流,接模拟地
9	KEY/PWR	以前是按键,用来给显示器端的 EEPROM 供电
10	GND	数字地
11	ID0/RES	保留位,显示器 ID 的第一位,不使用浮空
12	ID1/SDA	以前用来作为显示器 ID 的第二位,现在作为读取 ID 的、I^2C 总线的 SDA
13	HSync	水平同步信号
14	VSync	垂直同步信号
15	ID3/SCL	以前用来作为显示器 ID 的第四位,现在作为读取 ID 的、I^2C 总线的 SCL

以上信号中,除了地以外,必须的是 R、G、B 和同步信号。其中,同步信号又可以夹在 G 上面进行传输。注意,以上接口的数字信号是 5 V 电平。下面看看原理图该如何设计。

(1) 电 源

查看数据手册,发现只要一路 3.3 V 或 5 V 的模拟电源即可。考虑到 VGA 的标准是 5 V 的,而且是数字接口,在 5 V 供电条件下可以兼容 3.3 V 的 I/O 接口的电平输入,因此仅使用一路 5 V 电源。开发板上使用磁珠滤波之后提供。在电源输入端口,靠近接口放置去耦合电容,如图 4-38 所示。

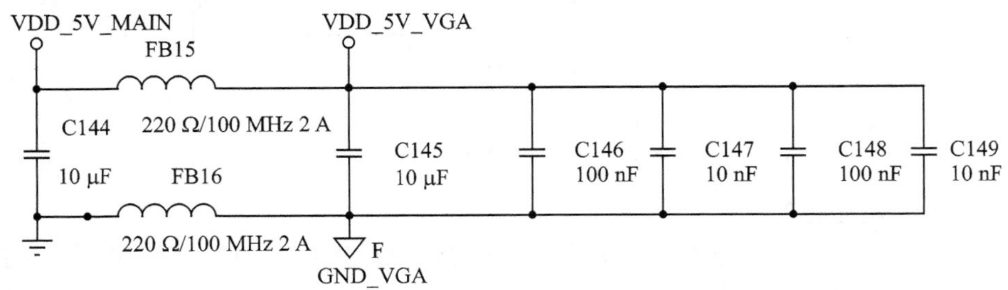

图 4-38 5 V 电源滤波电路

(2) 复 位

CS7123 芯片中没有复位引脚,有个 R_{SET},用来设置视频信号满幅度的,信号说明如图 4-39 所示。

(3) 近处理器端

近处理器端使用 LCD 接口对接,这里同样使用了低位用高位循环补位的方式。

37	R_{SET}	电阻设定端	此端与地之间接一个电阻，此电阻控制视频信号的满幅度。R_{SET}和IOG满刻度输出电流之间的关系为： R_{SET}=11.445×V_{REF}/IOG(有STNC信号时) R_{SET}和IOR、IOB满刻度输出电流之间的关系为：IOR,IOB=7.989 6×V_{REF}/R_{SET} 当SYNC信号无效时，绿色通道输出电流的计算方法和红、蓝通道一样

图 4－39　设置电阻说明

另外，考虑到输出对 VGA 的电平是 5 V 的，所以对同步信号和 I^2C 信号做了电平转换，如图 4－40 所示。

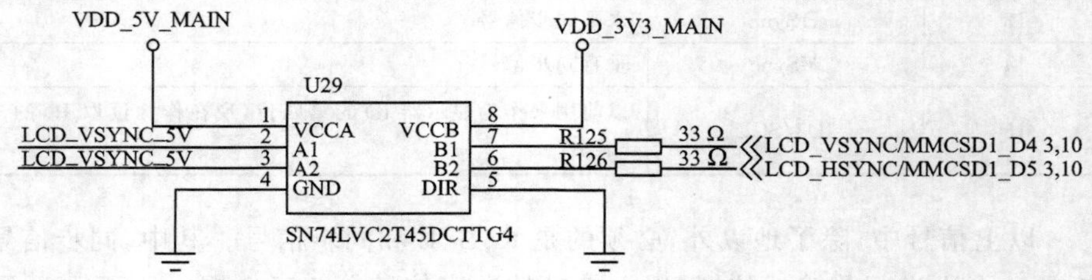

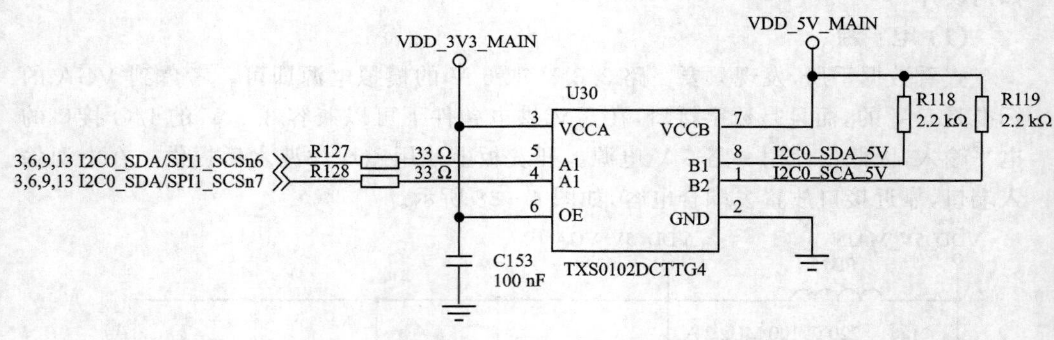

图 4－40　信号的电平转换电路

(4) 远处理器端

远处理器端关注的是两个地方。第一个是接口，按照上面提及的接口定义进行连接。因为经常拔插，这里也需要做 ESD 设计，如图 4－41 所示。ESD 处理如图 4－42 所示。

另一个地方是 R、G、B 这 3 路模拟信号的滤波处理和终端匹配。匹配时用 75 Ω 电阻进行端接。滤波处理方面，此处使用了分立器件的方案，如图 4－43 所示。其中，ESD、终端匹配(见图 4－44)、电平转换可以使用一片芯片搞定，即 TPD7S019－15DBQR。

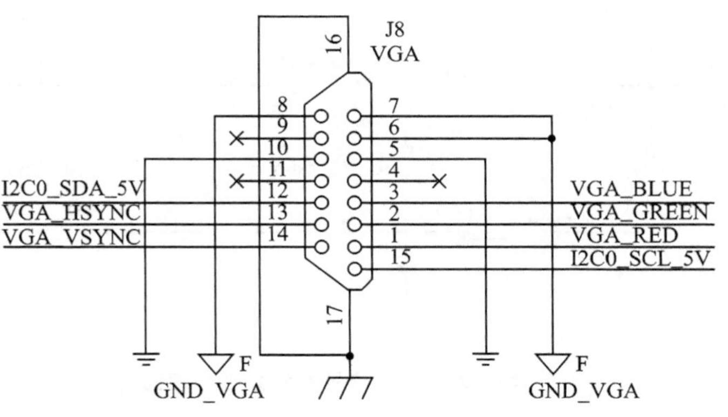

图 4-41　VGA 接口连接图

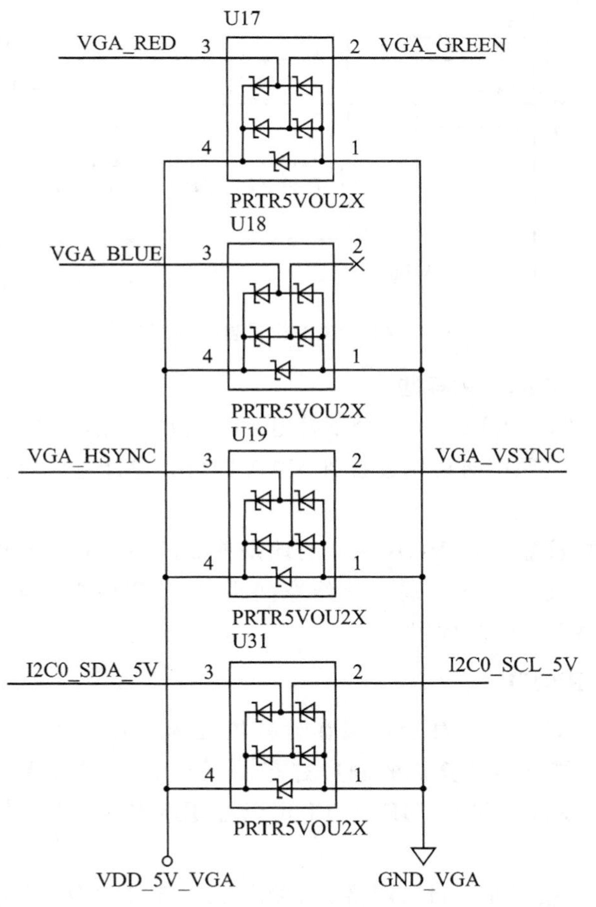

图 4-42　ESD 防护电路

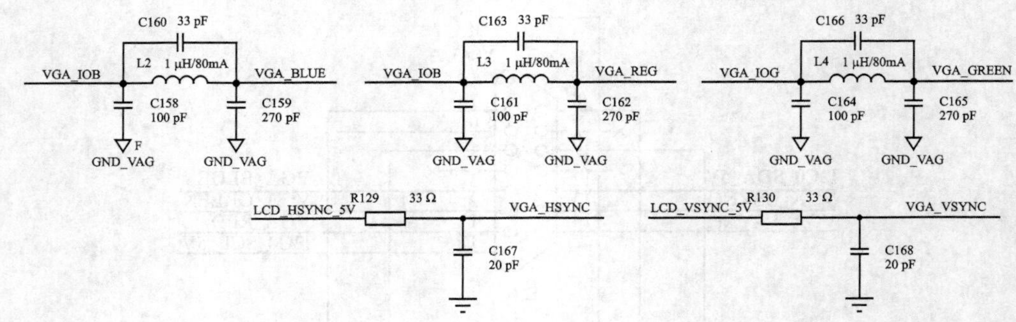

图 4-43 VAG 信号滤波处理原理图

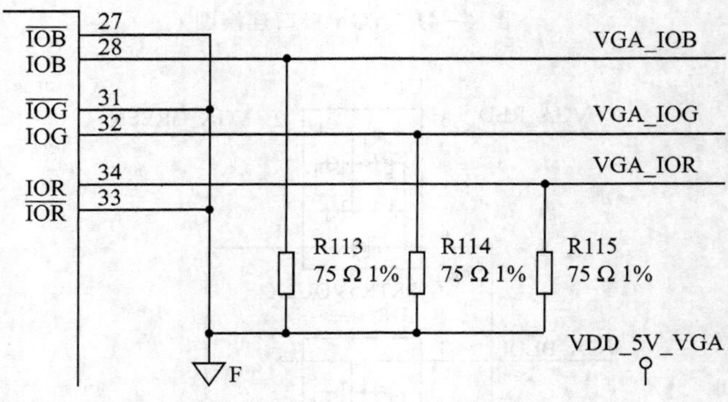

图 4-44 VGA 信号输出匹配电阻

(5) 上下拉模式配置和其他

上下拉模式的，主要预留了一个下拉电阻，作为节能模式的使能。其他引脚闭环 COMP 和 VREF，按照引脚说明连接到 VAA 即可。设计完成后，参考官方的参考设计进行检查。

PCB 布局时，注意保持 VGA 区域的地是独立的，保持完整的回流平面；R、G、B 这 3 路信号和其他数字信号保持 3 倍线宽间距，最好用模拟地包住，以免受到干扰；电源去耦电容，要靠近引脚放置。

17. ETHERNET

ETHERNET，以太网，对于每天在计算机面前工作的人来说，再熟悉不过了。在台式机的后面、笔记本计算机的侧边都有一～两个，称为水晶头的接口，如图 4-45 所示。嵌入式设备搭载 ETHERNET 可以方便地实现数据上传下载、程序更新和上位机连接等。

以太网对外的接口是 RJ45，网络有十兆、百兆、千兆之分，对应的 RJ45 也有这样的等级，高等级的兼容低等级的。不同速率 RJ45 的差别主要是差分对的数量不同。十兆和百兆用到了两组差分对，千兆网使用到了 4 组差分对，如表 4-18 所列。

表4-18　RJ45信号列表

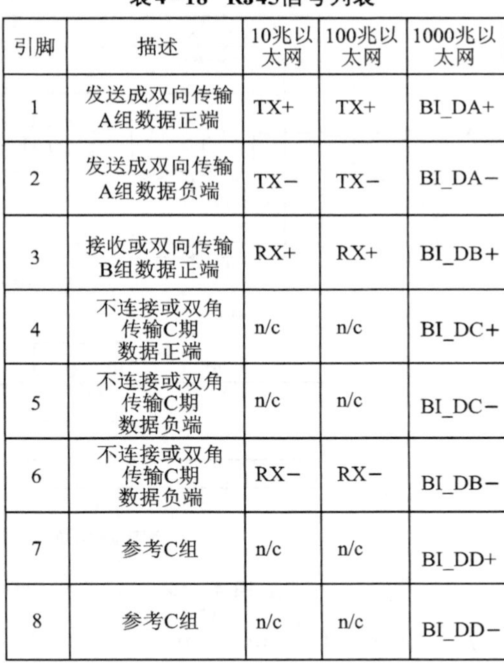

引脚	描述	10兆以太网	100兆以太网	1000兆以太网
1	发送成双向传输A组数据正端	TX+	TX+	BI_DA+
2	发送成双向传输A组数据负端	TX−	TX−	BI_DA−
3	接收或双向传输B组数据正端	RX+	RX+	BI_DB+
4	不连接或双角传输C期数据正端	n/c	n/c	BI_DC+
5	不连接或双角传输C期数据负端	n/c	n/c	BI_DC−
6	不连接或双角传输C期数据负端	RX−	RX−	BI_DB−
7	参考C组	n/c	n/c	BI_DD+
8	参考C组	n/c	n/c	BI_DD−

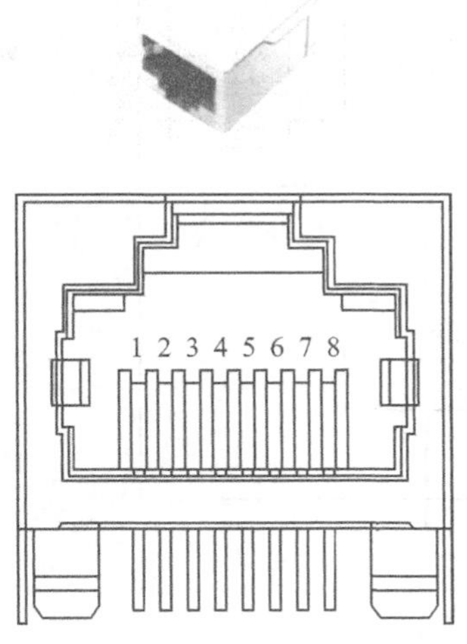

图 4-45　RJ45 接口示意图

RJ45 是以太网对外的接口，那么和处理器端是如何连接的呢？通常，处理器实现数据链路层及其以上的层，外部实现物理层，也就是常说的 PHY 层。处理器内部框图如图 4-46 所示。可见，C6748 提供了 MII 和 RMII 两种接口与 PHY 进行连接。

MII 接口如表 4-19 所列。

表 4-19　MIL 接口说明

信号名	描　述
MII_TXEN	MII 发送输出使能
MII_TXCLK	MII 发送时钟
MII_COL	MII 冲突检测输入
MII_TXD[3:0]	MII 发送数据，总共 4 位数据线
MII_RXER	MII 接收错误输入
MII_CRS	MII 载波侦听输入
MII_RXCLK	MII 接收时钟
MII_RXDV	MII 接收数据有效输入
MII_RXD[3:0]	MII 接收数据，总共 4 位数据线

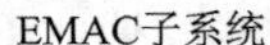

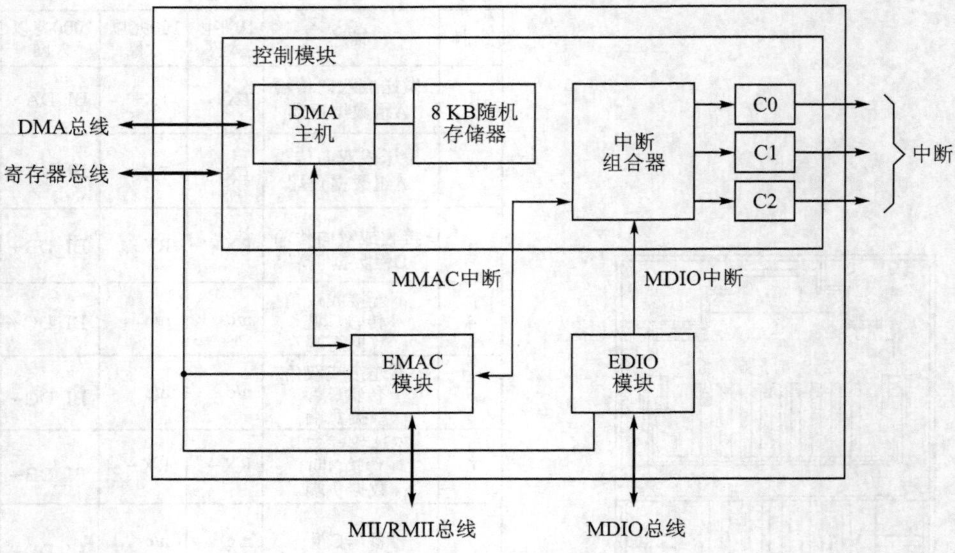

图4-46 C6748 EMAC和MDIO单元框图

然后是RMII(reduced mii)接口,如表4-20所列。

表4-20 RMII接口说明

信号名	描　述
RMII_MHZ_50_CLK	RMII发送和接收的参考时钟50 MHz
RMII_TXEN	RMII发送输出使能
RMII_TXD[1:0]	RMII发送数据,总共2位数据线
RMII_RXER	RMII接收错误输入
RMII_CRS_DV	RMII载波侦听输入和数据有效输入
RMII_RXD[1:0]	RMII接收数据,总共2位数据线

还有两根线用于MAC端和PHY端之间的通信,C6748通过MDIO总线识别和配置PHY的参数。信号说明如表4-21所列。

表4-21 MDIO信号列表

信号名	描　述
MDIO	MDIO串行数据
MDCLK	MDIO时钟

C6748的EVM设计中使用的是MII接口,因此,需要使用对应接口的PHY芯

片，此处选用了LAN8710A－EZC。原理图框图如图4－47所示。

原理图设计如图4－48所示，这里选用了内置变压器和LED的百兆RJ45。

这里按照电源、复位、晶振、近处理器端、远处理器端、上下拉配置等角度进行分析。

(1) 电　源

查看数据手册可知，需要3路电源，一路数字I/O的3.3 V（C6748的I/O是3.3 V的），一路是数字核心工作电源1.2 V，一路是模拟部分的3.3 V。3.3 V电源允许的变动范围相对较大，因此，将其和数字I/O的3.3 V合为一路，总共需要2路电源。其中，1.2 V这路电源中，PHY芯片内部是有1.2 V调节器的，可以内部产生，因此只需要外部提供一路3.3 V，将其内部1.2 V调节器使能即可。

(2) 复　位

无特殊要求，使用系统复位即可。

(3) 晶　振

无特殊要求，按照数据手册给出晶振频率选择即可，常用的晶振厂家包括TXC、长电等。

(4) 靠处理器端

MII接口，按照MII接口的说明对接即可。

(5) 远处理器端

接口端电路设计如图4－49所示。

PCB设计注意事项如下：第一，两对差分对，要求在PCB设计上做100 Ω的差分阻抗匹配，与RJ45按照规范连接好即可。第二，PHY分为电流型和电压型的PHY，LAN8710A是一款电流型的PHY，因此，需要外接两个49.9 Ω的电阻，将电流信号转换为电压信号。信号线上添加的10 pF电容是仿EMI设计，是非必须的，如果影响到了网络稳定性，则可以将其去除。第三，对于RJ45较长拔插的接口，需要做ESD防护设计，因此添加了两个ESD器件。第四，注意RJ45的LED灯的颜色含义，绿色灯代表连接和网络速率，黄色灯代表连接和是否活动。

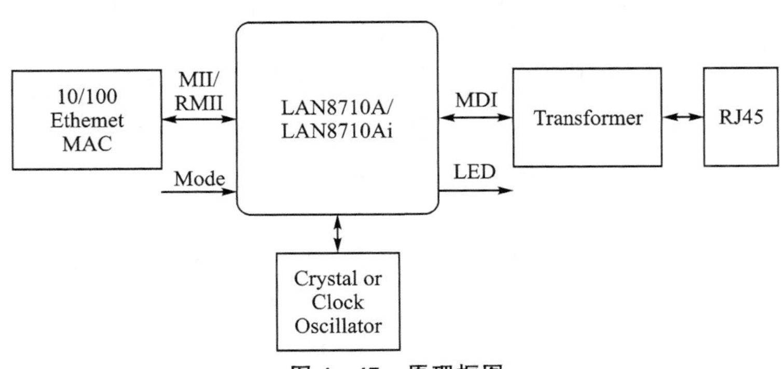

图4－47　原理框图

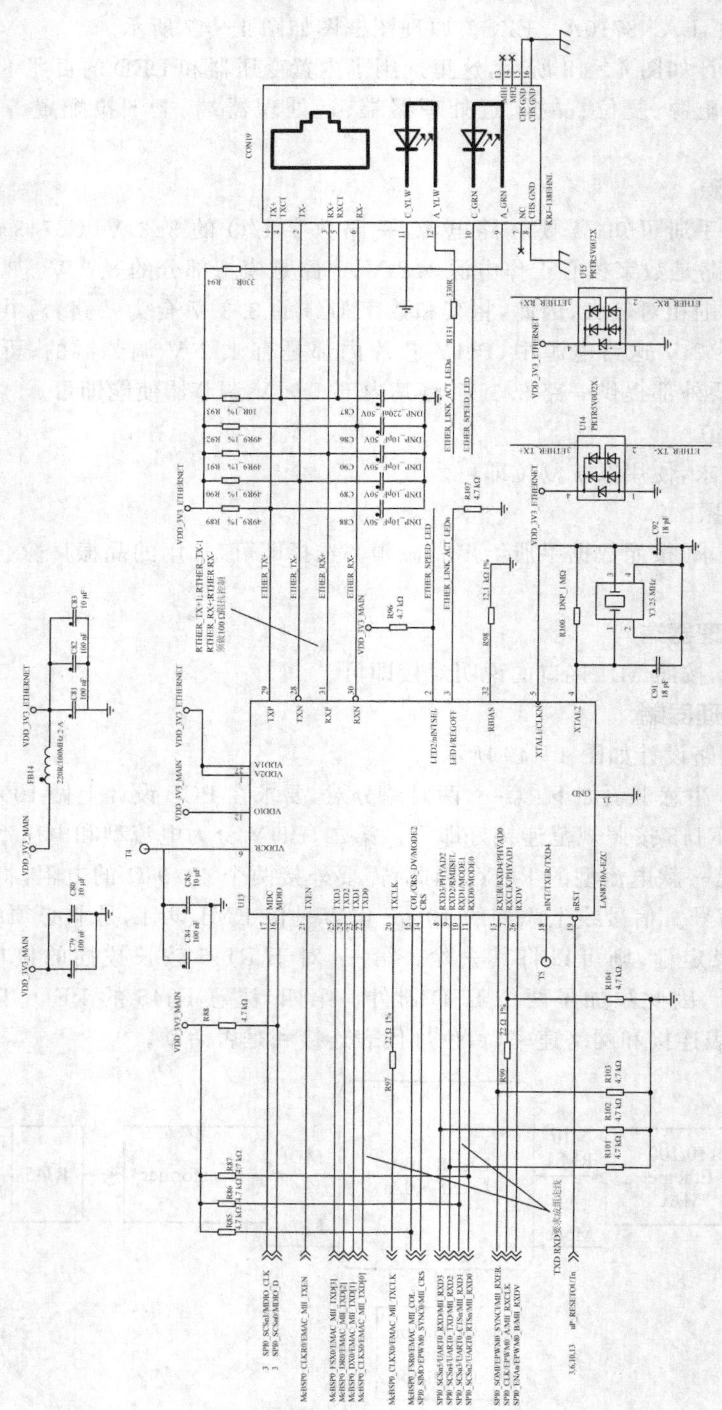

图4-48　LAN8710原理图

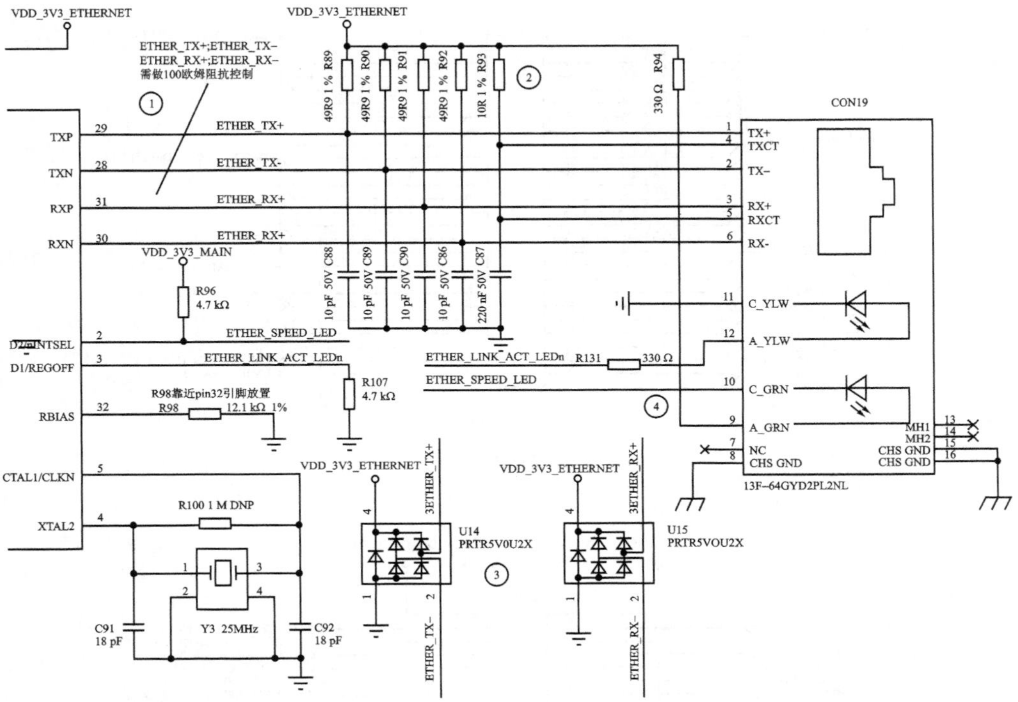

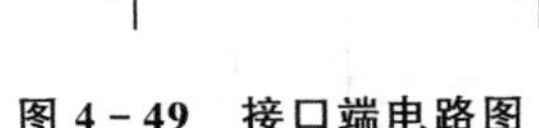

图 4-49　接口端电路图

(6) 上下拉配置

部分引脚在复位一瞬间被复用为配置引脚，其中提到的配置功能包括内部 1.2 V 调节器使能、MII 和 RMII 模式选择、PHY 地址配置引脚等。按照实际模式配置，如果不确定，则同时预留上下拉电阻。

完成了以上设计之后和官方参考的原理图进行对比，查看有无遗漏和需要完善的地方。

PCB 设计上，要求 RJ45 端差分对做 100 Ω 的差分匹配，走线尽可能短，参考平面完整，过孔不超过 2 个；ESD 器件靠近接口放置；对于 MII 总线，数据要求做等长，时钟线和其他信号线保持 3 倍线宽间距。

18. uPP、VPIF、EMIFA ExPORT

这里的 uPP、VPIF 和 EMIFA 没有连接外设，主要是将剩余的一些接口拉出来，接口如图 4-50 所示。uPP(Universal Parallel Port，通用并行接口)是一个双通道的(A 通道和 B 通道)、高速的并行接口，用于连接 ADC、DAC、FPGA 等设备，最大可以支持 16 位的数据宽度。其包含的信号线含义如表 4-22 所列。

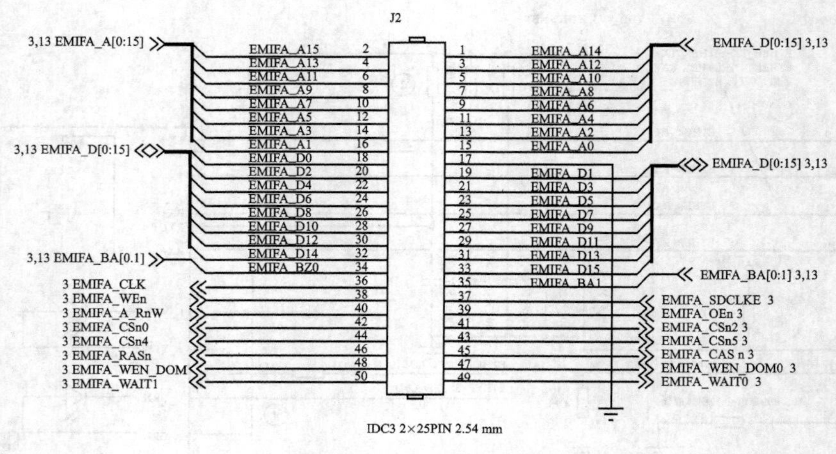

(a) EMIF接口图

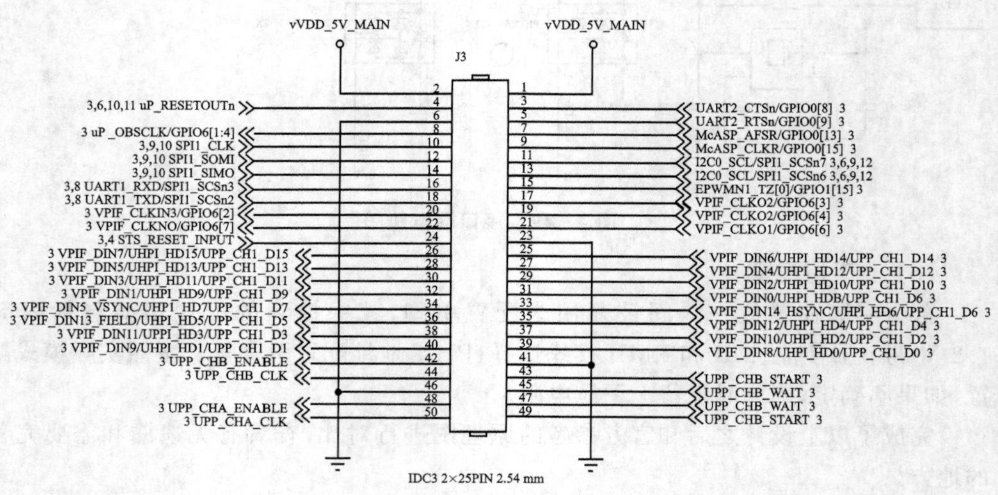

(b) UPP/VPIF/GPIO接口图

图 4－50　uPP、VPIF、EMIFA ExPORT 接口图

表 4－22　UPP 信号列表

信号名	描　述
DATA[15:0]	并行数据总线
XDATA[15:0]	拓展的并行数据总线
CHA_START	通道 A 每个数据行的起始数据指示信号

续表 4-22

信号名	描 述
CHA_ENABLE	通道 A 使能
CHA_WAIT	通道 A 等待
CHA_CLOCK	通道 A 时钟
CHB_START	通道 B 每个数据行的起始数据指示信号
CHB_ENABLE	通道 B 使能
CHB_WAIT	通道 B 等待
CHB_CLOCK	通道 B 时钟
UPP_2xTXCLK	可选的发送时钟

VPIF(video port interface,视频端口),包含两个数据输入通道和两个数据输出通道。数据格式支持 BT.656、BT.1120、SMTPE296 等。其中,0 和 1 通道为输出通道,2 和 3 通道为输入通道。VPIF 支持以下 4 种工作模式,分别如图 4-51 所示;其信号比较简单,只有数据线和时钟线。

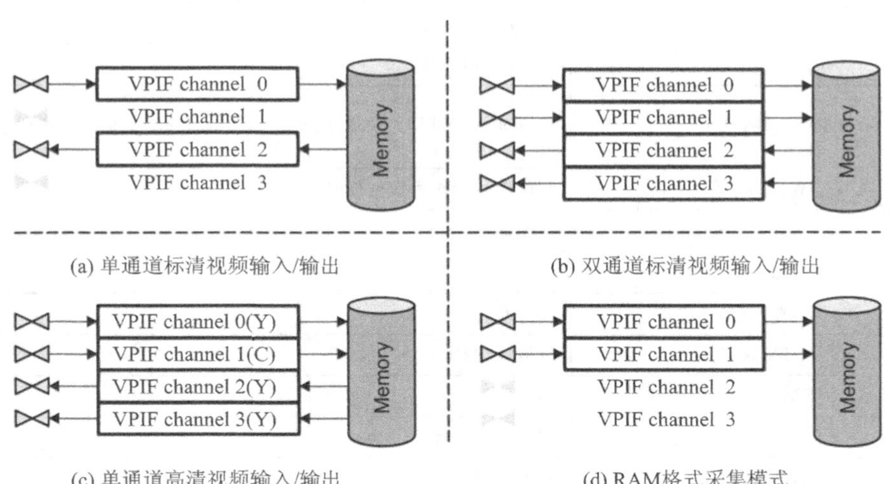

图 4-51 VPFF 工作模式示意图

EMIFA(external memory interface A,外部存储器接口 A),用于给 CPU 连接各种外部存储接口,如 SDRAM 和 NOR FLASH、Nand FLASH、SRAM 等异步设备。其接框图和信号列表如图 4-52 及表 4-23 所示。

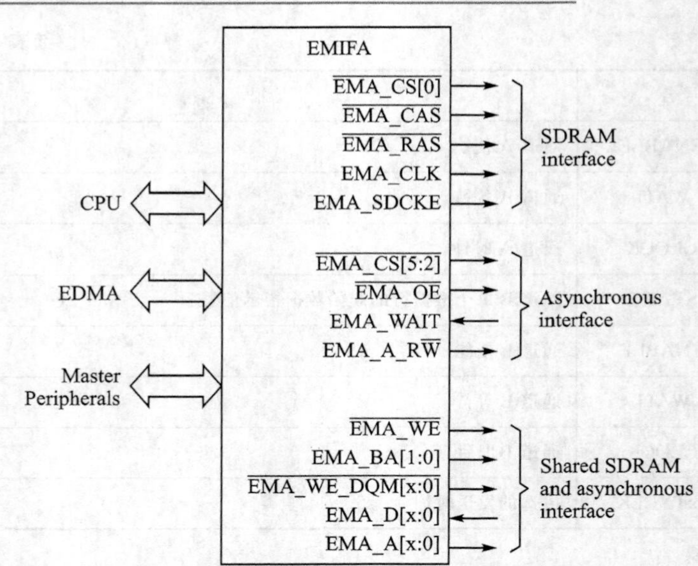

图 4-52 G6748 的 EMIFA 的接口框图

表 4-23 EMIFA 信号分类列表

信号名	描 述
SDRAM 和异步设备均须使用引脚	
EMA_D[x:0]	EMIFA 数据总线
EMA_ A[x:0]	EMIFA 地址总线
EMA_BA[1:0]	接 SDRAM 时作为块地址，接异步设备时作为地址总线低位
EMA_WE_DQM[x:0]n	写使能或者作为数据掩码
EMA_WE	写使能
SDRAM 设备专用	
EMA_CS[0]n	片选 0
EMA_RASn	行地址选择
EMA_CASn	列地址选择
EMA_SDCKE	时钟使能引脚
EMA_CLK	时钟引脚
异步设备专用线	
EMA_CS[5:2]n	片选 2～5
EMA_WAIT	数据等待引脚
EMA_OE	输出使能引脚
EMA_A_RW	读写使能

C674x 详解篇

第5章

中　断

5.1　C674x 中断控制器

CPU 中断主要用于提高 CPU 响应外部异步事件的效率，这些事件发生时需要停止当前进行的操作，以便立即执行事件要求执行的任务。

C674x 最多支持 128 个内部（包括 C674x 内部事件）及外部事件（定时器、串口以及其他外设）输入，CPU 支持 12 个可屏蔽中断、一个不可屏蔽中断（NMI）、一个复位中断以及一个可屏蔽异常。

事件，即任何可以产生内部或外部、主要用于通知 CPU 的信号，同时也需要 CPU 给出相应的响应。

中断是一种可以根据内部或外部信号（事件）重定向正常程序流程的方法。异常与中断类似，不过异常只在系统发生错误时重定向程序流程。

中断控制器结构如图 5－1 所示。中断选择用于将事件序号为 4～127 的事件映射到可屏蔽中断 4～15，只能一一映射。在这种模式下，CPU 最多可以响应 12 个事件。事件组合将 128 个事件分组，每 32 个事件一组（4～31、32～63、64～95 以及 96～127），组内一个或多个事件触发都会产生 CPU 中断，这样 CPU 只需要处理 4 路中断即可。异常组合使多个系统事件组合为单个异常输出。

复位中断优先级最高，可以通过 RESET 引脚信号触发。RESET 是低电平有效信号，触发时至少拉低 10 个时钟周期再拉高才有效。复位的主要作用是使 CPU 恢复到一个已知的状态，所有寄存器全部更新为默认值。对于 C 程序来说，复位中断的中断服务函数是 C 程序入口，用于初始化 C 语言运行时的环境。

不可屏蔽中断（NMI）信号是第二高优先级信号，可以通过 NMI 引脚信号触发。NMI 信号主要用于通知 CPU 遇到严重错误，只要使能 NMI 中断（NMIE ＝ 1），则除了 CPU 处于执行分支指令的延迟槽（Delay Slot）时才会被阻止，其他情况下 NMI 都是无条件响应的。

可屏蔽中断 4～15 优先级依次递减，可屏蔽中断的发生是有条件的：

➢ 全局中断使能（CSR. GIE ＝ 1）；

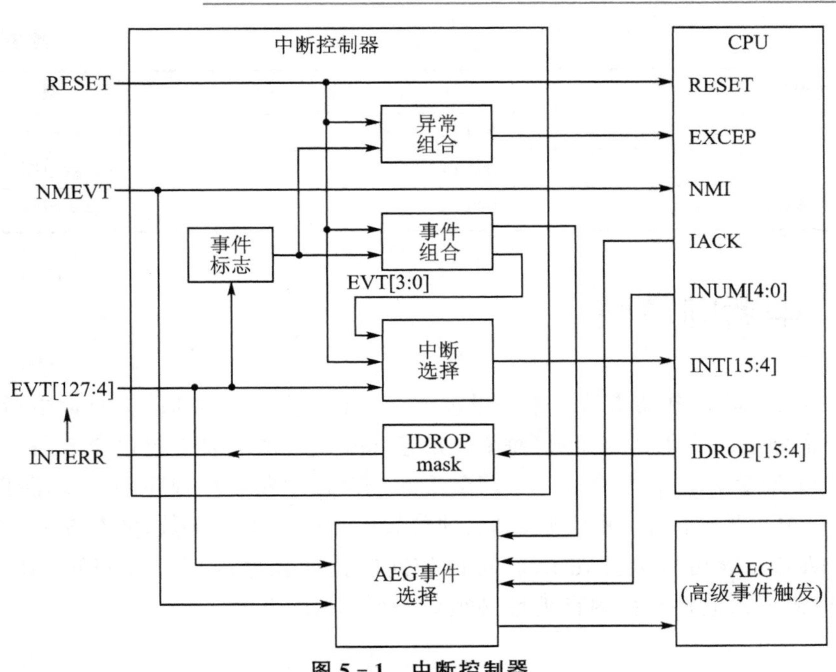

图 5-1 中断控制器

➢ NMI 中断使能(NMIE = 1);

➢ 相应中断使能位使能(IER.IEx = 1);

➢ 相应中断被触发(IFR.IFx = 1)且没有更高优先级中断已经被触发。

其中,CSR.GIE = 1 表示中断控制器寄存器 CSR 的 GIE 位置 1,这部分中断相关寄存器位于 CPU 核心寄存器中,需要引用 c6x.h 头文件才能访问。可屏蔽中断不支持中断嵌套,仅支持不可屏蔽中断嵌套可屏蔽中断。

CPU 中断优先级如表 5-1 所列。

表 5-1 中断优先级

优先级	中 断	类 型
高优先级	Reset	复位
	NMI	不可屏蔽中断
	INT4	可屏蔽中断
	INT5	可屏蔽中断
	INT6	可屏蔽中断
	INT7	可屏蔽中断
	INT8	可屏蔽中断
	INT9	可屏蔽中断
	INT10	可屏蔽中断
	INT11	可屏蔽中断
	INT12	可屏蔽中断

续表 5-1

优先级	中 断	类 型
	INT13	可屏蔽中断
	INT14	可屏蔽中断
最低优先级	INT15	可屏蔽中断

5.2 中断向量表

C674x 中断控制器支持中断向量表，CPU 在开始处理中断前会查询中断向量表。中断向量表由 16 个取指包组成（每个取指包 256 位），每个取指包包含 8 条 32 位指令或最多 14 条紧凑 16 位指令。一般情况下无法满足中断处理程序的需要，所以在中断向量表中填写跳转指令，用于跳转到其他位置的中断服务子函数，如图 5-2 所示。

中断向量表可以放置在 DSP 可以访问的任何程序内存中（L1PRAM、L2RAM 以及 DDR 等），但是起始内存地址必须对齐到 1 KB 边界。

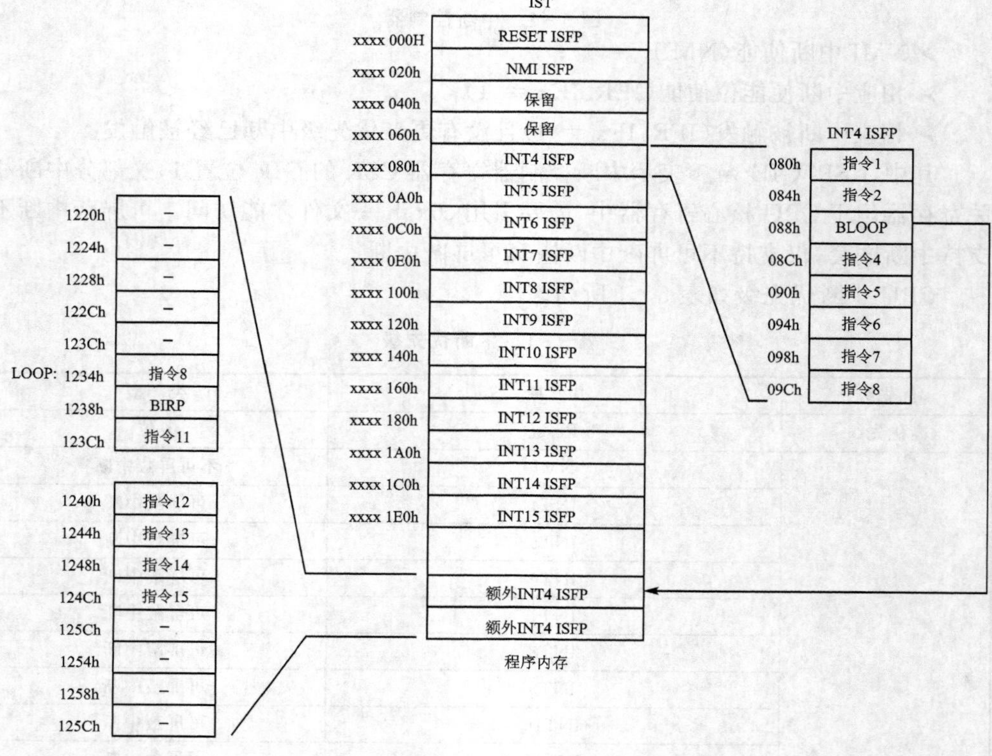

图 5-2 中断向量表

5.3 事 件

事件种类与具体 DSP 型号有关，因为事件大部分是外设事件，不同 DSP 外设的种类不同。C6748 中断事件列表如表 5-2 所列。

表 5-2 C6748 中断事件

事件序号	中断名称	中断源
0	EVT0	C674x 中断控制 0
1	EVT1	C674x 中断控制 1
2	EVT2	C674x 中断控制 2
3	EVT3	C674x 中断控制 3
4	T64P0_TINT12	定时器 0 中断(TINT12)
5	SYSCFG_CHIPINT2	芯片中断用于 ARM 与 DSP 核间通信(OMAP-L138)
6	PRU_EVTOUT0	PRU 子系统中断
7	EHRPWM0	高精度 PWM 外设 0 中断
8	EDMA3_0_CC0_INT1	EDMA3 0 通道控制器 0 影子区域 1 传输完成中断
9	EMU-DTDMA	C674x ECM
10	EHRPWM0TZ	高精度 PWM 外设 0 Trip Zone 中断
11	EMU-RTDXRX	C674x RTDX 实时数据交换
12	EMU-RTDXTX	C674x RTDX 实时数据交换
13	IDMAINT0	C674x EMC IDMA 通道 0 中断
14	IDMAINT1	C674x EMC IDMA 通道 0 中断
15	MMCSD0_INT0	MMCSD0 MMC/SD 中断
16	MMCSD0_INT1	MMCSD0 SDIO 中断
17	PRU_EVTOUT1	PRU 子系统中断
18	EHRPWM1	高精度 PWM 外设 1 中断
19	USB0_INT	USB0(USB 2.0)中断
20	USB1_HCINT	USB1(USB 1.1) OHCI 主机控制器中断
21	USB1_R/WAKEUP	USB1(USB 1.1)远程唤醒中断
22	PRU_EVTOUT2	PRU 子系统中断
23	EHRPWM1TZ	高精度 PWM 外设 1 Trip Zone 中断
24	SATA_INT	SATA 控制器中断

续表 5-2

事件序号	中断名称	中断源
25	T64P2_TINTALL	定时器 2 组合中断
26	EMAC_C0RXTHRESH	EMAC 核心 0 接收门限中断
27	EMAC_C0RX	EMAC 核心 0 接收中断
28	EMAC_C0TX	EMAC 核心 0 发送中断
29	EMAC_C0MISC	EMAC 核心 0 其他中断
30	EMAC_C1RXTHRESH	EMAC 核心 1 接收门限中断
31	EMAC_C1RX	EMAC 核心 1 接收中断
32	EMAC_C1TX	EMAC 核心 1 发送中断
33	EMAC_C1MISC	EMAC 核心 1 其他中断
34	UHPI_DSPINT	HPI DSP 中断
35	PRU_EVTOUT3	PRU 子系统中断
36	IIC0_INT	I2C0 中断
37	SPI0_INT	SPI0 中断
38	UART0_INT	UART0 中断
39	PRU_EVTOUT5	PRU 子系统中断
40	T64P1_TINT12	定时器 1 中断(TINT12)
41	GPIO_B1INT	GPIO 组 1 中断
42	IIC1_INT	I2C1 中断
43	SPI1_INT	SPI1 中断
44	PRU_EVTOUT6	PRU 子系统中断
45	ECAP0	ECAP0 中断
46	UART_INT1	UART1 中断
47	ECAP1	ECAP1 中断
48	T64P1_TINT34	定时器 1 中段(TINT34)
49	GPIO_B2INT	GPIO 组 2 中断
50	PRU_EVTOUT7	PRU 子系统中断
51	ECAP2	ECAP2 中断
52	GPIO_B3INT	GPIO 组 3 中断
53	MMCSD1_INT1	MMCSD1 SDIO 中断
54	GPIO_B4INT	GPIO 组 4 中断

续表 5-2

事件序号	中断名称	中断源
55	EMIFA_INT	EMIFA 中断
56	EDMA3_0_CC0_ERRINT	EDMA3 0 通道通道控制器 0 错误中断
57	EDMA3_0_TC0_ERRINT	EDMA3 0 通道传输控制器 0 错误中断
58	EDMA3_0_TC1_ERRINT	EDMA3 0 通道传输控制器 1 错误中断
59	GPIO_B5INT	GPIO 组 5 中断
60	DDR2_MEMERR	DDR2 内存错误中断
61	MCASP0_INT	McASP0 组合发送/接收中断
62	GPIO_B6INT	GPIO 组 6 中断
63	RTC_IRQS	RTC 组合中断
64	T64P0_TINT34	定时器 0 中断(TINT34)
65	GPIO_B0INT	GPIO 组 0 中断
66	PRU_EVTOUT4	PRU 子系统中断
67	SYSCFG_CHIPINT3	芯片中断用于 ARM 与 DSP 核间通信(OMAP-L138)
68	MMCSD1_INT0	MMCSD1 MMC/SD 中断
69	UART2_INT	UART2 中断
70	PSC0_ALLINT	PSC0 中断
71	PSC1_ALLINT	PSC1 中断
72	GPIO_B7INT	GPIO 组 7 中断
73	LCDC_INT	LCD 控制器中断
74	PROTERR	SYSCFG 保护共享中断
75	GPIO_B8INT	GPIO 组 8 中断
76～77	保留	
78	T64P2_CMPINT0	定时器 2 比较中断 0
79	T64P2_CMPINT1	定时器 2 比较中断 1
80	T64P2_CMPINT2	定时器 2 比较中断 2
81	T64P2_CMPINT3	定时器 2 比较中断 3
82	T64P2_CMPINT4	定时器 2 比较中断 4
83	T64P2_CMPINT5	定时器 2 比较中断 5
84	T64P2_CMPINT6	定时器 2 比较中断 6
85	T64P2_CMPINT7	定时器 2 比较中断 7
86	T64P3_TINTALL	定时器 3 组合中断

续表 5-2

事件序号	中断名称	中断源
87	MCBSP0_RINT	McBSP0 接收中断
88	MCBSP0_XINT	McBSP0 发送中断
89	MCBSP1_RINT	McBSP1 接收中断
90	MCBSP0_XINT	McBSP1 发送中断
91	EDMA3_1_CC0_INT1	EDMA3 1 通道控制器 0 影子区域 1 中断
92	EDMA3_1_CC0_ERRINT	EDMA3 1 通道控制器错误中断
93	EDMA3_1_TC0_ERRINT	EDMA3 1 传输控制器错误中断
94	UPP_INT	uPP 组合中断
95	VPIF_INT	VPIF 组合中断
96	INTERR	C674x 中断错误中断
97	EMC_IDMAERR	C674x EMC 无效 IDMA 参数
98～112	保留	
113	PMC_ED	C674x PMC
114～115	保留	
116	UMC_ED1	C674x UMC
117	UMC_ED2	C674x UMC
118	PDC_INT	PDC 睡眠中断
119	SYS_CMPA	CPU 内存保护错误
120	L1P_CMPA	CPU 内存保护错误
121	L1P_DMPA	DMA 内存保护错误
122	L1D_CMPA	CPU 内存保护错误
123	L1D_DMPA	DMA 内存保护错误
124	L2_CMPA	CPU 内存保护错误
125	L2_DMPA	DMA 内存保护错误
126	EMC_CMPA	CPU 内存保护错误
127	EMC_BUSERR	总线错误中断

5.4 配置中断

中断控制器支持输入 128 个事件，但是中断只有 14 个，其中，复位中断和不可屏蔽中断不能使用，所以需要做的操作首先是映射这些事件到 12 个可屏蔽中断。其中，事件 EVT0～EVT3 是组合事件，由剩下 124 个事件信号组合而成，相当于是逻辑或门。

事件映射通过中断复用寄存器配置，如图 5-3 所示。中断复用寄存器有 3 个，每个寄存器可以配置 4 个事件，其中，INTSEL4～INTSEL15 对应可屏蔽中断 4～15。需要将事件序号写入到相应寄存器位，例如，需要配置 GPIO 组 0 中断到可屏蔽中断 4，那么写 0x41（十进制数 65）到 INTMUX1. INTSEL4 即可。

使用单个事件（相对于组合事件来说）时，对中断控制器的配置只有这一部分需要配置，下一步需要配置 CPU 中断和外设中断。

31	30 — 24	23	22 — 16
保留	INTSEL7	保留	INTSEL6
R-0	R/W-7h	R-0	R/W-6h

15	14 — 8	7	6 — 0
保留	INTSEL5	保留	INTSEL4
R-0	R/W-5h	R-0	R/W-4h

图例：R/W=读/写；R=只读；−n=复位后默认值

(a) 中断复用寄存器1(INTMUX1)

31	30 — 24	23	22 — 16
保留	INTSEL11	保留	INTSEL10
R-0	R/W-Bh	R-0	R/W-Ah

15	14 — 8	7	6 — 0
保留	INTSEL9	保留	INTSEL8
R-0	R/W-9h	R-0	R/W-8h

图例：R/W=读/写；R=只读；−n=复位后默认值

(b) 中断复用寄存器2(INTMUX2)

31	30 — 24	23	22 — 16
保留	INTSEL15	保留	INTSEL14
R-0	R/W-Fh	R-0	R/W-Eh

15	14 — 8	7	6 — 0
保留	INTSEL13	保留	INTSEL12
R-0	R/W-Dh	R-0	R/W-Ch

图例：R/W=读/写；R=只读；−n=复位后默认值

(c) 中断复用寄存器3(INTMUX3)

域	值	描述
INTSELnn	0-7Fh	需要映射的CPUINTnn事件序号

(d) 中断复用寄存器(INTMUX*n*)位域描述

图 5－3　中断复用寄存器

CPU 中断配置需要执行下述操作：

- ➢ 配置中断向量表地址（ISTP）；
- ➢ 清除中断状态；
- ➢ 使能可屏蔽中断；
- ➢ 使能全局中断。

1. 配置中断向量表地址（ISTP）

中断向量表必须使用汇编代码编写，文件扩展名为. asm，参考代码如下（中断服务函数在 ELF 格式二进制文件可以直接填写函数名，COFF 格式需要添加下划线前缀）：

```
intvecs.asm 文件
;*********************************************
```

```
;*                                              *
;*              中断向量表                      *
;*                                              *
;***********************************************
.global _IntVectorTable
.global _c_int00
.global vector1
.global vector2
.global vector3
.global USER0KEYIsr                    ; GPIO中断服务函数
.global vector5
.global vector6
.global vector7
.global vector8
.global vector9
.global vector10
.global vector11
.global vector12
.global vector13
.global vector14
.global vector15
;***********************************************
;*                                              *
;*              中断向量入口                    *
;*                                              *
;***********************************************
VEC_ENTRY.macro addr
    STW   B0, *--B15;               ;保存B0寄存器值到B15
    MVKL  addr, B0
    MVKH  addr, B0;                 ;写入中断服务函数地址到B0寄存器
B     B0                            ;跳转到B0寄存器存储的地址
    LDW   *B15++, B0;               ;恢复B0值
NOP   2                             ;B指令需要5个时钟周期延迟槽(Delay Slot)
NOP
NOP
.endm
;***********************************************
;*                                              *
;*              未使用中断                      *
;*                                              *
;***********************************************
vec_dummy:
B     B3                            ; 无效地址
```

```
NOP   5
;****************************************
;*                                      *
;*            中断向量                  *
;*                                      *
;****************************************
.sect ".vectors"                  ; 中断向量表分配到的程序段
.align 1024                       ; 中断向量表要求对齐到 1 KB 内存地址
_IntVectorTable:
_vector0:  VEC_ENTRY _c_int00     ; 复位中断 C 语言入口
_vector1:  VEC_ENTRY vec_dummy    ; 不可屏蔽中断
_vector2:  VEC_ENTRY vec_dummy    ; 保留
_vector3:  VEC_ENTRY vec_dummy    ; 保留
_vector4:  VEC_ENTRY USER0KEYIsr  ; 可屏蔽中断 INT4
_vector5:  VEC_ENTRY vec_dummy    ; 可屏蔽中断 INT5
_vector6:  VEC_ENTRY vec_dummy    ; 可屏蔽中断 INT6
_vector7:VEC_ENTRY vec_dummy      ; 可屏蔽中断 INT7
_vector8:VEC_ENTRY vec_dummy      ; 可屏蔽中断 INT8
_vector9:  VEC_ENTRY vec_dummy    ; 可屏蔽中断 INT9
_vector10: VEC_ENTRY vec_dummy    ; 可屏蔽中断 INT10
_vector11: VEC_ENTRY vec_dummy    ; 可屏蔽中断 INT11
_vector12: VEC_ENTRY vec_dummy    ; GPIO 中断服务函数
_vector13: VEC_ENTRY vec_dummy    ; 可屏蔽中断 INT13
_vector14: VEC_ENTRY vec_dummy    ; 可屏蔽中断 INT14
_vector15: VEC_ENTRY vec_dummy    ; 可屏蔽中断 INT15
```


写入中断向量表地址到 CPU 中断向量指针寄存器(ISTP),访问 CPU 中断相关寄存器需要添加 c6x.h 头文件:

```
extern void _IntVectorTable(void);        // 声明汇编函数
ISTP = (unsigned int)_IntVectorTable;  // 幅值函数地址到 ITSP 寄存器
```

2. 清除中断状态

清除中断状态主要是避免之前未清除的中断状态会影响中断状态判断,不是必要操作。如果 CPU 复位后第一次配置中断,则可以不执行这一步操作。

清除中断状态需要配置中断清除寄存器(ICR),如图 5-4 所示。ICR 寄存器 4～15 位对应 CPU 可屏蔽中断 4～15,对应位写 1 来清除中断标志寄存器(IFR)相应位。例如,要清除可屏蔽中断 4,则需要向 ICR 寄存器第 4 位写 1(ICR=1 << 4;)。注意,ICR 寄存器是只可写寄存器,必须整体赋值,不能先读后写,读取中断状态需要通过中断标志寄存器(IFR)。

3. 使能可屏蔽中断

只有相应的可屏蔽中断被使能了,CPU 才会响应对应的中断信号。使能可屏蔽

31–16												
保留 R-0												
15	**14**	**13**	**12**	**11**	**10**	**9**	**8**	**7**	**6**	**5**	**4**	**3–0**
IC15	IC14	IC13	IC12	IC11	IC10	IC9	IC8	IC7	IC6	IC5	IC4	保留
W-0	W-0	W-0	W-0	W-0	W-0	W-0	W-0	W-0	W-0	W-0	W-0	R-0

图例：R=只读；W=通过MVC指令可写；-n=复位后默认值

(a) 中断清除寄存器(ICR)

位	域	值	描述
31~16	保留	0	保留域读返回0，写无影响
15~4	IC*n*		中断清除
		0	未清除相关中断标志位(IFR.IF*n*)
		1	清除相关中断标志位(IER.IF*n*)
3~0	保留	0	保留域读返回0，写无影响

(b) 中断清除寄存器(ICR)位域描述

图 5-4 中断清除寄存器

中断时需要配置中断使能寄存器(IER)，如图 5-5 所示。使能可屏蔽中断时需要同时使能不可屏蔽中断才可以，例如，使能可屏蔽中断 4 时需要向 IER 寄存器第 4 位写 1，第 1 位写 1(IER |= (1 << 4) | (1 << 1);)。

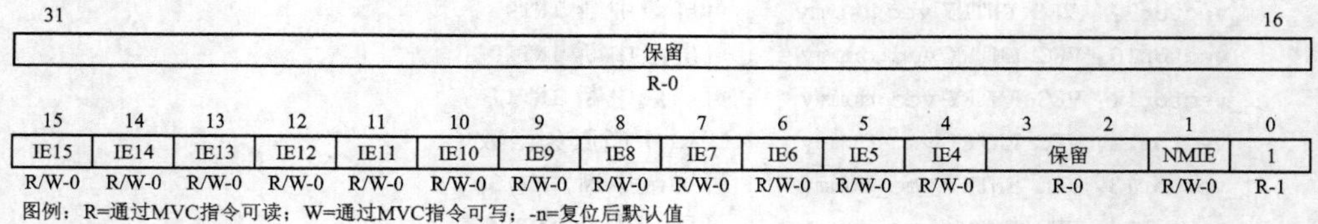

31–16														
保留 R-0														
15	**14**	**13**	**12**	**11**	**10**	**9**	**8**	**7**	**6**	**5**	**4**	**3–2**	**1**	**0**
IE15	IE14	IE13	IE12	IE11	IE10	IE9	IE8	IE7	IE6	IE5	IE4	保留	NMIE	1
R/W-0	R/W-0	R/W-0	R/W-0	R/W-0	R/W-0	R/W-0	R/W-0	R/W-0	R/W-0	R/W-0	R/W-0	R-0	R/W-0	R-1

图例：R=通过MVC指令可读；W=通过MVC指令可写；-n=复位后默认值

(a) 中断使能寄存器(IER)

位	域	值	描述
31~16	保留	0	保留域读返回0，写无影响。
15~4	IE*n*		中断使能，中断触发只有相关位被置1后才会处理。
		0	中断禁用。
		1	中断使能
3~2	保留	0	保留域读返回0，写无影响
1	MMIE		使能不可屏蔽中断。 NMIE位复位后被清除。必须置位NMIE位使能NMI中断才会允许INT15-INT4中断及全局中断被使能。NMIE位不能写0清除，必须NMI被触发后才会清除。
		0	除复位中断都被禁用。
		1	所有中断使能。NMIE位被BNRP指令或置位NMIE位清除
0	1	1	复位中断使能，不能禁用

(b) 中断使能寄存器(IER)位域描述

图 5-5 中断使能寄存器

4. 使能全局中断

只有使能全局中断，全部可屏蔽中断才会被响应，如图 5-6 所示。使能全局中断时只需要 CSR 第 1 位置 1 即可(CSR |= 1;)。

31		24	23		16
CPU ID			REVISION ID		
R-x[1]			R-x[1]		

15	10	9	8	7	5	4	2	1	0
PWRD		SAT	EN	PCC		DCC		PGIE	GIE
R/SW-0		R/WC-0	R-x	R/SW-0		R/SW-0		R/SW-0	R/W-0

图例：R=通过MVC指令可读；W=通过MVC指令可写；SW=特权模式(Supervisor)通过MCV指令可写；WC=写操作使相应位清除；-n=复位后默认值；-x=复位后不确定值

[1]参阅相应CPU数据手册

(a) 控制状态寄存器(CSR)

15	14	13	12	11	10
保留	使能或未使能的中断唤醒	已使能中断唤醒	PD3	PD2	PD1
R/SW-0	R/SW-0	R/SW-0	R/SW-0	R/SW-0	R/SW-0

图例：R=通过MVC指令可读；W=通过MVC指令可写；SW=特权模式(Supervisor)通过MVC指令可写；-n复位后默认值；

(b) 控制状态寄存器PWRD域(CSR)

位	域	值	描述
31~24	CPU ID	0~FFh	识别设备CPU。
		0~13h	保留
		14h	C674x CPU
		15h~FFh	保留
23~16	REVISION ID	0~FFh	识别CPU Silicon修订版本
15~10	PWRD	0~3Fh	掉电模式域
		0	不掉电
		1h~8h	保留
		9h	掉电模式PD1；可以被已使能中断唤醒
		Ah~10h	保留
		11h	掉电模式PD1，可以被已使能或未使能中断唤醒
		12h~19h	保留
		1Ah	掉电模式PD2；复位唤醒
		1Bh	保留
		1Ch	掉电模式PD3；复位唤醒
		1D~3Fh	保留
9	SAT		饱和计算标志位。可以被MVC指令清除，只能被功能单元置位。在相同的时钟周期内，置位优先级高于清除。计算饮和发生后，SAT位在一个完整的周期被置位。SAT位不能被有条件执行的指令在条件不满足的情况下置位。
		0	没有功能单元产生计算饱和结果。
		1	一个或多个功能单元执行算数计算。但是结果饱和
8	EN		字节序。
		0	大端
		1	小端
7~5	PCC	0~7h	程序缓存控制模式。C674x不支持。
		0~7h	保留
4~2	DCC	0~7h	数据缓存控制模式。C674x不支持。
		0~7h	保留
1	PGIE		之前GIE位值。中断发生时GIE位值被复制到此。物理上与中断任务状态寄存器ITSR.GIE相同。
		0	从中断返回后中断被禁用。
		1	从中断返回后中断被使能
0	GIE		全局中断使能。物理上与任务状态寄存器TSR.GIE相同。
		0	禁用全部中断除了复位中断和NMI中断。
		1	使能全部中断

(c) CSR域描述

图5－6　控制状态寄存器

CSR 寄存器 C674x CPU ID 及 CPU Rev ID 的值在 C6748 上为 0x1400。

5.5 中断相关寄存器

中断控制器相关寄存器及内存映射地址如表 5-3 所列。

表 5-3 中断控制器寄存器

内存地址	寄存器	描 述
0x01800000 0x01800004 0x01800008 0x0180000C	EVTFLAG0 EVTFLAG1 EVTFLAG2 EVTFLAG3	事件标志寄存器
0x01800020 0x01800024 0x01800028 0x0180002C	EVTSET0 EVTSET1 EVTSET2 EVTSET3	事件置位寄存器
0x01800040 0x01800044 0x01800048 0x0180004C	EVTCLR0 EVTCLR1 EVTCLR2 EVTCLR3	事件清除寄存
0x01800080 0x01800084 0x01800088 0x0180008C	EVTMASK0 EVTMASK1 EVTMASK2 EVTMASK3	事件掩码寄存器
0x018000A0 0x018000A4 0x018000A8 0x018000AC	MEVTFLAG0 MEVTFLAG1 MEVTFLAG2 MEVTFLAG3	掩码事件标志寄存器
0x01800104 0x01800108 0x0180010C	INTMUX1 INTMUX2 INTMUX3	中断复用寄存器
0x01810140 0x01810144	AEGMUX0 AEGMUX1	高级事件触发复用寄存器
0x01810180	INTXSTAT	中断异常状态寄存器
0x01810184	INTXCLR	中断异常清除寄存
0x01810188	INTDMASK	丢失中断掩码寄存器

续表 5-3

内存地址	寄存器	描 述
0x018100C0 0x018100C4 0x018100C8 0x018100CC	EXPMASK0 EXPMASK1 EXPMASK2 EXPMASK3	异常掩码寄存器
0x018100E0 0x018100E4 0x018100E8 0x018100EC	MEXPFLAG0 MEXPFLAG1 MEXPFLAG2 MEXPFLAG3	掩码异常标志寄存器

CPU 控制相关寄存器如表 5-4 所列。CPU 核心寄存器没有被映射到特定内存地址,引用 c6x.h 文件或者使用 C 语言 cregister 寄存器创建寄存器变量(cregister volatile unsigned int CSR)。

表 5-4 CPU 核心控制寄存器

寄存器	描 述
AMR	地址模式寄存器
CSR	控制状态寄存器
GFPGFR	Galois 域(有限域)控制器寄存器
ICR	中断清除寄存器
IER	中断使能寄存器
IFR	中断标志寄存器
IRP	中断返回指针寄存器
ISR	中断触发寄存器,用于手动触发可屏蔽中断
ISTP	中断向量表指针寄存器
NRP	不可屏蔽中断返回指针寄存器
PCE1	程序指针,E1 阶段寄存器

第6章

缓 存

6.1 原 理

受限于芯片成本、功耗以及体积等因素影响，集成在 CPU 内部的片上 RAM 容量一般不会很大，但是片上 RAM 的速度却是最快的。在 CPU 工作速度不是很快的情况下，CPU 通过不同的总线访问片上及片外内存，片上内存可以与 CPU 同频运行，片外 RAM 则慢得多。随着 CPU 运行速度的不断提高，RAM 的工作速度很难跟上 CPU 的步伐，所以对内存进行分级设计；靠近 CPU 的小容量内存可以与 CPU 同频运行，下一级内存以 CPU 主频一半或者更低频率运行。这样一级比一级内存更慢，但容量越来越大，成本越来越低，如图 6－1 所示。

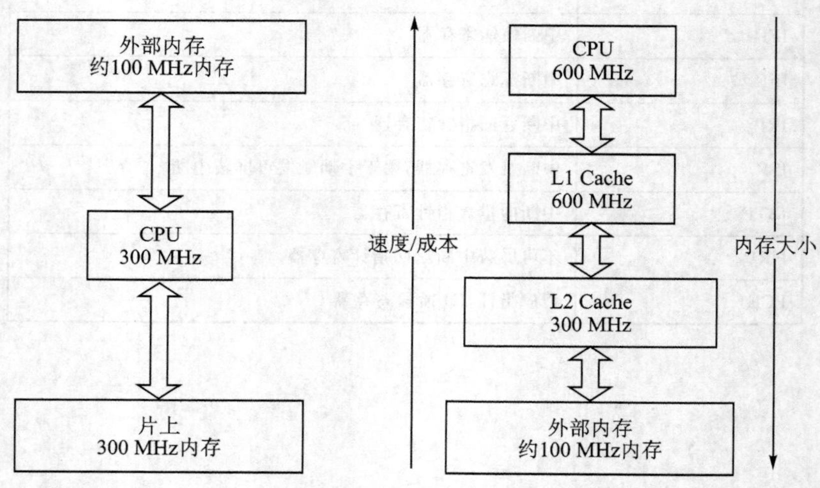

图 6－1 单级与多级内存架构

为了解决片外内存性能造成的瓶颈，于是引入缓存架构。缓存，顾名思义就是暂时存储。在缓存中可以暂时存放 CPU 频繁访问的数据，因为缓存的速度比外部内存快很多，所以可以提高内存的平均访问性能。

下述表达式用于FIR滤波器计算：

y[0] = h[0] × x[0] + h[1] × x[1] + ... + h[5] × x[5]

y[1] = h[0] × x[1] + h[1] × x[2] + ... + h[5] × x[6]

从表达式可以看出，原始数据数组x(n)和冲击响应数组h(n)在计算过程中被重复使用，如图6-2所示。

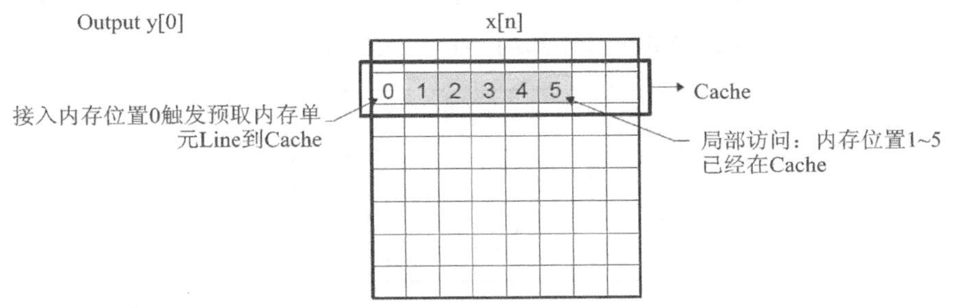

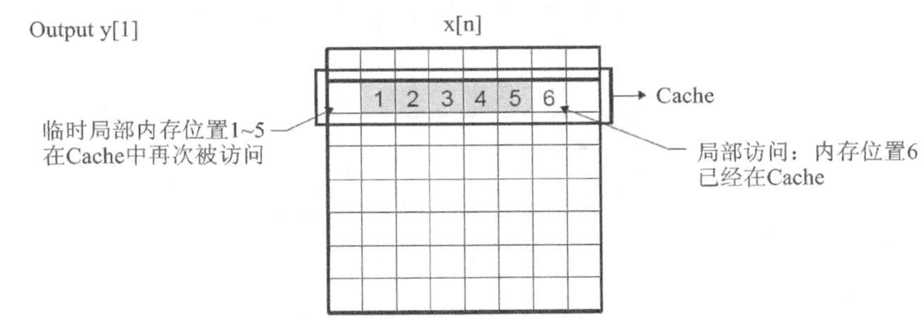

图6-2 缓存基本原理

CPU每次访问x(n)和h(n)的时候都从外部内存读取，由于外部内存访问延迟很大，所以整个算法性能很差。使用缓存之后情况就不同了，CPU第一次访问x(0)数组元素的时候，缓存控制器会以缓存线(Cache Line)为长度，自动把以x(0)所在内存为起始地址的数据从外部内存复制到缓存中，后续CPU再使用这部分数据的时候则直接从高速缓存中读取，性能更优。

如果被访问的数据是不断更新的(如通过FPGA接收采集AD转换数据)，则使用缓存反而会造成性能下降或数据异常(数据有误)。此时，CPU必须不断刷新缓存，以保证CPU可以访问最新数据；而第一次访问外部内存中数据的时候，缓存控制器需要耗费时间复制数据从外部内存到缓存。所以，缓存对会被重复访问的数据提高平均内存访问效率。

6.2　C674x 缓存架构

C674x 采用两级缓存架构，即一级缓存及二级缓存。DSP 属于改进哈佛架构，一级缓存分为程序缓存(L1 Program Cache/RAM)及数据缓存(L1 Data Cache/RAM)，二级缓存为统一缓存，可以缓存程序及数据，如图 6－3 所示。在 C6748 中，外部内存包括 L3 RAM(部分文档描述为 Shared RAM 或 On Chip RAM)及 DDR2。采用不同 C674x 架构的 DSP 时，外部内存种类及容量不尽相同。

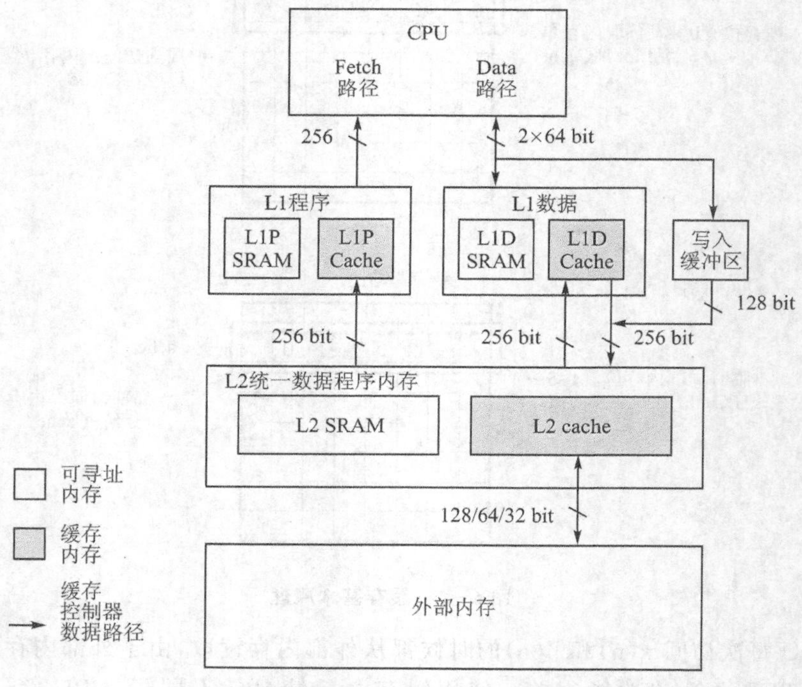

图 6－3　C674x 缓存/内存架构

DSP 缓存配置非常灵活，L1 及 L2 既可以全部配置为缓存，也可以全部配置为内存，还可以部分配置为缓存、部分配置为内存，从而满足不同应用场景需求。当配置为缓存及内存混合模式时，高位地址空间被缓存使用，RAM 空间仍然从低位地址起始(例如，在 C6748 中配置 128 KB L2 空间为缓存空间，那么内存地址 0x00800000～0x00820000 或 0x11800000～0x11820000 这 128 KB 剩余空间可以当作 RAM 使用)。CPU 在上电复位后，芯片内部 ROM Bootloader 默认配置 L1(包括 L1P 及 L1D)为缓存，L2 为内存。L2 缓存可以在应用程序代码中使能。

C674x 缓存特性如表 6－1 所列。

表 6-1 C674x 缓存特性

缓 存	L1 Program	L1 Data	L2
描述	仅缓存程序代码 直接映射方式(Direct Mapped) 读分配(Read Allocate)	仅缓存数据 2路组相关(Set Associative) 读分配 回写(Write Back)	可缓存程序代码及数据 4路组相关 读写分配(Read & Write Allocate) 回写(Write Back)
替换策略	直接替换	最近最少使用(LRU,Least Recently Used)	
可缓存性	总是缓存	软件可配置	
访问时间	1时钟周期		最快1时钟周期
大小	4 KB、8 KB、16 KB、32 KB		32 KB、64 KB、128 KB、256 KB
Cache Line	32字节	64字节	128字节

L1程序缓存工作原理如图6-4所示。

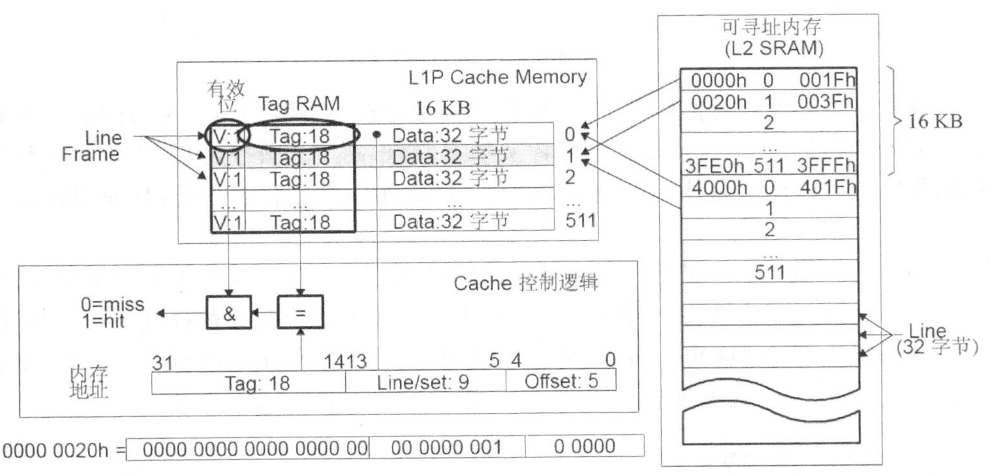

图6-4 L1程序缓存

L1 Program程序缓存采用直接映射方式,被缓存的下级内存数据直接复制到L1P缓存中。L1P被以32字节为单位等分,CPU第一次访问特定内存地址程序代码的时候,L1P缓存控制器自动复制32字节到L1P中。当L1P缓存全部使用之后,则从起始区域开始刷新。缓存容量实际上大于32 KB,超过32 KB的空间用于存储缓存线帧(Cache Line Frame)配置信息,标记被缓存数据的内存地址、缓存数据偏移以及缓存有效性等信息。

L1数据缓存工作原理如图6-5所示。

L1数据缓存为两路组相关,简单地说就是被缓存的数据在L1数据缓存中存在

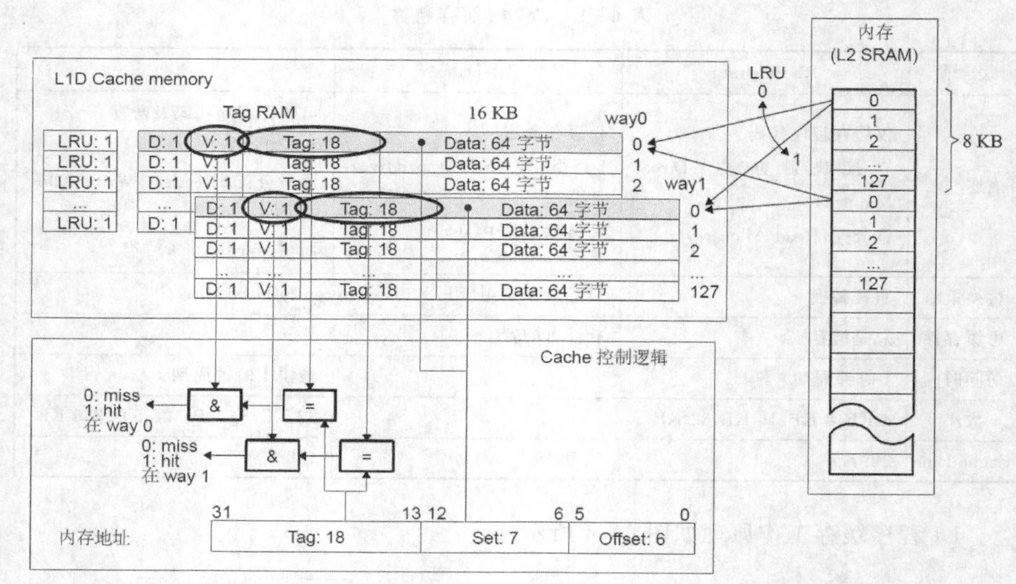

图 6-5 L1 数据缓存

两份副本。这样设计的优势在于，当缓存被全部分配的时候，CPU 再访问新的数据时就开始依据最近、最少使用的原则替换数据，一份副本被替换之后，下次再用到这份数据时还可以使用另外一份副本，而不必再从外部内存获取数据，从而提高总体性能。

CPU 只有访问 L1 缓存/内存的访问时间是确定的，只需要一个时钟周期；访问 L2 或者外部内存时间都是不确定的，CPU 内部及片上总线的繁忙程度不同，则访问这部分内存的等待时间也不同。C674x 子系统 L1 缓存/内存可以与 CPU 同频率运行，L2 以 CPU 一半频率运行。

6.3 缓存配置

缓存原理比较复杂，与其相关的关键词也比较多，如命中(Hit，CPU 访问的数据刚好在缓存中)、错过(Miss，CPU 访问数据不在缓存中)以及一致性(缓存中数据与被缓存内存数据相同)等。但是缓存的基本配置很简单，仅需要配置缓存大小以及内存可缓存性即可。

1. 配置缓存大小

缓存大小需要通过 L1PCFG、L1DCFG 以及 L2CFG 寄存器配置，如图 6-6 及图 6-7 所示。

使用 StarterWare 提供的函数可以简单实现缓存大小配置：

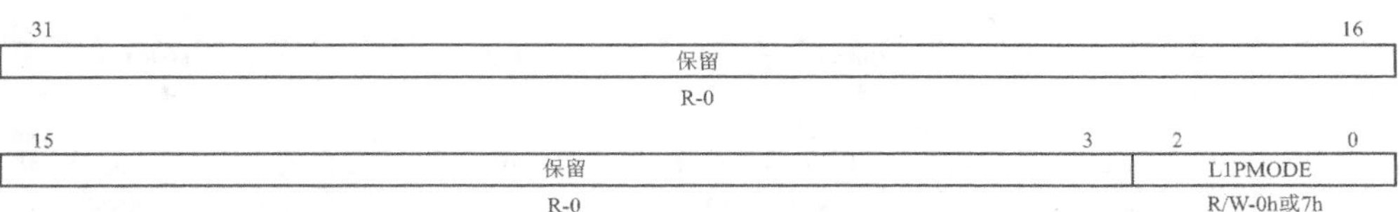

(a) L1P配置寄存器(L1PCFG)

位	域	值	描述
31~3	保留	0	保留
2~0	L1PMODE	0~7h	配置L1P缓存大小。L1PMODE域上电后值为0h或7h，请参阅数据手册。
		0t	L1P缓存禁用
		1h	4KB
		2h	8KB
		3h	16KB
		4h	32KB
		5h	最大缓存
		6h	最大缓存
		7h	最大缓存

(b) L1P配置寄存器(L1PCFG)位域描述

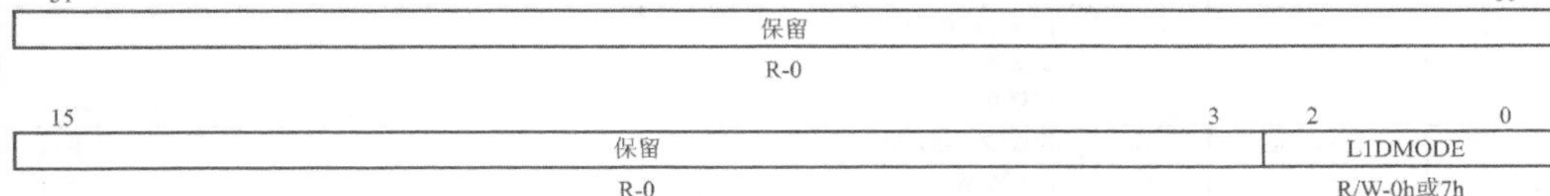

(c) L1D缓存配置寄存器(L1PCFG)

位	域	值	描述
31~3	保留	0	保留
2~0	L1DMODE	0~7h	配置L1P缓存大小。L1DMODE域上电后值为0h或7h，请参阅数据手册。
		0t	L1D缓存禁用
		1h	4KB
		2h	8KB
		3h	16KB
		4h	32KB
		5h	最大缓存
		6h	最大缓存
		7h	最大缓存

(d) L1D缓存配置寄存器(L1PCFG)位域描述

图 6-6 L1 缓存配置寄存器

```
CacheEnable(L1DCFG_L1DMODE_32K | L1PCFG_L1PMODE_32K | L2CFG_L2MODE_256K);
```

2. 配置内存可缓存性

配置内存可缓存性即指定外部内存的哪些区域可以被缓存，未配置为可缓存的区域不会被缓存。通过内存属性(MAR，Memory Attribute Register)寄存器配置可

31–28	27–24	23–20	19–16
保留	NUM MM	保留	MMID
R-0	R配置	R-0	R-配置

15–10	9	8	7–4	3	2–0
保留	IP	ID	保留	L2CC	L2MODE
R-0	W-0	W-0	R-0	R/W-0	R/W-0

图中，R/W=可读可写；R=只读；W=只写；-*n*=复位后初始值

(a) L2配置寄存器(L2CFG)

位	域	值	描述
31~28	保留	0	保留
27~24	NUM MM	0~Fh	CPU核心数减1，用于多核心环境
23~20	保留	0	保留
19~16	MMID	0~Fh	CPU核心ID，用于多核心环境
15~10	保留	0	描述
9	IP		L1P全局使无效位。用于向后兼容，新版本应用程序应当使用L1PINV寄存器
		0	L1P正常运行。
		1	全部L1P缓存线标记为无效
8	ID		L1D全局使无效位。用于向后兼容，新版本应用程序应当使用L1DINV寄存器。
		0	L1D正常运行。
		1	全部L1D缓存线标记为无效
7~4	保留	0	保留
3	L2CC		控制冻结模式
		0	正常运行
		1	L2缓存冻结
2~0	L2MODE	0~7h	配置L2缓存大小
		0h	L2缓存禁用
		1h	32 KB
		2h	64 KB
		3h	128 KB
		4h	256 KB
		5h	最大缓存
		6h	最大缓存
		7h	最大缓存

(b) 配置寄存器(L2CFG)位域描述

图 6-7　L2 缓存配置寄存器

缓存性，其中，灰色区域表示相关内存区域必须可缓存，如表 6-2 所列。

表 6-2　内存属性寄存器

内存地址	寄存器	描　述	配置区域
0x01848000	MAR0	内存属性寄存器 0	Local L2 RAM（固定）
0x01848044	MAR17	内存属性寄存器 17	0x11000000～0x11FFFFFF 中包含 L2 RAM 全局地址
0x01848200	MAR128	内存属性寄存器 128	0x80000000～0x80FFFFFF 中包含 L3 RAM(Shared RAM)
0x01848300	MAR192	内存属性寄存器 192	0xC0000000～0xC0FFFFFF 中包含 DDR2 SDRAM 0～16 MB

续表 6-2

内存地址	寄存器	描 述	配置区域
0x01848304	MAR193	内存属性寄存器 193	0xC1000000～0xC1FFFFFF 中包含 DDR2 SDRAM 16～32 MB
0x01848308	MAR194	内存属性寄存器 194	0xC2000000～0xC2FFFFFF 中包含 DDR2 SDRAM 32～48 MB
0x0184830C	MAR195	内存属性寄存器 195	0xC3000000～0xC3FFFFFF 中包含 DDR2 SDRAM 48～64 MB
0x01848310	MAR196	内存属性寄存器 196	0xC4000000～0xC4FFFFFF 中包含 DDR2 SDRAM 64～80 MB
0x01848314	MAR197	内存属性寄存器 197	0xC5000000～0xC5FFFFFF 中包含 DDR2 SDRAM 80～96 MB
0x01848318	MAR198	内存属性寄存器 198	0xC6000000～0xC6FFFFFF 中包含 DDR2 SDRAM 96～112 MB
0x0184831C	MAR199	内存属性寄存器 199	0xC7000000～0xC7FFFFFF 中包含 DDR2 SDRAM 112～128 MB
0x01848320	MAR200	内存属性寄存器 200	0xC8000000～0xC8FFFFFF 中包含 DDR2 SDRAM 128～144 MB
0x01848324	MAR201	内存属性寄存器 201	0xC9000000～0xC9FFFFFF 中包含 DDR2 SDRAM 144～160 MB
0x01848328	MAR202	内存属性寄存器 202	0xCA000000～0xCAFFFFFF 中包含 DDR2 SDRAM 160～176 MB
0x0184832C	MAR203	内存属性寄存器 203	0xCB000000～0xCBFFFFFF 中包含 DDR2 SDRAM 176～192 MB
0x01848330	MAR204	内存属性寄存器 204	0xCC000000～0xCCFFFFFF 中包含 DDR2 SDRAM 192～208 MB
0x01848334	MAR205	内存属性寄存器 205	0xCD000000～0xCDFFFFFF 中包含 DDR2 SDRAM 208～224 MB
0x01848338	MAR206	内存属性寄存器 206	0xCE000000～0xCEFFFFFF 中包含 DDR2 SDRAM 224～240 MB
0x0184833C	MAR207	内存属性寄存器 207	0xCF000000～0xCFFFFFFF 中包含 DDR2 SDRAM 240～256 MB

内存属性寄存器有 256 个,每个寄存器用于配置对应的 16 MB 内存空间。在 C6748 中除了 L3 RAM 以及 DDR2 SDRAM 需要配置外,其他内存区域是寄存器及保留区域(参见内存映射表),不需要也不能够配置为可缓存区域。DDR2 SDRAM 可以根据需要只对部分内存区域使能缓存。

内存属性配置寄存器比较简单,只有最低位有效,如图 6-8 所示。

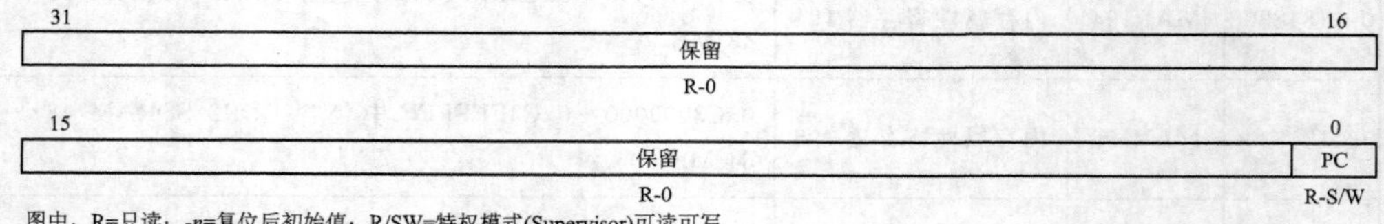

(a) 内存属性寄存器(MARn)

位	域	值	描述
31~1	保留	0	保留
0	PC		使能或禁止指定区域缓存使能及禁用
		0	内存区域不可被缓存
		1	内存区域可被缓存

(b) 内存属性寄存器(MARn)位域描述

图 6-8 内存属性寄存器

可以使用 StarterWare 系统配置库(system_config. lib)提供的缓存相关函数配置内存的可缓存性。函数传递参数是内存地址,但是内存地址不一定可以对齐到 MAR 寄存器作用范围边界:

```
CacheEnableMAR((unsigned int)0xC0000000, (unsigned int)0x08000000);
```

6.4 缓存一致性问题

缓存一致性问题简单说是内存中的数据与缓存中的数据不一致,产生的原因是被缓存的内存区域 CPU 及 CPU 以外的模块都会访问(这里的模块指主外设,即可以主动发起内存访问的外设,如 EDMA3、uPP 等)。在使能了缓存的内存系统中,CPU 访问数据优先从缓存中读取,但是这部分内存数据如果被其他外设修改而没有通知 CPU,那么 CPU 就无法得到最新的数据(常见的现象是数据不变),一致性问题就产生了。同样,在使能了缓存的内存系统中,CPU 写入数据优先写入到缓存中,其他外设只能从内存访问数据(缓存是 DSP 子系统内部模块,仅能够被 CPU 访问),这样其他外设也无法得到 CPU 写入的最新数据,一致性问题就产生了。

C6748 中有关一致性的问题如表 6-3 所列。

表 6-3 缓存一致性问题

类 型	L1 Program	L1 Data	L2	DDR
程序	不需要缓存 不存在一致性问题	N/A	存在一致性问题 1. 程序被 CPU 修改 2. 程序被主外设修改 需要软件维护一致性	
数据	N/A	不需要缓存 不存在一致性问题	存在一致性问题 硬件维护一致性	存在一致性问题 需要软件维护一致性

一致性维护主要目的是告诉 CPU 什么时候从外部内存读取最新数据以及什么时候更新缓存数据到外部内存，需要配置如表 6-4 所列寄存器。失效操作即标记指定被缓存内存区域的数据在缓存中是无效的，这样 CPU 下一次在访问这段数据的时候就直接从外部内存(下一级内存)读取，同时会将最新的数据复制到缓存中。回写操作即在 CPU 修改完成被缓存内存区域的数据之后，使缓存控制器将修改后的缓存数据写入到外部内存(下一级内存)中。简而言之，CPU 在读可能会被除 CPU 以外的外设修改的数据之前，须执行失效操作；CPU 写入可能会被除 CPU 以外的外设读取的数据之前，须执行回写操作。因为缓存操作需要耗费相对比较长的时间，如果仅对部分缓存数据操作，则执行部分失效或回写即可；如果需要对整个缓存区域操作，则执行全局失效或回写，但是这会耗费相对比较长的时间。

需要维护缓存一致性的情况如表 6-4 所列。

表 6-4 维护缓存一致性须配置的寄存器

缓 存	L1 Program	L1 Data	L2
全局失效	L1PINV	L1DINV	L1INV
全局回写	N/A	L1DWB	L2WB
全局失效并回写	N/A	L1DWBINV	L2WBINV
部分失效	L1PIBAR / L1PIWC	L1DIBAR / L1DIWC	L2IBAR / L2IWC
部分回写	N/A	L1DWBAR / L1DWWC	L2WBAR / L2WWC
部分失效并回写	N/A	L1DWIBAR / L1DWIWC	L2WIBAR / L2WIWC

可以使用 StarterWare 系统配置库(system_config.lib)提供的缓存相关函数维护一致性，主要用到函数如下：

```
CacheInvL1pAll();                                        // 使无效全部 L1 程序缓存
CacheInv(unsigned int baseAddr, unsigned int byteSize);  // 使无效指定内存地址缓存
CacheWBAll();                                            // 回写全部缓存
CacheWB(unsigned int baseAddr, unsigned int byteSize);   // 回写指定内存地址缓存
CacheWBInvAll();                                         // 回写全部缓存
CacheWBInv(unsigned int baseAddr, unsigned int byteSize);
                                                         // 失效并回写指定内存地址缓存
```

外设开发篇

第7章 外设驱动库

7.1 StarterWare 概述

StarterWare 是一个免费且开源的软件开发包，移植自 Luminary Stellaris（后来该公司被美国德州仪器公司收购，相关资源被整合到 TI Tiva 产品线）系列的驱动库 StellarisWare；从这个角度其实也可以看出，C6748 外设驱动的开发实际上跟普通单片机并没有不同。

StarterWare 目前支持 C6748、AM1808、OMAP－L138、AM335x 以及 AM437x 系列嵌入式处理器，但是 StarterWare 已经停止支持，意味着不再更新或者 Bug 修复。对于 C6748 开发来说，StarterWare 相比 TI DSP 传统的 CSL 或 CSLR 方式开发会简单很多；相比最新的 Processor RTOS SDK 来说，驱动库结构更加简洁清晰，方便初学者更快入手。为了统一 ARM 以及 DSP 进行基于 RTOS 开发的驱动接口，2017 年 1 月发布的 Processor RTOS SDK 的 API 函数做了多层封装，增加了学习成本。Processor RTOS SDK 驱动库虽然可以不依赖实时操作系统，但是一般都基于 TI RTOS（SYS/BIOS 系统内核）来进行开发。

StarterWare 开发包基于 C 语言开发，无须操作系统支持。StarterWare 以 API 函数的方式提供驱动接口，改变了以传统的配置寄存器来驱动外设的方式，大大提高了编程的效率。如图 7－1 所示，StarterWare 包含以下组件：

- 设备抽象层库：支持的外设设备抽象层（各种外设驱动）。
- 应用例程：演示外设驱动和其他库的使用方法。
- 系统配置库：中断和缓存使用的基本 API。
- 平台库：平台特定初始化代码，例如，引脚复用、I/O 扩展 GPIO 等板级配置。
- 图形库：轻量级的 2D 图形库，包含绘制基本图形（线、圆等）、字体和用户界面窗口控件。
- USB 协议栈：实现 Host 和 Device 支持的通用 USB 类。
- IPC 软件：小型、低延时的轻量级核间通信模块，仅适用于 OMAP－L138。
- LwIP：轻量级开源网络协议栈。

➢ FatFs：轻量级开源文件系统。

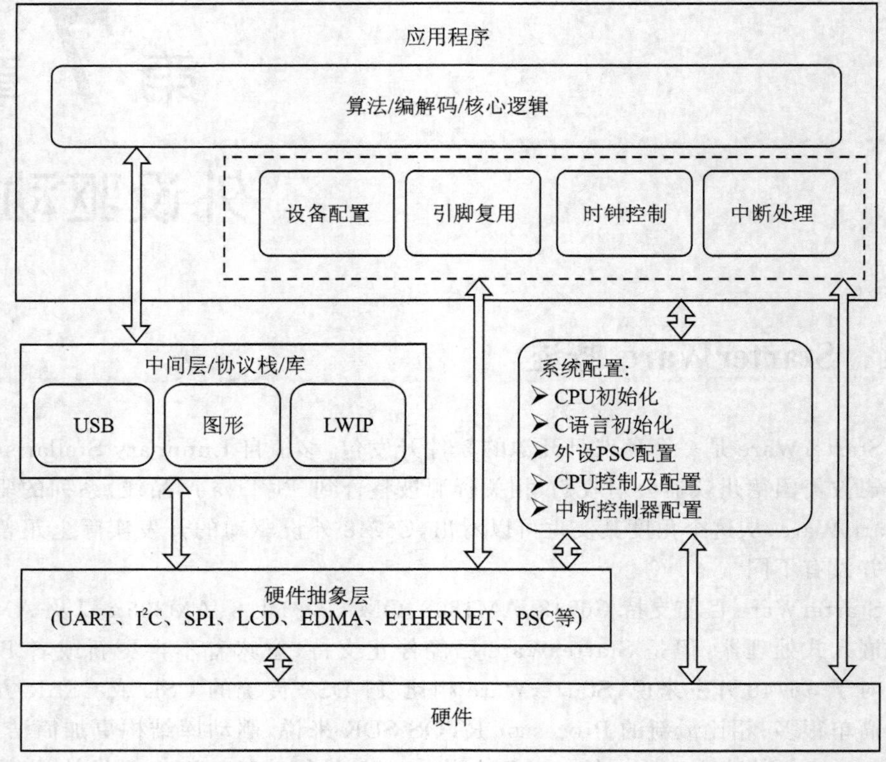

图 7-1　StarterWare 软件库构成框图

7.2　目录结构

```
C6748_StarterWare_1.20.04.01
|
|-- binary
|   |-- c674x
|       |-- [cgt/cgt_ccs]
|           |-- grlib
|           |-- nandlib
|           |-- utils
|           |-- c6748
|               |-- drivers
|               |-- system_config
|               |-- usblib
|               |-- evmC6748
```

```
|                    | -- bootloader
|                    | -- platform
|                    | -- demo
|                    | -- ...
|
| -- bootloader
|     | -- include
|     | -- src
|
| -- build
|     | -- c674x
|         | -- [cgt/cgt_ccs]
|             | -- grlib
|             | -- nandlib
|             | -- utils
|             | -- c6748
|                 | -- drivers
|                 | -- system_config
|                 | -- usblib
|                 | -- evmC6748
|                     | -- bootloader
|                     | -- platform
|                     | -- demo
|                     | -- ...
|
| -- docs
|     | -- C6748_StarterWare_1_20_01_01.chm
|     | -- README.txt
|
| -- drivers
|
| -- examples
|     | -- evmC6748
|
| -- grlib
|
| -- host_apps
|
| -- include
|     | -- hw
|     | -- c674x
|         | -- c6748
```

```
|
|-- nandlib
|
|-- platform
|    |-- evmC6748
|
|-- system_config
|    |-- c674x
|
|-- third_party
|
|-- tools
|
|-- usblib
|
|-- utils
|
|-- SoftwareManifest.pdf
```


binary 目录:存放所有预编译库文件及二进制可执行文件(.out 文件)。相关工程被重新编译后,则该目录下的文件自动更新。文件按照编译工具链区分,c674/cgt 存放通过 makefile 文件方式调用编译工具链生成的文件,c674/cgt_ccs 存放通过对应 CCS 工程编译生成的文件。

drivers 目录:存放外设驱动库源码。对于 C6748 来说,驱动库没有提供 USB Host 1.1、SATA 以及 uPP 等外设驱动。

bootloader 目录:存放 StarterWare 二级引导程序源码,一般情况下很少用到,使用 ROM BootLoader 即可满足大部分启动需求。

build 目录:存放编译用到的配置文件,包括 makefile 文件以及 CCS 工程文件等。

docs 目录:仅有一个文件 C6748_StarterWare_01_20_04_01.chm,该文件相当于函数使用参考手册,是基于源码中的文档注释生成的。

drivers 目录:存放外设驱动库源码。对于 C6748 来说,驱动库没有提供 USB Host 1.1、SATA 以及 uPP 等外设驱动。

examples 目录:存放 TI 第三方为 TI 设计的两款 C6748 开发板(EVMC6748 和 LCDKC6748)的相关例程。EVMC6748 是一款全功能开发板,价格较贵而且已经停产。LCDKC6748(Low Cost Development Kit)是低成本开发套件,简化了不常用功能,价格比较便宜(TI 官网报价 $ 195 美元),当前仍然在销售中。

grlib 目录:存放 2D 图像库源码,支持标签、按钮、单选框、复选框以及图像等简单的控件,可以实现通过触摸屏进行交互。

host_apps 目录:存放网络调试工具源码,用于测试 LWIP 网络通信时用到的上位机程序源码。

include 目录：存放 StarterWare 库 C 语言头文件，包括驱动库（Drivers）、平台库（Platform）以及系统配置库（System_Config）等。

头文件分为：

➢ 用户接口驱动头文件，包括宏定义以及函数原型。

➢ SoC 或 EVM 为前缀的头文件，仅适用于特定嵌入式处理器或开发板。

➢ 外设寄存器定义。

nandlib 目录：存放 Nand Flash 驱动库，支持 CPU 查询及 EDMA3 方式。使用 EDMA3 可以降低读/写 Nand Flash 时 CPU 的占用率。但是，受限于 Nand Flash 本身性能，即使使用 EDMA3 方式读/写 Nand Flash，对提升性能帮助也有限；如果其他外设同样用到 EDMA3，则须需要注意避免与 Nand Flash 使用时的冲突。

platform 目录：存放平台库驱动源码，每款支持的评估板（EVM）代表一个平台（注意与 RTSC 或 SYS/BIOS 实时操作系统相关的平台组件区分）。平台库提供了一些与特定开发板相关的函数，主要是引脚复用以及 I/O 拓展等。这些函数使应用程序无须直接调用底层寄存器即可配置硬件。

system_config 目录：存放 StarterWare 使用的第三方软件源码、FatFS 轻量级嵌入式文件系统及 LWIP 轻量级嵌入式网络 TCP/IP 协议栈。这些第三方软件以源码的方式添加到应用程序中，而不是以静态库方式引用。

tools 目录：存放开发过程中用到的上位机工具，例如，GEL 文件、烧写工具（SFH）、程序镜像转换工具（out2rprc，用于转换.out 文件为 StarterWare BootLoader 二级引导程序可以识别的二进制文件）以及烧写程序等。

usblib 目录：存放 USB 协议栈源码，在 C6748 上该协议栈仅支持 USB OTG 2.0 接口（USB0）。由于 usblib 协议栈版本比较低，部分 USB 协议不支持，而且只有 C6748 在做 USB 主机或设备情况下的大容量存储模式（USB Host/Dev Mass）才支持 CPPI DMA。C6748 虚拟为 USB 磁盘，在 Windows 系统下测试传输速度可达 25 MB/s。对 C6748 及 DDR2 超频后，传输速度可以超过 30 MB/s。

utils 目录：存放 StarterWare 用到的辅助函数源码，最常用的是串口终端相关函数（位于 uartStdio.c 文件）。

StarterWare 静态库及应用程序均支持通过 makefile 文件或 CCS 工程方式编译生成。

7.3　上位机需求

1. Windows 系统

(1) TMS320C6000 CGT 与 CCSv5

该系列上位机要求如下：

① Code Composer Studio IDE（v5.0.3 或更新版本），截止 2018 年 3 月其已经

更新到 CCSv8(v8.0.0)。由于 StarterWare 驱动库不依赖操作系统,CCS 版本不影响基于 StarterWare 的程序开发。注意,如果工程导入到更高版本 CCS 工作空间,则工程配置文件会被更新,于是该工程无法在低版本 CCS 导入。

不论是 32 位还是 64 位 Windows 系统,CCS 仅提供 32 位版本,可以在 32 位或 64 位 Windows 系统安装并运行。

CCS 用于重新编译静态库及应用程序,以及在调试模式加载并运行程序。

② 串口调试助手或串口终端。

(2) TMS320C6000 CGT 与 Cygwin

如果需要通过 makefile 文件方式编译,则通常需要 Cygwin 或者 MiniGW 等 Unix 仿真环境。虽然 makefile 文件也可以被 Windows 下使用 Visual Studio 编译的 make 工具解析执行,但是一般不这么做。

该系列上位机要求如下:

① 安装 C6000 CGT 编译工具链,如果已经安装 CCS,则可以省略这一步;在 CCS 安装目录 tools/compiler/c6000 下可以找到编译工具链。

② Cygwin 或 MinGW,用于串口调试助手或串口终端。

2. Linux 系统

(1) TMS320C6000 CGT 与 CCSv5

与 Windows 系统相同,但是如果安装 CCSv6(6.2 以上版本),则 CCS 仅提供 64 位版本,仅支持在 64 位 Linux 发行版安装及运行。

(2) TMS320C6000 CGT 命令行模式

要求如下:

➢ Linux 系统均集成 gmake 工具,可以直接使用。

➢ 串口调试助手或串口终端。

7.4 USB 协议栈

StarterWare USB 协议栈在 C6748 仅支持 USB0 OTG 2.0 外设,不支持 USB1 Host 1.1 外设。由于 OTG 协议支持双角色特性,所以 C6748 既可以作主机(Host),也可以作设备(Device)使用。

➢ 作主机时,支持 USB HID(人机接口设备)协议以及 USB MSC(PIO 及 DMA,大容量存储设备类)协议,可以外接鼠标或键盘以及 USB 闪存(U 盘)。

➢ 作设备时,支持 USB CDC(通信设备类)协议、USB Bulk(批量传输)、USB HID(人机接口设备)协议以及 USB MSC(PIO 及 DMA,大容量存储设备类)协议,可以将 DSP 虚拟为 USB 转串口、USB Bulk、USB 鼠标以及 USB 闪存设备。

虽然 USB 外设支持多个端点(Endpoint),可以实现组合设备(USB Composite Device),但是 StarterWare USB 协议栈仅可以将 C6748 虚拟为多个设备(如虚拟为上位机中的两个串口)，不支持 Host + Host 以及 Host + Device 这样的组合模式。

StarterWare USB 协议栈特性如表 7-1 所列。

表 7-1　StarterWare USB 协议栈

特　性	参　数
核心 IP	MUSB
端点数目	4 + 1
DMA	CPPI DMA 4.1
端点 0 的 FIFI 大小	64 字节
其他端点的 FIFO 大小	8～8 192 字节可配置，仅 64 或 512 有效
速度	高速(High Speed，480Mbps)或全速(Full Soeed，12Mbps)

StarterWare USB 协议栈设计结构如图 7-2 所示。

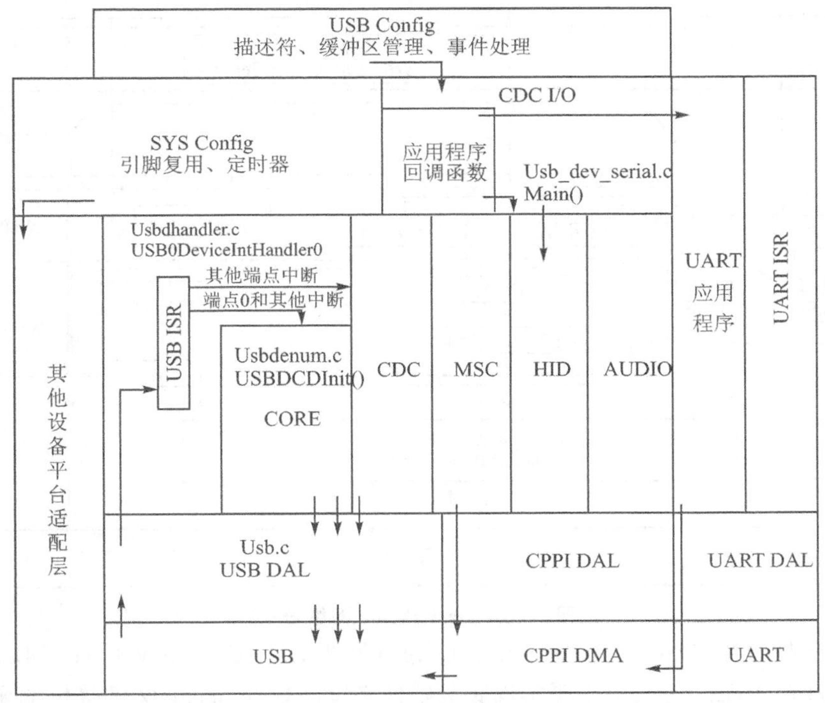

图 7-2　StarterWare USB 协议栈结构

7.5　网络协议栈

StarterWare 网络协议栈基于轻量级免费开源 LWIP 协议栈，LWIP 是瑞典计算机科学院设计的 TCP/IP 协议栈，专门针对于资源有限的嵌入平台做优化，从而减少内存和资源占用，支持非操作系统环境运行，主要有如下特性：

- 支持多网络接口；
- 支持 ICMP 协议；
- UDP(用户数据报)协议；
- TCP(传输控制)协议；
- 提供专用内部回调接口(RAW API)；
- 支持 PPP；
- 支持 IP 包分片；
- 支持 DHCP 协议。

StarterWare 网络协议栈设计结构如图 7－3 所示。

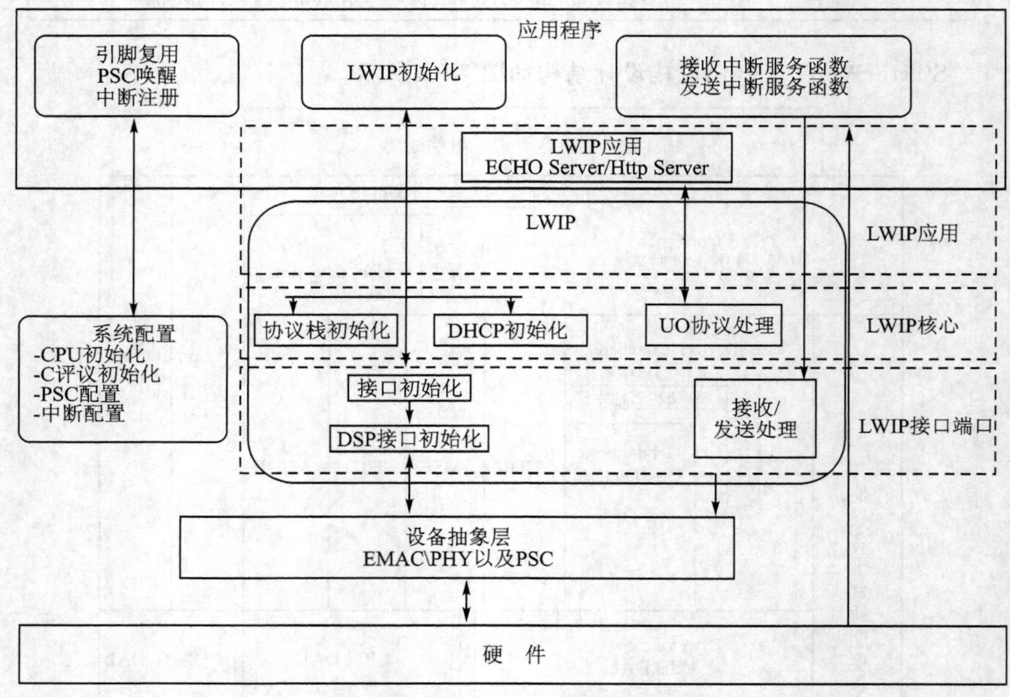

图 7－3　StarterWare 网络协议栈

设备抽象层(Device Abstraction Layer)包括 EMAC/CPSW DAL、MDIO DAL 以及 PHY DAL。这一层主要实现底层硬件接口函数，emac.c 文件提供的函数用于配置 EMAC，mdio.c 文件用于通过 MDIO 接口配置 PHY 芯片，lan8710a.c 为 PHY 配置函数。

LWIP 网络接口层(LWIP Network Interface Layer)为 LWIP 的 StarterWare 网络接口层。

LWIP 应用层(LWIP Application Layer)为基于 LWIP 的应用程序的 IP 栈，提供诸如 HTTP 服务器、UDP 客户端以及环路测试服务器等。

系统应用层(System Application Layer)用于系统初始化。

7.6 在RTOS(SYS/BIOS)中集成StarterWare驱动库

StarterWare驱动库适用于在不基于操作系统的环境下开发,但是随着程序复杂性的提高,引入实时操作系统会提高整个程序开发的便利性,简化多任务调度。

在C6748上可以运行TI公司研发的SYS/BIOS实时操作系统内核,而SYS/BIOS内核与有线网络(NDK及NSP)、无线网络(WiFi、蓝牙以及ZigBee等)、系统分析(UIA)、文件系统(FatFS)、以及驱动库(StarterWare、C2000Ware、TivaWare和MSPWare等)等组件共同组成TI-RTOS实时操作系统。不过,TI-RTOS系统自2016以后就不再更新了,2017年1月开始统一以Processor SDK形式更新。

注意,SYS/BIOS只是系统内核,仅包含操作系统必要的核心驱动(定时器、中断以及缓存等),绝大部分外设驱动是没有被包含在SYS/BIOS中的,这也是SYS/BIOS轻量可裁减性强的体现。

那么,在SYS/BIOS环境下如何操作外设呢?通常,可以使用Processor RTOS SDK(2017年以前,TI公司各个嵌入式处理器平台SDK并不统一,每个系列都有特定的SDK软件包,C6748主要使用BIOS C6SDK,即BIOS PSP)提供的驱动(Low Level Driver,即LLD),但是对于C6748来说,还可以在SYS/BIOS下使用StarterWare驱动库,方便从NonOS环境迁移到OS环境。

7.6.1 迁移StarterWare程序到SYS/BIOS的注意事项

集成StarterWare驱动到SYS/BIOS主要有以下几点注意:

1. CPU中断配置

中断是操作系统管理的核心功能,使用StarterWare库提供的函数配置中断会导致SYS/BIOS线程调度异常。程序迁移到SYS/BIOS后,CPU中断相关配置必须修改为SYS/BIOS Hwi硬件中断线程。system_config.lib库需要从工程中移除。

2. 缓存配置

缓存配置实际上不是核心功能,但是依赖SYS/BIOS的相关组件管理缓存都是使用SYS/BIOS提供的API函数;如果使用StarterWare库来配置缓存,则可能存在问题,当然这个可能性相对比较小。StarterWare中的中断和缓存均被封装在system_config.lib库中,这个库既然在SYS/BIOS程序中需要被移除,那么缓存直接使用SYS/BIOS提供的API会更加方便。

3. 单线程任务转换到多线程

传统的前台/后台的单任务形式也需要转换成SYS/BIOS下多任务形式。转换规则为:

(1) 中断转换

中断服务函数(ISR)转换为硬件中断(Hwi)线程,但是对于代码量比较大的 ISR 函数,可以将其中实时性要求不是特别高的部分写在软件中断(Swi)线程或者任务线程(Task)中。至于是选择软件中断线程还是任务线程,须根据实时性要求而定。SYS/BIOS 的 4 种线程中有隐含的优先级关系,即 Hwi＞Swi＞Task＞Idle,所有硬件中断线程优先级都是最高的。而且,硬件中断线程和软件中断线程都必须从开始执行到结束,中途不能暂停,只可以被抢断,而任务线程是可以让步、可以挂起的。

此外,SYS/BIOS 系统中仅有硬件中断线程可以用来响应外设事件(CPU 内部及外部)。

定时器中断服务函数同样需要修改为硬件中断线程,但是定时器外设配置既可以使用 SYS/BIOS 提供的 ti. sysbios. timers. timer64. Timer 组件进行配置,也可以使用 StarterWare 驱动库 timer. c 文件中提供的函数进行配置。

(2) 任务转换

传统的后台任务对于嵌入式处理器来说,一般都是在 main 函数中通过一个无限循环来对需要执行的操作轮流处理。在 SYS/BIOS 中,可以将多个操作分别放在不同的任务线程中,需要长时间平稳持续执行的任务线程中也会存在无限循环,否则任务在执行完成后就会退出。不同任务之间通过优先级来调度执行,不同线程可以通过线程同步组件信号量、事件、队列以及邮箱来进行交互。

4. 添加 RTSC 配置文件

SYS/BIOS 及其相关组件均基于 RTSC 实时软件组件技术,使用 RTSC 组件的工程必须有至少一个配置文件(. cfg 文件)。直接在普通 StarterWare 工程添加一个配置文件,则 CCS 自动转换工程类型为 RTSC 工程,如图 7－4 所示。单击 Yes 按钮后,则工程转换为 RTSC 工程且该过程不可逆。

图 7－4　转换工程类型

5. 删除 CMD 文件,并添加平台组件

RTSC 工程主要依赖平台组件配置内存分配,编译前自动根据平台配置以及 RTSC 配置文件(. cfg 文件)动态生成 CMD 文件,所以需要将原工程 CMD 文件删除以免冲突。

打开工程属性，转到 General→Products 配置选项卡（仅 RTSC 工程才会出现该选项卡），添加 SYS/BIOS 组件，并将 XDCTools 版本选择为与 SYS/BIOS 兼容的版本（如果 CCS 中安装了相同组件的多个不同版本）。在 Platform 下拉列表框选择官方默认平台（ti. platforms. evm6748），或者在 CCS 新建菜单新建平台，然后再选择新建后的平台，如图 7－5 所示。

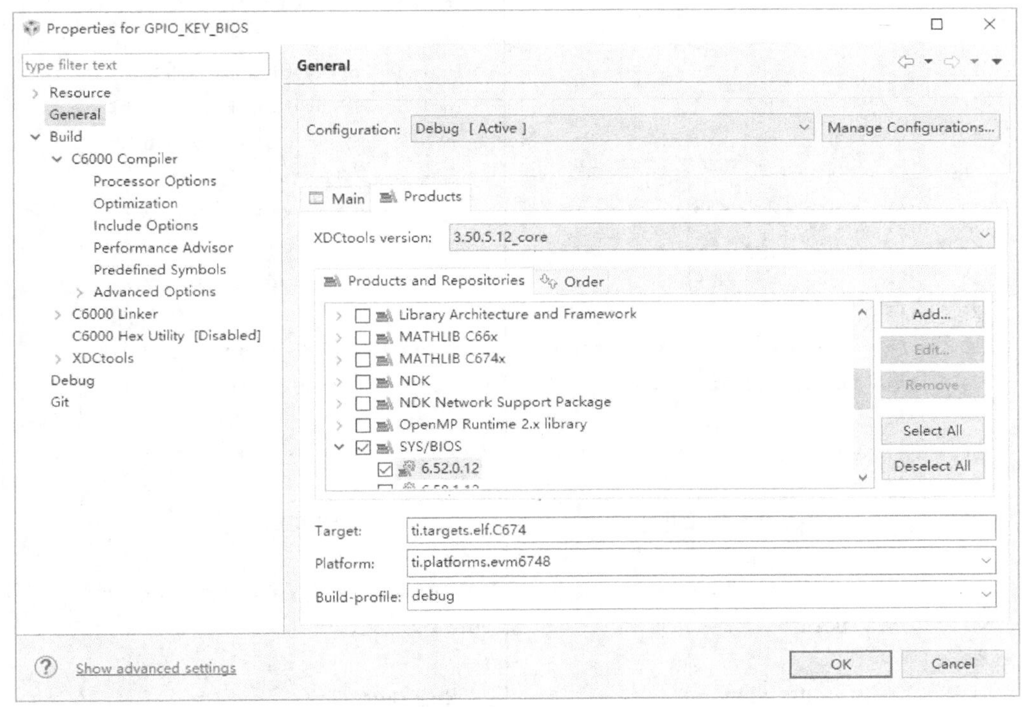

图 7－5　修改工程属性

7.6.2　GPIO_KEY 例程从 StarterWare 到 SYS/BIOS

首先按照前面的介绍转换工程为 SYS/BIOS 工程，然后再对源文件进行修改。

main. c 文件修改为：

NonOS 版本	SYS/BIOS 版本
/* StarterWare 驱动库 */	/* StarterWare 驱动库 */
#include"TL6748.h"	#include"TL6748.h"
#include"hw_types.h"	#include"hw_types.h"
#include"soc_C6748.h"	#include"soc_C6748.h"
#include"psc.h"	#include"psc.h"

```
#include"gpio.h"

#include"interrupt.h"







/**********************/
/*                    */
/*      全局变量       */
/*                    */
/**********************/
unsigned char Flag = 0;

/**********************/
/*                    */
/*     PSC 初始化      */
/*                    */
/**********************/
void PSCInit()
{
// 使能 GPIO 模块
    PSCModuleControl(SOC_PSC_1_REGS, HW_PSC_GPIO, PSC_POWERDOMAIN_ALWAYS_ON, PSC_MDCTL_NEXT_ENABLE);
}

/**********************/
/*                    */
/*   GPIO 引脚复用配置  */
/*                    */
/**********************/
void GPIOBankPinMuxSet()
{
```

```
#include"gpio.h"

#include"interrupt.h"

/* SYS/BIOS 及 XDCTools */
#include<xdc/std.h>

#include<ti/sysbios/BIOS.h>
#include<ti/sysbios/knl/Task.h>
#include<ti/sysbios/family/c64p/Hwi.h>

/**********************/
/*                    */
/*      全局变量       */
/*                    */
/**********************/
unsigned char Flag = 0;

/**********************/
/*                    */
/*     PSC 初始化      */
/*                    */
/**********************/
void PSCInit()
{
// 使能 GPIO 模块
PSCModuleControl(SOC_PSC_1_REGS, HW_PSC_GPIO, PSC_POWERDOMAIN_ALWAYS_ON, PSC_MDCTL_NEXT_ENABLE);

}

/**********************/
/*                    */
/*   GPIO 引脚复用配置  */
/*                    */
/**********************/
void GPIOBankPinMuxSet()
{
```

行	NonOS	SYS/BIOS
44.	// 核心板 LED	// 核心板 LED
45.	GPIOBank6Pin12PinMuxSetup();	GPIOBank6Pin12PinMuxSetup();
46.		
47.	// 底板按键	// 底板按键
48.	GPIOBank0Pin6PinMuxSetup();	GPIOBank0Pin6PinMuxSetup();
49.	}	}
50.		
51.	/**********************/	/**********************/
52.	/* */	/* */
53.	/* GPIO 引脚初始化 */	/* GPIO 引脚初始化 */
54.	/* */	/* */
55.	/**********************/	/**********************/
56.	void GPIOBankPinInit()	void GPIOBankPinInit()
57.	{	{
58.	// 核心板 LED	// 核心板 LED
59.	GPIODirModeSet(SOC_GPIO_0_REGS, 109, GPIO_DIR_OUTPUT); // GPIO6[12]	GPIODirModeSet(SOC_GPIO_0_REGS, 109, GPIO_DIR_OUTPUT); // GPIO6[12]
60.		
61.	// 底板按键	// 底板按键
62.	GPIODirModeSet(SOC_GPIO_0_REGS, 7, GPIO_DIR_INPUT); // USER0 KEY GPIO0[6]	GPIODirModeSet(SOC_GPIO_0_REGS, 7, GPIO_DIR_INPUT); // USER0 KEY GPIO0[6]
	}	}

对比 NonOS 工程和 SYS/BIOS 工程中这部分源码可以发现，除了增加与 XDCTools 和 SYS/BIOS 相关的头文件(行 13～行 17)，几乎完全一致。

在使用 StarterWare 驱动库初始化外设时，是否运行 SYS/BIOS 实时操作系统的情况下初始化代码都是完全相同的：

行	NonOS	SYS/BIOS
64.	/**********************/	/**********************/
65.	/* */	/* */
66.	/* 中断服务函数 */	/* 硬件中断线程 */
67.	/* */	/* */
68.	/**********************/	/**********************/
69.	void USERKEYIsr()	VoidUSERKEYHwi(UArg arg)
70.	{	{
71.	if(GPIOPinIntStatus(SOC_GPIO_0_REGS, 7) == GPIO_INT_PEND)	if(GPIOPinIntStatus(SOC_GPIO_0_REGS, 7) = = GPIO_INT_PEND)
72.	{	{

73.	// 清除 GPIO0[6] 中断状态	// 清除 GPIO0[6] 中断状态
74.	GPIOPinIntClear(SOC_GPIO_0_REGS, 7);	GPIOPinIntClear(SOC_GPIO_0_REGS, 7);
75.		
76.	Flag = ! Flag;	Flag = ! Flag;
77.	}	}
78.	}	}

中断相关配置是迁移过程中需要特别重视的地方。传统的中断服务函数需要修改为 SYS/BIOS 下的 Hwi 线程。Hwi 线程函数形式是固定的，带有一个参数无返回值，参见行 69。此外，如果部分外设使用 IntEventClear 函数在中断服务函数中清除中断标志，则也需要删除，SYS/BIOS 系统 Hwi 组件会完成这个操作。

79.	/*********************/	/*********************/
80.	/*　　　　　　　　*/	/*　　　　　　　　*/
81.	/*　GPIO 引脚中断初始化　*/	/*　GPIO 引脚中断初始化　*/
82.	/*　　　　　　　　*/	/*　　　　　　　　*/
83.	/*********************/	/*********************/
84.	void GPIOBankPinInterruptInit()	void GPIOBankPinInterruptInit()
85.	{	{
86.	// 配置 GPIO0[6] 为下降沿触发	// 配置 GPIO0[6] 为下降沿触发
87.	GPIOIntTypeSet(SOC_GPIO_0_REGS, 7, GPIO_INT_TYPE_FALLEDGE);	GPIOIntTypeSet(SOC_GPIO_0_REGS, 7, GPIO_INT_TYPE_FALLEDGE);
88.		
89	// 使能 GPIO BANK0 中断	// 使能 GPIO BANK0 中断
90.	GPIOBankIntEnable(SOC_GPIO_0_REGS, 0);	GPIOBankIntEnable(SOC_GPIO_0_REGS, 0);
91.	}	}
92.		
93.	/*********************/	/*********************/
94.	/*　　　　　　　　*/	/*　　　　　　　　*/
95.	/*　DSP 中断初始化　*/	/*　硬件中断线程初始化　*/
96.	/*　　　　　　　　*/	/*　　　　　　　　*/
97.	/*********************/	/*********************/
98.	void InterruptInit()	void HwiInit()
99.	{	{
100.	// 初始化 DSP 中断控制器	Hwi_Params HwiParams;
101.	IntDSPINTCInit();	Hwi_Params_init(&HwiParams);
102.		
103.	// 使能 DSP 全局中断	// 事件配置

```
104. IntGlobalEnable();
105.
106. // 注册中断服务函数
107. IntRegister(C674X_MASK_INT4, USERKEYIsr);
108.
109. // 映射中断到 DSP 可屏蔽中断
110. IntEventMap(C674X_MASK_INT4, SYS_INT_GPIO_B0INT);
111.
112. // 使能 DSP 可屏蔽中断
113. IntEnable(C674X_MASK_INT4);
114. }
```

```
    HwiParams.eventId = SYS_INT_GPIO_B0INT;
    // 创建硬件中断线程
    // 使用 DSP 可屏蔽中断 4
    Hwi_create(C674X_MASK_INT4, USERKEYHwi, &HwiParams, NULL);
}
```

外设中断配置实际上分为两个组成部分,一部分是外设自身中断相关配置,另外一部分是 DSP 中断控制器配置。行 84～91 属于外设自身中断配置,这部分配置在迁移到 SYS/BIOS 后也是不需要修改的。行 101 和行 104 是 DSP 中断控制器的初始化部分,这部分需要删除,SYS/BIOS 系统 Hwi 组件自动完成这部分功能。行 107、行 110 和行 113 是外设在 DSP 中断控制器的配置,在 SYS/BIOS 系统下需要修改为创建 Hwi 线程。Hwi_create 函数第一个参数 C674X_MASK_INT4 代表使用 CPU 可屏蔽中断序号,该参数与特定 CPU 有关,所有 C6000 都有 4～15 共 12 个可屏蔽中断。

```
115. /*********************/
116. /*                   */
117. /*      主函数       */
118. /*                   */
119. /*********************/
120. int main()
121. {
122.     // 外设使能配置
123.     PSCInit();
124.
125.     // GPIO 引脚复用配置
126.     GPIOBankPinMuxSet();
127.
128.     // GPIO 引脚初始化
129.     GPIOBankPinInit();
130.
131.     // DSP 中断初始化
```

```
/*********************/
/*                   */
/*    任务线程 */    */
/*    任务线程 */    */
/*********************/
VoidtaskMain(UArg a0, UArg a1)
{
    for(;;)
    {
        GPIOPinWrite(SOC_GPIO_0_REGS, 109, Flag);
    }
}

/*********************/
/*                   */
/*   任务线程初始化  */
```

```
132.     InterruptInit();
133.
134.     // GPIO 引脚中断初始化
135.     GPIOBankPinInterruptInit();
136.
137.     // 主循环
138.     for(;;)
139.     {
140.     GPIOPinWrite(SOC_GPIO_0_REGS,
         109, Flag);
141.     }
142. }
143.
```

```
/*                        */
/************************/
void TaskInit()
{
Task_create(taskMain, NULL, NULL);
}

/************************/
/*                        */
/*        主函数          */
/*                        */
/************************/
int main()
{
    // 外设使能配置
    PSCInit();

    // GPIO 引脚复用配置
    GPIOBankPinMuxSet();

    // GPIO 引脚初始化
    GPIOBankPinInit();

    // 硬件中断线程初始化
    HwiInit();

    // GPIO 引脚中断初始化
    GPIOBankPinInterruptInit();

    // 任务线程初始化
    TaskInit();

    // 启动 SYS/BIOS 系统调度
    BIOS_start();
}
```

在 StarterWare NonOS 程序中,后台任务运行在主函数的无限循环中,迁移到 SYS/BIOS 后,可以将这部分功能放到一个任务线程中,参见行 120～行 127。任务线程与 Hwi 线程类似,行 134 创建了一个任务,理论上只要内存无限大,则任务可以创建无限多个。任务线程最高可以有 32 级(默认 16 级,部分 MCU 仅支持 16 级,DSP 支持 32 级)优先级。其中,最低优先级为 1,优先级 0 保留给空闲线程使用,空闲线程实际上是一组优先级固定为 0 的任务线程。

第8章 GPIO

TMS320C6748 最简单的外设莫过于通用输入/输出引脚(GPIO)。作为输入,GPIO 可以接收外部的高低电平信号;作为输出,GPIO 可以向外发送高低电平信号。大多数的 SoC 都会有输入/输出引脚(GPIO),用于与外围设备或者其他系统进行简单交互。

TMS320C6748 的 GPIO 有以下的特性:

- 高低电平的输出分别由数据设置寄存器(SET_DATAx)和数据清除寄存器(CLR_DATAx)控制,这样允许多个软件进程控制 GPIO 信号而无须做临界区保护。
- 高低电平的输出也可以通过单个数据输出寄存器(OUT_DATAx)控制。
- 分开的输入寄存器(IN_DATAx)和输出寄存器(OUT_DATAx),其中,读输出寄存器(OUT_DATAx)反映输出驱动器的状态,读输入寄存器(IN_DATAx)放映引脚状态。
- 所有 GPIO 都可以作为中断输入源,触发方式为边缘触发。
- 所有 GPIO 都可以作为 EDMA 的触发事件。

8.1 GPIO 结构

GPIO 的结构图如图 8-1 所示。可见,这里将它分成两大部分,即输入输出相关的部分及中断/事件检测输出部分。

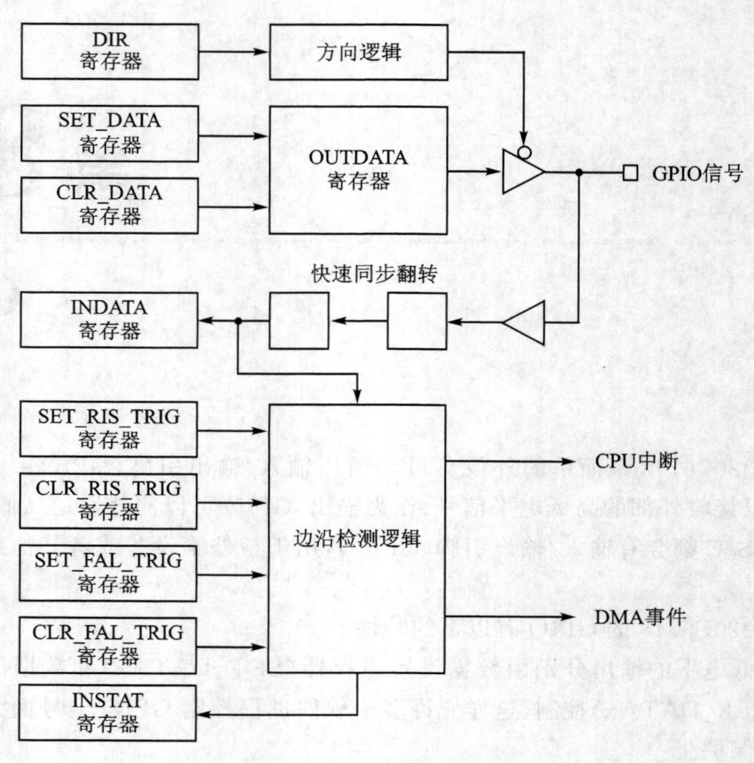

图 8-1　GPIO 结构框图

8.2　引脚复用

TMS320C6748 总共有 144 个 GPIO 引脚，分成 9 个 bank，每个 bank 有 16 个 GPIO 引脚。TMS320C6748 上的所有 GPIO 引脚都是有复用功能的，这 144 个引脚可以作为 GPIO 来使用，也可以作为其他功能模块的引脚来使用，如 UART、I^2C、SPI 等。那么是把这些引脚作为普通 GPIO 引脚来使用还是其他外设模块的引脚来使用呢？这是通过 PINMUX 寄存器来配置的。PINMUX 寄存器总共有 20 个，分别是 PINMUX0～PINMUX19。TMS320C6748 上的所有引脚复用都是通过这 20 个寄存器来管理。一般情况下，使用一个外设的时候，首先就是要配置外设引脚的复用。

下面通过 PINMUX0 寄存器来分析引脚复用的配置方法。PINMUX0 寄存器描述如图 8-2 和表 8-1 所示。

31 28	27 24	23 20	19 16
PINMUX0_31_28	PINMUX0_28_24	PINMUX0_23_20	PINMUX0_19_16
R/W-0	R/W-0	R/W-0	R/W-0
15 12	**11 8**	**7 4**	**3 0**
PINMUX0_15_12	PINMUX0_11_8	PINMUX0_7_4	PINMUX0_3_0
R/W-0	R/W-0	R/W-0	R/W-0

图中，R/W=读/写，-*n*=复位后的值。

图 8-2 引脚复用控制寄存器 0 (PINMUX0)

表 8-1 引脚复用配置寄存器 0(PINMUX0)

位	字 段	值	说 明
31～28	PINMUX0_31_28		RTC_ALARM / UART2_CTS / GP0[8] / DEEPSLEEP 选择
		0	选择功能 DEEPSLEEP
		1h	保留
		2h	选择功能 RTC_ALARM
		3h	保留
		4h	选择功能 UART2_CTS
		5h～7h	保留
		8h	选择功能 GP0[8]
		9h～Fh	保留
27～24	PINMUX0_27_24		AMUTE / PRU0_R30[16] / UART2_RTS / GP0[9] / PRU0_R31[16] 选择
		0	选择功能 PRU0_R31[16]
		1h	选择功能 AMUTE
		2h	选择功能 PRU0_R30[16]
		3h	保留
		4h	选择功能 UART2_RTS
		5h～7h	保留
		8h	选择功能 GP0[9]
		9h～Fh	保留
23～20	PINMUX0_23_20		AHCLKX/USB_REFCLKIN/UART1_CTS/GP0[10]/PRU0_R31[17] 选择
		0	选择功能 PRU0_R31[17]
		1h	选择功能 AHCLKX
		2h	选择功能 USB_REFCLKIN
		3h	保留
		4h	选择功能 UART1_CTS
		5h～7h	保留
		8h	选择功能 GP0[10]
		9h～Fh	保留

续表 8-1

位	字段	值	说明
19～16	PINMUX0_19_16		AHCLKR/PRU0_R30[18]/UART1_RTS/GP0[11]/PRU0_R31[18] 选择
		0	选择功能 PRU0_R31[18]
		1h	选择功能 AHCLKR
		2h	选择功能 PRU0_R30[18]
		3h	保留
		4h	选择功能 UART1_RTS
		5h～7h	保留
		8h	选择功能 GP0[11]
		9h～Fh	保留
15～12	PINMUX0_15_12		AFSX/GP0[12]/PRU0_R31[19] 选择
		0	选择功能 PRU0_R31[19]
		1h	选择功能 AFSX
		2h～7h	保留
		8h	选择功能 GP0[12]
		9h～Fh	保留
11～8	PINMUX0_11_8		AFSR/GP0[13]/PRU0_R31[20] 选择
		0	选择功能 PRU0_R31[20]
		1h	选择功能 AFSR
		2h～7h	保留
		8h	选择功能 GP0[13]
		9h～Fh	保留
7～4	PINMUX0_7_4		ACLKX/PRU0_R30[19]/GP0[14]/PRU0_R31[21] 选择
		0	选择功能 PRU0_R31[21]
		1h	选择功能 ACLKX
		2h～3h	保留
		4h	选择功能 PRU0_R30[19]
		5h～7h	保留
		8h	选择功能 GP0[14]
		9h～Fh	保留
3～0	PINMUX0_3_0		ACLKR/PRU0_R30[20]/GP0[15]/PRU0_R31[22] 选择
		0	选择功能 PRU0_R31[22]
		1h	选择功能 ACLKR
		2h～3h	保留
		4h	选择功能 PRU0_R30[20]
		5h～7h	保留
		8h	选择功能 GP0[15]
		9h～Fh	保留

可以看到，每个引脚占用 PINMUX 寄存器的 4 个 bit，每个引脚都有几种功能可以复用。例如，PINMUX0_3_0 可以配置引脚为 ACLKR/PRU0_R30[20]/PRU0_R31[22]中的一种功能，如果 PINMUX0_3_0 ＝ 8h，那么这个引脚就作为 GPIO（BANK0 的 15 个引脚）来使用；如果 PINMUX0_3_0 ＝ 1h，那么这个引脚就作为 McASP 的接收时钟引脚来使用。

8.3　GPIO 使用方法

对于 GPIO 的使用，一般有 4 种应用情况，分别是 GPIO 作为输出信号、GPIO 作为输入信号、GPIO 作为事件中断信号及 GPIO 作为触发 EDMA 传输数据的信号。

1. GPIO 作为输出信号

让 GPIO 输出高低电平是 GPIO 最常用的一种用法。要使 GPIO 作为输出，则首先要配置 GPIO 的方向。GPIO 的输入/输出方向通过 DIR 寄存器来配置的，默认情况下，所有 DIR 寄存器的值都为 1，也就是说，GPIO 在默认情况下是输入方向的。因此，要使用 GPIO 作为输出，则需要将 DIR 寄存器里的相关 bit 置零。

方向配置完成之后再配置 GPIO 的状态。配置 GPIO 输出电平有两种方法，第一种方法是配置 OUT_DATA 寄存器，对这个寄存器的相关 bit 写 1，则对应 GPIO 输出高电平；往这个寄存器的相关 bit 写 0，则对应 GPIO 输出低电平。

第二种方法是配置 SET_DATA 和 CLR_DATA 寄存器，往 SET_DATA 寄存器相关 bit 写入 1，则对应 GPIO 输出高电平；往 CLR_DATA 寄存器写入 0，则对应的 GPIO 输出低电平。

配置 GPIO 作为输出信号的一般步骤：使能 GPIO PSC 电源；配置 GPIO 引脚复用（PINMUX）；配置 GPIO 为输出方向（DIR）；配置 GPIO 输出状态（SET_DATA、SET_DATA/CLR_DATA）。

2. GPIO 作为输入信号

GPIO 作为输入信号时一般用来获取外部的信号状态，这时候需要读取相关引脚的电平状态。要读取 GPIO 引脚上的电平状态，则需要读取 IN_DATA 寄存器，而不能读取 OUT_DATA 寄存器，这是因为 OUT_DATA 寄存器反映的是输出驱动器的状态而不是 GPIO 引脚上的状态。

配置 GPIO 作为输入信号的一般步骤：

① 使能 GPIO PSC 电源；

② 配置 GPIO 引脚复用（PINMUX）；

③ 配置 GPIO 为输入方向（DIR）；

④ 读取 GPIO 状态（IN_DATA）。

3. GPIO 作为事件中断信号

很多情况下，DSP 连接的外设通过一个电平信号来触发 DSP 进行操作。例如，在 TL6748_EVM 开发板上的触摸屏芯片，当检测到触摸屏被按下时，则触摸屏芯片给 DSP 发送一个脉冲，从而触发 DSP 读取数据，所以 GPIO 中断也是一个比较重要的功能。使用 GPIO 中断时需要将 GPIO 配置为输入方向，然后配置 GPIO 的触发方式（上升沿触发或者下降沿触发），触发方式通过 SET_RIS_TRIG、CLR_RIS_TRIG、SET_FAL_TRIG 和 CLR_FLA_TRIG 这 4 个寄存器来配置。配置好触发方式后，则把 GPIO 中断事件映射到 CPU 中断上。

中断触发方式可以有 4 种情况：

➢ 上升沿触发：对 SET_RIS_TRIG 和 CLR_FAL_TRIG 寄存器相关 bit 置 1；

➢ 下降沿触发：对 SET_FAL_TRIG 和 CLR_RIS_TRIG 寄存器相关 bit 置 1；

➢ 上升沿和下降沿都触发：对 SET_RIS_TRIG 和 SET_FAL_TRIG 寄存器相关 bit 置 1；

➢ 不触发（禁用 GPIO 中断触发）：对 CLR_RIS_TRIG 和 CLR_FAL_TRIG 寄存器相关位置 1。

配置 GPIO 中断的一般步骤：

① 使能 GPIO PSC 电源；

② 配置 GPIO 引脚复用（PINMUX）；

③ 配置 GPIO 为输入方向（DIR）；

④ 配置 GPIO 触发方式；

⑤配置 GPIO 中断事件映射到 CPU 中断。

4. GPIO 作为触发 EDMA 传输数据的信号

GPIO 还可以作为触发 EDMA 数据传输的事件源，此时与把 GPIO 作为中断方式使用类似，只不过它最后触发的不是 CPU 中断而是触发 EDMA 传输数据。

GPIO 触发 EMDA 传输数据的一般配置步骤：

① 使能 GPIO PSC 电源；

② 配置 GPIO 引脚复用（PINMUX）；

③ 配置 GPIO 为输入方向（DIR）；

④ 配置 GPIO 触发方式；

⑤ 配置 EDMA 触发事件为 GPIO；

⑥ 配置 EDMA 部分。

8.4 实例分析

［例 8.1］点亮 TL6748－EVM 底板上的流水灯

包含相关头文件：

```
1.    #include "TL6748.h"              // 创龙 DSP6748 开发板相关声明
2.    #include "hw_types.h"            // 宏命令
3.    #include "hw_syscfg0_C6748.h"    // 系统配置模块寄存器
4.    #include "soc_C6748.h"           // DSP C6748 外设寄存器
5.    #include "psc.h"                 // 电源与睡眠控制宏及设备抽象层函数声明
6.    #include "gpio.h"                // 通用输入输出口宏及设备抽象层函数声明
```

声明相关子函数：

```
7.    // 外设使能配置
8.    void PSCInit(void);
9.    // GPIO 引脚复用配置
10.   void GPIOBankPinMuxSet();
11.   // GPIO 引脚初始化
12.   void GPIOBankPinInit();
13.   // 延时
14.   void Delay(unsigned int n);
```

主函数的主要工作是初始化 GPIO 引脚，然后点流水灯。图 8－3 是 TL6748－EVM 用户 LED 灯部分的原理图，可以看到 4 个 LED 分别接到了 GPIO0[5]、GPIO0[0]、GPIO0[1]、GPIO0[2]上，当在这些 GPIO 引脚上输出高电平时即可点亮 LED。

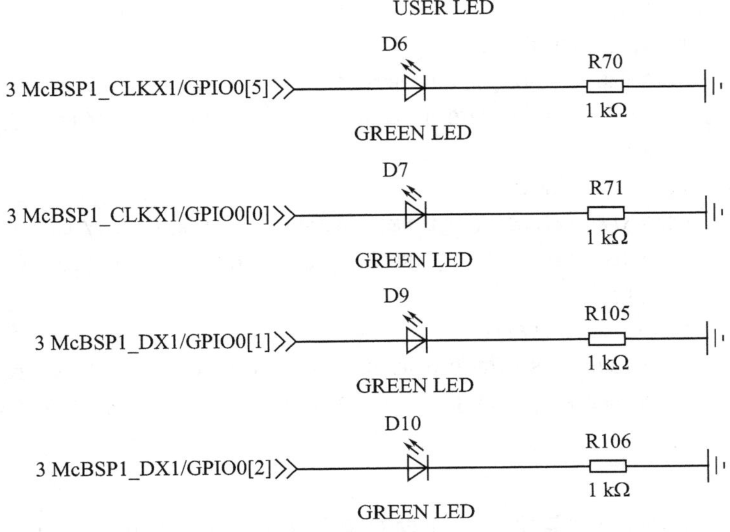

图 8－3　TL6748－EVM 原理图 LED 部分

要使用 GPIO 引脚，则首先需要使能 GPIO 的 PSC 电源，这可以通过在第 18 行调用 PSCInit 子函数实现。紧接着需要配置 GPIO 的引脚复用，TMS320C6748 的所有 GPIO 引脚都是有复用功能的，因此使用 GPIO 时需要先进行引脚复用配置。第

20 行初始化了 4 个 GPIO 引脚的复用，即配置 PINMUX 寄存器。

第 22 行配置了 GPIO 引脚的输入/输出方向，这里需要驱动 LED，因此，需要将 GPIO 引脚配置为输出方向。

初始化 GPIO 引脚后就进入了一个主循环，在主循环里轮流点亮 D7、D6、D9、D10，于是就可观察到流水灯的效果。

```
15.    int main(void)
16.    {
17.    // 外设使能配置
18.    PSCInit();
19.    // GPIO 引脚复用配置
20.    GPIOBankPinMuxSet();
21.    // GPIO 引脚初始化
22.    GPIOBankPinInit();
23.    // 主循环
24.    for(;;)
25.    {
26.        // 延时
27.        Delay(0x00FFFFFF);
28.    GPIOPinWrite(SOC_GPIO_0_REGS, 3, GPIO_PIN_LOW);     // D10 灭 GPIO0[2]
29.        GPIOPinWrite(SOC_GPIO_0_REGS, 1, GPIO_PIN_HIGH);   // D7  亮 GPIO0[0]
30.        // 延时
31.        Delay(0x00FFFFFF);
32.        GPIOPinWrite(SOC_GPIO_0_REGS, 1, GPIO_PIN_LOW);    // D7  灭 GPIO0[0]
33.        GPIOPinWrite(SOC_GPIO_0_REGS, 6, GPIO_PIN_HIGH);   // D6  亮 GPIO0[5]
34.        // 延时
35.        Delay(0x00FFFFFF);
36.        GPIOPinWrite(SOC_GPIO_0_REGS, 6, GPIO_PIN_LOW);    // D6  灭 GPIO0[5]
37.        GPIOPinWrite(SOC_GPIO_0_REGS, 2, GPIO_PIN_HIGH);   // D9  亮 GPIO0[1]
38.        // 延时
39.        Delay(0x00FFFFFF);
40.        GPIOPinWrite(SOC_GPIO_0_REGS, 2, GPIO_PIN_LOW);    // D9  灭 GPIO0[1]
41.        GPIOPinWrite(SOC_GPIO_0_REGS, 3, GPIO_PIN_HIGH);   // D10 亮 GPIO0[2]
42.      }
43.    }
```


初始化外设时，通常需要配置外设对应的 PSC(Power and Sleep Controller，上电与休眠控制器)。PSC 主要控制着外设的电源，因此，在一些有功耗控制要求的场合，可以通过 PSC 关闭没有用到的外设电源来降低功耗，但是要使用外设就必须打开电源，从而使能 PSC。上电与休眠控制器一共有两个，即 PSC0 和 PSC1。两个控制器分别控制不同外设的电源，如表 8-2 和表 8-3 所列。GPIO 是由 PSC1 控制的，因此，需要在 PSC1 里使能 GPIO 电源。

表 8-2 PSC0 控制的外设电源

LPSC 号	模块名	电源域	默认模块状态	自动睡眠/唤醒
0	EDMA3_0 Channel Controller 0	AlwaysON(PD0)	禁用	—
1	EDMA3_0 Transfer Controller 0	AlwaysON(PD0)	禁用	—
2	EDMA3_0 Transfer Controller 1	AlwaysON(PD0)	禁用	—
3	EMIFA (BR7)	AlwaysON(PD0)	禁用	—
4	SPI0	AlwaysON(PD0)	禁用	—
5	MMC/SD0	AlwaysON(PD0)	禁用	—
6—8	Not Used	—	—	—
9	UART0	AlwaysON(PD0)	禁用	—
10	Not Used	—	—	—
11	SCR1 (BR4)	AlwaysON(PD0)	使能	是
12	SCR2 (BR3，BR5，BR6)	AlwaysON(PD0)	使能	是
13	PRU	AlwaysON(PD0)	禁用	—
14	Not Used	—	—	—
15	DSP	PD_DSP(PD1)	使能	—

表 8-3 PSC1 控制的外设电源

LPSC 号	模块名	电源域	默认模块状态	自动睡眠/唤醒
0	EDMA3_1 Channel Controller 0	AlwaysON(PD0)	禁用	—
1	USB0 (USB2.0)	AlwaysON(PD0)	禁用	—
2	USB1 (USB1.1)	AlwaysON(PD0)	禁用	—
3	GPIO	AlwaysON(PD0)	禁用	—
4	HPI	AlwaysON(PD0)	禁用	—
5	EMAC	AlwaysON(PD0)	禁用	—
6	DDR2/mDDR	AlwaysON(PD0)	禁用	—
7	McASP0 (+McASP0 FIFO)	AlwaysON(PD0)	禁用	—
8	SATA	AlwaysON(PD0)	禁用	—
9	VPIF	AlwaysON(PD0)	禁用	—
10	SPI1	AlwaysON(PD0)	禁用	—

续表 8-3

LPSC 号	模块名	电源域	默认模块状态	自动睡眠/唤醒
11	I^2C	AlwaysON(PD0)	禁用	—
12	UART1	AlwaysON(PD0)	禁用	—
13	UART2	AlwaysON(PD0)	禁用	—
14	McBSP0 (＋McBSP0 FIFO)	AlwaysON(PD0)	禁用	—
15	McBSP1 (＋McBSP1 FIFO)	AlwaysON(PD0)	禁用	—
16	LCDC	AlwaysON(PD0)	禁用	—
17	eHRPWM0/1	AlwaysON(PD0)	禁用	—
18	MMC/SD1	AlwaysON(PD0)	禁用	—
19	uPP	AlwaysON(PD0)	禁用	—
20	eCAP0/1/2	AlwaysON(PD0)	禁用	—
21	EDMA3_1 Transfer Controller 0	AlwaysON(PD0)	禁用	—
22—23	Not Used	—	—	—
24	SCR F0	AlwaysON(PD0)	使能	是
25	SCR F1	AlwaysON(PD0)	使能	是
26	SCR F2	AlwaysON(PD0)	使能	是
27	SCR F6	AlwaysON(PD0)	使能	是
28	SCR F7	AlwaysON(PD0)	使能	是
29	SCR F8	AlwaysON(PD0)	使能	是
30	BR F7	AlwaysON(PD0)	使能	是
31	Shared RAM	PD_SHRAM	使能	—

```
void PSCInit(void)
{
// 使能 GPIO 模块
// 对相应外设模块的使能也可以在 BootLoader 中完成
PSCModuleControl(SOC_PSC_1_REGS, HW_PSC_GPIO, PSC_POWERDOMAIN_ALWAYS_ON, PSC_MDCTL_NEXT_ENABLE);
}
```

GPIOBankPinMuxSet 子函数主要配置 GPIO 所在的 PIMMUX 寄存器，配置相应的 GPIO 口功能为普通输入/输出口：

```
void GPIOBankPinMuxSet(void)
{
        // 配置相应的 GPIO 口功能为普通输入/输出口
        // 底板 LED
```

```
            GPIOBank0Pin0PinMuxSetup();
            GPIOBank0Pin1PinMuxSetup();
            GPIOBank0Pin2PinMuxSetup();
            GPIOBank0Pin5PinMuxSetup();
    }
```

GPIOBankPinInit 子函数主要配置 GPIO 引脚的输入/输出方向，这里将 4 个 GPIO 口都配置为输出方向。TMS320C6748 芯片总共有 144 个 GPIO 引脚，分为 9 个 Bank，即 Bank0～Bank1，每个 Bank 有 16 个引脚。使用 GPIO 相关的函数时，通过编号值来指定要操作的具体引脚（通常，GPIO 相关函数形参的第二个参数为需要指定的 GPIO 编号值）。这里将这 144 个引脚进行了统一编号，从 1 开始，最大到 144。每个 Bank 第 0 个引脚对应的编号如表 8-4 所列，其他的引脚编号根据 Bank 中的编号依次递增。

表 8-4　Bank 中第 0 个引脚对应编号值

引　脚	编号值	引　脚	编号值
GPIO0[0]	1	GPIO5[0]	81
GPIO1[0]	17	GPIO6[0]	97
GPIO2[0]	33	GPIO7[0]	113
GPIO3[0]	49	GPIO8[0]	129
GPIO4[0]	65		


```
    void GPIOBankPinInit(void)
    {
            // 配置 LED 对应引脚为输出引脚
        // 底板 LED
    GPIODirModeSet(SOC_GPIO_0_REGS, 1, GPIO_DIR_OUTPUT);      // D7   GPIO0[0]
    GPIODirModeSet(SOC_GPIO_0_REGS, 2, GPIO_DIR_OUTPUT);      // D9   GPIO0[1]
    GPIODirModeSet(SOC_GPIO_0_REGS, 3, GPIO_DIR_OUTPUT);      // D10  GPIO0[2]
    GPIODirModeSet(SOC_GPIO_0_REGS, 6, GPIO_DIR_OUTPUT);      // D6   GPIO0[5]
    }
```

Delay 为软件延时函数，延时时间跟程序的执行速度有关。

```
    void Delay(unsigned int n)
    {
    unsigned int i;
    for(i = n;i>0;i--);
    }
```

由此程序可以看到，这里循环点亮 TL6748-EVM 底板上的 4 个 LED 灯。底板上连接 4 个 LED 的 GPIO 分别为 GPIO0[5]、GPIO0[0]、GPIO0[1]、GPIO0[2]，要看流水灯的效果就要把这 4 个 GPIO 轮流输出高电平。

第 9 章

UART

9.1 概　述

异步串行接口(UART 全拼)的应用非常广泛,在传输数据量不大的系统或者设备之间多采用异步串行方式通信。异步就是指发送设备和接收设备使用各自产生的时钟来通信。既然时钟是收发设备各自产生的,那么就要保证各自产生的时钟一致才能保证正常通信,因此,异步串行通信就有波特率一说。对于收发设备设置相同的波特率,须保证两个通信的设备产生一致的时钟。

异步通信的一帧数据由 4 部分组成,即起始位、数据位、奇偶校验位和停止位,如图 9-1 所示。

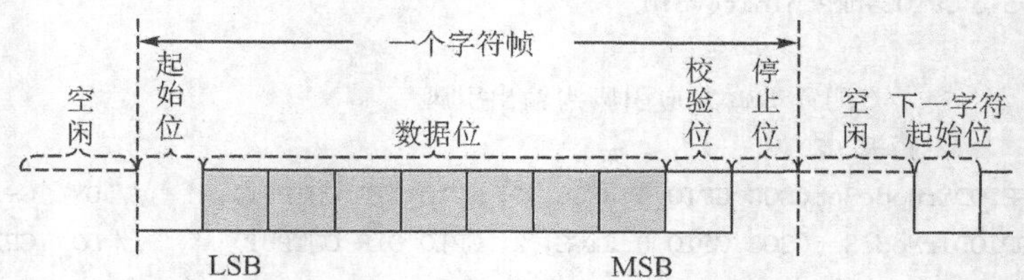

图 9-1　异步通信数据组成

- 起始位:发出一个逻辑 0 信号,表示传输字符的开始。
- 数据位:数据位的个数可以是 5、6、7、8 等,构成一个字符;通常采用 ASCII 码,从最低位开始传送。
- 校验位:数据位加上这一位后,使得 1 的位数应为偶数(偶校验)或奇数(奇校验),以此来校验传输的正确性。奇偶校验位是可选的。
- 停止位:数据的结束标志,可以是 1 位、1.5 位、2 位的高电平。

清楚了异步通信的数据格式之后,就可以按照指定的数据格式发送数据了。发送数据的具体步骤如下:

① 初始化或者没有数据需要发送时,发送端输出逻辑 1,可以有任意数量的空闲位。

② 需要发送数据时，发送端首先要发送起始位，输出逻辑0。

③ 输出起始位后，发送数据按低位先发的方式发送，首先输出数据的最低位LSB，最后是数据的最高位MSB。

④ 如果设有奇偶检验位，则发送端输出检验位。

⑤ 发送端输出停止位（逻辑1）。

⑥ 如果没有信息需要发送，则发送端输出逻辑1（空闲位）；如果有信息需要发送，则转入步骤②。

接收数据的具体步骤如下：

① 开始通信，信号线为空闲（逻辑1），当检测到信号由1到0的跳变时，则开始接收数据。

② 检测起始位：对输入信号进行检测，若仍然为低电平，则确认这是起始位，而不是干扰信号。

③ 接收数据位：接收端检测到起始位后，按设置的波特率接收规定的数据位数。

④ 接收奇偶检验位。

⑤ 接收停止位：接收到规定的数据位个数和校验位之后，通信接口电路希望收到停止位（逻辑1）。若此时未收到逻辑1，则说明出现了错误，在状态寄存器中置"帧错误"标志；若没有错误，则对全部数据位进行奇偶校验，无校验错时，把数据位从移位寄存器中取出并送至数据输入寄存器；若校验错，则在状态寄存器中置"奇偶错"标志。

⑥ 本帧信息全部接收完，则把线路上出现的高电平作为空闲位。

⑦ 当信号再次变为低时，则开始进入下一帧的检测。

TMS320C6748的串口模块特性：

- 有16字节的接收FIFO和发送FIFO；
- 接收FIFO的触发等级可选为1、4、8或者14字节；
- 支持EDMA触发事件搬移发送和接收的数据；
- 可编程的自动流控制，自动RTS和自动CTS；
- 波特率最高可支持12 Mbps；
- 过采样可配置为×13或者×16；
- 可编程的串行数据格式：
  a. 5、6、7或者8位的字符；
  b. 支持奇偶校验；
  c. 停止位支持1、1.5或者2位。

9.2 串口结构

UART结构图如图9-2所示。可以看到，发送数据的过程为：数据总线→发送保持寄存器或者发送 FIFO→发送移位寄存器→发送引脚。接收数据过程为接收引脚→接收移位寄存器→接收缓存寄存器或接收 FIFO→数据总线。

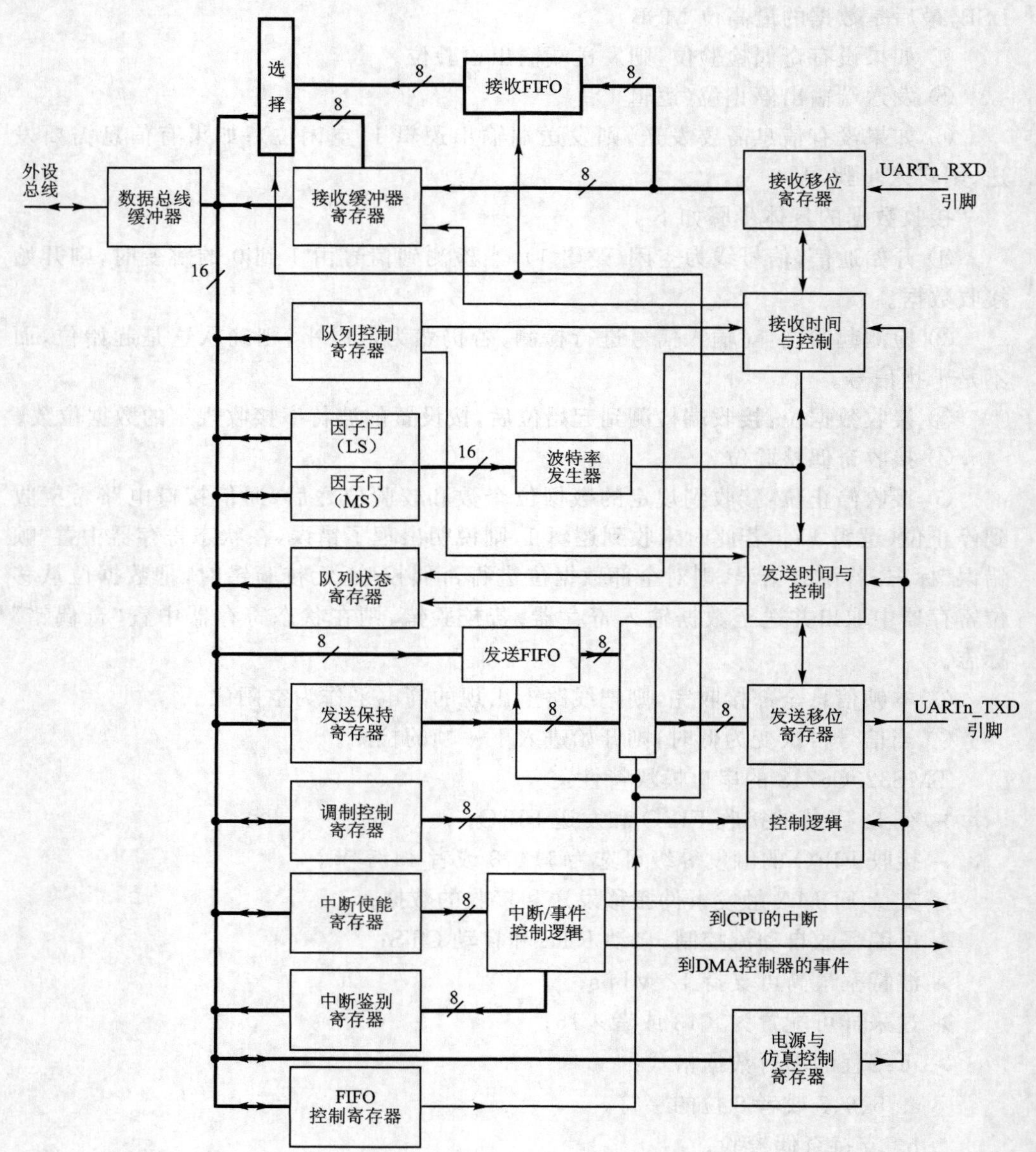

图 9-2　UART 结构图

9.3 串口波特率产生

波特率是指每秒调制信号变化的次数，单位为波特(Baud)。在串口通信中，波特率规定了一帧数据里每个码元之间的时间间隔。例如，将串口的波特率设置为9 600 bps，如果串口连续不断地输出数据，则一秒钟可以输出9 600个码元，也就是输出9 600个比特位。所以每个码元之间的时间间隔为1/9 600 s，例如，每帧数据的起始位和第一个数据位的时间间隔就是1/9 600 s。

1. 串口位时钟

串口收发数据是根据位时钟(BCLK)进行操作的，位时钟据模块时钟分频得到。位时钟可以为波特率的16倍，也可以为波特率的13倍。选择13倍或者16倍波特率的位时钟是通过MDR[OSM_SEL]寄存器来配置的。如果位时钟＝波特率×16，则每16个位时钟发送或者接收一个比特。如果位时钟＝波特率×13，则每13个位时钟发送或接收一个比特。

数据位、位时钟和串口输入时钟的关系如图9-3所示，图示设置的位时钟为波特率的16倍。

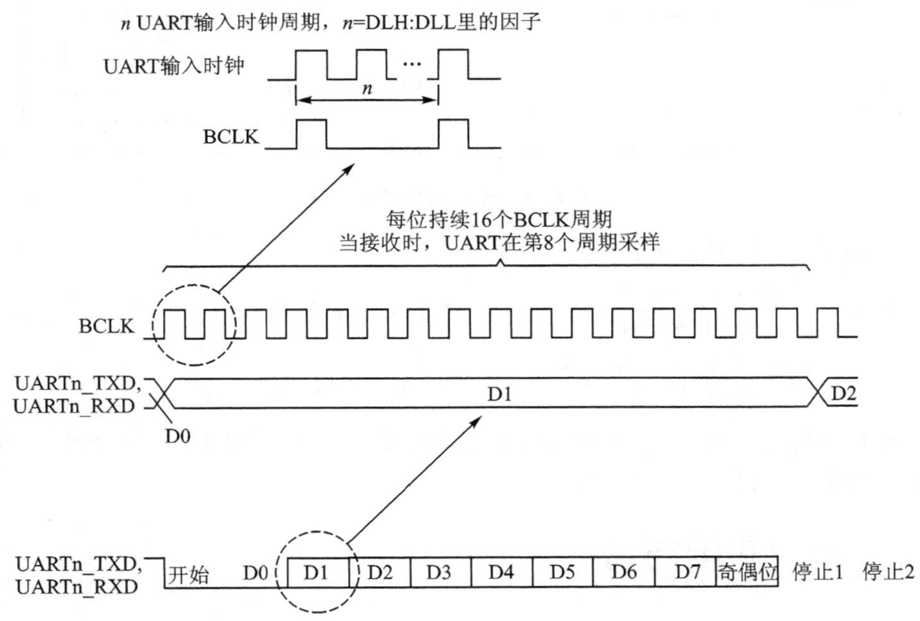

图9-3 数据位、位时钟和串口输入时钟关系

在接收模式下，信号线为空闲(逻辑1)，当检测到信号由1到0的跳变时，则开始对位时钟进行计数。如果位时钟＝波特率×16，则在第8个位时钟采样信号线上的数据，之后每 16 个位时钟采样一个比特的数据。如果位时钟＝波特率×13，则在第 6 个位时钟采样信号线上的数据，之后每 13 个位时钟采样一个比特的数据。

2. 串口波特率设置

在 TMS320C6748 上设置串口波特率其实就是设置一个合适的串口位时钟，位时钟是通过串口模块的输入时钟分频而得到。TMS320C6748 上有 3 个串口，分别是 UART0/1/2。其中，UART0 的模块时钟来源于 PLL0 的 SYSCLK2；UART1/2 的模块时钟可以来源于 PLL0 的 SYSCLK2，也可以来源于 PLL1 的 SYSCLK2，选择来源于 PLL0 还是 PLL1 是通过 CFGCHIP3[ASYNC3_CLKSRC]寄存器配置的。

串口位时钟产生如图 9-4 所示，通过设置波特率发生器的 DLH 和 DLL 寄存器来对串口输入时钟进行分频，从而得到位时钟。

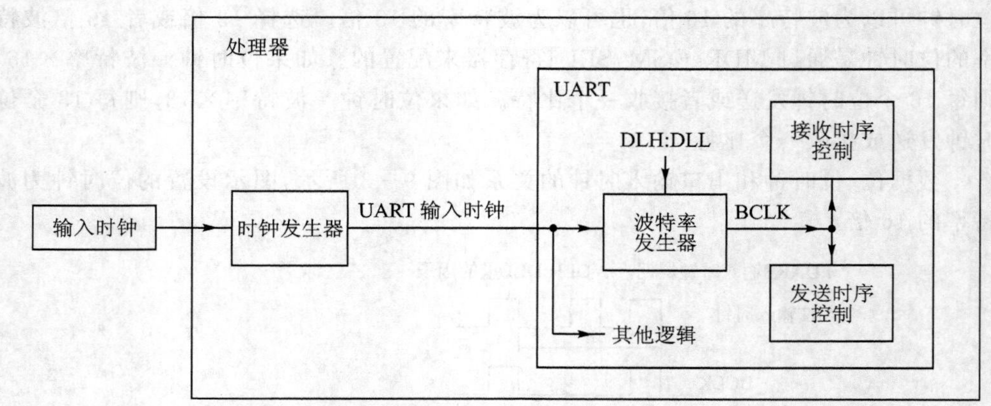

图 9-4 串口时钟产生简图

分频因子的计算方法：

$$因子=\frac{\text{UART 输入时钟频率}}{波特率\times 16} \quad [\text{MDR.OSM\_SEL}=0]$$

$$因子=\frac{\text{UART 输入时钟频率}}{波特率\times 13} \quad [\text{MDR.OSM\_SEL}=1]$$

将计算得到的因子高 8 位写到 DLH 寄存器，低 8 位写到 DLL 寄存器。分频因子的取值范围可以为 1～65 535。

9.4 串口使用方法

串口的发送器和接收器都有 16 字节的 FIFO。在禁用 FIFO 的情况下，一次只能发送或者接收一个字节，若要通过串口发送多个字节，则写一个字节到发送保持寄存器(THR)；然后就要查询发送保持寄存器的状态，若为空，则再写下一个字节，如此循环操作。对于读操作也是类似，每次接收缓冲寄存器(RBR)有数据就读取一个字节的数据。

在使能 FIFO 的情况下，对于发送，一次最多可以写 16 字节到 FIFO 上；通过发送保持寄存器（THR）操作 FIFO，如要写 8 字节到发送 FIFO 上，则须连续写 8 次发送保持寄存（THR），这样 8 个字节的数据就写到发送 FIFO 上了。而对于接收，串口接收到的数据首先会放到接收 FIFO 上，CPU 接收到串口的接收中断后就可以从 FIFO 读取数据，读取接收 FIFO 通过接收缓冲寄存器（RBR）来操作。在使能 FIFO 的情况下，接收 FIFO 可以设置为接收到 1 字节、4 字节、8 字节或者 14 字节的时候触发接收中断，触发中断等级通过 FIFO 控制寄存器（FCR）配置。若触发中断等级设置为 8 字节触发，则串口接收到 8 字节后才会给 CUP 发送中断信号。

串口的一般配置步骤：

① 配置引脚复用；

② 配置串口波特率；

③ 如果用到 FIFO，则使能并配置 FIFO 接收触发等级；如果不用 FIFO，则禁用；

④ 如果使用中断方式，则使能中断，并配置中断映射。

9.5　串口 EDMA 事件支持

CPU 也可以通过 EDMA 来读取串口接收的数据，但是要使用 EDMA 来读取数据就必须要使能串口的 FIFO。串口支持产生以下两个 EDMA 事件：

- 接收事件（URXEVT）：根据设置的接收触发等级（1、4、8 或者 14 字节触发），接收 FIFO 每次接收到触发的字节数后都会产生一个 EDMA 事件，也就是接收事件（URXEVT）。根据这个事件，EDMA 可以从接收 FIFO 搬移数据到内存里，EDMA 读取接收 FIFO 的数据是通过接收缓存寄存器（RBR）来读取，所以 EDMA 的源地址可以设置为接收缓存寄存器（RBR）的地址。
- 发送事件（UTXEVT）：当发送 FIFO 为空时，则串口会产生一个 EDMA 事件，也就是发送事件（UTXEVT）。根据这个事件，EDMA 可以将内存的数据搬移到发送 FIFO，每次触发则 EDMA 就搬移数据，最多可以搬移 16 字节。EDMA 写发送 FIFO 是通过发送保持寄存器（THR）来实现的，所以 EDMA 的目标地址可以设置为发送保存寄存器（THR）的地址。

9.6　实例分析

［例 9.1］　串口 0 回显测试

包含相关头文件：

```
#include "TL6748.h"                     // 创龙 DSP6748 开发板相关声明
```

```
2.  #include "hw_types.h"              // 宏命令
3.  #include "hw_syscfg0_C6748.h"      // 系统配置模块寄存器
4.  #include "soc_C6748.h"             // DSP C6748 外设寄存器
5.  #include "psc.h"                   // 电源与睡眠控制宏及设备抽象层函数声明
6.  #include "gpio.h"                  // 通用输入输出口宏及设备抽象层函数声明
7.  #include "uart.h"                  // 通用异步串口宏及设备抽象层函数声明
8.  #include "interrupt.h"             // DSP C6748 中断相关应用程序接口函数声明
                                       //及系统事件号定义
```

第12行定义了UART0的模块输入时钟，UART_0_FREQ的值为CPU时钟的1/2，即228000000。这个值跟PLL的配置有关，UART0的模块时钟是接到PLL0_SYSCLK2上的，PLL0_SYSCLK2的输出时钟为228 MHz。

第13行定义了一个字符串，这个字符串会在运行程序时首先通过UART0打印出来。

```
9.  // 时钟
10. #define SYSCLK_1_FREQ     (456000000)
11. #define SYSCLK_2_FREQ     (SYSCLK_1_FREQ/2)
12. #define UART_0_FREQ       (SYSCLK_2_FREQ)
13. char txArray[] = "Tronlong UART0 Application......\n\r";
```


声明相关子函数：

```
14. // 外设使能配置
15. void PSCInit(void);
16. // GPIO 引脚复用配置
17. void GPIOBankPinMuxSet();
18. // GPIO 引脚初始化
19. void GPIOBankPinInit();
20. // UART 初始化
21. void UARTInit(void);
22. // DSP 中断初始化
23. void InterruptInit(void);
24. // UART 中断初始化
25. void UARTInterruptInit();
26. // UART 中断服务函数
27. void UARTIsr(void);
```

主函数里主要进行了UART0的初始化以及中断映射的操作，第31行配置了UART0的PSC。第33行配置UART0的引脚复用，把UART0要使用的引脚配置为UART0的功能引脚。第35行初始化了DSP的中断控制器。第37行则主要初始化UART0的具体参数，如波特率、FIFO、数据格式等。第39行对UART0中断进行了映射，并使能UART0中断。接下来就是一个主循环，在主循环里没有做其他事情，UART0 的数据接收及发送都是在 UART0 中断服务函数里完成的：

```
int main(void)
{
        // 外设使能配置
        PSCInit();
        // GPIO 引脚复用配置
        GPIOBankPinMuxSet();
        // DSP 中断初始化
        InterruptInit();
        // UART 初始化
        UARTInit();
        // UART 中断初始化
        UARTInterruptInit();
        // 主循环
        for(;;)
        {
        }
}
```

PSCInit()子函数使能了 UART0 的电源，UART0 的电源控制由 PSC0 控制：

```
void PSCInit(void)
{
        // 对相应外设模块的使能也可以在 BootLoader 中完成
        // 使能 UART0 模块
        PSCModuleControl(SOC_PSC_0_REGS, HW_PSC_UART0, PSC_POWERDOMAIN_ALWAYS
        _ON,PSC_MDCTL_NEXT_ENABLE);
}
```

GPIOBankPinMuxSet()子函数则配置 UART0 的引脚复用，第一个参数为需要配置的串口号，第二个参数表示是否需要流控。这里没有使用到流控，因此，在进行引脚复用配置时把流控相关的引脚禁用。

```
void GPIOBankPinMuxSet(void)
{
// UART0 禁用流控
UARTPinMuxSetup(0, FALSE);
}
```

InterruptInit()子函数里主要初始化 DSP 的中断控制器并且使能了 DSP 的全局中断：

```
void InterruptInit(void)
{
```

```
58.        // 初始化 DSP 中断控制器
59.        IntDSPINTCInit();
60.        // 使能 DSP 全局中断
61.        IntGlobalEnable();
62.    }
```

下面就是具体初始化 UART0 的参数。第 67 行初始化了 UART0 的波特率为 115 200 bps，字长 8 bit，16 倍过采样。第 70 行使能了 UART0 模块。第 72 行使能了 UART0 的 FIFO，之后 UART0 的数据接收和发送都会经过 FIFO 的缓冲。串口的发送和接收都有 16 字节的 FIFO，对于发送 FIFO 的用户，可以一次往发送保持寄存器连续写入 1～16 字节的数据；只要发送 FIFO 有数据，则串口就会依次将数据发送出去，直到发送 FIFO 为空。对于接收 FIFO 的用户，则需要设置接收 FIFO 中断的触发等级。第 74 行设置串口的接收 FIFO 中断触发等级，有 4 个等级可以选择，分别定义了接收 FIFO 接收了多少字节会触发接收中断。每个等级的触发字节数如表 9-1 所列。74 行设置了 FIFO 的触发等级为 UART_RX_TRIG_LEVEL_1，因此，UART0 接收到一个字节后就会触发接收中断。

表 9-1　接收 FIFO 中断触发等级

接收 FIFO 触发等级	触发字节数/字节
UART_RX_TRIG_LEVEL_1	1
UART_RX_TRIG_LEVEL_4	4
UART_RX_TRIG_LEVEL_8	8
UART_RX_TRIG_LEVEL_14	14

```
63.    void UARTInit(void)
64.    {
65.        // 配置 UART0 参数
66.        // 波特率 115200 数据位 8 停止位 1 无校验位
67.        UARTConfigSetExpClk(SOC_UART_0_REGS, UART_0_FREQ, BAUD_115200,
68.                UART_WORDL_8BITS, UART_OVER_SAMP_RATE_16);
69.        // 使能 UART0
70.        UARTEnable(SOC_UART_0_REGS);
71.        // 使能接收 / 发送 FIFO
72.        UARTFIFOEnable(SOC_UART_0_REGS);
73.        // 设置 FIFO 级别
74.        UARTFIFOLevelSet(SOC_UART_0_REGS, UART_RX_TRIG_LEVEL_1);
75.    }
```

UARTInterruptInit()子函数里主要实现了串口中断映射及中断使能。第 78 行在 CPU 中断 4 上注册了一个中断服务函数 UARTIsr()，当有串口中断发生时，则进入中断服务函数。第 79 行将 UART0 的中断号映射到 CPU 中断 4 上，紧接着第 80 行就使能了 CPU 中断 4。第 81～85 行则使能了 3 个类型的串口中断，即错误中断、接收中断和发送中断。注意接收中断和发送中断的触发条件。发送中断的产生条件是发送 FIFO 为空(使能 FIFO)或者发送保持寄存器为空(禁用 FIFO)。在此例程里，最开始发送 FIFO 是空的，因此，一旦使能了发送中断，程序马上跳转到中断服务函数里处理发送中断事务。而接收中断的产生条件是接收 FIFO 接收到了设置的触发等级所对应的字节数后产生中断(使能 FIFO)，或者接收缓存寄存器接收到了数据(禁用 FIFO)。由于前面设置 UART0 的触发等级为 UART_RX_TRIG_LEVEL_1，因此，UART0 每接收到一个字节就会产生接收中断。

```
76.    void UARTInterruptInit(void)
77.    {
78.            IntRegister(C674X_MASK_INT4, UARTIsr);
79.            IntEventMap(C674X_MASK_INT4, SYS_INT_UART0_INT);
80.            IntEnable(C674X_MASK_INT4);
81.            // 使能中断
82.            unsigned int intFlags = 0;
83.            intFlags |= (UART_INT_LINE_STAT  |  \
84.                         UART_INT_TX_EMPTY  |  \
85.                  UART_INT_RXDATA_CTI);
86.            UARTIntEnable(SOC_UART_0_REGS, intFlags);
87.    }
```


UARTIsr()就是 UART0 的中断服务函数。中断服务函数里主要处理 3 个类型的事务：接收中断事务、发送中断事务及错误中断事务。这 3 个事务通过读取 UART0 的中断状态寄存器来区分，第 95 行读取 UART0 的中断状态寄存器到 int_id 中，通过判断 int_id 的值来区分这 3 种事务。

前面初始化 UART0 时使能了 UART0 的发送中断，而且 UART0 刚初始化完后发送 FIFO 为空，所以马上会触发发送中断。第 101～112 行就是处理发送中断事务的，这里做的工作是把前面定义的字符串数组 txArray 数据依次从串口输出，每发送一次发送中断就写一个字符；当然，也可以一次发送中断连续输出 16 个字符，因为 UART0 初始化时使能了 FIFO，每次可写 1～16 字节数据到发送 FIFO 中。定义的字符串输出完后，第 111 行禁用了 UART0 的发送中断。

第 117～118 行处理接收中断事务。由于设置的接收触发等级为 UART_RX_TRIG_LEVEL_1，所以接收到一个字节数据就会进入接收中断，然后把数据读出来再发送出去，这样就可以看到回显的效果。

第 123～127 行处理接收错误中断，发生接收错误中断时，需要通过读接收缓存寄存器来清除错误中断。

```
void UARTIsr()
{
    static unsigned int length = sizeof(txArray);
    static unsigned int count = 0;
    unsigned char rxData = 0;
    unsigned int int_id = 0;
    // 确定中断源
    int_id = UARTIntStatus(SOC_UART_0_REGS);
    // 清除 UART2 系统中断
    Int EventClear(SYS_INT_UART0_INT);
    // 发送中断
    if(UART_INTID_TX_EMPTY == int_id)
    {
        if(0 < length)
        {
            // 写一个字节到 THR
            UARTCharPutNonBlocking(SOC_UART_0_REGS, txArray[count]);
            length--;
            count++;
        }
        if(0 == length)
        {
            // 禁用发送中断
            UARTIntDisable(SOC_UART_0_REGS, UART_INT_TX_EMPTY);
        }
    }
    // 接收中断
    if(UART_INTID_RX_DATA == int_id)
    {
        rxData = UARTCharGetNonBlocking(SOC_UART_0_REGS);
        UARTCharPutNonBlocking(SOC_UART_0_REGS, rxData);
    }
    // 接收错误
    if(UART_INTID_RX_LINE_STAT == int_id)
    {
        while(UARTRxErrorGet(SOC_UART_0_REGS))
        {
            // 从 RBR 读一个字节
            UARTCharGetNonBlocking(SOC_UART_0_REGS);
        }
    }
    return;
```

```
130. }
```

程序首先使能了串口0的PSC电源，然后配置了引脚复用；因为这个程序使用中断方式读/写数据，所以紧接着初始化了中断控制器；接着初始化串口0，配置波特率为115 200 bps，字长8 bit，停止位1 bit，无校验位。接下来，使能了串口0的FIFO，其中，接收FIFO的触发等级为1字节，也就是当串口接收到1字节数据后就会触发中断。然后配置串口0的中断，将串口0的中断事件映射到CPUINT4上，使能了串口0的接收和发送中断，发送中断被触发的条件是发送FIFO为空，而接收中断的触发条件就是接收FIFO接收到一个字节的数据。因为串口0初始化完之后，发送FIFO就是空的，这时候程序马上跳转到串口0的中断服务函数执行发送中断部分的代码，所以最开始可以看到串口0输出了"Tronlong UART0 Application......\n\r"字符串。而串口0接收到数据后会跳转到中断服务函数里执行接收中断部分的代码，这里就是将串口0接收到的数据原样地通过串口0发送出去，于是可以看到回显的效果。

第10章 EDMA3

10.1 概 述

DMA(Direct Memory Access,直接内存存取技术),是指外设与外设、外设与存储器、存储器与存储器之间不通过CPU而直接进行数据交互的接口技术。DMA技术的出现使得大数据量的数据搬移不需要经过CPU就可以大幅降低CPU负载,这样CPU就能有资源执行其他任务。

EDMA3增强型内存直接访问控制器是一种高性能、多通道、多线程的DMA控制器,允许用户编程来传输一维或多维的大量数据。EDMA3控制器允许读/写任何可寻址空间的数据移动操作,包括内部存储器(L2 SRAM)、外设及外部存储器。

EDMA3通道控制器具有以下特性:

➢ 完全正交的传输类型:

a. 3个传输维度,即组Array、帧Frame、块Block;

b. A类同步传输,每个事件驱动一维数据传输;

c. AB类同步传输,每个事件驱动二维数据传输;

d. 源地址和目的地址独立索引;

e. 基于链接的特性可以实现单事件驱动3维数据传输;

➢ 灵活的传输定义:

a. 递增或固定地址模式;

b. 链接机制允许PaRAM集自动更新;

c. 链接允许单事件驱动多个传输;

➢ 可产生中断有:

a. 传输完成中断;

b. 错误条件中断(非法地址、非法模式、超出队列阈值);

➢ Debug可见:

a. 队列水印阈值允许检测事件队列最大使用的情况;

b. 错误和状态记录,便于调试;

c. 事件丢失检测；

➢ EDMA3_0_CC0：

a. 32 个 DMA 通道；

b. 8 个 QDMA 通道；

c. 128 个参数 RAM(PaRAM)；

d. 2 个事件队列；

➢ 4 个影子区域：

a. 2 个传输控制器(EDMA3_0_TC0 和 EDMA3_0_TC1)；

b. 5 个中断，分别是 EDMA3_0_CC0_INT0、EDMA3_0_CC0_INT1、EDMA3_0_CC0_INT2、EDMA3_0_CC0_INT3 及 EDMA3_0_CC0_ERRINT。

10.2 EDMA3 结构

TMS320C6748 的 EMDA3 控制器主要由 EDMA3 通道控制器和 EDMA3 传输控制器两部分组成。EDMA3 的控制器结构图如图 10－1 所示。

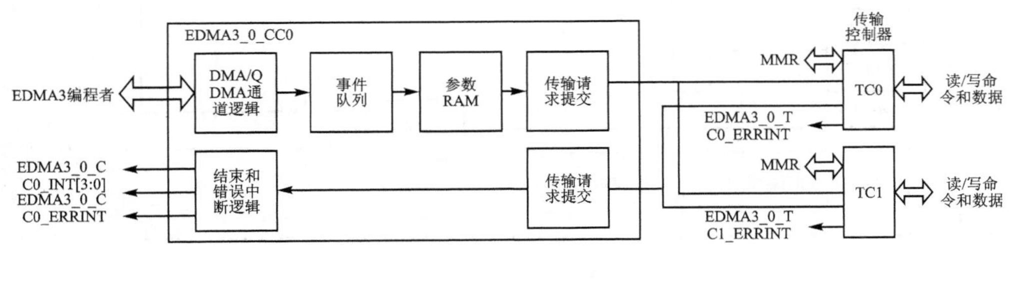

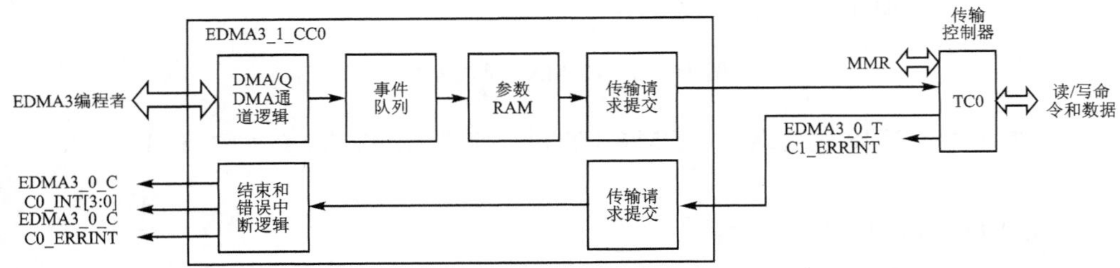

图 10－1 EDMA3 控制器结构图

TMS320C6748 包含两个 EDMA3 通道控制器，即 EDMA3_0_CC0 和 EDMA3_1_CC0。其中，EDMA3_0_CC0 匹配两个传输控制器 EDMA3_0_TC0 和 EDMA3_0_TC1，EDMA3_1_CC0 匹配一个传输控制器 EDMA3_1_TC0。编程者一般只需要对 EDMA3 控制器相关的寄存器进行配置即可完成 EDAM 的传输，一般 EDMA3 的传输控制器是不必编程的。

1. EDMA3 通道控制器

EDMA3 通道控制器的功能框图如图 10-2 所示。

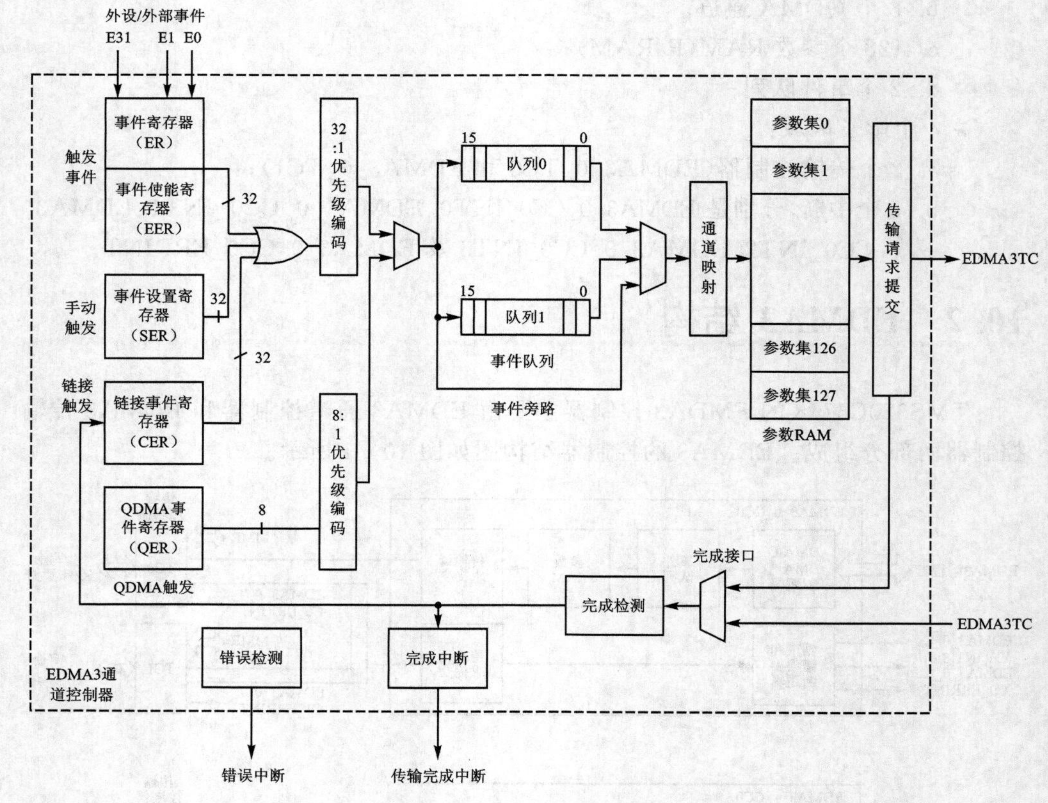

图 10-2　EDMA3 通道控制器

TMS320C6748 包含两个 EDMA3 通道控制器：EDMA3_0_CC0 和 EDMA3_1_CC0。

① EDMA3_0_CC0 包含：

➢ 32 个 DMA 通道；

➢ 8 个 QDMA 通道；

➢ 128 个参数 RAM(PaRAM)；

➢ 2 个事件队列；

➢ 4 个影子区域；

➢ 5 个中断：EDMA3_0_CC0_INT0、EDMA3_0_CC0_INT1、EDMA3_0_CC0_INT2、EDMA3_0_CC0_INT3、EDMA3_0_CC0_ERRINT。

② EDMA3_1_CC0 包含：

- 32 个 DMA 通道；
- 8 个 QDMA 通道；
- 128 个参数 RAM(PaRAM)；
- 一个事件队列；
- 4 个影子区域；
- 5 个中断：EDMA3_1_CC0_INT0、EDMA3_1_CC0_INT1、EDMA3_1_CC0_INT2、EDMA3_1_CC0_INT3、EDMA3_1_CC0_ERRINT。

EDMA 进行数据传输的流程：首先需要一个触发 EDMA 传输的信号(事件触发、手动触发或者链接触发)；然后这个触发信号会被传到优先级编码器进行优先级仲裁(这个功能在同时有多个触发信号时才起作用)；之后，事件信号会送到队列里，从队列出来后会提取相应的参数集(PaRAM)；接下来，把传输参数提交到 EDMA3 传输控制器进行数据的传输。

2. EDMA3 传输控制器

EDMA3 传输控制器(EDMA3TC)的功能框图如图 10-3 所示。

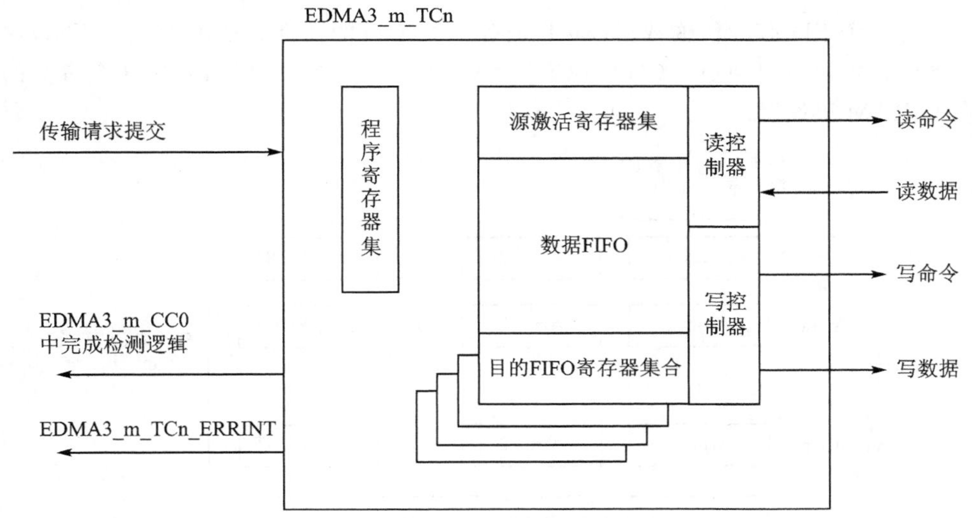

图 10-3 EDMA3 传输控制器功能框图

EDMA3TC 主要包含以下几个模块：

① DMA 程序寄存器组：DMA 程序寄存器组保存从 EDMA3 通道控制器(EDMA3CC)接收的传输请求。

② DMA 源活跃寄存器组：DMA 源活跃寄存器组保存当前在读控制器进行的 DMA 传输请求的上下文。

③ 读控制器：读控制器发出读命令，从源地址读取数据。

④ 目的 FIFO 寄存器组：目的 FIFO 寄存器组保存当前在写控制器进行传输请求的上下文。

⑤ 写控制器：写控制器发出写命令，向目的寄存器写数据。

⑥ 数据 FIFO：数据 FIFO 用于保存历史传输中的数据。

⑦ 完成接口：一个传输完成后，完成接口发送完成代码到 EDMA3CC，并产生中断和链接事件。

当 EDMA3CC 提交一个传输请求（TR）时，EDMA3TC 把这个 TR 的信息保存到程序寄存器组，随后相关信息马上过渡到源活跃寄存器组和目的 FIFO 寄存器组。读控制器会根据源活跃寄存器组的相关信息执行读命令操作，从源地址把数据读到数据 FIFO 中。一旦数据 FIFO 中有了充足的数据，则写控制器就会把数据 FIFO 中的数据写到目的地址中。

10.3　EDMA3 传输类型

10.3.1　EDMA3 传输数据块的定义

每一个 EDMA3 传输数据都可以看作一个三维的数据。如图 10－4 所示，这个三维的数据块可以通过 ACNT、BCNT、CCNT 这 3 个参数来描述，这 3 个参数的值在 PaRAM 里设置。

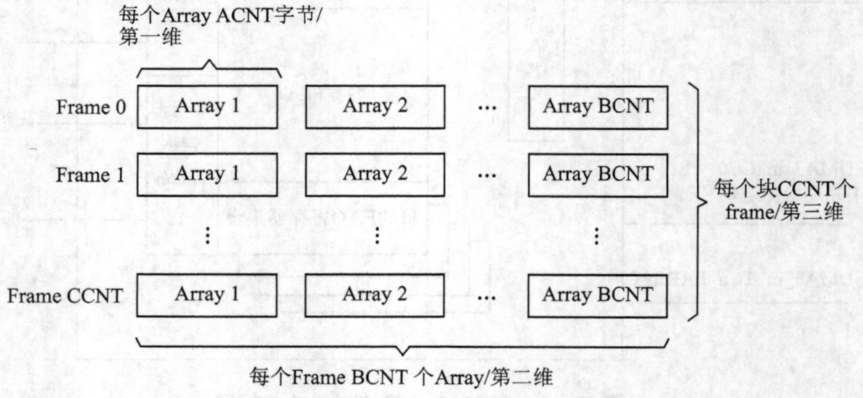

图 10－4　EDMA3 ACNT、BCNT、CCNT 示意图

① 第一维，数据组（Array）：Array 由 ACNT 个连续的字节组成。

② 第二维，数据帧（Frame）：Fram 由 BCNT 个 Array 组成，也就是图 10－4 中一行所代表的数据。Frame 中每个 Array 之间可以有一定的间距，其间距通过 PaRAM 中的 SRCBIDX（源数据块 BIDX）或 DSTBIDX（目的数据块 BIDX）来设置。

③ 第三维，数据块（Block）：Block 由 CCNT 个 Frame 组成。Block 中每个

Frame之间可以有一定的间距，其间距通过PaRAM中的SRCCIDX(源数据块CIDX)或DSTCIDX(目的数据块CIDX)来设置。每个EDMA传输的数据块都是以Block来描述的，Block的大小为：

Block＝Frame·CCNT＝Array·BCNT·CCNT＝ACNT·BCNT·CCNT

10.3.2 A同步传输

在A同步传输中，每个EDMA3同步事件(触发事件)开始传输一个Array(第一维)，即ACNT个字节。因此，要传输一个Block就需要BCNT·CCNT个触发事件。

每个Array之间的间隔为BIDX个字节，如图10－5所示，图中，BCNT = 4，CCNT = 3，ACNT＝n。例如，Array0的起始地址和Array1的起始地址间隔BIDX(SRCBIDX或者DSTBIDX)字节。每个Frame的最后一个Array的起始地址与下一个Frame的第一个Array的起始地址之间的间隔为CIDX字节，比如Frame0的最后一个Array(Array3)的起始地址与Frame1的第一个Array(Array0)的起始地址之间的间隔为CIDX(SRCCIDX或者DSTCIDX)字节。

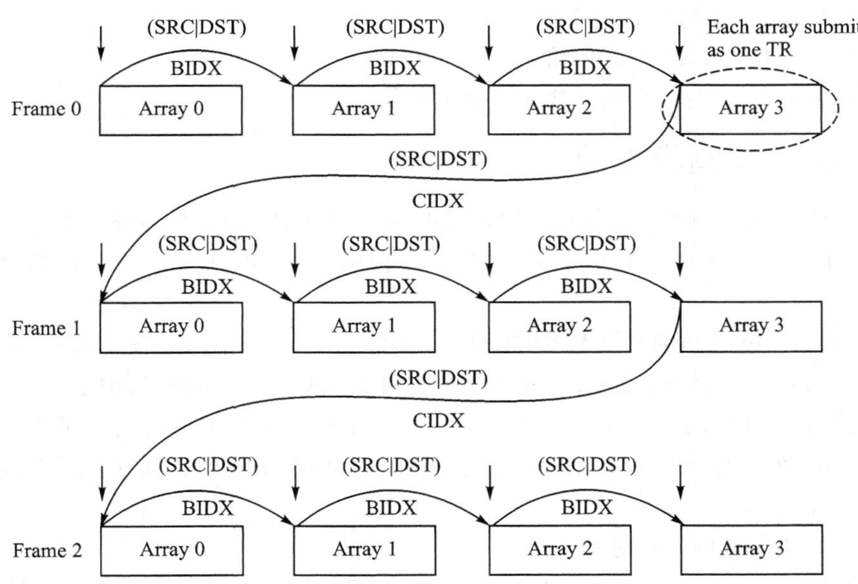

图10－5 EDMA3 A同步传输示意图

A同步传输的传输过程：

① 源地址为SRCAdrr、目标地址为DSTAdrr；

② 触发事件，提交一个传输请求(TR)到传输控制器；

③ 从源地址SRCAddr读取ACNT个字节(Array0)，同时把读取的数据(Array0)写到目标地址DSTAdrr；

④ 触发事件，提交一个传输请求(TR)到传输控制器；

⑤ 索引下一个 Array：源地址 SRCAddr = SRCAddr + SRCBIDX，目的地址 DSTAdrr = DSTAdrr + SRCBIDX；

⑥ 从源地址 SRCAddr 读取 ACNT 字节(Array1)，同时，把读取的数据(Array1)写到目标地址 DSTAdrr；

⑦ 重复④～⑥步，直到传输完一个 Frame；

⑧ 触发事件，提交一个传输请求(TR)到传输控制器；

⑨ 索引下一个 Frame：源地址 SRCAddr = SRCAddr + SRCCIDX，目的地址 DSTAdrr = DSTAdrr + SRCCIDX；

⑩ 从源地址 SRCAddr 读取 ACNT 字节(Array0)，同时，把读取的数据(Array0)写到目标地址 DSTAdrr；

⑪ 触发事件，提交一个传输请求(TR)到传输控制器；

⑫ 索引下一个 Array：源地址 SRCAddr = SRCAddr + SRCBIDX，目的地址 DSTAdrr = DSTAdrr + SRCBIDX；

⑬ 从源地址 SRCAddr 读取 ACNT 字节(Array1)，同时，把读取的数据(Array1)写到目标地址 DSTAdrr；

⑭ 重复④～⑥步，直到传输完一个 Frame；

⑮ 重复⑧～⑭步，直到传输完一个 Block。

10.3.3 AB 同步传输

在 AB 同步传输中，每个 EDMA3 同步事件(触发事件)开始传输一个 Frame(第二维)，即 ACNT · BCNT 个字节。因此，要传输一个 Block 就需要 CCNT 个触发事件。

每个 Array 之间的间隔为 BIDX 字节，如图 10-6 所示，图中 BCNT = 4，CCNT = 3，ACNT=n。例如，Array0 的起始地址和 Array1 的起始地址间隔 BIDX(SRCBIDX 或者 DSTBIDX)字节。每个 Frame 的起始地址之间的间隔为 CIDX 字节，例如，Frame0 的起始地址与 Frame1 的起始地址之间的间隔为 CIDX(SRCCIDX 或者 DSTCIDX)字节。

AB 同步传输的传输过程：

① 源地址为 SRCAdrr、目标地址为 DSTAdrr；源 Frame 起始地址 SRCFrameAdrr = SRCAdrr、目标 Frame 起始地址 DSTFrameAdrr = DSTAdrr；

② 触发事件，提交一个传输请求(TR)到传输控制器；

③ 从源地址 SRCAddr 读取 ACNT 个字节(Array0)，同时，把读取的数据(Array0)写到目标地址 DSTAdrr；

④ 索引下一个 Array：源地址 SRCAddr = SRCAddr + SRCBIDX，目的地址 DSTAdrr = DSTAdrr + SRCBIDX；

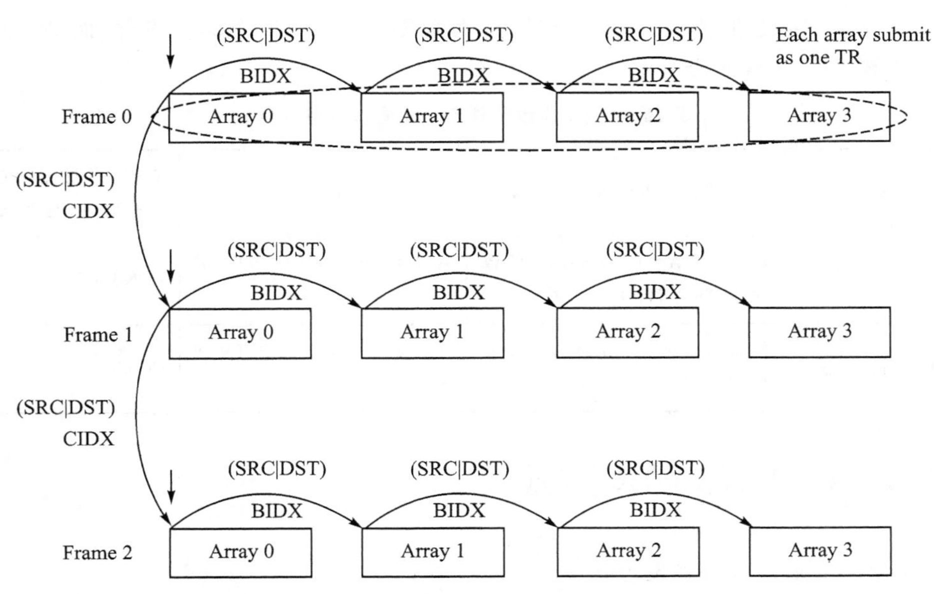

图 10-6 EDMA3 AB 同步传输示意图

⑤ 从源地址 SRCAddr 读取 ACNT 字节(Array1),同时,把读取的数据(Array1)写到目标地址 DSTAdrr;

⑥ 重复④~⑥步,直到传输完一个 Frame;

⑦ 触发事件,提交一个传输请求(TR)到传输控制器;

⑧ 索引下一个 Frame:SRCFrameAdrr = SRCFrameAdrr + SRCCIDX,源地址 SRCAddr =SRCFrameAdrr,DSTFrameAdrr = DSTFrameAdrr + SRCCIDX,目的地址 DSTAdrr=DSTFrameAdrr;

⑨ 从源地址 SRCAddr 读取 ACNT 字节(Array0),同时,把读取的数据(Array0)写到目标地址 DSTAdrr;

⑩ 索引下一个 Array:源地址 SRCAddr = SRCAddr + SRCBIDX,目的地址 DSTAdrr = DSTAdrr + SRCBIDX;

⑪ 从源地址 SRCAddr 读取 ACNT 字节(Array1),同时把读取的数据(Array1)写到目标地址 DSTAdrr;

⑫ 重复③~⑤步,直到传输完一个 Frame;

⑬ 重复⑦~⑪步,直到传输完一个 Block。

10.3.4 A 同步传输与 AB 同步传输的区别

A 同步传输与 AB 同步传输的区别如表 10-1 所列。A 同步传输和 AB 同步传输数据块的大小都是 ACNT · BCNT · CCNT 字节。A 同步传输的一个同步事件传输的是一个 Array,而 AB 同步传输的一个同步事件传输一个 Frame。因此,若完成一个数据块 Block 的传输，A 同步传输需要 BCNT · CCNT 个同步事件，而 AB 同步传输需要 CCNT 个同步事件。

表 10-1 A 同步传输与 AB 同步传输的区别

传输类型	每个同步事件传输的数据	一个数据块大小	完成一个数据块传输需要同步事件数
A—同步传输	传输一个数列（Array）的一维数据（ACNT 字节）	ACNT · BCNT · CCNT（字节）	BCNT · CCNT
AB—同步传输	传输一个帧（Frame）的二维数据（ACNT · BCNT 字节）	ACNT · BCNT · CCNT（字节）	CCNT

10.4 EDMA3 触发方式

DMA 通道有 3 种触发方式：

① 事件触发：当一个触发事件锁存到 ER 寄存器时，则启动相应通道的 DMA 传输数据（CPU 必须先通过 EER 使能该事件）。可以触发 DMA 通道的同步事件如表 10-2 所列。

② 手动触发：CPU 可以通过写 ESR 寄存器来启动一个 DMA 通道。

③ 链接触发：由一个 DMA 通道的传输结束来触发，从而启动 DMA 通道进行下一次的传输。

QDMA 通道有 2 种触发方式：

① 自动触发：PaRAM 里设置为触发字的域被写入值后，则触发 QDMA 通道传输（通过 QCHMAPn 寄存器设置 PaRAM 的哪个域作为触发域）。

② 链接触发：由一个 QDMA 通道的结束来触发，启动 QDMA 通道进行下一次传输。

表 10-2 EDMA3 同步事件

EDMA3 通道控制器 0			
事 件	事件名/源	事 件	事件名/源
0	McASP0 Receive	16	MMCSD0 Receive
1	McASP0 Transmit	17	MMCSD0 Transmit
2	McBSP0 Receive	18	SPI1 Receive
3	McBSP0 Transmit	19	SPI1 Transmit
4	McBSP1 Receive	20	PRU_EVTOUT6
5	McBSP1 Transmit	21	PRU_EVTOUT7

续表 10-2

EDMA3 通道控制器 0			
事　件	事件名/源	事　件	事件名/源
6	GPIO Bank 0 Interrupt	22	GPIO Bank 2 Interrupt
7	GPIO Bank 1 Interrupt	23	GPIO Bank 3 Interrupt
8	UART0 Receive	24	I2C0 Receive
9	UART0 Transmit	25	I2C0 Transmit
10	Timer64P0 Event Out 12	26	I2C1 Receive
11	Timer64P0 Event Out 34	27	I2C1 Transmit
12	UART1 Receive	28	GPIO Bank 4 Interrupt
13	UART1 Transmit	29	GPIO Bank 5 Interrupt
14	SPI0 Receive	30	UART2 Receive
15	SPI0 Transmit	31	UART2 Transmit
EDMA3 通道控制器 1			
事件	事件名/源	事件	事件名/源
0	Timer64P2 Compare Event 0	16	GPIO Bank 6 Interrupt
1	Timer64P2 Compare Event 1	17	GPIO Bank 7 Interrupt
2	Timer64P2 Compare Event 2	18	GPIO Bank 8 Interrupt
3	Timer64P2 Compare Event 3	19	Reserved
4	Timer64P2 Compare Event 4	20	Reserved
5	Timer64P2 Compare Event 5	21	Reserved
6	Timer64P2 Compare Event 6	22	Reserved
7	Timer64P2 Compare Event 7	23	Reserved
8	Timer64P3 Compare Event 0	24	Timer64P2 Event Out 12
9	Timer64P3 Compare Event 1	25	Timer64P2 Event Out 34
10	Timer64P3 Compare Event 2	26	Timer64P3 Event Out 12
11	Timer64P3 Compare Event 3	27	Timer64P3 Event Out 34
12	Timer64P3 Compare Event 4	28	MMCSD1 Receive
13	Timer64P3 Compare Event 5	29	MMCSD1 Transmit
14	Timer64P3 Compare Event 6	30	Reserved
14	Timer64P3 Compare Event 7	31	Reserved

10.5 参数 RAM(PaRAM)

10.5.1 PaRAM 的内容

参数 RAM(PaRAM)保存 DMA 通道或者 QDMA 通道传输所需要的控制参数。PaRAM 参数集如图 10－7 所示。

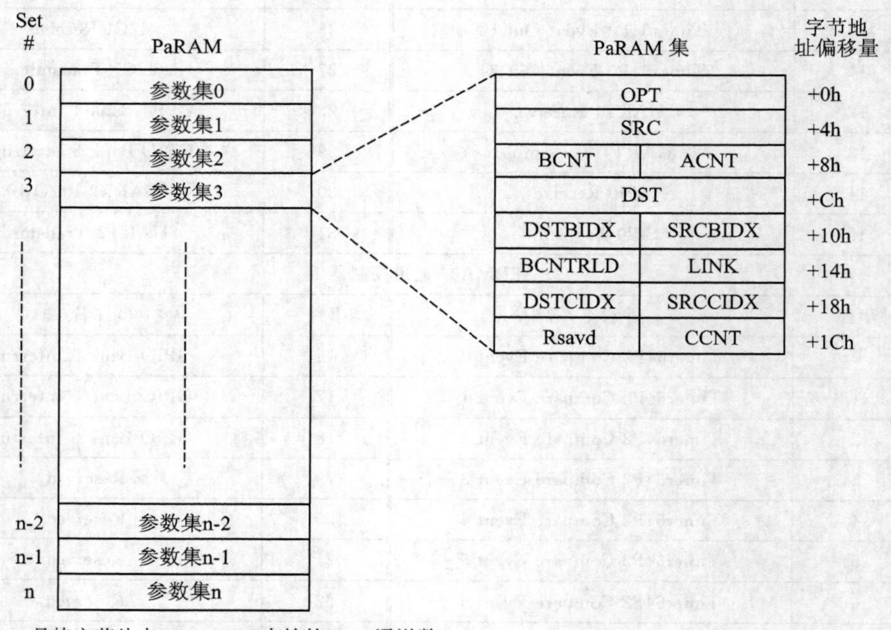

图 10－7 PaRAM 集示意图

TMS320C6748 中总共有 128 个 PaRAM，每个 PaRAM 包含 32 字节。EDMA3 进行数据传输时，可以选择其中的一个 PaRAM 来作为本次传输的控制参数。每个 PaRAMG 来所包含的控制参数如下：

- 通道属性：OPT；
- 源、目的地址：SRC、DST；
- 传输数据块大小：ACNT，BCNT、CCNT；
- 源、目的地址 B 索引：SRCBIDX、DSTBIDX；
- 源、目的地址 C 索引：SRCCIDX、DSTCIDX；
- BCNT 重载值：BCNTRLD；
- 链接地址：LINK。

1. 通道源地址参数(SRC)

通道源地址参数占用32位,用于存放源的起始字节地址。SRC的内容如图10-8和表10-3所示。

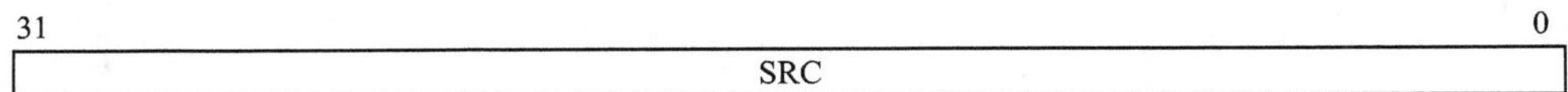

图10-8 SRC定义

表10-3 SRC参数描述

位	域	值	描 述
31～0	SRC	0～FFFF FFFFh	源地址,指定源地址起始地址

2. 通道目的地址参数(DST)

通道目的地址参数占用32位,用于存放目的起始字节地址。DST的内容如图10-9和表10-4所示。

图10-9 DST定义

表10-4 DST参数描述

位	域	值	描述
31～0	DST	0～FFFF FFFFh	目的地址,指定目的地址起始地址

3. A计数、B计数、C计数参数(ACNT、BCNT、CCNT)

A计数、B计数、C计数参数用于描述EDMA3传输的数据块大小。ACNT指定Array的字节数,BCNT指定一个Frame中Array的个数,CCNT指定一个Block中Frame的个数。ACNT和BCNT的内容如图10-10和表10-5所示,CCNT的内容如图10-11和表10-6所示。

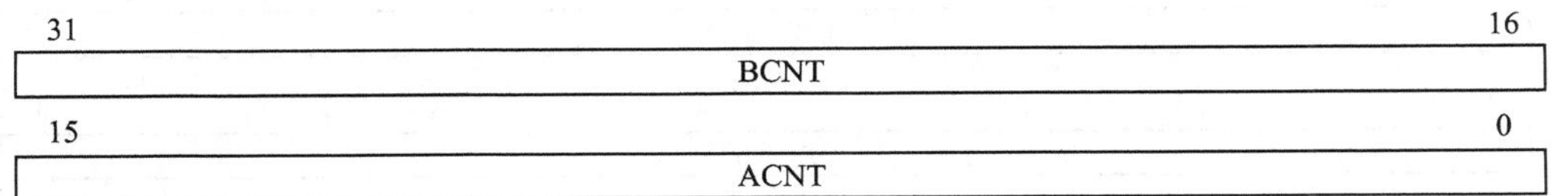

图10-10 ACNT和BCNT的定义

表 10-5 ACNT 和 BCNT 的参数描述

位	域	值	描述
31~16	BCNT	0~FFFFh	B 计数,无符号值指定一个帧中 ACNT 字节数列的数量,1~65 535 为有效值
15~0	ACNT	0~FFFFh	A 计数,无符号值指定一个数列中连续字节的个数(传输第一个维),1~65 535 为有效值

31	16
预留	
R/W-x	

15	0
CCNT	
R/W-x	

图 10-11 CCNT 定义

表 10-6 CCNT 参数描述

位	域	值	描述
31~16	预留	0	预留
15~0	CCNT	0~FFFFh	C 计数,无符号值指定一个块中帧的数量,一个帧是 BCNT 个 ACNT 字节数列,1~65 535 为有效值

4. 源、目的 B 索引参数(SRCBIDX、DSTBIDX)

源、目的 B 索引用于指定 Frmae 中的两个 Array 之间的地址偏移。SRCBIDX 和 DSTBIDX 都是 16 位有符号的值,因此,取值范围为-32 768~32 767。也就是说,传输完成一个 Array 之后,可以根据当前 Array 的起始地址向前索引下一个 Array 的起始地址,也可以向后索引下一个 Array 的起始地址。SRCBIDX 和 DSTBIDX 的内容如图 10-12 和表 10-7 所示。

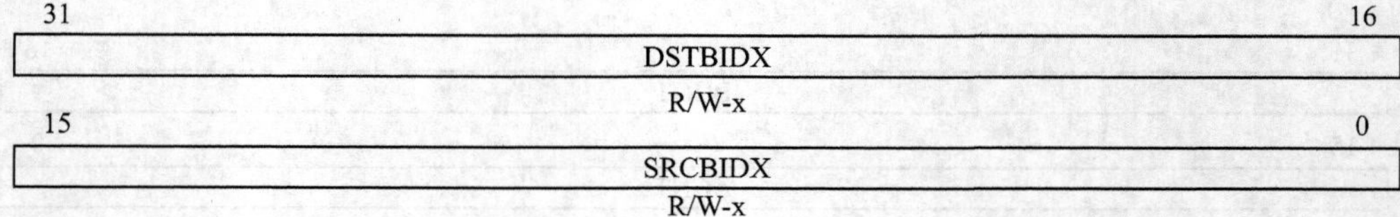

图 10-12 SRCBIDX 和 DSTBIDX 定义

表10-7 SRCBIDX和DSTBIDX参数描述

位	域	值	描　述
31～16	DSTBIDX	0～FFFFh	目的B索引，有符号值指定Frame(第二维)中目的Array之间的地址字节偏移值，有效值为－32 768～32 767
15～0	SRCBIDX	0～FFFFh	源B索引，有符号值指定Frame(第二维)中源Array之间的地址字节偏移值，有效值为－32 768～32 767

5. 源、目的C索引参数(SRCCIDX、DSTCIDX)

源、目的C索引用于指定Block中两个Frame之间的地址偏移。在A类传输中，SRCCIDX和DSTCIDX指的是当前Frame最后一个Array的起始地址与下一个Frame第一个Array的起始地址之间的地址偏移值。在AB类传输中，SRCCIDX和DSTCIDX指的是当前Frame的起始地址与下一个Frame的起始地址之间的地址偏移值。SRCCIDX和DSTCIDX都是16位有符号的值，因此，取值范围为－32 768～32 767。也就是说，传输完成一个Frame之后，可以根据向前索引下一个Frame的地址，也可以向后索引下一个Frame的地址。SRCCIDX和DSTCIDX的内容如图10-13和表10-8所示。

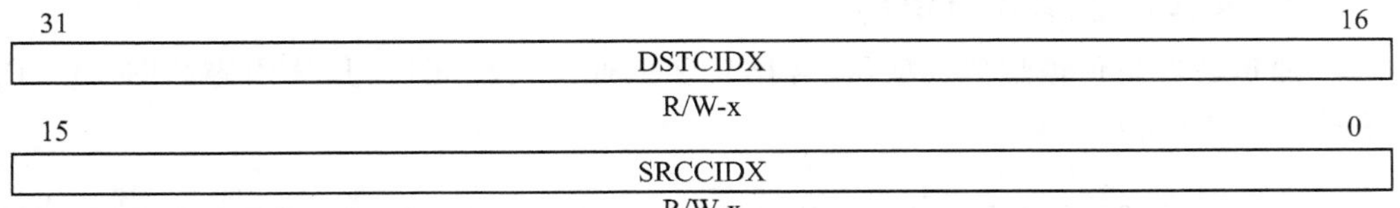

图10-13 SRCCIDX和DSTCIDX定义

表10-8 SRCCIDX和DSTCIDX参数描述

位	域	值	描　述
31～16	DSTCIDX	0～FFFFh	目的C索引，有符号值指定一个块中两个帧之间的地址偏移量，有效值为－32 768～32 767
15～0	SRCCIDX	0～FFFFh	源B索引，有符号值指定一个块中两个帧之间的地址偏移量，有效值为－32 768～32 767

6. 链接与BCNT重载参数(LINK、BCNTRLD)

链接用于指定当前PaRAM所描述的数据块传输完成后，进行下一次传输时要链接使用的PaRAM参数。LINK是一个可选的参数，当LINK的值为0xFFFF时，则不进行链接，具体的LINK的用法可以参考下一小节。BCNT重载只与A同步传输有关，在A同步传输中，每个同步事件传输一个Array，因此，每次提交一个传输请求(TR)后，BCNT的值就会减1，当BCNT递减到0时就使用BCNTRLD的值来重载 BCNT。LINK 和 BCNTRLD 的内容如图 10-14 和表 10-9 所示。

31～16
BCNTRLD
R/W-x

15～0
LINK
R/W-x

图 10-14　LINK 和 BCNTRLD 定义

表 10-9　LINK 和 BCNTRLD 参数描述

位	域	值	描　述
31～16	BCNTRLD	0～FFFFh	B 计数重载，当 BCNT 减少到 0（第二维中最后一个数列的 TR 提交）时，这个计数值用于重载 BCNT，只能应用于 A 类同步传输
15～0	LINK	0～FFFFh	连接地址，如果当前 PaRAM 参数被消耗完，则 PaRAM 将从被链接（LINK）的 PaRAM 中更新数据（从这个 PaRAM 里复制数据）。FFFFh 值表明一个空连接

7. 通道属性参数（OPT）

通道属性是传输配置选项，包含比较多的通道传输属性，具体内容如图 10-15 和表 10-10 所示。

31～28	27～24	23	22	21	20	19～18	17～16
Reserved	PRIVID	ITCCHEN	TCCHEN	ITCINTEN	TCINTEN	Reserved	TCC
R-0	R-0	R/W-0	R/W-0	R/W-0	R/W-0	R/W-0　R-0	R/W-0

15～12	11	10～8	7～4	3	2	1	0
TCC	TCCMOD	FWID	Reserved	STAIIC	SYCNDIM	DAM	SAM
R/W-0	R/W-0	R/W-0	R-0	R/W-0	R/W-0	R/W-0	R/W-0

图 10-15　OPT 的定义

表 10-11　OPT 属性参数描述

位	域	值	描　述
31～28	预留	0	预留
27～24	PRIVID	0～Fh	将外部主机、CPU、DMA 的特权身份编程在参数 RAM 集中，当参数 RAM 集的任何部分被写入时，这个 EDMA3 主设备的特权身份值被设置
23	ITCCHEN		内部传输完成链接使能
		0	禁止内存传输完成链接
		1	使能内部传输完成链接

续表 10-11

位	域	值	描　述
22	TCCHEN	 0 1	传输完成链接使能 禁止传输完成级联 使能传输完成级联
21	ITCINTEN	 0 1	内部传输完成中断使能 禁止内部传输完成中断 使能内部传输完成中断
20	TCINTEN	 0 1	传输完成中断使能 禁止传输完成中断 使能传输完成中断
19	预留	0	预留，通常写 0 到这一位
18	预留	0	预留
12～17	TCC	0～1Fh	传输完成编码，这 6 位用于设置链接使能寄存器的相应位（CER[TCC]）用于链接或者中断挂起寄存器相应位（IPR[TCC]）用于中断
11	TCCMOD	 0 1	传输完成编码模式 正常完成模式：在数据完全被传输后，才算一个传输完成 提前完成模式：当 EDMA3CC 提交一个传输请求给 EDMA3TC 时就算一个传输完成，触发中断或者链接时传输请求可能仍然在传输数据
10～8	FWID	0～7h	FIFO 宽度，当 SAM 或者 DAM 设置为固定地址模式时有效
7～4	预留	0	预留
3	STATIC	 0 1	静态 PaRAM 集 RAM 参数集非静态：TR 被提交后，RAM 参数集将更新或链接。0 值用于 DMA 通道或 QDMA 传输链接列表中的非最终的传输。 RAM 参数集为静态：TR 被提交后，RAM 参数集不发生更新或链接。1 值用于单独的 QDMA 传输或者 QDMA 传输连接列表中的最终传输
2	SYNCDIM	 0 1	同步传输模式 A 同步传输：每个触发事件传输一个数列（ACNT 字节）。 AB 同步传输：每个触发事件传输 BCNT 个数列（ACNT x BCNT 字节）
1	DAM	 0 1	目的地址模式 递增（INCR）模式：目的地址在一个数列里是递增的，目的不是一个 FIFO 固定地址（CONST）模式：目的地址在一个 FIFO 中循环
0	SAM	 0 1	源地址模式 递增（INCR）模式：源地址在一个数列里是递增的，源不是一个 FIFO 固定地址（CONST）模式：源地址在一个 FIFO 中循环

SAM 和 DAM 用于设置源和目的地址在 Array 里的增长方式，可以设置为递增模式或者固定地址模式。递增模式是指在 Array 中每读取/写入一个字节后地址自动加 1；而固定地址模式则是针对 FIFO 而言的，同样的，在 Array 中每读取/写入一个字节后地址也自动加 1，但是当地址递增到 FIFO 的边界时会跳转到 FIFO 的起始地址。注意，在 TMS320C6748 中，EDMA3 是不支持固定地址模式的，只能配置为递增地址模式，但是可以通过设置适当的 B 索引和 C 索引来实现固定地址模式的功能。

STATIC 用于配置 PaRAM 是静态还是动态，在使用链接(LINK)来更新 PaRAM 时必须配置为动态，一般情况下这个值配置为动态即可。

FWID 只在 SAM 或者 DAM 被配置为固定模式时才有意义，FWID 规定固定模式下 FIFO 的宽度。但是 TMS320C6748 中的 SAM 和 DAM 只能为递增模式，因此，FWID 可以不配置。

TCC 传输完成后，编码与中断挂起寄存器(IPR)的位对应，如图 10-16 所示。例如，TCC=3 时，那么传输完成中断产生后 IPR[3]会被置 1。TCC 一般应用在中断服务函数中，例如，设置了多个通道进行传输数据，但是中断服务函数只有一个，因此，可以通过对不同的通道设置不同的 TCC 来区分哪个通道产生中断。DMA/QDMA 通道的 TCC 可以设置为 0～31 之间的任意值，跟通道号是没有关联的，这样可以允许多个通道有相同的完成编码值。

OPT 中 TCC 位 (TCINTEN/ITCINTEN = 1)	IPR 位被设置
00 0000b	IPR0
00 0001b	IPR1
00 0010b	IPR2
00 0011b	IPR3
00 0100b	IPR4
…	…
…	…
01 1110b	IPR30
01 1111b	IPR31

图 10-16 TCC 编码

传输完成中断使能(TCINTEN)和内部传输完成中断(ITCINTEN)用于设置通道传输完成后产生中断。A 同步传输中，每个传输提交(TR)传输一个 Array，而 AB 同步传输每个传输提交传输一个 Frame。若 TCINTEN 被置 1，那么 EDMA3 传输数据时最后一个 TR 后才会产生传输完成中断；而如果 ITCINTEN 被置 1，那么 EDMA3 传输数据时每个 TR 都会产生一次传输完成中断(最后一次 TR 除外)。例如，

ACNT＝3，BCNT＝4，CCNT＝5，那么 TCINTEN 和 ITCINTEN 设置的值与产生中断次数的对应关系如表 10－12 所列。

表 10－12　TCINTEN、ITCINTEN 设置与产生中断次数的关系

设置	说明	A—同步传输中断次数	AB—同步传输中断次数
TCINTEN ＝ 1，ITCINTEN ＝ 0	最后一个请求提交/完成产生传输完成中断	1	1
TCINTEN ＝ 0，ITCINTEN ＝ 1	每一个内部传输提交/完成产生传输完成中断	19 (BCNT×CCNT －1)	4 (CCNT－1)
TCINTEN ＝ 1，ITCINTEN ＝ 1	所有传输提交/完成都会产生完成中断	20 (BCNT× CCNT)	5 (CCNT)

传输完成链接使能和内部传输完成链接使能主要用在链接触发方式(Chain)上。若 TCCHEN 被置 1，那么 EDMA3 传输数据时最后一个 TR 后才会产生链接触发；而如果 ITCINTEN 被置 1，那么 EDMA3 传输数据时每个 TR 都会产生链接触发(最后一次 TR 除外)。

10.5.2　PaRAM 的更新

当 PaRAM 的 OPT. STATIC 设置为非静态时，每一个 TR 提交后或者发送连接(LINK)时，PaRAM 就会更新。会被更新的参数如表 10－13 所列。

表 10－13　TR 提交后 PaRAM 更新

传输类型	更新的参数	不更新的参数
A—同步传输	BCNT、CCNT、SRC、DST	ACNT、BCNTRLD、SRCBIDX、DSTBIDX、SRCCIDX、DSTCIDX、OPT、LINK
AB—同步传输	CCNT、SRC、DST	ACNT、BCNT、BCNTRLD、SRCBIDX、DSTBIDX、SRCCIDX、DSTCIDX、OPT、LINK

参数更新的规则如表 10－14 所列。对于连接而言，当其发生时，PaRAM 的所有参数都会被更新，从被连接的 PaRAM 把参数复制到当前的 PaRAM。而对于 TR 提交后的 PaRAM，更新规则如下：

1. A 同步传输

➢ 每个同步事件提交一个 TR，传输一个 Array，BCNT 减 1，索引下一个 Array，源地址 SRC ＝ SRC ＋ SRCBIDX，目的地 DST ＝ DST ＋ DSTBIDX。

➢ 当一个 Frame 传输完后，BCNT 就变成 0，CCNT 减 1。此时需要索引下一个 Frame，BCNT 重载(BCNT ＝ BCNTRLD)，源地址 SRC ＝ SRC ＋ SRC-

BIDX，目的地 DST = DST + DSTBIDX。

2. AB 同步传输

➢ 每个同步事件提交一个 TR，传输一个 Frame。传输完一个 Frame 后，CCNT 减 1。此时需要索引下一个 Frame，源地址 SRC = SRC + SRCBIDX，目的地 DST = DST + DSTBIDX。

表 10-14 EDMA3CC 中 PaRAM 更新规则

	A 同步传输		
	B 更新	C 更新	连接更新
条件	BCNT > 1	BCNT==1 && CCNT>1	BCNT==1 && CCNT==1
SRC	+=SRCBIDX	+=SRCCIDX	= Link. SRC
DST	+=DSTBIDX	+=DSTCIDX	= Link. DST
ACNT	None	None	= Link. ACNT
BCNT	--=1	=BCNTRLD	= Link. BCNT
CCNT	None	None	= Link. CCNT
SRCBIDX	None	None	= Link. SRCBIDX
DSTBIDX	None	None	= Link. DSTBIDX
SRCCIDX	None	None	= Link. SRCCIDX
DSTCIDX	None	None	= Link. DSTCIDX
LINK	None	None	= Link. LINK
BCNTRLD	None	None	= Link. BCNTRLD
OPT	None	None	= Link. OPT
	AB 同步传输		
	B 更新	C 更新	连接更新
条件	N/A	CCNT > 1	CCNT == 1
SRC	In EDMA3TC	+=SRCCIDX	= Link. SRC
DST	In EDMA3TC	+=DSTCIDX	= Link. DST
ACNT	None	None	= Link. ACNT
BCNT	In EDMA3TC	N/A	= Link. BCNT
CCNT	In EDMA3TC	--=1	= Link. CCNT
SRCBIDX	In EDMA3TC	None	= Link. SRCBIDX
DSTBIDX	None	None	= Link. DSTBIDX
SRCCIDX	In EDMA3TC	None	= Link. SRCCIDX
DSTCIDX	None	None	= Link. DSTCIDX
LINK	None	None	= Link. LINK
BCNTRLD	None	None	= Link. BCNTRLD
OPT	None	None	= Link. OPT

10.5.3 连接传输

EDMA3CC 提供了一个连接机制，它允许从连接的 PaRAM 获取全部数据，并更新到当前 PaRAM。对于没有 CPU 介入的场合，维护乒乓缓冲、循环缓冲和重复/连续的传输时，连接是非常有用的。完成一个传输后，使用当前 PaRAM 中 LINK 指向的 PaRAM 加载传输参数。只有当 OPT 中 STATIC 位清 0 时，连接才会发生。

一个连接更新的发生取决于 OPT 中 STATIC 的状态和 LINK 域。若当前 PaRAM 参数全部消耗完（即描述的数据块全部传输完成），则连接更新发生，EDMA3CC 从被 LINK 指定的 PaRAM 中读取这个 PaRAM 的全部数据（8 字），并写到当前传输通道相关的 PaRAM 上。如果 LINK 的值是 FFFFh，那么当前 PaRAM 参数被耗尽时连接一个 Null PaRAM（LINK 为 FFFFh，其他参数为 0），也就是终止当前通道的传输。

一个连接传输的例子如图 10-17 所示，描述如下：

① 初始状态，参数集 3 的连接地址 LINK＝4FE0h（指向参数集 127），而参数集 127 的连接地址为 LINK＝FFFFh（Null PaRAM）。

② 参数集 3 传输完成后连接会发生，由于参数集 3 的 LINK 指向的是参数集 127，因此，EDMA3CC 会将参数集 127 的所有参数复制到参数集 3 上，更新后的参数集 3 连接地址 LINK＝FFFFh。

③ 参数集 3 再次进行传输，当传输完成后，由于参数集 3 连接地址 LINK＝FFFFh，此时会连接到一个 Null PaRAM。更新后的参数集 3 的 LINK＝FFFFh，而其他参数全部为 0。

自连接传输的例子如图 10-18 所示，描述如下：

① 初始状态，参数集 3 的连接地址 LINK＝4FE0h（指向参数集 127），而参数集 127 的连接地址为 LINK＝4FE0h（指向参数集 127）。

② 参数集 3 传输完成后连接会发生，由于参数集 3 的 LINK 指向的是参数集 127，因此，EDMA3CC 会将参数集 127 的所有参数复制到参数集 3 上，更新后的参数集 3 连接地址 LINK＝4FE0h。

③ 参数集 3 再次进行传输，当传输完成后，由于参数集 3 连接地址 LINK＝4FE0h（指向参数集 127），此时再次连接到参数集 127。因此，EDMA3CC 会将参数集 127 的所有参数复制到参数集 3 上，更新后的参数集 3 连接地址 LINK＝4FE0h（指向参数集 127）。这样就可以重复不停地传输数据。

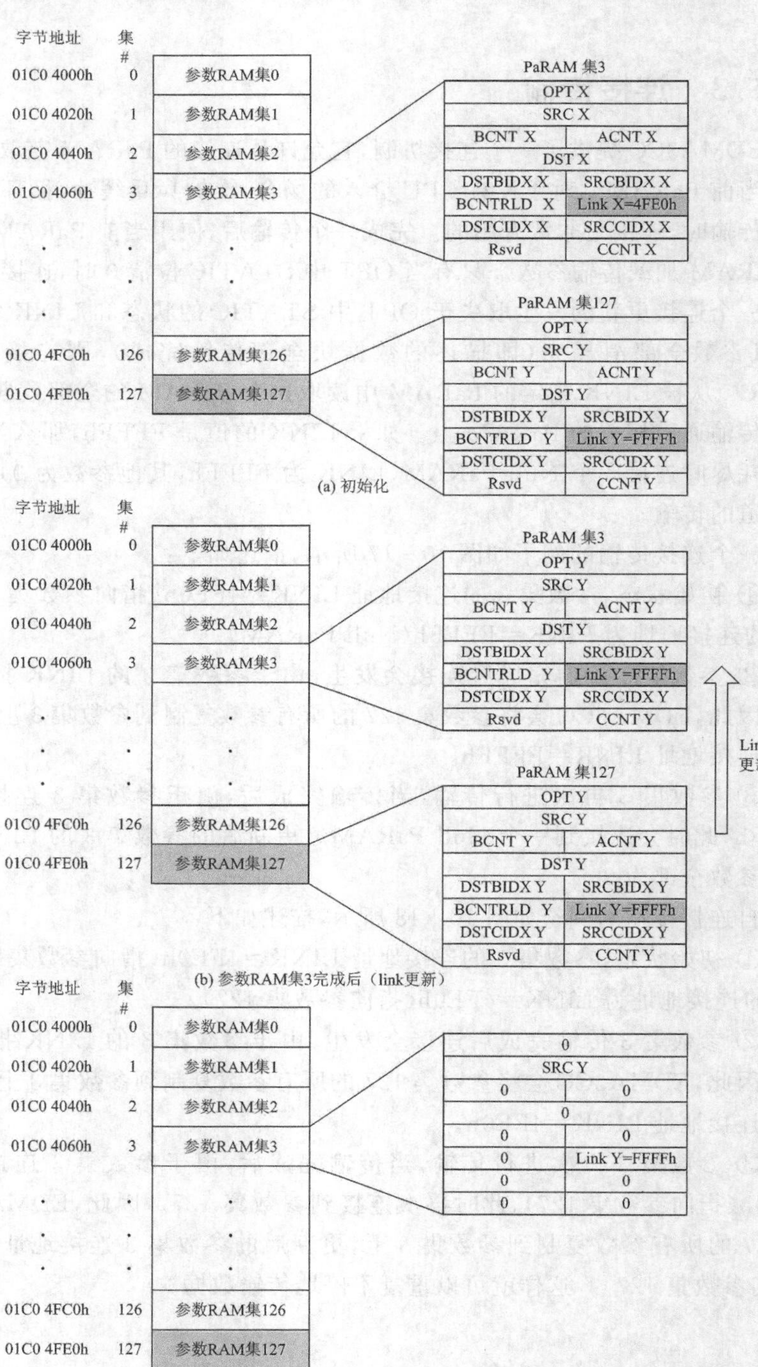

图 10－17　连接传输例子

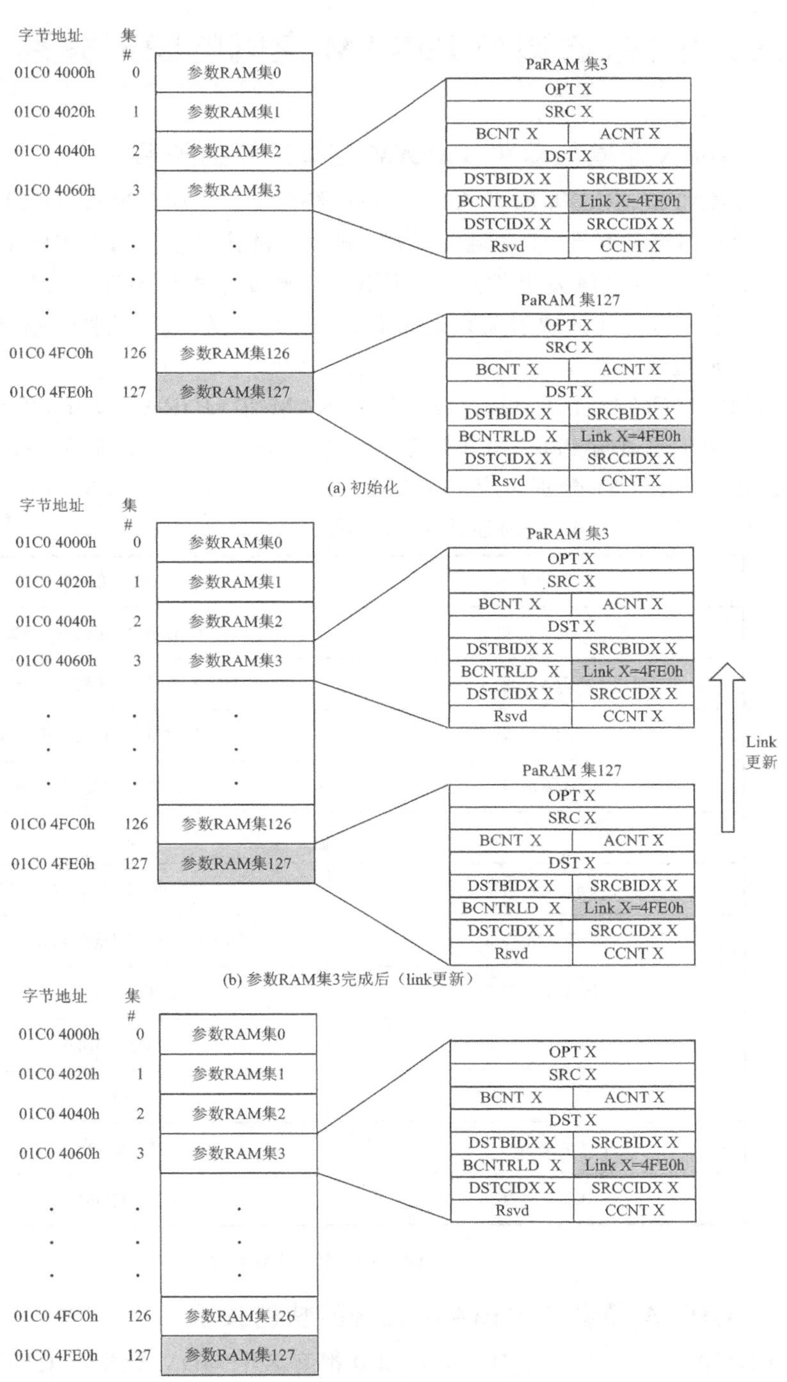

(a) 初始化

(b) 参数RAM集3完成后（link更新）

(c) 参数RAM集127完成后(连接到空集)

图 10－18 自连接的传输例子

10.6 事件、通道与 PaRAM 之间的映射关系

1. DMA 通道与事件、PaRAM 之间的映射关系

EDMA3_0_CC0 和 EMDA3_1_CC0 都有 32 个 DMA 通道，DMA 通道的触发方式有 3 种，即事件触发、手动触发(CPU 触发)、链接触发。每个 EDMA3 通道控制器有 32 个同步事件(触发事件)。当使用事件触发方式来触发 DMA 通道时，32 个事件与 32 个通道之间的映射关系是固定的一一对应关系。事件 0～事件 31 分别对应通道 0～通道 31。

TMS320C6748 上总共有 128 个 PaRAM 集(PaRAM Set 32 ～ PaRAM Set 127)。DMA 通道与 PaRAM 的映射关系也是固定的一一对应关系，如图 10-19 所示，通道 0～通道 31 分别对应 PaRAM Set 0 ～ PaRAM Set 31，而 PaRAM Set 0～PaRAM Set127 都可以作为连接 PaRAM。

参数集号	映 射
PaRAM 集 0	DMA 通道 0/重载/QDMA
PaRAM 集 1	DMA 通道 1/重载/QDMA
PaRAM 集 2	DMA 通道 2/重载/QDMA
PaRAM 集 3	DMA 通道 3/重载/QDMA
…	…
PaRAM 集 30	DMA 通道 30/重载/QDMA
PaRAM 集 31	DMA 通道 31/重载/QDMA
PaRAM 集 32	重载/QDMA
PaRAM 集 33	重载/QDMA
…	…
PaRAM 集 n−1	重载/QDMA
PaRAM 集 n	重载/QDMA

图 10-19 PaRAM 映射

2. QDMA 通道与 PaRAM 之间的映射关系

EDMA3_0_CC0 和 EMDA3_1_CC0 都有 8 个 QDMA 通道，QDMA 通道与 PaRAM 集之间的映射关系是可以任意的。每个 QDMA 通道都可以选择 PaRAM Set 0～PaRAM Set 127 之间的任意一个参数集作为传输 PaRAM。QDMA 通道 0～

QDMA 通道 7 分别通过寄存器 QCHMAP0～QCHMAP7 来配置，在 QCHMAPn 寄存器的 PAENTRY 域里写入 PaRAM Set 号即可完成 QDMA 通道到 PaRAM Set 的映射。

10.7　事件队列

事件队列是 EDMA3CC 的事件检测逻辑和传输请求之间的接口。事件队列最大允许缓存 16 个条目，也就是每个事件队列最多支持同时发出 16 个通道。事件队列与传输控制器 EDMA3TC 之间是一一映射关系，EDMA3_0_CC0 有两个传输控制器，与之对应的就有两个事件队列，这样事件队列 0(Q0)提交的传输请求会提交到 EDMA3 传输控制器 0(TC0)上。同理，事件队列 1(Q1)提交的传输请求会提交到 EDMA3 传输控制器 1(TC1)上。而 EDMA3_1_CC0 有一个传输控制器，与之对应就是一个事件队列。

EDMA3CC 的 32 个 DMA 通道触发后会送到哪一个队列是通过 DMAQNUM0～DMAQNUM3 寄存器配置的，EDMA3CC 的 8 个 QDMA 通道触发后被送到哪一个队列是通过 QDMAQNUM 寄存器来配置的。这样被分配到事件队列 0 的通道由传输控制器 0 来完成数据的传输，而被分配到事件队列 1 的通道由传输控制器 1 来完成数据的传输。

10.8　EDMA3 通道控制器区域与中断

10.8.1　EDMA3 通道控制器区域

EDMA3CC 的寄存器可以被分成 3 类，分别是全局寄存器、全局区域通道寄存器及影子区域通道寄存器。

全局寄存器主要控制着 EDMA3 的资源映射、调试窗口和错误追踪信息。而通道寄存器是控制通道相关的寄存器。通道寄存器的结构如图 10－20 所示，影子区域寄存器的组成如图 10－21 所示。全局区域通道寄存器和影子区域通道寄存器的寄存器组成是一样的，也就是说，全局区域里有的通道寄存器在影子区域里也会有，因此，可以通过全局通道区域访问通道寄存器，也可以通过影子通道区域访问通道寄存器。比如事件使能寄存器(EER)，全局区域和影子区域里都有这个寄存器，则可以通过全局区域寄存器空间偏移地址 1020h 来访问，也可以通过影子区域 0 空间偏移地址 2020h 来访问，还可以通过影子区域 1 空间偏移地址 2220h 来访问。

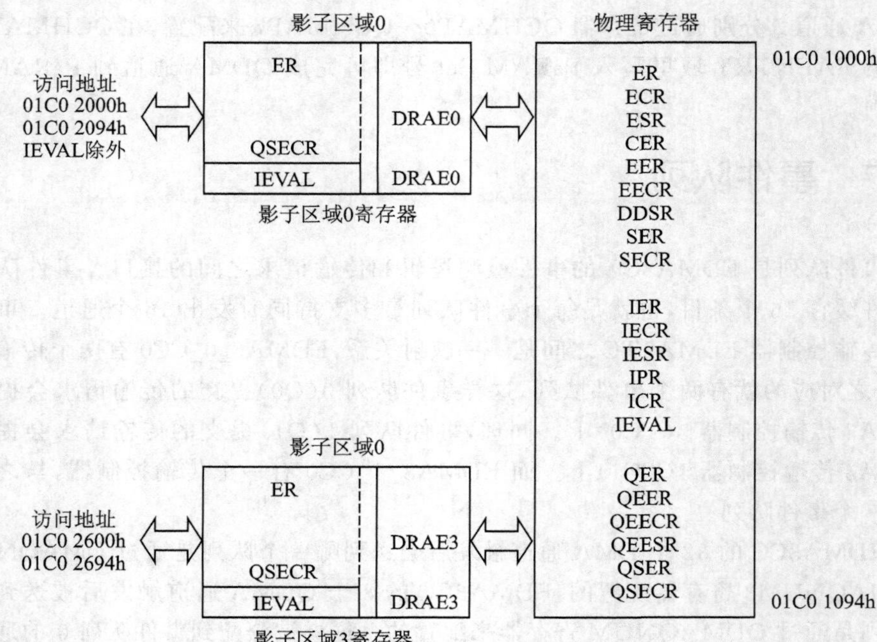

图 10-20　通道寄存器

DRAEm	QRAEm
ER	QER
ECR	QEER
ESR	QEECR
CER	QEESR
EER	
EECR	
EESR	
SER	
SECR	
IER	
IECR	
IESR	
IPR	
ICR	
不受 DRAE 控制的寄存器	
IEVAL	

图 10-21　影子区域寄存器的组成

EDMA3CC 将寄存器空间分成多个区域的目的就是减少资源的冲突。一般情况下，配置通道时都尽量配置影子区域里的寄存器。32 个 DMA 通道和 8 个 QDMA 通道可以任意分配到 4 个影子区域上。通道分配到相关的影子区域后，则可以通过配置影子区域里的寄存器来配置此通道。哪个影子区域管理哪些通道是通过 DMA 区域访问使能寄存器(DRAEm)和 QDMA 区域访问使能寄存器(QRAEm)来配置的。每个影子区域都对应一个 DRAEm 寄存器和一个 QRAEm 寄存器，影子区域 0～影子区域 3 分别对应 DRAE0～DRAE3 和 QRAE0～QRAE3。DRAEm 和 QRAEm 的定义如图 10－22 和图 10－23 所示，DRAEm 的 bit0～bit31 分别对应 DMA 通道 0～DMA 通道 31，对相关位置 1 则使能相关通道到当前的影子区域。同样，QRAEm 的 bit0～bit7 分别对应 QDMA 通道 0～QDMA 通道 7。

31	30	29	28	27	26	25	24	23	22	21	20	19	18	17	16
E31	E30	E29	E28	E27	E26	E25	E24	E23	E22	E21	E20	E19	E18	E17	E16
R/W-0	R/W-0	R/W-0	R/W-0	R/W-0	R/W-0	R/W-0	R/W-0	R/W-0	R/W-0	R/W-0	R/W-0	R/W-0	R/W-0	R/W-0	R/W-0
15	14	13	12	11	10	9	8	7	6	5	4	3	2	1	0
E15	E14	E13	E12	E11	E10	E9	E8	E7	E6	E5	E4	E3	E2	E1	E0
R/W-0	R/W-0	R/W-0	R/W-0	R/W-0	R/W-0	R/W-0	R/W-0	R/W-0	R/W-0	R/W-0	R/W-0	R/W-0	R/W-0	R/W-0	R/W-0

图 10－22 DRAEm 寄存器定义

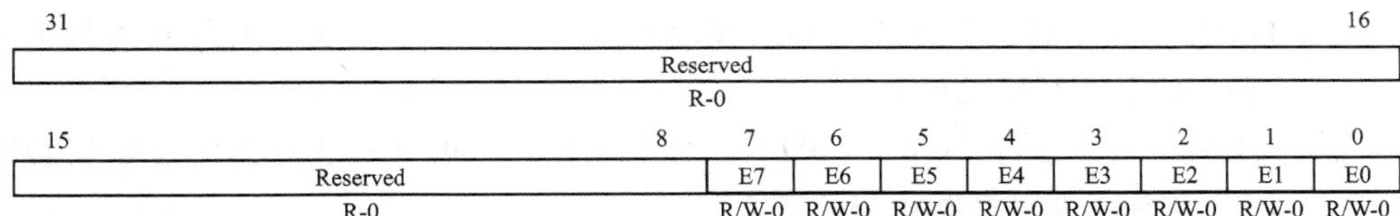

31–16								
Reserved								
R-0								
15–8	**7**	**6**	**5**	**4**	**3**	**2**	**1**	**0**
Reserved	E7	E6	E5	E4	E3	E2	E1	E0
R-0	R/W-0	R/W-0	R/W-0	R/W-0	R/W-0	R/W-0	R/W-0	R/W-0

图 10－23 QRAEm 寄存器定义

因此，在多核设备中，将不同的 DMA 通道和 QDMA 通道分配到不同的影子区域，不同的核心使用不同的影子区域，这样就可以避免多个核心同时访问通道寄存器而产生冲突。

10.8.2 EDMA3 中断

EDMA3 的中断源可以分成两类，分别是传输完成中断源及传输错误中断源。

DMA/QDMA 通道传输完成中断源与影子区域是相关联的，EDMA3_0_CC0 和 EDMA3_1_CC0 的 4 个影子区域分别对应 4 个中断源，如图 10－24 所示。但是 TMS320C6748 中只有影子区域 1 传输完成中断(EDMA3_0_CC0_INT1 和 EDMA3_1_CC0_INT1)才有 DSP 中断事件号，因此，需要把通道分配到影子区域 1 产生中断后才能跳转到中断服务函数上。产生传输完成中断后，则需要查询 IPR 寄存器才能确定是哪个通道产生中断。

名称	描述	DSP 中断事件号
EDMA3_0_CC0_INT0	EDMA3_0 通道控制器 0 的影子区域 0 传输完成中断	—
EDMA3_0_CC0_INT1	EDMA3_0 通道控制器 0 的影子区域 1 传输完成中断	8
EDMA3_0_CC0_INT2	EDMA3_0 通道控制器 0 的影子区域 2 传输完成中断	—
EDMA3_0_CC0_INT3	EDMA3_0 通道控制器 0 的影子区域 3 传输完成中断	—
EDMA3_1_CC0_INT0	EDMA3_1 通道控制器 0 的影子区域 0 传输完成中断	—
EDMA3_1_CC0_INT1	EDMA3_1 通道控制器 0 的影子区域 1 传输完成中断	91
EDMA3_1_CC0_INT2	EDMA3_1 通道控制器 0 的影子区域 2 传输完成中断	—
EDMA3_1_CC0_INT3	EDMA3_1 通道控制器 0 的影子区域 3 传输完成中断	—

图 10-24 EDMA3 传输完成中断

EDMA3 的错误中断源有 5 个，如图 10-25 所示，这 5 个错误中断源可以分为 EDMA3 通道控制器错误中断和 EDMA3 传输控制器错误中断。以下 4 个条件会导致 EDMA3CC 错误中断(EDMA3_m_CC0_ERRINT)：

- DMA 丢失事件(对 32 个 DMA 通道而言)。DMA 事件丢失会导致事件丢失寄存器(EMR)相关位置 1。
- QDMA 丢失事件(对 8 个 QDMA 通道而言)。QDMA 事件丢失会导致 QDMA 事件丢失寄存器相关位置 1。
- 超出阈值(对事件队列而言)。事件队列的数量超出事件队列的最大深度 16 时，则导致错误发生，EDMA3CC 错误寄存器(CCERR)相关位会置 1。
- TCC 错误。对于将要提交的传输请求，预期其会返回超过 31 的完成编码时，则产生 TCC 错误(OPT 中的 TCCHEN 或者 TCINTEN 位被置 1)。错误产生后 EDMA3CC 错误寄存器(CCERR)的相关位置 1。

名 称	描 述	DSP 中断事件号
EDMA3_0_CC0_ERRINT	EDMA3_0 通道控制器 0 错误中断	56
EDMA3_0_TC0_ERRINT	EMDA3_0 传输控制器 0 错误中断	57
EDMA3_0_TC1_ERRINT	EMDA3_0 传输控制器 1 错误中断	58
EDMA3_1_CC0_ERRINT	EDMA3_1 通道控制器 0 错误中断	92
EDMA3_1_TC0_ERRINT	EMDA3_1 传输控制器 0 错误中断	93

图 10-25 EDMA3 错误中断

10.9　实例分析

[例 10.1]　EMDA3 数据块传输测试

包含相关头文件：

```
1.    #include "hw_types.h"
2.    #include "hw_psc_C6748.h"
3.    #include "soc_C6748.h"
4.    #include "interrupt.h"
5.    #include "uartStdio.h"
6.    #include "edma.h"
7.    #include "psc.h"
```

第 8～13 行分别定义了 ACNT、BCNT 和 CCNT 的大小，由此可计算出数据块的大小 MAX_BUFFER_SIZE = ACNT * BCNT * CCNT：

```
8.    // 最大 ACOUNT
9.    #define MAX_ACOUNT          (4u)
10.   // 最大 BCOUNT
11.   #define MAX_BCOUNT          (10u)
12.   // 最大 CCOUNT
13.   #define MAX_CCOUNT          (4u)
14.   #define MAX_BUFFER_SIZE     (MAX_ACOUNT * MAX_BCOUNT * MAX_CCOUNT)
```

第 15 行 irqRaised 为中断标志。第 16～27 行定义了 EMDA 传输的一下重要参数和数组、指针：

```
15.   volatile int irqRaised;
16.   // 参数
17.   unsigned int chType     = EDMA3_CHANNEL_TYPE_DMA;     // 通道类型:DMA 通道
18.   unsigned int chNum      = 6;                          // 通道号:6
19.   unsigned int tccNum     = 6;                          // TCC 号:6
20.   unsigned int edmaTC     = 0;                          // 传输控制器:TC0
21.   unsigned int syncType   = EDMA3_SYNC_AB;              // 传输类型:AB 同步传输
22.   unsigned int trigMode   = EDMA3_TRIG_MODE_MANUAL;     // 触发模式:手动触发
23.   unsigned int evtQ       = 0;                          // 队列号:0
24.   volatile char   _srcBuff[MAX_BUFFER_SIZE];
25.   volatile char   _dstBuff[MAX_BUFFER_SIZE];
26.   volatile char * srcBuff;
27.   volatile char * dstBuff;
```

下面是函数声明。第 28 行是 EDMA 测试子函数。第 29～30 行是 EMDA 的中断配置。第 31 行是完成中断服务函数。第 32 行是传输错误中断服务函数。注意，回调函数 cb_Fxn 会在中断服务函数里被调用,所以在处理中断事务时,用户可以直接在回调函数里处理。因此,初始化时需要注册回调函数到 cb_Fxn 里,注册时需要根据 TCC 号注册,跟前面配置的 TCC 号要对应上。

```
28.  unsigned int EDMA3Test();
29.  void EDMA3InterruptInit(void);
30.  void InterruptInit(void);
31.  void EDMA3CCComplIsr(void);
32.  void EDMA3CCErrIsr(void);
33.  // 回调函数
34.  void ( * cb_Fxn[EDMA3_NUM_TCC])(unsigned int tcc, unsigned int status, void * appData);
```

callback 是定义的回调函数,初始化时会组成到 cb_Fxn。回调函数里主要处理 3 个中断事务,分别是传输完成中断、DMA 事件丢失错误和 QDMA 事件丢失错误。这里只是地对这 3 种中断做简单标记,当然用户是可以在这里处理一些中断事务的。

```
35.  void callback(unsigned int tccNum, unsigned int status, void * appData)
36.  {
37.          (void)tccNum;
38.          (void)appData;
39.
40.          if(EDMA3_XFER_COMPLETE == status)
41.          {
42.          // 传输成功
43.          irqRaised = 1;
44.          }
45.          else if(EDMA3_CC_DMA_EVT_MISS == status)
46.          {
47.              // 传输导致 DMA 事件丢失错误
48.              irqRaised = -1;
49.          }
50.          else if(EDMA3_CC_QDMA_EVT_MISS == status)
51.          {
52.              // 传输导致 QDMA 事件丢失错误
53.              irqRaised = -2;
54.          }
55.          irqRaised = 1;
56.  }
```


主函数里主要做了 EDMA 的数据块传输测试。第 60～62 行初始化串口 2,用于打印调试信息。第 65 行使能 EMDA 的模块电源。第 66 行初始化 EDMA 控制器 0。第 69～70 行则配置中断控制器以及对 EDMA 中断进行了映射。第 72 行进行了 EDMA 数据块传输的测试,传输完成后在第 73 行释放 EDMA 资源。

```
57.  int main(void)
58.  {
59.  volatile unsigned int status = FALSE;
60.      // 初始化串口 2
61.  UARTStdioInit();
62.  UARTPuts("Tronlong EDMA / QDMA Application......\r\n\r\n", -1);
63.64.         // 外设使能配置
65.          PSCInit();
66.  EDMA3Init(SOC_EDMA30CC_0_REGS, evtQ);
67.
68.      // DSP 中断初始化
69.      InterruptInit();
70.      EDMA3InterruptInit();
71.
72.      status = EDMA3Test();
73.  EDMA3Deinit(SOC_EDMA30CC_0_REGS, evtQ);
74.  if (TRUE == status)
75.  UARTPuts("\r\nEDMA/QDMA application is successfully completed.\r\n", -1);
76.  else
77.  UARTPuts("\r\nEDMA/QDMA application is unsuccessful.\r\n", -1);
78.  while(1);
79.  }
```


EDMA3Test()子函数里主要实现了 acnt * bcnt * ccnt 大小的连续数据块的传输。传输数据最重要的是要正确配置 PaRAM，PaRAM 的具体配置如图 10－26 所示。程序中可以选择 A 同步传输或者 AB 同步传输，两种模式的配置会稍微有差别，但最终结果都是一样的。第 85～149 行就是实现了如图 10－26 所示的 PaRAM 配置。

A 同步传输 PaRAM 配置		AB 同步传输 PaRAM 配置	
OPT:(0 ≪ 0) | (0 ≪ 1) | (tccNum ≪ 12) | (1 ≪ 20) | (1 ≪ 21) | (0 ≪ 2)		OPT:(0 ≪ 0) | (0 ≪ 1) | (tccNum ≪ 12) | (1 ≪ 20) | (1 ≪ 21) | (1 ≪ 2)	
SRC: srcBuff		SRC: srcBuff	
BCNT: bcnt	ACNT: acnt	BCNT: bcnt	ACNT: acnt
DST:dstBuff		DST:dstBuff	
DSTBIDX: acnt	SRCBIDX: acnt	DSTBIDX: acnt	SRCBIDX: acnt
BCNTRLD: bcnt	LINK: 0xFFFF	BCNTRLD: bcnt	LINK: 0xFFFF
DSTCIDX: acnt	SRCCIDX: acnt	DSTCIDX:acnt * bcnt	SRCCIDX:acnt * bcnt
Rsvd	CCNT: ccnt	Rsvd	CCNT: ccnt

图 10－26　PaRAM 配置

配置完 PaRAM 参数后，接下来需要启动 EDMA 传输数据。第 151～159 行计算启动 EDMA 的次数，对于 A 同步传输模式，每启动一次 EDMA 就传输 acnt 字节数据，因此需要启动 bcnt * ccnt 次；对于 AB 同步传输模式，每启动一次 EDMA 就传输 acnt * bcnt 字节数据，因此需要启动 ccnt 次。第 161～184 行根据计算的启动次数依次启动 EDMA 传输数据，首先在 163 行对中断标志 irqRaised 清零，然后在 165 行启动 EDMA 数据传输，接着就等待中断标志 irqRaised 是否为 0（就是中断产生了），如果 irqRaised 小于 0，则产生了错误中断，于是需要清除错误中断，否则可以启动下一次传输。如此循环，直到数据块传输完成。

传输完成后就需要检验传输是否成功。第 189～205 行对比传输前后的两个数组数据，以校验传输数据是否正确。第 206～215 行则释放了 EDMA 资源。

```
80.   unsigned int EDMA3Test()
81.   {
82.       volatile unsigned int index = 0;
83.       volatile unsigned int count = 0;
84.
84.       EDMA3CCPaRAMEntry paramSet;
85.       unsigned char data = 0u;
86.       unsigned int retVal = 0u;
87.       unsigned int Istestpassed = 0u;
88.       unsigned int numenabled = 0u;
89.       unsigned int acnt = MAX_ACOUNT;
90.       unsigned int bcnt = MAX_BCOUNT;
91.       unsigned int ccnt = MAX_CCOUNT;
92.       srcBuff = (char *)_srcBuff;
93.       dstBuff = (char *)_dstBuff;
94.       // 初始化源和目标缓存
95.       for (count = 0u; count < (acnt * bcnt * ccnt); count ++)
96.       {
97.           srcBuff[count] = data ++ ;
98.       }
99.       // 申请 DMA 通道和 TCC
100.      retVal = EDMA3RequestChannel(SOC_EDMA30CC_0_REGS, chType, chNum, tccNum, evtQ);
101.      // 注册回调函数
102.      cb_Fxn[tccNum] = &callback;
103.      if (TRUE == retVal)
104.      {
105.          // 给参数 RAM 赋值
106.          paramSet.srcAddr    = (unsigned int)(srcBuff);
107.          paramSet.destAddr   = (unsigned int)(dstBuff);
108.
```

```
        paramSet.aCnt = (unsigned short)acnt;
        paramSet.bCnt = (unsigned short)bcnt;
        paramSet.cCnt = (unsigned short)ccnt;
        // 设置 SRC / DES 索引
        paramSet.srcBIdx = (short)acnt;
        paramSet.destBIdx = (short)acnt;
        if (syncType == EDMA3_SYNC_A)
        {
            // A Sync 传输模式
            paramSet.srcCIdx = (short)acnt;
            paramSet.destCIdx = (short)acnt;
        }
        else
        {
            // AB Sync 传输模式
            paramSet.srcCIdx = ((short)acnt * (short)bcnt);
            paramSet.destCIdx = ((short)acnt * (short)bcnt);
        }
        paramSet.linkAddr = (unsigned short)0xFFFFu;
        paramSet.bCntReload = (unsigned short)bcnt;
        paramSet.opt = 0u;
        //Src 及 Dest 使用 INCR 模式
        paramSet.opt &= 0xFFFFFFFCu;
        // 编程 TCC
        paramSet.opt |= ((tccNum << EDMA3CC_OPT_TCC_SHIFT) & EDMA3CC_OPT_TCC);
        // 使能 Intermediate & Final 传输完成中断
        paramSet.opt |= (1 << EDMA3CC_OPT_ITCINTEN_SHIFT);
        paramSet.opt |= (1 << EDMA3CC_OPT_TCINTEN_SHIFT);
        if (syncType == EDMA3_SYNC_A)
        {
        paramSet.opt &= 0xFFFFFFFBu;
        }
        else
        {
            // AB Sync 传输模式
            paramSet.opt |= (1 << EDMA3CC_OPT_SYNCDIM_SHIFT);
        }
        // 写参数 RAM
        EDMA3SetPaRAM(SOC_EDMA30CC_0_REGS, chNum, &paramSet);
            }
        if (TRUE == retVal)
            {
```

```
if (syncType == EDMA3_SYNC_A)
      {
            numenabled = bcnt * ccnt;
      }
else
      {
            // AB Sync 传输模式
            numenabled = ccnt;
      }

for (index = 0; index < numenabled; index ++)
      {
            irqRaised = 0;
            // 按照计算的次数使能传输
            retVal = EDMA3EnableTransfer(SOC_EDMA30CC_0_REGS, chNum, EDMA3_
            TRIG_MODE_MANUAL);
if (TRUE != retVal)
            {
UARTPuts ("edma3Test: EDMA3EnableTransfer Failed.\r\n", -1);
   break;
            }
            // 等待中断服务函数执行完成
while (irqRaised == 0u)
            {
            }
            // 检测传输完成状态
if (irqRaised < 0)
            {
                  // 发生错误时终止
UARTPuts("\r\nedma3Test: Event Miss Occured!!! \r\n", -1);
                  // 清除错误标志位
EDMA3ClearErrorBits(SOC_EDMA30CC_0_REGS, chNum, evtQ);
break;
            }
      }
   }
   // 数据校验
if (TRUE == retVal)
   {
for (index = 0; index < (acnt * bcnt * ccnt); index ++)
      {
if (srcBuff[index] != dstBuff[index])
```

```
                {
                    Istestpassed = 0u;
UARTPuts("edma3Test: Data write - read matching FAILED.\r\n", -1);
UARTPuts("The mismatch happened at index : ", -1);
UARTPutNum((int)index + 1);
UARTPuts("\r\n", -1);
break;
                }
            }
if (index == (acnt * bcnt * ccnt))
            {
                Istestpassed = 1u;
UARTPuts("edma3Test: Data write - read matching PASSED.\r\n", -1);
            }

            // 释放先前分配的通道
            retVal = EDMA3FreeChannel(SOC_EDMA30CC_0_REGS, EDMA3_CHANNEL_TYPE_DMA, chNum, EDMA3_TRIG_MODE_MANUAL, tccNum, evtQ);

            // 取消注册回调函数
            cb_Fxn[tccNum] = NULL;
if (TRUE != retVal)
            {
UARTPuts("edma3Test: EDMA3_DRV_freeChannel() FAILED.\r\n", -1);
            }
        }
if(Istestpassed == 1u)
        {
UARTPuts("edma3Test PASSED.\r\n", -1);
            retVal = TRUE;
        }
else
        {
UARTPuts("edma3Test FAILED\r\n", -1);
            retVal = FALSE;
        }
return retVal;
}
```


PSCInit()子函数使能了 EDMA 的电源,EDMA 的电源由 PSC0 控制。

```
void PSCInit(void)
{
```

```
    // 使能 EDMA3CC_0
PSCModuleControl(SOC_PSC_0_REGS, 0, 0, PSC_MDCTL_NEXT_ENABLE);
    // 使能 EDMA3TC_0
PSCModuleControl(SOC_PSC_0_REGS, 1, 0, PSC_MDCTL_NEXT_ENABLE);
}
```

EDMA3InterruptInit()子函数分别配置了传输完成中断和传输错误中断，包括中断服务函数注册、中断映射以及使能中断。

```
void EDMA3InterruptInit()
{
    // 传输完成中断
IntRegister(C674X_MASK_INT4, EDMA3CCComplIsr);
IntEventMap(C674X_MASK_INT4, SYS_INT_EDMA3_0_CC0_INT1);
IntEnable(C674X_MASK_INT4);
    // 传输错误中断
IntRegister(C674X_MASK_INT5, EDMA3CCErrIsr);
IntEventMap(C674X_MASK_INT5, SYS_INT_EDMA3_0_CC0_ERRINT);
IntEnable(C674X_MASK_INT5);
}
```


中断服务函数 EDMA3CCComplIsr()主要是处理完成中断事务。中断服务函数里会查询中断源并调用相应的回调函数。中断源的确定主要与 PaRAM 里配置的 TCC 值有关，若 TCC 配置的值为 n，则当通道一个传输完成后中断挂起寄存器 IPR 的第 n 位会置 1；此时，可以通过查询中断挂起寄存器的值获取哪个通道传输完成了，从而调用对应的回调函数。

```
void EDMA3CCComplIsr()
{
volatile unsigned int pendingIrqs;
volatile unsigned int isIPR = 0;
unsigned int indexl;
unsigned int Cnt = 0;
    indexl = 1u;
IntEventClear(SYS_INT_EDMA3_0_CC0_INT1);

    isIPR = EDMA3GetIntrStatus(SOC_EDMA30CC_0_REGS);
if(isIPR)
    {
while ((Cnt < EDMA3CC_COMPL_HANDLER_RETRY_COUNT)&& (indexl != 0u))
        {
            indexl = 0u;
            pendingIrqs = EDMA3GetIntrStatus(SOC_EDMA30CC_0_REGS);
```

```
                while (pendingIrqs)
                {
                    if(TRUE == (pendingIrqs & 1u))
                    {
                        // 写 ICR 清除 IPR 相应位
                        EDMA3ClrIntr(SOC_EDMA30CC_0_REGS, indexl);
                        (*cb_Fxn[indexl])(indexl, EDMA3_XFER_COMPLETE, NULL);
                    }

                    ++indexl;
                    pendingIrqs >>= 1u;
                }
                Cnt++;
            }
        }
    }
```

错误中断服务函数用来处理错误中断相关事务,查询错误并清除错误标志。

```
    void EDMA3CCErrIsr()
    {
    volatile unsigned int pendingIrqs;
    unsigned int Cnt = 0u;
    unsigned int index;
    unsigned int evtqueNum = 0;   // 事件队列数目
        pendingIrqs = 0u;
        index = 1u;
    IntEventClear(SYS_INT_EDMA3_0_CC0_ERRINT);
    if((EDMA3GetErrIntrStatus(SOC_EDMA30CC_0_REGS) != 0 )
            || (EDMA3QdmaGetErrIntrStatus(SOC_EDMA30CC_0_REGS) != 0)
            || (EDMA3GetCCErrStatus(SOC_EDMA30CC_0_REGS) != 0))
        {
            // 循环 EDMA3CC_ERR_HANDLER_RETRY_COUNT 次
            // 直到没有等待中的中断时终止
    while ((Cnt < EDMA3CC_ERR_HANDLER_RETRY_COUNT) && (index != 0u))
            {
                index = 0u;
                pendingIrqs = EDMA3GetErrIntrStatus(SOC_EDMA30CC_0_REGS);
    while (pendingIrqs)
                {
                    // 执行所有等待中的中断
    if(TRUE == (pendingIrqs & 1u))
                    {
```

```
            // 清除 SER
    EDMA3ClrMissEvt(SOC_EDMA30CC_0_REGS, index);
            }
            ++ index;
            pendingIrqs >> = 1u;
        }
        index = 0u;
        pendingIrqs = EDMA3QdmaGetErrIntrStatus(SOC_EDMA30CC_0_REGS);
        while (pendingIrqs)
        {
            // 执行所有等待中的中断
            if(TRUE == (pendingIrqs & 1u))
            {
                // 清除 SER
                EDMA3QdmaClrMissEvt(SOC_EDMA30CC_0_REGS, index);
            }
            ++ index;
            pendingIrqs >> = 1u;
        }
        index = 0u;
        pendingIrqs = EDMA3GetCCErrStatus(SOC_EDMA30CC_0_REGS);
        if (pendingIrqs != 0u)
        {
            // 执行所有等待中的 CC 错误中断
            // 事件队列 队列入口错误
            for (evtqueNum = 0u; evtqueNum < SOC_EDMA3_NUM_EVQUE; evtque-
            Num ++ )
            {
                if((pendingIrqs & (1u << evtqueNum)) != 0u)
                {
                    // 清除错误中断
                    EDMA3ClrCCErr(SOC_EDMA30CC_0_REGS, (1u << evtqueNum));
                }
            }
            // 传输完成错误
            if ((pendingIrqs & (1 << EDMA3CC_CCERR_TCCERR_SHIFT)) != 0u)
            {
                EDMA3ClrCCErr(SOC_EDMA30CC_0_REGS, (0x01u << EDMA3CC_
                CCERR_TCCERR_SHIFT));
            }
            ++ index;
        }
```

```
                Cnt ++ ;
            }
        }
}
```

InterruptInit()子函数用来初始化 DSP 中断控制器并开启全局中断。

```
void InterruptInit(void)
{
    // 初始化 DSP 中断控制器
    IntDSPINTCInit();
    // 使能 DSP 全局中断
    IntGlobalEnable();
}
```

第 11 章

EMIFA

外部存储器接口 A(EMIFA)是一个最大支持 16 位数据的并行总线,可以用于连接很多外部并口设备。EMIFA 包含两个控制器,分别是 SDRAM 控制器和异步控制器,两个控制器共用一个接口。

SDRAM 控制器特点如下:

- 支持 16 bit 的 SDRAM;
- 有一个单独的 SDRAM 片选(EMA_CS[0]);
- 支持 1、2 和 4 个 Bank 的 SDRAM 设备;
- 支持 8、9、10、11 位列地址;
- CAS 可以延迟 2 或 3 个时钟周期。

异步控制器特点如下:

- 支持连接 SRAM、NAND Flash、NOR Flash、FPGA、AD 等;
- 最大支持 16 位数据总线和 23 位的地址线;
- 具有 4 个片选(EMA_CS[5:2]);
- 连接 NAND Flash 时,NAND Flash 控制器支持 1 bit 和 4 bit 的 ECC 校验 512 字节。

11.1 EMIFA 结构

EMIFA 的功能框图如图 11-1 所示。EMIFA 的请求信号可以有 3 个来源,分别是 CPU、EDMA 和主外设(如 uPP)。SDRAM 控制器和异步控制器共用一个接口,EMIFA 接口中部分引脚 SDRAM 接口和异步接口共用的,部分引脚是 SDRAM 专用,还有一部分是异步接口专用,引脚分配如表 11-1 所列。

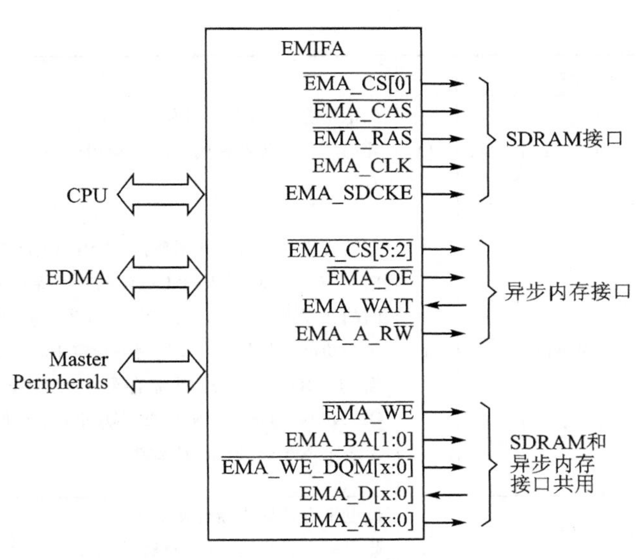

图 11-1　EMIFA 功能框图

表 11-1　引脚分配

类　型	引　脚	I/O	功能描述
SDRAM 接口专用引脚	EMA_CS[0]	O	SDRAM 器件片选使能引脚，低电平有效。 该引脚与 SDRAM 器件的片选引脚连接，用于使能/禁用命令。即使 EMIF 没有连接 SDRAM 器件，默认情况下它也保持此 SDRAM 的片选有效。当访问异步存储区时，此引脚失效，完成异步存取后自动恢复其功能
	EMA_RAS	O	低电平有效，行地址选通引脚 此引脚连接在 SDRAM 器件的 RAS 引脚上，用于向此器件发送命令
	EMA_CAS	O	低电平有效列地址选通引脚 此引脚连接在 SDRAM 器件的 CAS 引脚上，用于向此器件发送命令
	EMA_SDCKE	O	时钟使能引脚 此引脚连接在 SDRAM 器件的 CKE 引脚上，发出自刷新命令，从而使器件进入自刷新模式
	EMA_CLK	O	SDRAM 时钟引脚 此引脚与 SDRAM 器件的 CLK 相连

续表 11-1

类　型	引　脚	I/O	功能描述
异步接口专用引脚	EMA_CS[5:2]	O	低电平有效,异步器件使能引脚 此引脚与异步器件的片选引脚相连接,仅在访问异步存储器时有效
	EMA_WAIT	I	可编程极性等待输入引脚/ NAND Flash 准备好输入引脚 EMIFA 接口中插入 EMA_WAIT 等待时可以扩展异步器件访问的触发周期。通过对 CE2CFG 寄存器的 EW 位置位来使能这个功能。另外,WP0 位用来指定 EMA_WAIT 信号的极性。当 NAND Flash 控制寄存器(NANDFCR)的 CS2NAND、CS3NAND、CS4NAND、CS5NAND 位被设置后,则该引脚用于表示 NAND Flash 读就绪
	EMA_OE	O	低电平有效异步器件使能引脚 此引脚在异步读访问的触发周期提供一个低电平信号
	EMA_A_RW	O	读/写选择引脚 此引脚在异步读取的整个周期呈现高电平,写入周期呈现低电平
SDRAM 和异步接口共用引脚	EMA_D[x:0]	I/O	EMIFA 数据总线
	EMA_A[x:0]	O	EMIFA 地址总线 当与 SDRAM 器件连接时,地址总线主要为 SDRAM 提供行地址和列地址。 当与异步器件连接时,这些引脚与 EM_BA 引脚共同形成送到器件的地址
	EMA_BA[1:0]	O	EMIFA 存储区地址线 当与 SDRAM 连接时,为 SDRAM 提供存储区地址。 当与异步器件连接时,这些引脚与 EMA_A 引脚共同形成送到器件的地址
	EMA_WE_DQM[x:0]	O	低电平有效写触发或字节使能引脚 与 SDRAM 器件连接时,这些引脚与 SDRAM 的 DQM 引脚相连,在数据访问中分别使能/禁用每一字节。 与异步器件连接时,这些引脚可作为字节使能(DQM)或字节写触发(WE)
	EMA_WE	O	低电平有效写使能引脚 与 SDRAM 器件连接时,此引脚与 SDRAM 的 WE 引脚相连用于向器件发送命令。 与异步器件连接时,引脚提供写使能信号

11.2 EMIFA 时钟控制

EMIFA 的时钟由 EMA_CLK 引脚输出，连接外部存储器时这个引脚必须使用。设备复位时，EMIFA 的时钟(EMA_CLK)没有输出。设备复位后，一旦 PLL 开始工作，则 EMA_CLK 时钟开始输出，频率由锁相环控制器决定。

EMIFA 的时钟来源有两个，如图 11－2 所示。EMIFA 的时钟可以来源于 PLL0_SYSCLK3，也可以来源于 DIV4P5(DIV4P5 的输出时钟是 PLL0 倍频器输出时钟的 4.5 分频)。EMFIA 的时钟源通过 CFGCHIP3 寄存器的 EMA_CLKSRC 位配置。EMIFA 模块没有分频器或倍频器，因此，需要修改 EMIFA 的时钟，则只能通过修改 PLL0 的参数来配置。

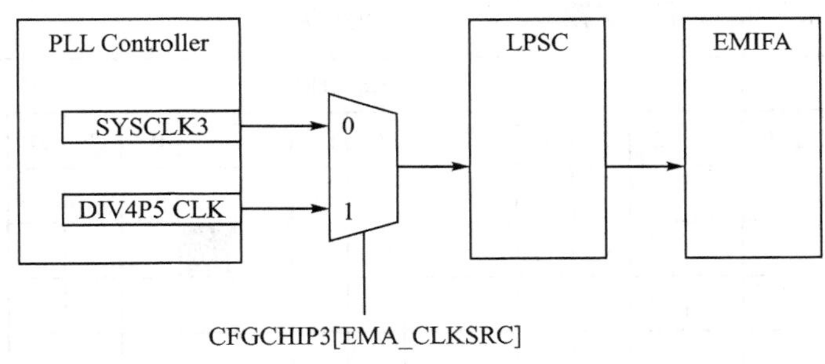

图 11－2 EMIFA 时钟图

EMIFA 支持的最高时钟频率跟核心供电电压有关。EMIFA 的支持最高时钟频率如表 11－2 所列，当核心供电电压为 1.3 V 时，异步模式时钟最高 148 MHz，SDRAM 模式时钟最高支持 100 MHz。

表 11－2 各核心供电电压下 EMIFA 的最高时钟频率

核心电压	1.3 V	1.2 V	1.1 V	1.0 V
异步模式下的最高时钟频率/MHz	148	148	75	50
SDRAM 模式下的最高时钟频率/MHz	100	100	66.6	50

11.3 SDRAM 控制器

EMIFA 可以跟大多数标准 SDRAM 器件进行无缝接口，并且支持自刷新模式和优先刷新。另外，有些参数可通过编程来设定，如刷新速率、CAS 延迟等很多 SDRAM 时序参数，这样就提供了很大的灵活性。

EMIF 支持与具有下列特点的 SDRAM 器件进行无缝连接：

- Pre－charge 位为 A[10]；
- 列地址位数为 8、9、10 或 11；
- 行地址位数为 13、14、15 或 16；
- 内部存储区数为 1、2 或 4。

11.3.1 SDRAM 寻址

如图 11－3 所示，SDRAM 由 Bank、列地址和行地址三维构成，也就是说，要读取某个地址的存储数据，则须知道它所在的 bank 和 bank 上的行号和列号才能真正确定地址。

寻址流程：先指定 L－Bank 的地址，再进行指定行地址，然后再指定列地址寻址单元。其中，每个单元可以放置 8、16、32 位的数据。

L-Bank	CAS列地址															
RAS 行地址	0	1	2	3	4	5	6	7	8	9	A	B	C	D	E	F
	1															
	2										■					
	3															
	4															
	5															

图 11－3　SDRAM 内存示意图

11.3.2 SDRAM 常见命令

1) PRE(预充电)

进行完读/写操作后，如果要对同一 Bank 的另一行进行寻址，则须将原来有效(工作)的行关闭，再重新发送行/列地址。L－Bank 关闭现有工作行，准备打开新行的操作就是预充电(Precharge)。若 EMA_A[10]的值为 1，则 PRE 命令把所有 Bank 中已经打开的行关闭；若为 0，则由 EMA_BA[1:0]选择的 Bank 打开的行关闭。

2) ACTV(激活)

ACTV 命令为当前访问的 Bank 激活选择的行。

3) READ(读)

读命令输出起始列地址，并通知 SDRAM 开始突发读操作。EMA_A[10]始终被拉低，从而避免自动预充电操作。

4) WRT(写)

写命令输出起始列地址，并通知 SDRAM 开始突发写操作。EMA_A[10]始终被拉低来避免自动预充电操作。

5) BT(突发终结)

BT 命令用来终结当前的读或者写突发请求。

6) LMR(加载模式寄存器)

LMR 命令设置外部 SDRAM 存储器的模式寄存器,其只有在初始化时发送。

7) REFR(自动刷新)

REFR 命令通知 SDRAM 存储器执行一次自动刷新。

8) SLFR(自刷新)

自刷新命令设置 SDRAM 存储器进入自刷新模式,SDRAM 自己提供时钟信号和自动刷新周期。

9) NOP(空操作)

NOP 命令在没有处理以上的命令时执行。

各命令的真值表如表 11-3 所列,根据这个真值表就可以转换出各个命令的时序。例如,PRE(预充电)命令如图 11-4 所示,如果 SDRAM 在时钟的上升沿采样数据,则在时钟上升沿期间,EMA_SDCKE 为高电平、EMA_CS[0]为低电平、EMA_RAS 为低电平、EMA_CAS 为高电平、EMA_WE 为低电平、EMA_BA[1:0]输出 Bank 地址、EMA_A[x:11]和 EMA_A[9:0]为高阻态、EMA_A[10]为高电平或者低电平(EMA_A[10]的电平决定预充电的行),满足这些条件的就是 PRE(预充电)命令。

表 11-3　SDRAM 命令真值表

SDRAM引脚	CKE	CS	RAS	CAS	WE	BA[1:0]	A[12:11]	A[10]	A[9:0]
EMIFA引脚	EMA_SDCKE	EMA_CS[0]	EMA_RAS	EMA_RAS	EMA_RAS	EMA_BA[1:0]	EMA_A[12:11]	EMA_A[10]	EMA_A[9:0]
PRE	H	L	L	H	L	Bank/X	X	L/H	X
ACTV	H	L	L	H	H	Bank	Row	Row	Row
READ	H	L	H	L	H	Bank	Column	L	Column
WRT	H	L	H	L	L	Bank	Column	L	Column
BT	H	L	H	H	L	X	X	X	X
LMR	H	L	L	L	L	X	Mode	Mode	Mode
REFR	H	L	L	L	H	X	X	X	X
SLFR	L	L	L	L	H	X	X	X	X
NOP	H	L	H	H	H	X	X	X	X

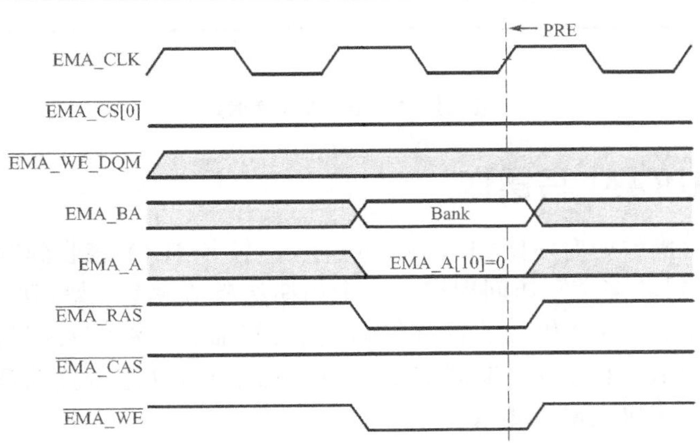

图 11-4　PRE(预充电)命令时序图

11.3.3 SDRAM 读操作

SDRAM 读操作的时序图如图 11-5 所示。当 EMIFA 接收到读 SDRAM 请求后,则执行一个或者多个读访问周期。一个读周期从激活命令(ACTV)开始,就执行激活命令选择需要读的 Bank 和行。相关的行打开后,执行读命令(READ)选择需要读的 Bank 和列(Column)。EMA_A[10]在读命令期间需要保持为低电平,以避免自动预充电。读命令后,SDRAM 开始准备输出数据,在读命令和输出数据之间通常会有几个周期的延时时间,这个延时周期通过 SDRAM 配置寄存器(SDCR)的 CL 域来配置。

若读取了需要的数据时,读操作还没终止,则 EMFIA 可以通过以下 3 种方法来截断从 SDRAM 读取数据:

➢ 对同一个 Bank 的同一页(Page)执行另一个读命令。

➢ 执行预充电命令(PRE),以准备访问同一个 Bank 的不同页。

➢ 执行突发终结命令(BT),以准备访问不同 Bank 的页。

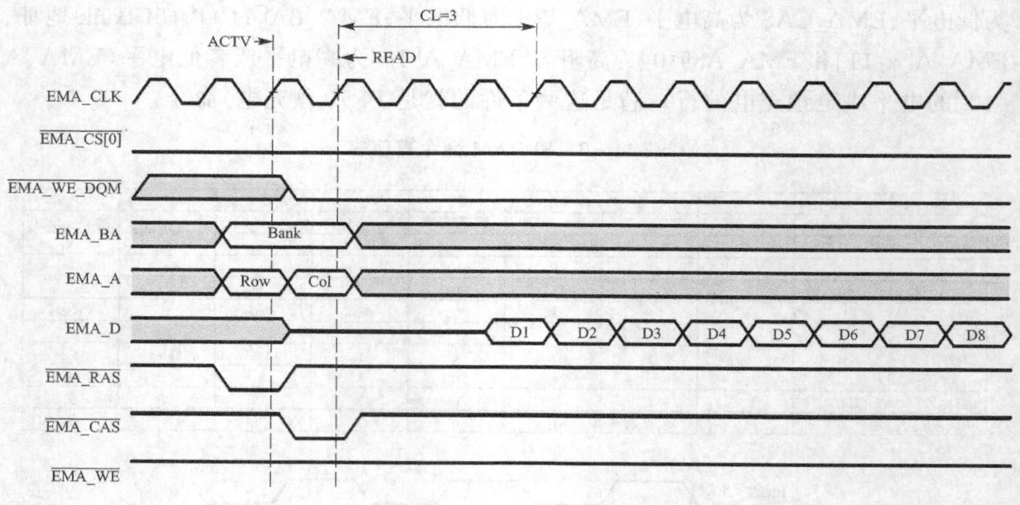

图 11-5 SDRAM 读时序

11.3.4 SDRAM 写操作

SDRAM 写操作的时序图如图 11-6 所示。当 EMIFA 接收到写 SDRAM 请求后,则执行一个或者多个写访问周期。一个周期从激活命令开始,就执行激活命令选择需要写的 Bank 和行。相关的行打开后,执行写命令(WRT)选择需要写的 Bank 和列。EMA_A[10]在写命令期间需要保持为低电平,以避免自动预充电。在写命令的同时可以向 SDRAM 写数据。

需要写的数据写完后,若写操作还没终止,则 EMFIA 可以通过以下 3 种方法来截断向 SDRAM 写数据：

- 对同一页执行另一个写命令。
- 执行预充电命令，以准备访问同一个 Bank 的不同页。
- 执行突发终结命令，以准备访问不同 Bank 的页。

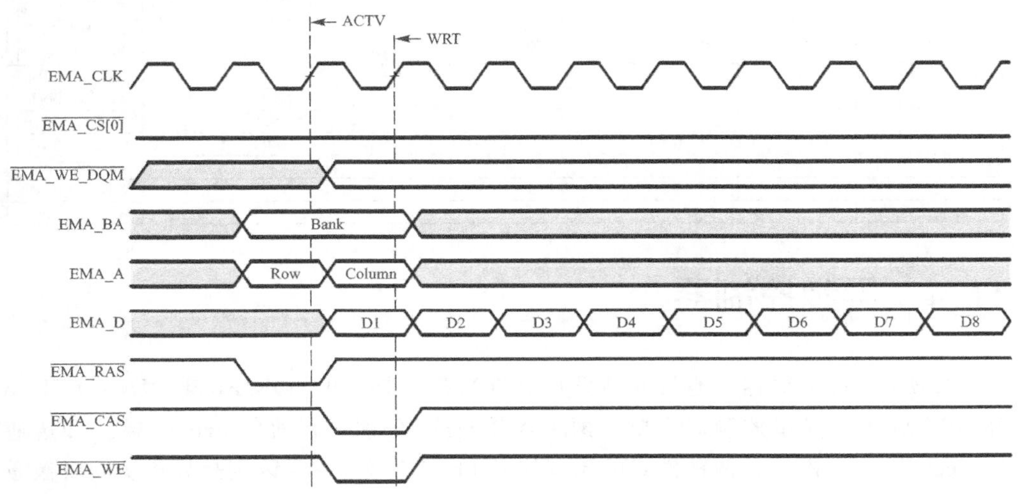

图 11-6 SDRAM 写时序

11.3.5 逻辑地址与 EMIFA 引脚之间的映射

当 EMIFA 接收到一个 SDRAM 访问请求时，则必须将访问地址转换成对应的地址信号发送给 SDRAM 设备。地址映射如表 11-4 所列，通过 SDRAM 配置寄存器(SDCR)的 IBANK 域和 PAGESIZE 域来决定裸机地址的哪些位映射到 SDRAM 的行、列和 Bank 地址。其中，行地址的位数由 SDRAM 的大小决定。

例如，IBANK＝1，PAGESIZE＝0，SDRAM 为 256 Mbit，则进行写操作时，结合图 11-6 看，可以得到：

- EMA_WE_DQM[0]输出 SDRAM 逻辑地址的第 0 位。
- 输出激活命令时，则 EMA_BA[0]输出 Bank 地址，即逻辑地址的第 9 位；EMA_A 输出行(Row)地址，即逻辑地址的第 10～22 位。
- 输出写命令(WRT)时，则 EMA_BA[0]输出 Bank 地址；EMA_A 输出列地址，即逻辑地址的第 1～8 位。

表 11－4　SDRAM 裸机地址到 EMIFA 引脚的映射

<table>
<tr><th rowspan="2">IBANK</th><th rowspan="2">页大小</th><th colspan="14">逻辑地址</th></tr>
<tr><th>31:27</th><th>26</th><th>25</th><th>24</th><th>23</th><th>22</th><th>21:14</th><th>13</th><th>12</th><th>11</th><th>10</th><th>9</th><th>8:1</th><th>0</th></tr>
<tr><td>0</td><td>0</td><td colspan="6">-</td><td colspan="6">行地址</td><td>列地址</td><td>$\overline{\text{WEM\_WE\_DQM}[0]}$</td></tr>
<tr><td>1</td><td>0</td><td colspan="5">-</td><td colspan="6">行地址</td><td>EMA_BA[0]</td><td>列地址</td><td>$\overline{\text{WEM\_WE\_DQM}[0]}$</td></tr>
<tr><td>2</td><td>0</td><td colspan="4">-</td><td colspan="6">行地址</td><td colspan="2">EMA_BA[1:0]</td><td>列地址</td><td>$\overline{\text{WEM\_WE\_DQM}[0]}$</td></tr>
<tr><td>0</td><td>1</td><td colspan="5">-</td><td colspan="6">行地址</td><td colspan="2">列地址</td><td>$\overline{\text{WEM\_WE\_DQM}[0]}$</td></tr>
<tr><td>1</td><td>1</td><td colspan="4">-</td><td colspan="6">行地址</td><td>EMA_BA[0]</td><td colspan="2">列地址</td><td>$\overline{\text{WEM\_WE\_DQM}[0]}$</td></tr>
<tr><td>2</td><td>1</td><td colspan="3">-</td><td colspan="6">行地址</td><td colspan="2">EMA_BA[1:0]</td><td colspan="2">列地址</td><td>$\overline{\text{WEM\_WE\_DQM}[0]}$</td></tr>
<tr><td>0</td><td>2</td><td colspan="4">-</td><td colspan="6">行地址</td><td colspan="3">列地址</td><td>$\overline{\text{WEM\_WE\_DQM}[0]}$</td></tr>
<tr><td>1</td><td>2</td><td colspan="3">-</td><td colspan="6">行地址</td><td>EMA_BA[0]</td><td colspan="3">列地址</td><td>$\overline{\text{WEM\_WE\_DQM}[0]}$</td></tr>
<tr><td>2</td><td>2</td><td colspan="2">-</td><td colspan="6">行地址</td><td colspan="2">EMA_BA[1:0]</td><td colspan="3">列地址</td><td>$\overline{\text{WEM\_WE\_DQM}[0]}$</td></tr>
<tr><td>0</td><td>3</td><td colspan="3">-</td><td colspan="6">行地址</td><td colspan="4">列地址</td><td>$\overline{\text{WEM\_WE\_DQM}[0]}$</td></tr>
<tr><td>1</td><td>3</td><td colspan="2">-</td><td colspan="6">行地址</td><td>EMA_BA[0]</td><td colspan="4">列地址</td><td>$\overline{\text{WEM\_WE\_DQM}[0]}$</td></tr>
<tr><td>2</td><td>3</td><td>-</td><td colspan="7">行地址</td><td>EMA_BA[1:0]</td><td colspan="4">列地址</td><td>$\overline{\text{WEM\_WE\_DQM}[0]}$</td></tr>
</table>

11.4　异步控制器

EMIFA 可以很容易地与各种异步器件直接连接，如 NOR Flash、NAND Flash 和 SRAM 等。异步控制器主要有两种操作模式，分别是普通（Normal）模式和选通（Select Strobe）模式。两种模式的比较如表 11－5 所列，主要区别是异步访问时被激活的时间不一样，普通模式在访问的整个周期会被激活，而选通模式只在访问周期的选通阶段被激活。这个区别在时序上的表现就是片选信号在访问周期中的有效时间不同。

表 11－5　普通模式和选通模式比较列表

触发模式	EMA_WE_DQM 引脚功能	EMA_CS[5:2] 的操作
普通模式	字节使能	异步访问期间一直处于激活状态
选通模式	字节使能	仅在访问中的选通阶段时被激活的

无论是普通模式还是选通模式，都可以配置为 NAND Flash 模式。当 EMIFA 连接 NAND Flash 时，最高可以支持 518 字节的 ECC 校验。

11.4.1　EMIFA 异步接口与异步设备的连接方式

EMIFA 异步接口相关的引脚如图 11－7 所示。EMIFA 有 4 个片选，可用于连接异步设备 EMA_CS[n]，n ＝ 2、3、4 或 5。

使用 EMIFA 接口连接外部异步设备时，需要特别注意地址总线的连接方式。根据使用数据总线的宽度不同，EMFIA 的地址总线连接方式会有所区别。对于

TMS320C6748 而言，EMIFA 接口数据总线引脚总共有 16 根，可以支持连接 16 bit 或者 8 bit 的异步设备。当 EMIFA 连接 8 bit 的异步设备时，EMA_BA[1:0]引脚作为设备地址线的最低两位 A[1:0]，此时 EMA_A[x:0]须按顺序连接设备的 A[(x+2):2]，如图 11-8 所示。当 EMIFA 连接 16 bit 的异步设备时，EMA_BA[1]作为设备地址线的最低位 A[0]，此时，EMA_A[x:0]须按顺序连接设备的 A[(x+1):1]，如图 11-9 所示。EMIFA 接口数据总线选择使用 8 bit 还是 16 bit 的宽度是通过 CEnCFG 寄存器配置的。

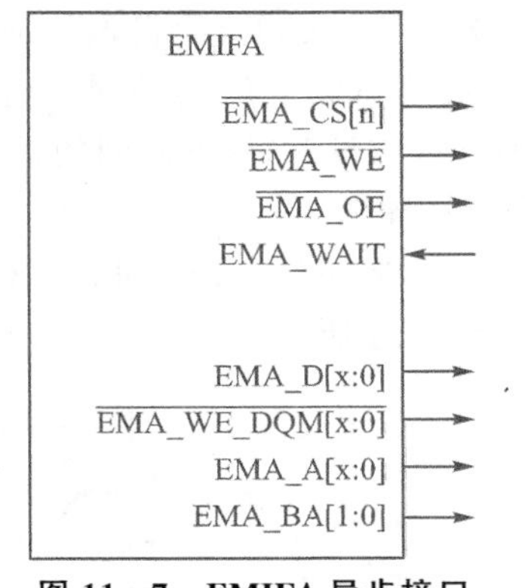

图 11-7　EMIFA 异步接口

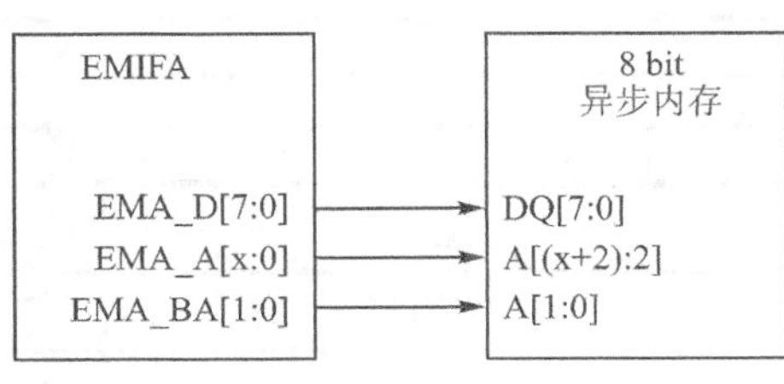

图 11-8　EMIFA 连接 8 bit 异步设备

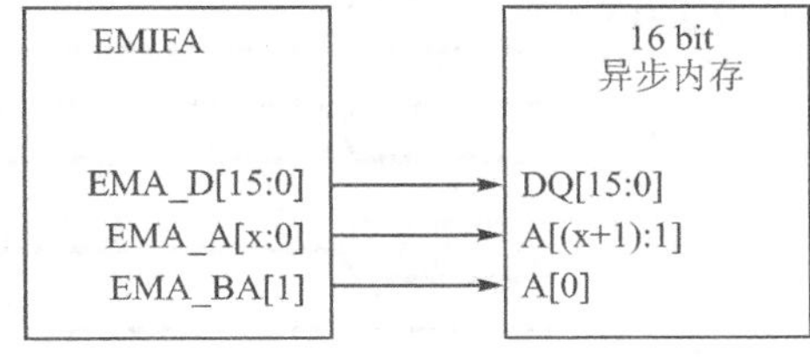

图 11-9　EMIFA 连接 16 bit 异步设备

当 EMIFA 接口连接 NAND Flash 时，由于 NAND Flash 的地址信号和数据信号都是通过数据总线传输的，因而不需要使用 EMIFA 的地址总线。NAND Flash 的命令锁存使能信号(CLE)和地址锁存使能信号(ALE)可以使用 EMIFA 的地址引脚来驱动。图 11-10 和图 11-11 分别是连接 8 bit NAND 和连接 16 bit NAND 的示意图，这里使用了 EMA_A[1]驱动 ALE、EMA_A[2]驱动 CLE。

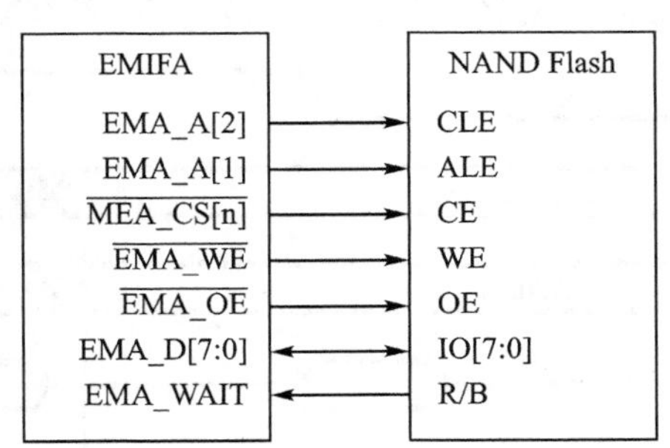

图 11-10　EMIFA 连接 8 bit NAND

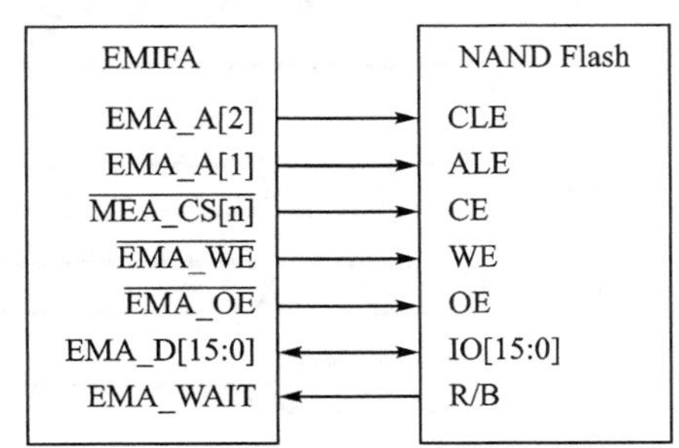

图 11-11　EMIFA 连接 16 bit NAND

11.4.2　EMIFA 异步接口读操作

普通模式和选通模式的读时序图如图 11-12 和图 11-13 所示。异步接口的每个读周期主要由 3 个阶段构成分别是建立(Setup)、触发(Strobe)和保持(Hold)。建立、触发和保持持续的时间通过 CEnCFG 寄存器的 R_SETUP、R_STROBE、R_HOLD 域设置，持续时间的基本单位是 EMIFA 的时钟周期，图 11－12 中建立为 2 个时钟周期。

当 Setup＝2、Strobe＝3、Hold＝2 时，EMIFA 的读时序就如图 11－12 和图 11－13 所示。

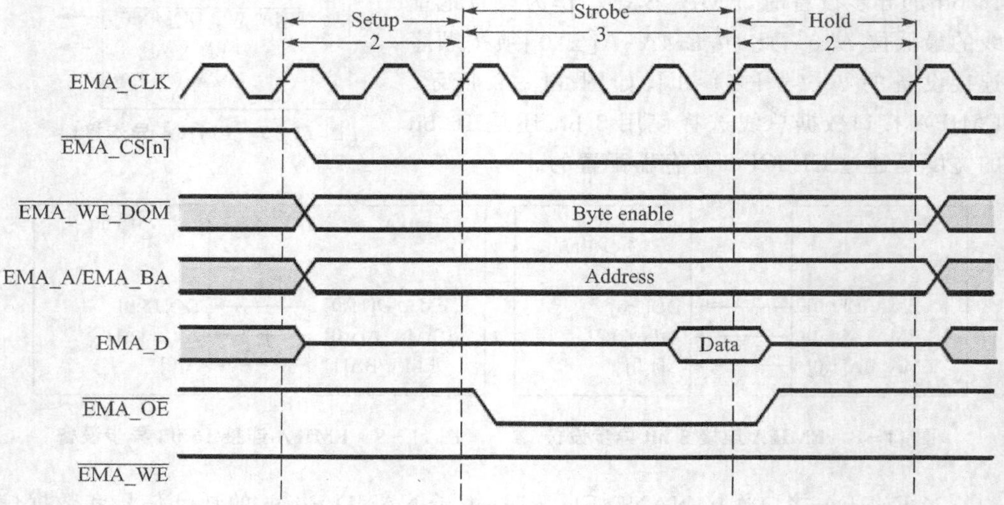

图 11－12 普通模式读时序

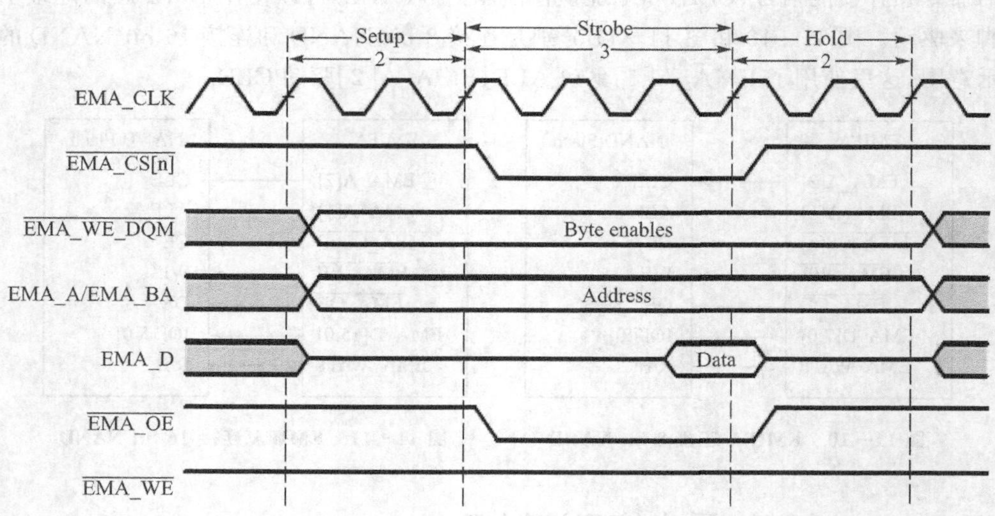

图 11－13 选通模式读时序

在普通模式下，当 EMIFA 接收到读请求后：

➢ 转换阶段：如果 EMIFA 的上一次操作是对同一个片选进行读操作，则不需要转换时间；否则，需要有一个转换的时间。最小的转换时间通过 CEnCFG 寄存器的 TA 域进行配置。

➢ Setup 阶段：进入 Setup 阶段时，片选信号 EMA_CS 就会被拉低，同时输出字节使能信号和地址信号。

➢ Strobe 阶段：经过 Setup 阶段后，则进入 Strobe 阶段。此阶段读使能信号 EMA_OE 被拉低（有效），直到 Strobe 阶段结束后 EMA_OE 才会被拉高，而 EMIFA 会在 Strobe 阶段的最后一个时钟周期对数据总线上的信号进行采集。

➢ Hold 阶段：Strobe 阶段结束后就会进入 Hold 阶段，Hold 阶段结束后 EMIFA 就会进入空闲状态，于是，EMIFA 的整个读周期就完成了。

选通模式和普通模式的读时序除了片选，其他信号的时序是一样的。两种模式不同的是片选信号的持续时间，普通模式的片选信号在 Setup、Strobe、Hold 这 3 个阶段都是有效的，而选通模式的片选信号只在 Strobe 阶段有效。

11.4.3 EMIFA 异步接口写操作

普通模式和选通模式的写时序图如图 11-14 和图 11-15 所示。异步接口的每个写周期主要由 3 个阶段构成，分别是建立、触发和保持。建立、触发和保持持续的时间通过 CEnCFG 寄存器的 W_SETUP、W_STROBE、W_HOLD 域设置，持续时间的基本单位是 EMIFA 的时钟周期，图 11-14 中建立为 2 个时钟周期。

当 Setup=2、Strobe=3、Hold=2 时，EMIFA 的写时序如图 11-14 和图 11-15 所示。

在普通模式下，当 EMIFA 接收到写请求后：

➢ 转换阶段：如果 EMIFA 的上一次操作是对同一个片选进行写操作，则不需要转换时间；否则，需要有一个转换的时间。最小的转换时间通过 CEnCFG 寄存器的 TA 域进行配置。

➢ Setup 阶段：进入 Setup 阶段时，片选信号 EMA_CS 就会被拉低，同时输出字节使能信号、地址信号和数据信号。

➢ Strobe 阶段：经过 Setup 阶段后，则进入 Strobe 阶段。此阶段写使能信号 EMA_WE 被拉低（有效），直到 Strobe 阶段结束后 EMA_WE 才会被拉高。

➢ Hold 阶段：Strobe 阶段结束后就会进入 Hold 阶段，Hold 阶段结束后 EMIFA 就会进入空闲状态，于是，EMIFA 的整个写周期就完成了。

选通模式和普通模式的写时序除了片选其他信号的时序是一样的。两种模式不同的是片选信号的持续时间，普通模式的片选信号在 Setup、Strobe、Hold 这 3 个阶段都是有效的，而选通模式的片选信号只在 Strobe 阶段有效。

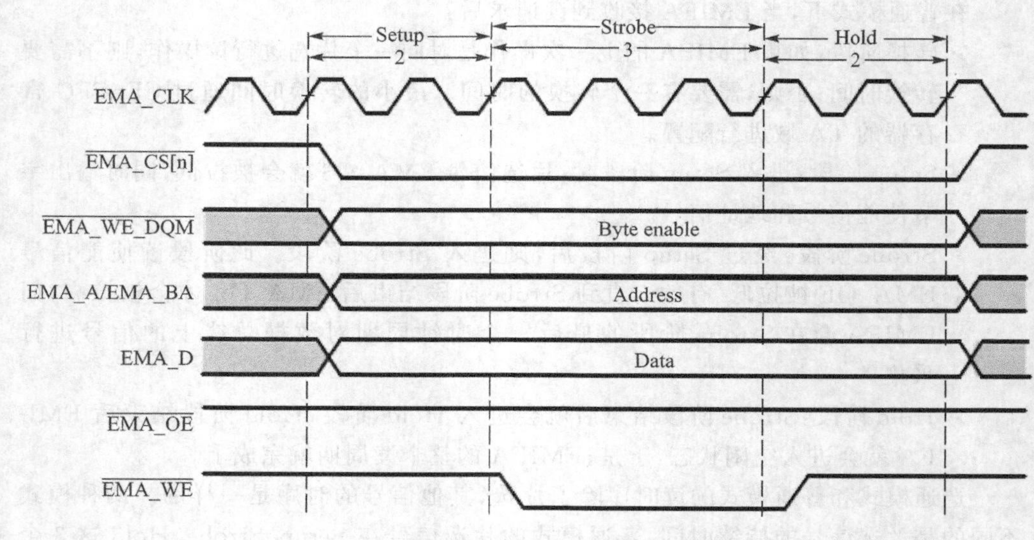

图 11－14 普通模式写时序

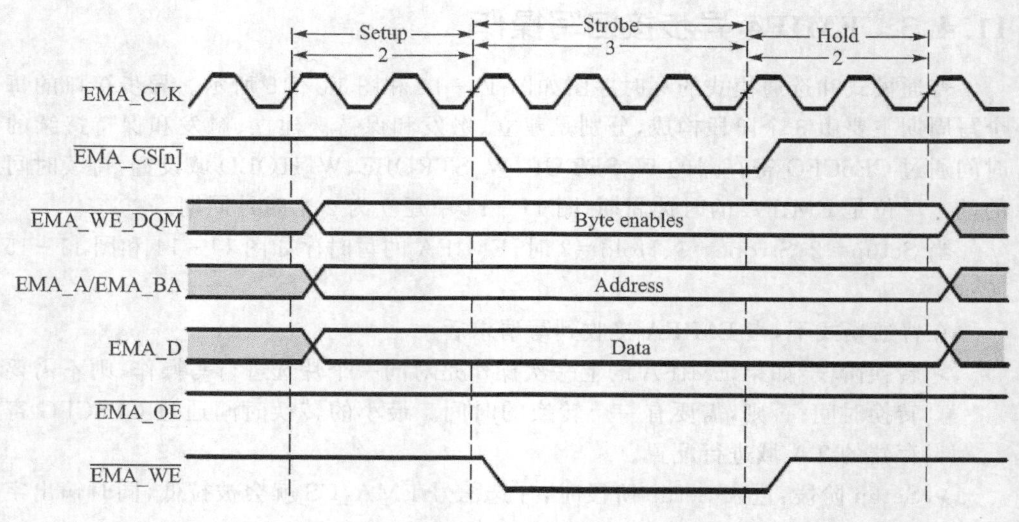

图 11－15 选通模式写时序

11.5 EMIFA 地址映射

知道 EMIFA 的时序之后就可以操作 EMIFA 接口来访问外部设备，那么究竟通过什么方式来访问 EMIFA 连接的外设呢？这里就涉及一个地址映射的问题。之前了解的外设大都是通过操作寄存器来访问挂载的外设的，例如，GPIO 通过输入/

输出寄存器来访问引脚上的状态，UART 通过数据寄存器来收发数据。EMIFA 接口通过映射内存来访问，每一个片选都有一个虚拟的地址空间，如表 11-6 所列，其中，EMIFA 控制寄存器占用 0x68000000～0x68007FFF 的 32 KB 的地址空间。通过不同的片选来访问对应的外设，就是通过读/写这 5 个片选对应的虚拟地址空间来实现的。

例如，在 CS2 上挂接了一个 8 bit 的异步存储器，要读取这个存储器的第 5 个字节，则可以通过以下语句完成：

```
x = (*(((unsigned char *)(0x60000000) + 5)));
```

要写一个数据到存储器的第 5 个字节的位置，则通过以下语句完成：

```
(*(((unsigned char *)(0x60000000) + 5))) = x;
```

这里实际上就是访问 0x60000000＋5 这个映射内存空间，这个空间在物理上实际是不存在的，访问时实际上会驱动 EMIFA 的 CS2，从而产生一个读或者写的时序。例如，执行上面读的语句就会驱动 CS2 拉低，且地址总线会输出地址值 0x00000005，然后在 Strobe 周期的最后一个时钟采样数据总线上的数据，并且把这个读到的数据返回给 x，以此完成 CS2 的读操作。同理，访问其他片选对应的映射地址空间就会驱动对应片选产生读/写时序。

表 11-6　EMIFA 地址映射

起始地址	结束地址	大小/字节	描述
0x4000 0000	0x5FFF FFFF	512M	EMIFA SDRAM数据(CS0)
0x6000 0000	0x61FF FFFF	32M	EMIFA异步数据(CS2)
0x6200 0000	0x63FF FFFF	32M	EMIFA异步数据(CS3)
0x6400 0000	0x65FF FFFF	32M	EMIFA异步数据(CS4)
0x6600 0000	0x67FF FFFF	32M	EMIFA异步数据(CS5)
0x6800 0000	0x6800 7 FFF	32K	EMIFA控制寄存器

11.6　实例分析

[例 11.1]　EMIFA 接口驱动 AD7606 测试

这里需要一块 AD7606 的模块，我们使用的是 TL6748-EVM ＋ TL7606，外观如图 11-16 所示。模块上使用的 A/D 芯片是 AD7606。

AD7606 特性如下：

- 8 路同步采样输入；
- 16 位采样精度；
- 双极性模拟输入范围：－10～＋10 V、－5～＋5 V；
- 2.5 V 基准电源；
- 高达 200 kSPS 采样率；

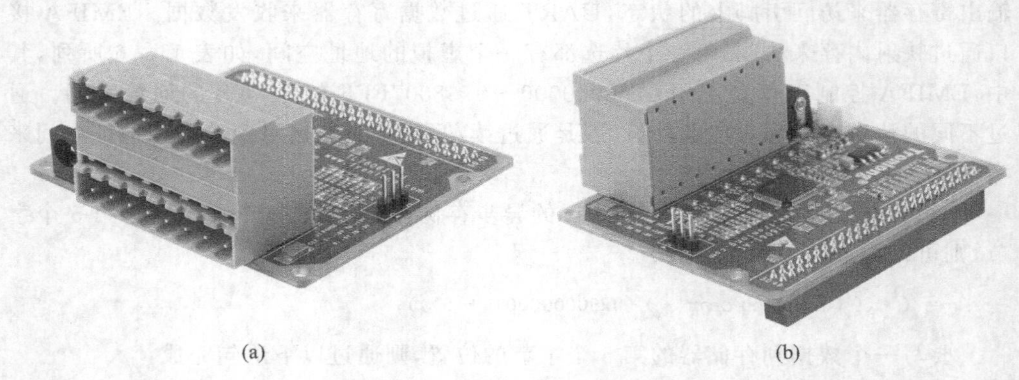

图 11-16 TL7606 模块外观

➢ 输入箝位保护电路,可耐受最高±16.5 V 电压。

1. 时序图

AD7606 进行数据转换时需要一个触发信号,即在 CONVST A 和 CONVST B 引脚上给一个低脉冲,因此,需要控制 AD7606 的采样率时只须控制给 CONVST A 和 CONVST B 引脚的脉冲频率即可。有了启动信号,AD7606 的 8 个通道会同步地对模拟信号进行采样并转换成数字量,在数据转换期间 BUSY 信号为高电平。若 BUSY 被拉低,则表明 AD7606 数据转换已经完成,此时用户就可以读取 8 个通道的 A/D 数据。读取数据时可以在两个时间点上读取,第一种方法是在 A/D 数据转换完成之后读取(BUSY 信号被拉低后读取),如图 11-17 所示;第二种是在 A/D 数据转换期间读取(BUSY 信号为高电平期间),如图 11-18 所示,注意,此时读取的 A/D 数据是上一次转换的结果,并不是当前转换的结果。

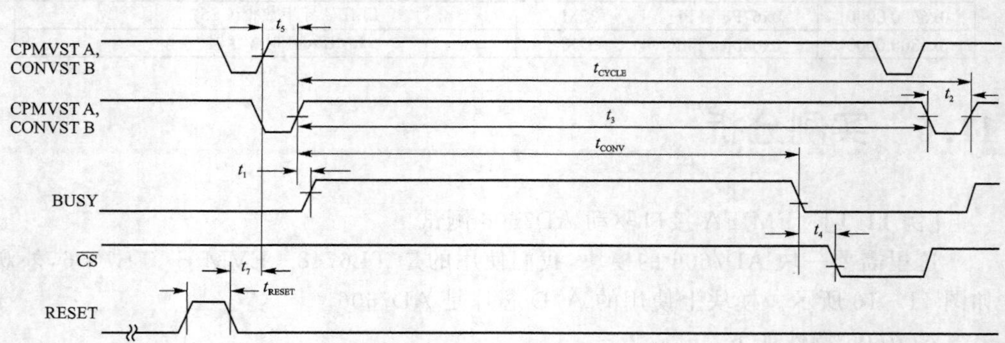

图 11-17 转换之后读取数据

AD7606 支持的数据读取的方式有 4 种,分别为独立 CS 和 RD 并行模式、CS 和 RD 相连并行模式、串行模式、字节模式。TL7606 模块上使用的是 CS 和 RD 相连并行模式,时序如图 11-19 所示。8 个通道的 A/D 数据是按顺序输出的,第一次读取

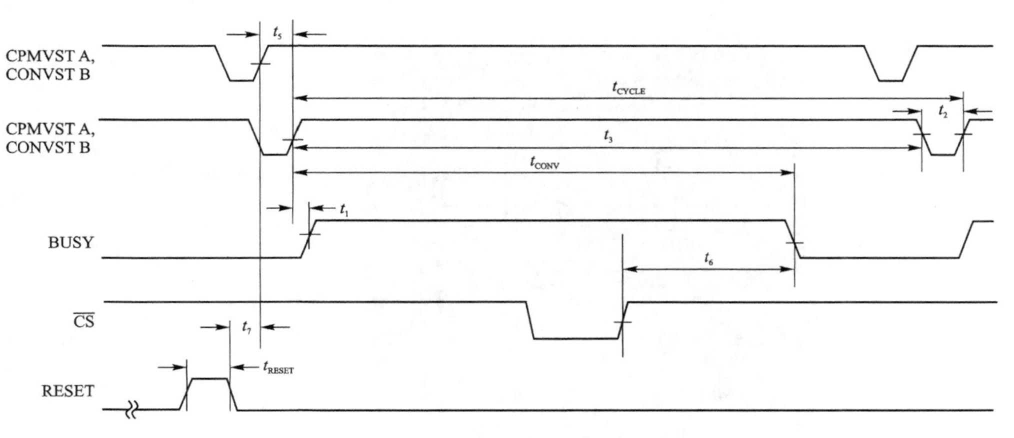

图 11-18 转换期间读取数据

的是数据总线上 1 通道的 A/D 数据，第二次读取的是数据总线上 2 通道的 A/D 数据，如此连续读取 8 次就可将 8 个通道的 A/D 数据都读出来。

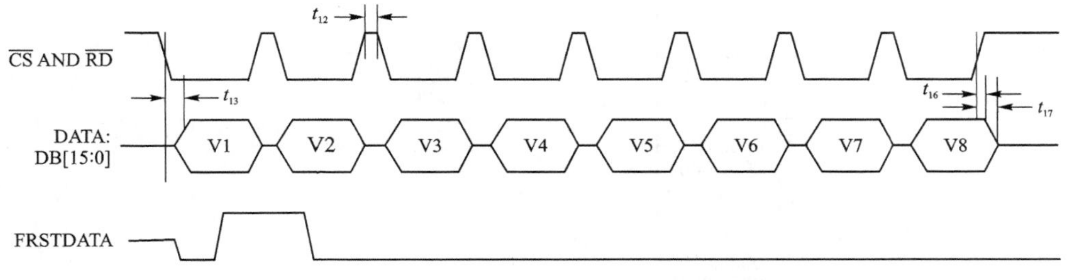

图 11-19 CS 和 RD 相连并行模式读取数据

2. 量程选择

模拟通道的输入范围可以选择－5～＋5 V 或者－10～＋10 V，这需要通过硬件配置。如果 RANGE 引脚为高电平，则所有通道的模拟输入范围为－10～＋10 V；如果 RANGE 引脚为低电平，则所有通道的模拟输入范围为－5～＋5 V。TL7606 模块可以通过跳线帽来选择量程，如图 11-20 所示，当 J1 引脚与 1 引脚相连时，量程范围为－10～＋10 V；当 J1 引脚与 0 引脚相连，则量程范围为－5～＋5 V。

AD7606 的输出编码方式为二进制补码，传递特性如图 11-21 所示。处理器数据也是按二进制补码方式保存的，因此，只需要把 AD7606 输出的 16 位二进制补码数据保存到 short 变量里就可以显示出正常的带符号数据。根据传递特性可知实际电压值的计算公式如下：

$$\pm 10\ \text{V 量程}: V_{IN} = 10\ \text{V} \times \frac{\text{CODE}}{32\ 768} \times \frac{2.5\ \text{V}}{\text{REF}}$$

$$\pm 5\ \text{V 量程}: V_{IN} = 5\ \text{V} \times \frac{\text{CODE}}{32\ 768} \times \frac{2.5\ \text{V}}{\text{REF}}$$

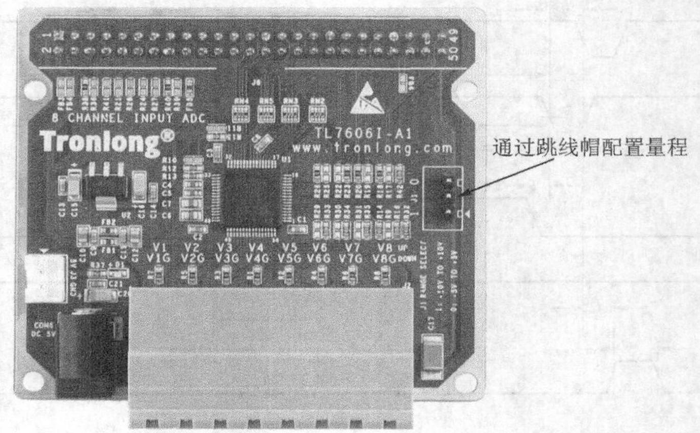

图 11－20　量程范围选择

其中,CODE 为 A/D 输出数据值,REF 为实际参考电压。

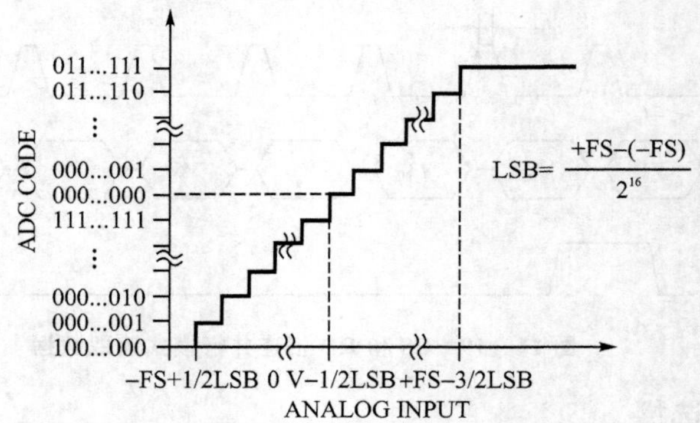

	+FS	MIDSCALE	−FS	LSB
±10V RANGE	+10 V	0 V	−10 V	305 μV
±5V RANGE	+5 V	0 V	−5 V	152 μV

图 11－21　AD7606 传递特性

3. 例程代码

包含相关头文件：

```
#include "TL6748.h"              // 创龙 DSP6748 开发板相关声明
#include "hw_types.h"            // 宏命令
#include "hw_syscfg0_C6748.h"    // 系统配置模块寄存器
#include "soc_C6748.h"           // DSP C6748 外设寄存器
#include "psc.h"                 // 电源与睡眠控制宏及设备抽象层函数声明
#include "gpio.h"                // 通用输入输出口宏及设备抽象层函数声明
```

```
7.    #include "interrupt.h"        // DSP C6748 中断相关应用程序接口函数声明及
                                   //系统事件号定义
8.    #include "emifa.h"            // 外部存储器接口宏及设备抽象层函数声明
9.    #include "uartStdio.h"        // 串口标准输入输出终端函数声明
```

第 10～15 行的宏定义主要与 GPIO 的引脚复用 PINMUX 配置有关，AD7606 的 BUSY 引脚、CONVST A 和 CONVST B 引脚、RESET 引脚都是由 DSP 的 GPIO 控制的。DSP 与 AD7606 的连接框图如图 11－22 所示。

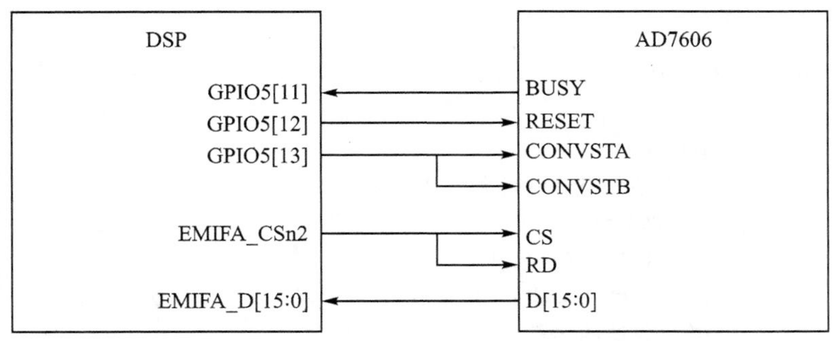

图 11－22　DSP 与 AD7606 连接框图


```
10.   #define PINMUX11_BUSY_ENABLE      (SYSCFG_PINMUX11_PINMUX11_19_16_GPIO5_11 << \
11.                                     SYSCFG_PINMUX11_PINMUX11_19_16_SHIFT)

12.   #define PINMUX11_CONVST_ENABLE    (SYSCFG_PINMUX11_PINMUX11_11_8_GPIO5_13 << \
13.                                     SYSCFG_PINMUX11_PINMUX11_11_8_SHIFT)

14.   #define PINMUX11_RESRT_ENABLE     (SYSCFG_PINMUX11_PINMUX11_15_12_GPIO5_12 << \
15.                                     SYSCFG_PINMUX11_PINMUX11_15_12_SHIFT)
```

第 16～17 行定义了两个全局变量，flag 为中断标志，emif_rbuffer 数字用于保存 8 通道数据。

```
16.   unsigned char flag = 1;
17.   unsigned short emif_rbuffer[8];
```

第 18～27 行函数声明：

```
18.   void Delay(volatile unsigned int count);
19.   void AD7606InterruptInit(void);
20.   void InterruptInit(void);
21.   void AD7606Isr(void);
22.   void GPIOPinMuxSetup(void);
23.   void CheckAD7606Int(void);
24.   void PSCInit(void);
```

```
25.  void EMIFAInit(void);
26.  void AD7606Reset(void);
27.  void AD7606Start(void);
```

主函数里循环读取 8 通道 A/D 数据，然后通过串口打印显示。第 31～34 行初始化串口 2，并打印一条信息。第 35～44 行初始化了 EMIFA 接口以及需要使用的 GPIO 引脚。第 45 行对 AD7606 复位后就可以开始工作了。第 46～63 行是一个大循环，在大循环里反复启动 AD7606 转换数据，转换完成之后采集并且通过串口打印。

```
28.  int main(void)
29.  {
30.          int i;
31.          // 初始化串口终端 使用串口 2
32.          UARTStdioInit();
33.          // 打印串口终端信息
34.          UARTPuts("Tronlong AD7606 Application......\r\n", -2);
35.          // 外设使能配置
36.          PSCInit();
37.          // GPIO 引脚复用配置
38.          GPIOPinMuxSetup();
39.          // DSP 中断初始化
40.          InterruptInit();
41.          // AD7606 中断初始化
42.          AD7606InterruptInit();
43.          // EMIF 初始化
44.          EMIFAInit();
45.          AD7606Reset();
46.          while(1)
47.          {
48.              AD7606Start();
49.              if(flag == 0)
50.              {
51.                  CheckAD7606Int(); //检查中断，并清除 flag 标志
52.                  for(i = 0;i<8;i ++ )
53.                  {
54.                      emif_rbuffer[i] = ((short *)SOC_EMIFA_CS2_ADDR)[i];
                         //读取 8 个通道的 AD 值
55.                  }
56.                  for(i = 0;i<8;i ++ )
57.                  {
58.                  UARTprintf("ch %d =  %d\n",i + 1,emif_rbuffer[i]);
```

```
59.                 }
60.                 UARTPuts("\n", -2);
61.                 Delay(0x1fffff);
62.             }
63.         }
64.     }
```

AD6706InterruptInit()子函数里主要配置了几个 GPIO 引脚。如图 11-23 所示，GPIO5[11]、GPIO5[12]、GPIO5[13]分别连接到 AD7606 的 BUSY、RESET、CONVST 引脚上。

第 68 行配置 GPIO5[11]引脚为输入，用于接收 AD7606 的 BUSY 信号。从 AD7606 的转换时序图可以看到，开始进行转换时 BUSY 信号会被拉高，转换完成后 BUSY 信号会被拉低。因此，检测到 BUSY 的下降沿就表明 AD7606 转换完成，此时就可以读取数据。

第 69～74 行配置 GPIO5[12]和 GPIO5[13]作为输出，用于驱动 AD7606 的复位信号和启动信号。

第 75～84 行配置 GPIO5[11]的输入中断，中断触发方式为下降沿触发，即 AD7606 转换完成后会触发 GPIO5[11]中断。中断产生后，DSP 就可以通过 EMIFA 接口读取 AD7606 的数据。注册的中断服务函数为 AD7606Isr()。


```
65.     void AD7606InterruptInit(void)
66.     {
67.         // 设置 GPIO5[11] 为输入模式
68.         GPIODirModeSet(SOC_GPIO_0_REGS, 92, GPIO_DIR_INPUT);
69.         // 设置 GPIO5[12] 为输出模式
70.         GPIODirModeSet(SOC_GPIO_0_REGS, 93, GPIO_DIR_OUTPUT);
71.         GPIOPinWrite(SOC_GPIO_0_REGS, 93, GPIO_PIN_HIGH);
72.         // 设置 GPIO5[13] 为输出模式
73.         GPIODirModeSet(SOC_GPIO_0_REGS, 94, GPIO_DIR_OUTPUT);
74.         GPIOPinWrite(SOC_GPIO_0_REGS, 94, GPIO_PIN_LOW);
75.         // 设置 GPIO5[11]为下降沿触发中断模式
76.         GPIOIntTypeSet(SOC_GPIO_0_REGS, 92, GPIO_INT_TYPE_FALLEDGE);
77.         // 设置允许 GPIO5[15:0] 产生中断
78.         GPIOBankIntEnable(SOC_GPIO_0_REGS, 5);
79.         // 注册中断服务函数
80.         IntRegister(C674X_MASK_INT8, AD7606Isr);
81.         // 映射 GPIO 中断对应 CPU 中断
82.         IntEventMap(C674X_MASK_INT8, SYS_INT_GPIO_B5INT);
83.         // 使能不可屏蔽中断 4
84.         IntEnable(C674X_MASK_INT8);
85.     }
```

第 86～92 行初始化了 DSP 的中断控制器。

```
86.   void InterruptInit(void)
87.   {
88.           // 初始化 DSP 中断控制器
89.           IntDSPINTCInit();
90.           // 使能 DSP 全局中断
91.           IntGlobalEnable();
92.   }
```

第 93～105 行是中断服务函数处理的内容，主要是清除 GPIO BANK 5 中断，并对 flag 标志清零。

```
93.   void AD7606Isr(void)
94.   {
95.           // 禁用 GPIO BANK 5 中断
96.           GPIOBankIntDisable(SOC_GPIO_0_REGS, 5);
97.           // 清除系统中断标志
98.           IntEventClear(SYS_INT_GPIO_B5INT);
99.           // 清除 GP5[11] 标志
100.          GPIOPinIntClear(SOC_GPIO_0_REGS, 92);
101          // AD 转换完成标志
102          flag = 0;
103          // 使能 GPIO BANK 5 中断
104          GPIOBankIntEnable(SOC_GPIO_0_REGS, 5);
105          }
```

第 106～113 行配置 GPIO5[11]、GPIO5[12]、GPIO5[13]的引脚复用，配置为普通 GPIO 引脚。

```
106.  void GPIOPinMuxSetup(void)
107.  {
108          volatile unsigned int savePinMux = 0;
109          savePinMux = HWREG(SOC_SYSCFG_0_REGS + SYSCFG0_PINMUX(11)) & \
110.                     ~(SYSCFG_PINMUX11_PINMUX11_19_16 | SYSCFG_PINMUX11_P
                         INMUX11_15_12 | SYSCFG_PINMUX11_PINMUX11_11_8);
111.          HWREG(SOC_SYSCFG_0_REGS + SYSCFG0_PINMUX(11)) = \
112.          (PINMUX11_BUSY_ENABLE | PINMUX11_CONVST_ENABLE |
              PINMUX11_RESRT_ENABLE | savePinMux);
113.  }
```

第 114～122 行确认 BUSY 信号是否为低电平。当然，这里只是为了避免误检测而再次做检测，这里不再检测 BUSY 信号的电平状态也是可以的。接着对 flag 置 1。

```
114.  void CheckAD7606Int(void)
115.  {
116          Delay(0x1FFF);
117          if (! GPIOPinRead(SOC_GPIO_0_REGS, 92))
118.       {
119              UARTPuts("AD7606 is ready! \n", - 2);
120.       }
121          flag = 1;
122.  }
```

第 123～129 行使能了 GPIO 和 EMIFA 的电源 PSC。

```
123.  void PSCInit(void)
124.  {
125          // 使能 GPIO 模块
126          PSCModuleControl(SOC_PSC_1_REGS, HW_PSC_GPIO,
             PSC_POWERDOMAIN_ALWAYS_ON, PSC_MDCTL_NEXT_ENABLE);
127.       // 使能 EMIFA 模块
128          PSCModuleControl(SOC_PSC_0_REGS, HW_PSC_EMIFA,
             PSC_POWERDOMAIN_ALWAYS_ON, PSC_MDCTL_NEXT_ENABLE);
129.  }
```


第 130～142 行初始化 EMIFA 接口和控制器。第 133 行配置了 EMIFA 接口相关引脚为 EMIFA 的功能引脚。第 135 行配置 EMIFA 的数据总线接口为 16 位，这与 AD7606 的数据输出接口位宽有关。第 137 行配置 EMIFA 的时序为 Normal 模式。第 139 行禁用了 WAIT 引脚，因为这个引脚连接 AD7606 是没有用到的。第 141 行配置了 EMIFA 的时序参数。

```
130.  void EMIFAInit(void)
131.  {
132.          // 配置 EMIFA 相关复用引脚
133.          AD7606PinMuxSetup();
134.          // 配置数据总线 16bit
135.         EMIFAAsyncDevDataBusWidthSelect(SOC_EMIFA_0_REGS,EMIFA_CHIP_SELECT_2,
                                                 EMIFA_DATA_BUSWITTH_16BIT);
136.          // 选择 Normal 模式
137.         EMIFAAsyncDevOpModeSelect(SOC_EMIFA_0_REGS,EMIFA_CHIP_SELECT_2,
                                           EMIFA_ASYNC_INTERFACE_NORMAL_MODE);
138.          // 禁止 WAIT 引脚
139.         EMIFAExtendedWaitConfig(SOC_EMIFA_0_REGS,EMIFA_CHIP_SELECT_2,
                                        EMIFA_EXTENDED_WAIT_DISABLE);
140.         // 配置 W_SETUP/R_SETUP W_STROBE/R_STROBE W_HOLD/R_HOLDTA 等参数
141.         EMIFAWaitTimingConfig(SOC_EMIFA_0_REGS,EMIFA_CHIP_SELECT_2,
```

```
         EMIFA_ASYNC_WAITTIME_CONFIG(1, 2, 1, 1, 2, 1, 0 ));
142.  }
```

第143～148行驱动GPIO5[12]输出一个脉冲,用于复位AD7606。

```
143.  void AD7606Reset(void)
144.  {
145.          GPIOPinWrite(SOC_GPIO_0_REGS, 93, GPIO_PIN_HIGH);
146.          Delay(0x1FFF);
147.          GPIOPinWrite(SOC_GPIO_0_REGS, 93, GPIO_PIN_LOW);
148.  }
```

第149～154行驱动GPIO5[13]输出一个脉冲,用于启动AD7606进行一次数据采样。

```
149.  void AD7606Start(void)
150.  {
151.          GPIOPinWrite(SOC_GPIO_0_REGS, 94, GPIO_PIN_LOW);
152.          Delay(0x1FFF);
153.          GPIOPinWrite(SOC_GPIO_0_REGS, 94, GPIO_PIN_HIGH);
154.          }
```


第155～158行为软件延时子函数。

```
155.  void Delay(volatile unsigned int count)
156.  {
157.          while(count--);
158.  }
```

第12章 uPP

通用并行端口(uPP)是一个多通道、高速并行接口,可用于连接并口的高速ADC和DAC,每通道数据位宽最高支持16位;还可用于连接FPGA,从而实现高速的数据传输。uPP接口的A、B通道可以配置为接收模式、发送模式和双工模式。

uPP接口带有内部DMA控制器,接口的数据传输都是通过内部DMA实现的,使用内部DMA可以增加uPP接口的吞吐速率和降低CPU负载。uPP内部有两个DMA通道,通常,这两个DMA通道分别服务不同的uPP通道。当然,也可以把uPP配置为数据交错模式,此时所有DMA通道都服务于单个uPP通道,只有一个uPP通道可以使用。

本章以uPP_B_TO_A代码为例展开讲解,此例程实现的功能是使用uPP的B通道作为发送、A通道作为接收来进行外部回环测试。测试的方法可以参考《2-TMS320C6748开发例程使用手册》。

12.1 uPP结构

uPP的框架图如图12-1所示,其中,A通道接收,B通道发送。

发送数据的过程:uPP内部DMA将内存里的数据搬移到Buffer,然后将Buffer里的数据搬移到发送器,最后从接口发送出去。

接收数据的过程:接口将接收到数据放到接收器,然后把数据搬移到Buffer,最后通过uPP内部DMA搬移到内存。

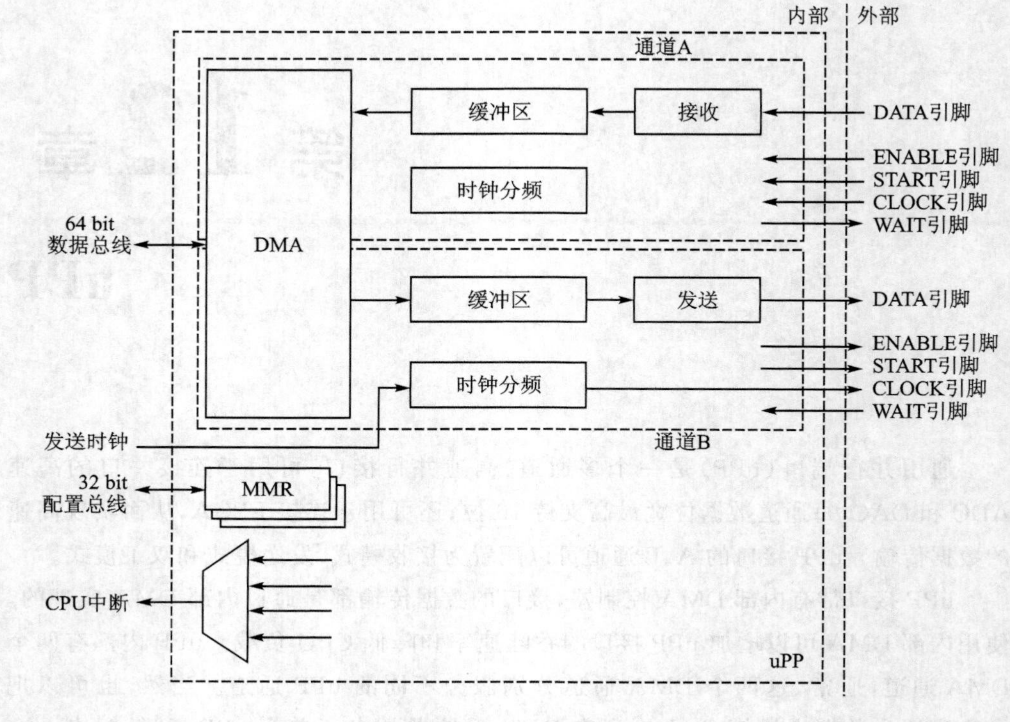

图 12-1 uPP 框架图

12.2 传输协议分析

uPP 数据传输协议可以按单倍或双倍速率传输。单倍速率传输时，接收时序如图 12-2 所示，发送时序如图 12-3 所示。在接收模式下，CLOCK、START、ENABLE、DATA 信号都作为输入信号，此时需要外部设备提供一个 CLOCK；接收每行数据时需要检测到一个 START 信号，同时，ENABLE 信号被拉高以表明传输的是有效数据，在 ENABLE 信号为低电平期间，DATA 传输的为无效数据。

在发送模式下，CLOCK、START、ENABLE、DATA 信号都是作为输出信号，此时 CLOCK 信号由 uPP 模块产生。发送每行数据时，首先输出一个 START 信号，同时 ENABLE 信号被拉高以表明输出有效数据，紧接着输出一行数据。在输出数据期间，如果外部设备接收不过来，则可以发送一个 WAIT 信号，uPP 模块检测到 WAIT 信号后会在下一个时钟周期暂停输出数据。在 WAIT 信号被拉低后的下一个时钟周期恢复输出数据。

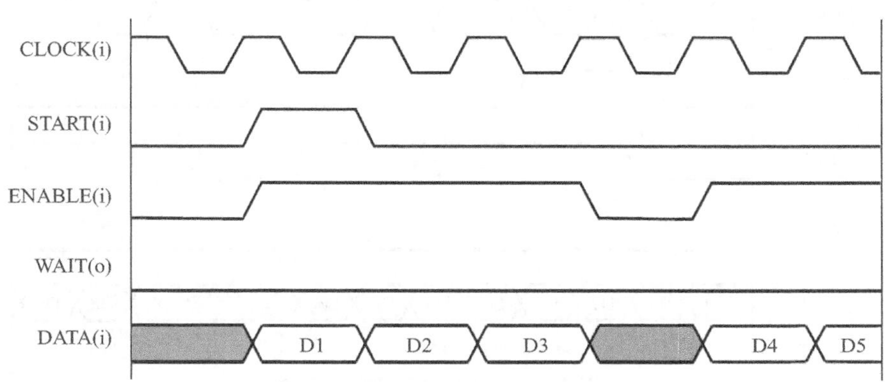

图 12-2　单倍速率接收时序图

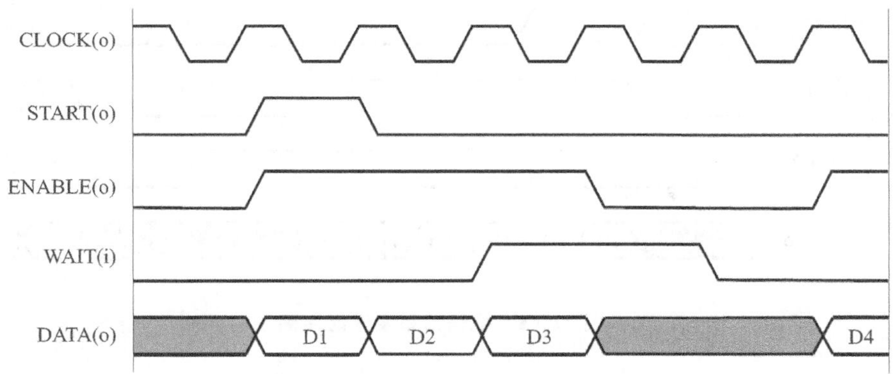

图 12-3　单倍速率发送时序图

在双倍速率传输模式下，uPP 的传输速度会提高一倍，这是因为双倍速率模式下，在一个时钟周期内会传输两个数据，即在时钟的上升沿传输一个数据，下降沿也传输一个数据。而在单倍速率模式下一个时钟周期只会传输一个数据，即在时钟的上升沿或者下降沿传输一个数据。双倍速率传输模式下，接收时序如图 12-4 所示，发送时序如图 12-5 所示。

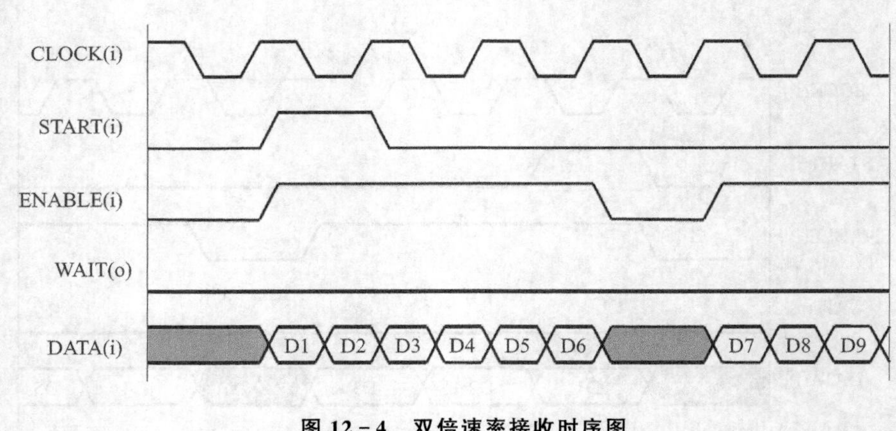

图 12-4　双倍速率接收时序图

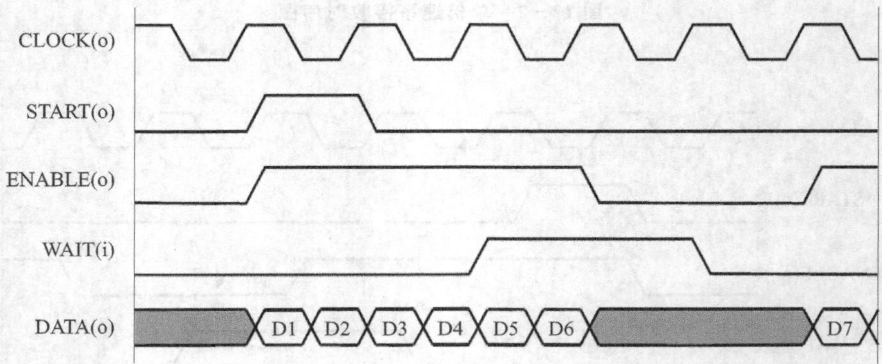

图 12-5　双倍速率发送时序图

12.3　实例分析

包含相关头文件：

```
#include <stdio.h>
#include <c6x.h>
#include "soc_C6748.h"              // DSP C6748 外设寄存器
#include "psc.h"                    // 电源与睡眠控制宏及设备抽象层函数声明
#include "interrupt.h"              // DSP C6748 中断相关应用程序接口函数声明
                                    // 及系统事件号定义
#include "uartStdio.h"              // 串口标准输入输出终端函数声明
#include "upp.h"                    // 通用并行端口设备抽象层函数声明
#include "dspcache.h"               // DSP C6748 缓存操作相关
```

接下来是宏定义相关内容。CacheEnabled 相当于缓存的开关，这里设置为 1，后面程序的主函数里将会使能缓存，之后，程序就必须进行缓存一致性的维护。11～15 行描述了 uPP 一个窗口的大小，这里定义了一行是 1 024 字节(upp_line_size)，总共是 1 024 行(upp_line_count)，一个窗口的数据量或者一帧的数据量就是 1 024×1 024 字节(upp_frame_size)。upp_line_offset 用于定义行偏移。

```
9.    // 使用缓存
10.   #define CacheEnabled                1
11.   // 配置
12.   #define upp_line_size               (1024)
13.   #define upp_line_count              (1024)
14.   #define upp_frame_size              (upp_line_size * upp_line_count)
15.   #define upp_line_offset             (upp_line_size)
```

接下来定义相关的全局变量。16～18 行定义了两个整型变量 upp_interrupt_count 和 upp_error_count，这两个变量将会在中断服务函数里改变其值，upp_interrupt_count 用于标记传输完成中断的次数，upp_error_count 用于标记传输错误中断的次数。19～23 行定义了两个数组 upp_buffer_a 和 upp_buffer_b，这两个数组的地址是 8 字节对齐的，分别用于缓存 A 通道和 B 通道的数据。本例程中 B 通道设置为发送，A 通道设置为接收，因此，upp_buffer_b 里保存的是将要通过 B 通道发送出去的数据，而 upp_buffer_a 里保存的是 A 通道接收到的数据。24～25 行定义了两个结构体，这两个结构体分别用于 A 通道和 B 通道传输配置参数，结构体里的成员主要跟配置 DMA 有关。


```
16.   // 全局变量
17.   volatile int upp_interrupt_count = 0;
18.   volatile int upp_error_count = 0;
19.   // 接收 / 发送缓存变量
20.   #pragma DATA_ALIGN(upp_buffer_a, 8)
21.   #pragma DATA_ALIGN(upp_buffer_b, 8)
22.   unsigned short upp_buffer_a[upp_frame_size];
23.   unsigned short upp_buffer_b[upp_frame_size];
24.   // 通道参数
25.   uPPDMAConfig transposeParA, transposeParB;
```

接下看主函数里的内容，程序的流程图如图 12－6 所示。主函数实现的功能主要是循环的回环测试，B 通道发送数据，A 通道接收回来。

主函数首先根据 CacheEnable 的值来配置是否使能缓存，如果 CacheEnable 的值为 1，则使能 DDR2 空间 0xC000 0000～0xD000 0000 配置为可缓存；接着，使能 L1P 为 32 KB、L1D 为 32 KB、L2 为 256 KB。

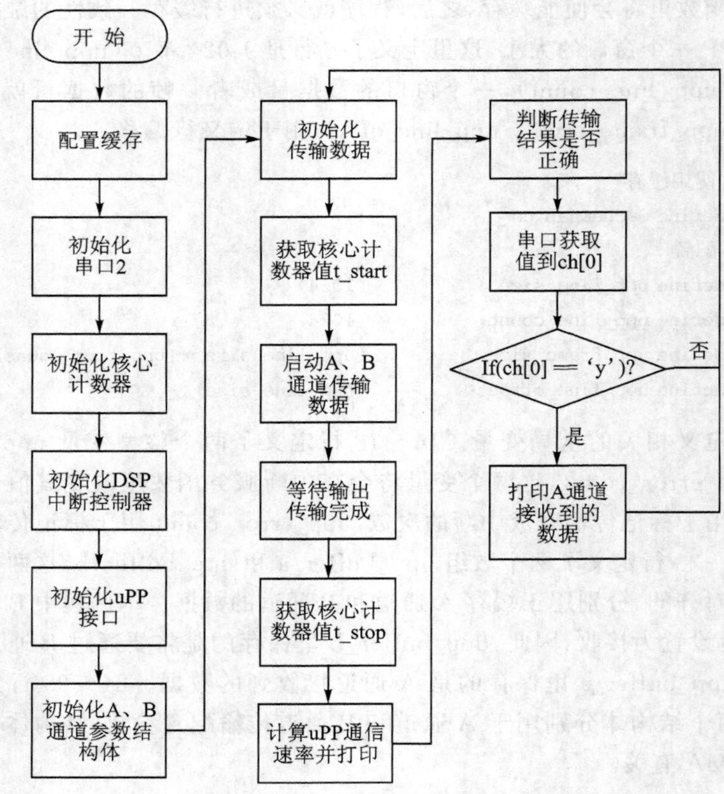

图 12-6 程序流程图

```
26.    void main(void)
27.    {
28.            int i, target_int_count = 2;
29.            char ch[2], put_char[50];
30.
31.            if(CacheEnabled)
32.            {
33.            // 使能缓存
34.                CacheEnableMAR((unsigned int)0xC0000000, (unsigned int)0x10000000);
35.                CacheEnable(L1PCFG_L1PMODE_32K |
                               L1DCFG_L1DMODE_32K | L2CFG_L2MODE_256K);
36.            }
```

第 38 行就是初始化串口 2 位串口终端，波特率为 115 200，通过 USB 串口线连接开发板串口 2 与计算机 USB，于是可以在串口终端看到第 40～42 行的输出信息。

```
37.            /* 初始化串口终端 使用串口 2 */
```

```
38.           UARTStdioInit();
39.           UARTprintf( "\r\n" );
40.     UARTprintf( "=======================\r\n" );
41.           UARTprintf( "=== UPP Communication Demo : Start\r\n" );
42.        UARTprintf( "=======================\r\n" );
```

下面就是初始化核心计数器，核心计数器主要是用于后面的 uPP 接口通信速度测试。第 45 和 46 行分别将核心计数器低 32 位和高 32 位置 0，从 0 开始计数。核心计数器是对核心频率进行计数的，由于创龙 TL6748 开发板配置的核心频率为 456 000 000 Hz，因此核心计数器每秒会计数值 456 000 000，只要程序一直执行，核心计数器就是一直计数。第 47 和 48 行分别读取了一次核心计数器的值，第 49 行的 t_overhead 里保存的就是读取核心计数器所花的时间。

```
43.           // 计数器(用于性能测试)
44.           long long t_start, t_stop, t_overhead;
45.           TSCL = 0;
46.           TSCH = 0;
47.        t_start = _itoll(TSCH, TSCL);
48.        t_stop = _itoll(TSCH, TSCL);
49.        t_overhead = t_stop - t_start;
```


第 51 行初始化了 DSP 的中断控制器，第 53 行初始化了 uPP 接口相关的参数，关于 uPP 的配置后面会详细讲解。

```
50.        // DSP 中断初始化
51.           InterruptInit();
52.           // uPP 外设初始化
53.        OmaplFpgauPPSetup();
```

第 54～63 行初始化了 A 通道和 B 通道传输参数结构体，这两个结构体的参数主要用于后面配置 uPP 的内部 DMA，分别描述了一个窗口的起始地址和窗口的大小。

uPP 内部带有 DMA 控制器，这个 DMA 控制器是独立的，不同于 EDMA3 控制器，专门为 uPP 接口服务。uPP 内部的 DMA 控制器包含有两个 DMA 通道，分别是 I 通道和 Q 通道，哪个 DMA 通道(I 和 Q)服务于哪个 uPP 通道(A 和 B)是由 uPP 的操作模式决定的。不同操作模式下，DMA 通道与 uPP 通道的对应关系如表 12-1 所列。

表 12-1 不同操作模式 uPP 通道与 DMA 通道映射

工作模式	服务的 I/O 通道	
	DMA I	DMA Q
1—通道接收	A	—
1—通道发送	A	—
2—通道接收	A	B
2—通道发送	A	B
2—混合接收/发送通道	A	B
1—通道发送(交错模式)	A	A
1—通道接收(交错模式)	A	A

uPP 内部 DMA 主要通过 4 个参数来配置，分别是 window address、byte count、line count 和 line offset address。通过这 4 个参数的描述，uPP 就可以知道要传输那个内存区域里的数据，如图 12-7 所示。这 4 个参数的具体含义如下：

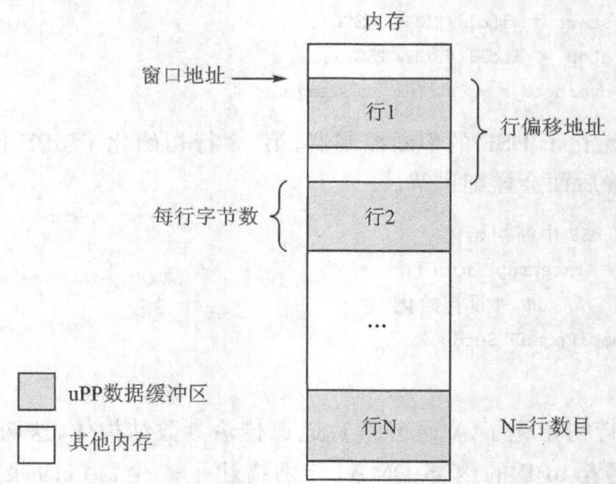

图 12-7 DMA 窗口描述

① Window Address(UPxD0. ADDR)：传输数据的第一个字节所在内存地址。在接收模式下，当 uPP 通道接收到数据时，DMA 通道就会将接收到的数据写到这个地址区域。在发送模式下，DMA 通道将从这个地址区域读取数据，然后送到 uPP 通道输出。Window address 可以是任意可访问的内存地址(包括 EMIF 上的地址空间)，但这个地址必须是 64 bit 对齐的(也就是 window address 的值低 3 位为 0)；如果用户设置的这个值不是 64 bit 对齐的，则系统将自动将地址对齐到 64 bit。

② Byte Count(UPxD1. BCNT)：每个 Line 的字节数。其中，Byte Count 必须是偶数。

③ Line Count(UPxD1.LNCNT)：每个 Window 的 Line 数。一个 Window 的大小就是 Byte Count * Line Count 字节，这也就是 uPP 传输一次的数据大小。

④ Line Offset Address(UPxD2.LNOFFSET)：相邻两个 Line 的起始地址间隔(偏移)。Line Offset Address 的值不能超过 65 528，并且必须 64 bit 对齐。

下面是 Line Offset Address 设置的两种特殊情形：

➢ 当 Line Offset Address ＝ Byte Count 时，Window 的数据区域是连续的，Line 与 Line 之间就没有间隙，比如图 12－7 中两个 Line 之间就没有白色的区域。这种设置在应用中是最常用的。

➢ 当 Line Offset Address ＝ 0 时，数据区只有一个 Line 的空间。此时，uPP 接收完一个 Line 或者发送完一个 Line 的数据后，就会跳回到本行的起始地址继续传输数据，因此，这是一个 Window 只占用了一个 Line 的空间。

```
54.         // A 通道参数 接收
55.         transposeParA.WindowAddress     = (unsigned int *)((int)upp_buffer_a);
56.         transposeParA.LineCount         = upp_line_count;
57.         transposeParA.ByteCount         = (upp_line_size * sizeof(unsigned short));
58.         transposeParA.LineOffsetAddress = (upp_line_offset * sizeof(unsigned short));
59.         // B 通道参数 发送
60.         transposeParB.WindowAddress     = (unsigned int *)((int)upp_buffer_b);
61.         transposeParB.LineCount         = upp_line_count;
62.         transposeParB.ByteCount         = (upp_line_size * sizeof(unsigned short));
63.         transposeParB.LineOffsetAddress = (upp_line_offset * sizeof(unsigned short));
```

接下来就是一个 while(1)循环，以便 uPP 循环的发送接收数据。首先是将中断里会赋值的两个变量 upp_error_count 和 upp_interrupt_count 清零，然后初始化 A 通道和 B 通道的数据缓冲区，也就是 DMA 描述的 Window 数据空间。upp_buffer_b 是将要通过 B 通道发送的数据，upp_buffer_a 是 A 通道用于接收数据的缓冲。如果使能了缓存，则这里还需要维护缓存的一致性。前面两个数组是定义到 DDR 里的，所以开启缓存后，CPU 写的数据有可能只写到缓存上，而没有写到 DDR 里，这时候就需要通过第 77 和 78 行的函数将数据写回到 DDR 里。

```
64.         while(1)
65.         {
66.             upp_error_count = 0;
67.             upp_interrupt_count = 0;
68.             // 初始化数据
69.             UARTPuts("\tResetting uPP buffers...\r\n", -2);
70.             for (i = 0; i < upp_frame_size; i++)
71.             {
```

```
72.            upp_buffer_b[i] = i;
73.            upp_buffer_a[i] = 0xDEAD;
74.        }
75.        if(CacheEnabled)
76.        {
77.            CacheWB ((unsigned int)upp_buffer_a, sizeof(upp_buffer_a));
78.            CacheWB ((unsigned int)upp_buffer_b, sizeof(upp_buffer_b));
79.        }
80.        UARTprintf ("\tStarting uPP transfers...\r\n");
81.        // uPP 通信速度测试
82.        // 计数开始值
83.        t_start = _itoll(TSCH, TSCL);
84.        // uPP A 通道启动接收
85.        uPPDMATransfer(SOC_UPP_0_REGS, uPP_DMA_CHI, &transposeParA);
86.        // uPP B 通道启动发送
87.        uPPDMATransfer(SOC_UPP_0_REGS, uPP_DMA_CHQ, &transposeParB);
88.        if(CacheEnabled)
89.        {
90.            CacheInv ((unsigned int)upp_buffer_a, sizeof(upp_buffer_a));
91.        }
```

接下来的这段代码就是启动 uPP 进行数据传输。

第 83 行读取核心计数器的值保持到 t_start 里,用于后面计算 uPP 的通信速率。第 84～87 行配置了 DMA 通道 I 和通道 Q,将第 55～62 行设置的参数写到 DMA 的相关寄存器里;当 DMA 通道 I 的 UPIDn 寄存器或者 DMA 通道 Q 的 UPQDn 寄存器被配置后,只要 uPP 通道空闲就会马上传输数据。第 90 行用于维护缓存一致性,uPP 通道 A 接收的数据直接通过 DMA 写到了 upp_buffer_a(DDR)里,在这之前 upp_buffer_a 里有数据已经被缓存了,而 DMA 只是把 uPP 接收到的数据写到 DDR 里,并没有同时写到缓存里,因此这里需要将 upp_buffer_a 数组缓存失效。

启动 uPP 传输数据后,接下来第 93 行就是等待 uPP 数据传输完成。这里需要等待两次中断,一次是 uPP 的发送完成中断,另一次就是 uPP 的接收完成中断;若两个中断都产生了,则表明 uPP 的一次回环测试完成。回环测试完成之后,第 95 行读取了一次核心计数器的值保持到 t_stop 里。第 96～98 行计算 uPP 回环的通信速率,并通过串口打印出来。第 100～117 行通过对比发送的数据和接收的数据是否一致来检查 uPP 通信是否正确,并打印通信结果。第 118～134 将 uPP 接收缓冲器中的数据输出到串口,这需要 PC 机通过串口终端发送一个字符到开发板上,如果发送的是'y',则打印接收到的全部数据;如果是其他字符,则不打印。之后就会跳转到 while 循环的开始进行下一次的回环测试。

```
92.        // 等待 uPP 传输完毕
```

```
        while (upp_interrupt_count < target_int_count && upp_error_count == 0);
        // 计数结束值
        t_stop = _itoll(TSCH, TSCL);
        sprintf(put_char,"\tuPP Communication Speed: %f MB/s \n",
            (float)upp_frame_size * 2 / 1024 / 1024 * 456000000/((t_stop - t_start) - t_overhead));
        UARTPuts(put_char, -2);
        /* 检查 uPP 传输的数据是否正确 */
        if(upp_interrupt_count == 2 && upp_error_count == 0)
        {
            for(i = 0; i < upp_frame_size; i++)
            {
                if(upp_buffer_a[i] != upp_buffer_b[i])
                upp_error_count++;
            }
        }
        /* 报告通信结果 */
        if(upp_error_count != 0)
        {
            UARTPuts("\tData mismatch in buffers.\n", -2);
            UARTprintf( "\tupp_error_count = %d\n",upp_error_count);
        }
        else
        {
            UARTPuts("\tuPP transfers complete! \n", -2);
        }
        UARTPuts("\tDo you want to print all the data? (y/n)", -2);
        UARTGets(ch,2);
        UARTPuts("\n", -2);
        if(ch[0] == 'y')
        {
            /* 打印全部读到的数据 */
            for(i = 0; i < upp_frame_size; i++)
            {
                UARTprintf("upp_buffer_a[%d] = %d   ", i, upp_buffer_a[i]);
                i++;
                if((i % 5) == 0)
                    UARTPuts("\n", -2);
                }
            }
            UARTPuts("\r\n\r\n", -2);
        }
    }
```

子函数 OmaplFpgauPPSetup()主要用于初始化 uPP 控制器。

第138行使能了uPP电源PSC。

第140行配置uPP的引脚复用。uPP的引脚使用情况与通道配置是有关系的。每一个uPP通道都有自己的一组控制和数据信号，引脚描述如表12-2所列。

表12-2　uPP引脚信号描述

信　号	I/O通道	类型(发送)	类型(接收)	描　述
DATA[15:0]	—	输出	输入	并行数据总线
XDATA[15:0]	—	输出	输入	扩展并行数据总线
CHA_START	A	输出	输入	指示每行数据的第一个数据
CHA_ENABLE	A	输出	输入	指示传输数据有效
CHA_WAIT	A	输入	输出	请求传输暂停
CHA_CLOCK	A	输出	输入	同步时钟信号
CHB_START	B	输出	输入	指示每行数据的第一个数据
CHB_ENABLE	B	输出	输入	指示传输数据有效
CHB_WAIT	B	输入	输出	请求传输暂停
CHB_CLOCK	B	输出	输入	同步时钟信号
UPP_2xTXCLK	—	输入	—	外部提供时钟信号

可以看到，uPP的A通道和B通道都有自己专用的控制信号，而DATA和XDATA数据引脚的分配则与uPP配置的模式有关。uPP模式配置与数据总线的使用情况如表12-3所列。在此程序中，后面会配置uPP为双通道，A通道位宽为8位，B通道位宽为8位，此时A通道的A[7:0]使用数据引脚DATA[7:0]，B通道的B[7:0]使用数据引脚DATA[15:8]。因此，在配置引脚复用时需要把DATA[15:0]复用为uPP功能引脚。

表12-3　A、B通道操作模式与数据引脚分配情况

模　式			UPCTL寄存器			关联通道			
通道数	A通道位宽	B通道位宽	CHN	IWA	IWB	DATA [15:8]	DATA [7:0]	XDATA [15:8]	XDATA [7:0]
单通道	8	—	0	0	x	—	A[7:0]	—	—
单通道	16	—	0	1	x	A[15:8]	A[7:0]	—	—
双通道	8	8	1	0	0	B[7:0]	A[7:0]	—	—
双通道	8	16	1	0	0	B[7:0]	A[7:0]	B[15:8]	—
双通道	16	8	1	1	0	B[7:0]	A[7:0]	—	A[15:8]
双通道	16	16	1	1	1	B[7:0]	A[7:0]	B[15:8]	A[15:8]

第142行对uPP控制器进行了软件复位。第143～145行分别配置了A通道和B通道的数据格式，分别配置了数据对齐格式、A和B通道位宽为8位、单倍速率。

第147行配置了通道属性，配置通道时序为单倍速率、双通道、DUPLEX0模式(B通道发送，A通道接收)。uPP有4种操作模式，如表12-4所列。

表12-4 操作模式选择

通道数	传输模式	说 明
单通道或双通道	ALL_RECEIVE	所有通道配置为接收
单通道或双通道	ALL_TRANSMIT	所有通道配置为发送
双通道	DUPLEX0	A通道接收，B通道发送
双通道	DUPLEX1	A通道发送，B通道接收

第148～150行配置了通道引脚，通道的控制引脚可以使能或者禁用，极性也是可以配置的。

第154行配置了uPP时钟，只有当通道配置为发送模式时才需要配置输出时钟；作为接收模式时，时钟由外部设备提供，不需要配置。A通道和B通道都有一个时钟模块用于配置时钟，如图12-8所示。内部提供的时钟经过时钟模块后可以从CLOCK引脚输出，输出频率：

I/O Clock = Transmit Clock / 2 / (UPICR.CLKDIVx + 1)

模块时钟(Module Clock)由内部PLL0_SYSCLK2提供。传输时钟(Transmit Clock)可以由内部提供，也可以由外部提供，通过寄存器CFGCHIP3[UPP_TX_CLKSRC]选择，如果选择由外部提供，则需要在UPP_2xTXCLK引脚输入一个时钟；如果选择由内部提供，则内部提供的时钟可以来源于PLL0_SYSCLK2或者PLL1_SYSCLK2，通过寄存器CFGCHIP[ASYNC3_CLKSRC]配置，如图12-9所示。确定了传输时钟就可以通过配置UPICR.CLKDIVx的值来得到需要的时钟频率。注意，uPP的最高时钟频率限制有两个：

① I/O时钟频率不能超过75 MHz。

② I/O时钟频率不能超过CPU频率1/4。

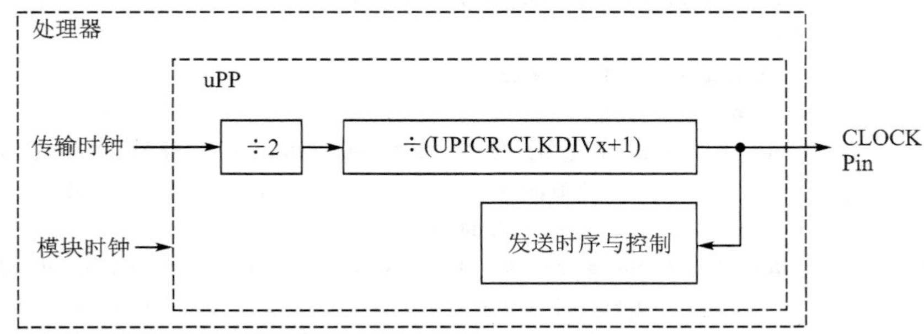

图12-8 时钟模块

第156行配置B通道空闲时数据总线的状态。当B通道不发送数据时，数据总

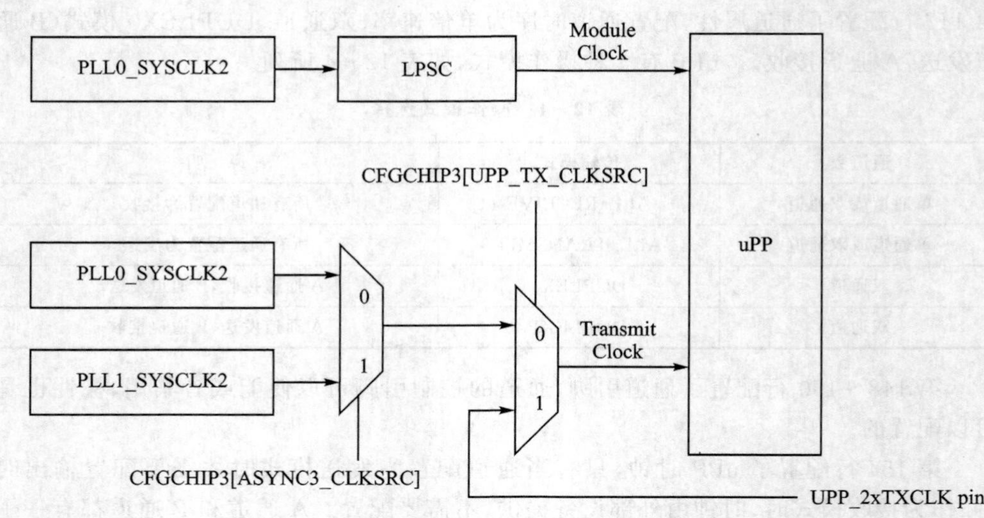

图 12-9　uPP 输入时钟

线的状态为 0xAA。

第 158～163 行配置 uPP 中断，首先使能 DMA 通道 I 和通道 Q 的窗口中断，当 A 通道或者 B 通道接收或者发送完一个窗口的数据后，就可以产生一个中断事件。接着将 uPP 中断事件映射到 CPU 中断 5，并注册中断服务函数 uPPIsr。

第 165 行使能 uPP 模块。

```
135. void OmaplFpgauPPSetup(void)
136. {
137.        // 外设使能
138.        PSCModuleControl (SOC_PSC_1_REGS, HW_PSC_UPP, PSC_POWERDOMAIN_ALWAYS_
                    ON, PSC_MDCTL_NEXT_ENABLE);
139.        // 引脚复用配置
140.        uPPPinMuxSetup(uPP_CHA_8BIT_CHB_8BIT);
141.        // uPP 复位
142.        uPPReset(SOC_UPP_0_REGS);
143.        // 数据格式配置
144.        uPPDataFmtConfig (SOC_UPP_0_REGS, uPP_CHA, uPP_DataPackingFmt_LJZE | uPP
                    _DataPacking_FULL | uPP_InterfaceWidth_8BIT | uPP_Dat-
                    aRate_SINGLE);
145.        uPPDataFmtConfig(SOC_UPP_0_REGS, uPP_CHB, uPP_DataPackingFmt_LJZE | uPP
            _DataPacking_FULL | uPP_InterfaceWidth_8BIT | uPP_DataRate_SINGLE);
146.        // 通道配置
147.        uPPChannelConfig (SOC_UPP_0_REGS, uPP_DDRDEMUX_DISABLE | uPP_SDRTXIL_
                    DISABLE | uPP_CHN_TWO | uPP_DUPLEX0);
148.        // 引脚配置
```

```
        uPPPinConfig (SOC_UPP_0_REGS, uPP_CHA, uPP_PIN_TRIS | uPP_PIN_ENABLE |
                uPP_PIN_WAIT | uPP_PIN_START);
        uPPPinConfig (SOC_UPP_0_REGS, uPP_CHB, uPP_PIN_ENABLE | uPP_PIN_WAIT |
                uPP_PIN_START);
        // 时钟配置
        // uPPCLK = (CPUCLK / 2) / (2 * (DIV + 1) (DIV = 0, 1, 2, 3 ... 15)
        // 456 MHz 主频下支持的时钟 114 MHz、57 MHz、38 MHz、28.5 MHz、22.8 MHz ......
        uPPClkConfig (SOC_UPP_0_REGS, uPP_CHB, 57000000, 228000000, uPP_PIN_
                PHASE_NORMAL);
        // 空闲输出配置
        uPPIdleValueConfig(SOC_UPP_0_REGS, uPP_CHB, 0xAAAA);
        // 中断使能
        uPPIntEnable(SOC_UPP_0_REGS, uPP_DMA_CHI, uPP_INT_EOW);
        uPPIntEnable(SOC_UPP_0_REGS, uPP_DMA_CHQ, uPP_INT_EOW);
        // 中断映射
        IntRegister(C674X_MASK_INT5, uPPIsr);
        IntEventMap(C674X_MASK_INT5, SYS_INT_UPP_INT);
        IntEnable(C674X_MASK_INT5);
        // uPP 使能
        uPPEnable(SOC_UPP_0_REGS);
        }
```


中断服务函数里主要处理各种 uPP 中断事件，uPP 可以产生的中断如表 12－5 所列。

表 12－5　uPP 中断事件

中断事件	说　明
行结束事件	一行数据传输完成后产生该事件
窗口结束事件	一个窗口数据传输完成后产生该事件
内部总线错误事件	uPP 接口或 DMA 控制器遭受内部总线错误时产生该中断
欠载或溢出事件	当 DMA 通道传输数据比 uPP 接口传输数据慢时，则产生欠载或溢出中断
DMA 编程错误事件	当 UPxS2 寄存器的 PEND 域位为 1 时对 DMA 编程会产生该中断

```
void uPPIsr(void)
{
        unsigned int intr_dmai_status, intr_dmaq_status;
        // 取得 DMA 中断状态
        intr_dmai_status = uPPIntStatus(SOC_UPP_0_REGS, uPP_DMA_CHI);
        intr_dmaq_status = uPPIntStatus(SOC_UPP_0_REGS, uPP_DMA_CHQ);
        while(intr_dmai_status != 0 || intr_dmaq_status != 0)
        {
```

```
if (intr_dmai_status & uPP_INT_EOL)
{
    uPPIntClear(SOC_UPP_0_REGS, uPP_DMA_CHI, uPP_INT_EOL);
}
if (intr_dmai_status & uPP_INT_EOW)
{
    uPPIntClear(SOC_UPP_0_REGS, uPP_DMA_CHI, uPP_INT_EOW);
    upp_interrupt_count ++ ;
}
if (intr_dmai_status & uPP_INT_ERR)
{
    uPPIntClear(SOC_UPP_0_REGS, uPP_DMA_CHI, uPP_INT_ERR);
    upp_error_count ++ ;
}
if (intr_dmai_status & uPP_INT_UOR)
{
    uPPIntClear(SOC_UPP_0_REGS, uPP_DMA_CHI, uPP_INT_UOR);
    upp_error_count ++ ;
}
if (intr_dmai_status & uPP_INT_DPE)
{
    uPPIntClear(SOC_UPP_0_REGS, uPP_DMA_CHI, uPP_INT_DPE);
    upp_error_count ++ ;
}
if (intr_dmaq_status & uPP_INT_EOL)
{
    uPPIntClear(SOC_UPP_0_REGS, uPP_DMA_CHQ, uPP_INT_EOL);
}
if (intr_dmaq_status & uPP_INT_EOW)
{
    uPPIntClear(SOC_UPP_0_REGS, uPP_DMA_CHQ, uPP_INT_EOW);
    upp_interrupt_count ++ ;
}
if (intr_dmaq_status & uPP_INT_ERR)
{
    uPPIntClear(SOC_UPP_0_REGS, uPP_DMA_CHQ, uPP_INT_ERR);
    upp_error_count ++ ;
}
if (intr_dmaq_status & uPP_INT_UOR)
{
    uPPIntClear(SOC_UPP_0_REGS, uPP_DMA_CHQ, uPP_INT_UOR);
    upp_error_count ++ ;
```

```
217.                }
218.                if (intr_dmaq_status & uPP_INT_DPE)
219.                {
220.                    uPPIntClear(SOC_UPP_0_REGS, uPP_DMA_CHQ, uPP_INT_DPE);
221.                    upp_error_count ++ ;
222.                }
223.                // uPP 中断将多个事件组合为同一中断源
224.                // 判断是否全部事情被处理完毕
225.                intr_dmai_status = uPPIntStatus(SOC_UPP_0_REGS, uPP_DMA_CHI);
226.                intr_dmaq_status = uPPIntStatus(SOC_UPP_0_REGS, uPP_DMA_CHQ);
227.                }
228.            // 通知 CPU uPP 中断处理完毕以便后续事件可以产生
229.            uPPEndOfInt(SOC_UPP_0_REGS);
230.        }
```

第 231～237 行初始化了 DSP 的中断控制器。

```
231. void InterruptInit(void)
232. {
233.            // 初始化 DSP 中断控制器
234.            IntDSPINTCInit();
235.            // 使能 DSP 全局中断
236.            IntGlobalEnable();
237. }
```

第13章

PRU

TI OMAPL13x/TMS320C674x 等芯片上有一个 PRUSS(可编程实时子系统)。PRUSS 包含 2 个 32 bit Load/Store RISC 架构的小端处理器 PRU,可以理解为 OMAPL13x/TMS320C674x 芯片内部除了有 ARM 和 DSP 处理器外,还有 2 个 32 bit 的单片机。PRU 可以独立编程实现一些实时性要求比较高的个性化需求。PRU 是连接到 OMAPL13x/TMS320C674x 内部总线 SCR 上的,与系统中 ARM、DSP 核心一样,可以访问芯片上的其他外设。本章主要介绍 PRU 的 2 种开发方式,分别是 C 语言开发和汇编开发。

13.1 PRU 结构

PRUSS 的结构框图如图 13-1 所示,PRUSS 包含 2 个 PRU 核心。每个 PRU 有 32 个通用寄存器 R0~R31,4 KB 指令 RAM,512 字节数据 RAM,32 个专用输出引脚 GPO 和 30 个专用输入引脚 GPI。其中,每个 PRU 的指令 RAM 是独立的,相互之间不能访问,但是数据 RAM 可以通过映射地址相互访问。PRUSS 还包含一个中断控制器,这个中断控制器由 2 个 PRU 共用。RPU 没有 Cache、指令流水线、乘

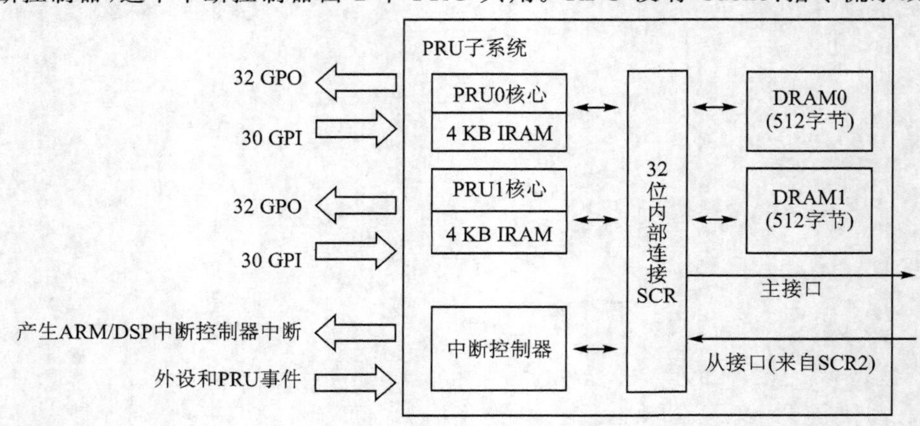

图 13-1　PRUSS 子系统框图

法指令。RPU 通常用于处理实时性要求较高的任务,工作在 PLL0_SYSCLK2 时钟域,即 ARM/DSP 频率的一半。

13.2 PRU 内存映射

PRU 访问外设、内存、寄存器等资源,跟 ARM/DSP 类似,都是通过映射地址来访问的。PRU 核心访问 PRUSS 系统内部资源时,可以通过 2 种方式来访问,分别是本地地址映射空间和全局地址映射空间。那这 2 种访问方式有什么区别?我们可以从系统的角度看。OMAPL13x/TMS320C674x 的系统框图如图 13-2 所示。PRUSS 内部资源都连接到了 PRUSS 内部的 SCR 总线上,而 PRUSS、DSP 核心、系统外设、系统内存等都连接到了系统 SCR 总线上。因此,PRU 核心使用本地地址映射空间来访问 PRUSS 内部资源时只会经过 PRUSS 内部 SCR 总线,而 PRU 核心使用全局地址映射空间来访问 PRUSS 内部资源时,不但会经过 PRUSS 内部 SCR 总线,还会经过系统 SCR 总线。因此,从访问效率上看,使用本地地址映射空间访问资源时效率更高。但是 PRU 核心想要访问系统外设或系统内存时,就需要使用全局地址来访问。

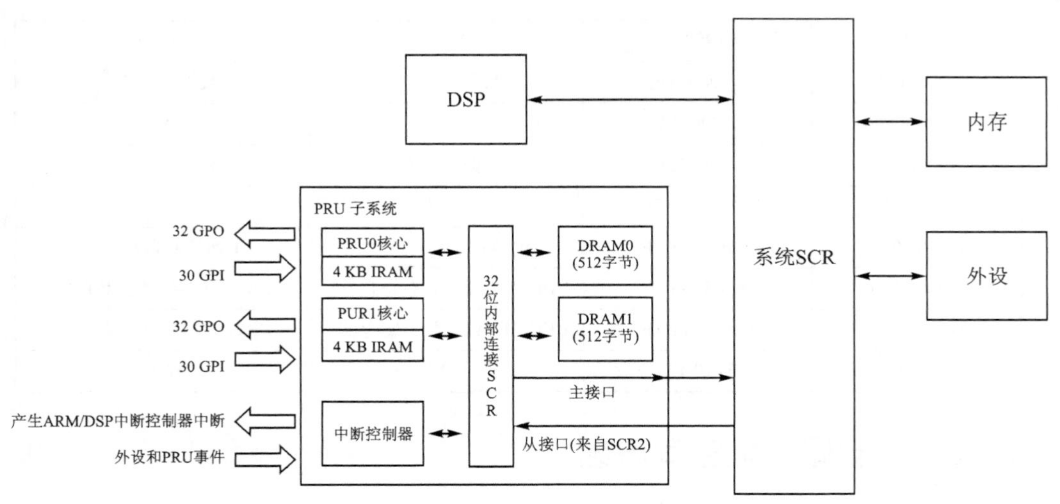

图 13-2 OMAPL13x/TMS320C674x 的系统框图

13.2.1 本地地址空间映射

PRU 的本地指令空间和本地数据空间是独立编址的,每个 PRU 都有 4 KB 独立的指令 RAM,空间为 0x00000000~0x00000FFF。PRU 指令空间映射表如表 13-1 所列。2 个 PRU 核心可以通过这个空间来访问本地的指令 RAM,而 2 个 PRU 指令间 RAM 不能相互访问。指令空间由外部主处理器 ARM/DSP 初始化。

表 13-1 PRUSS 指令空间映射表

起始地址	结束地址	PRU0	PRU1
0x00000000	0x00000FFF	RPU0 指令 RAM	PRU1 指令 RAM

数据空间包含数据 RAM 寄存器等，数据空间内存映射表如表 13-2 所列。每个 RPU 有独立的 512 字节 RAM，空间为 0x00000000～0x000001FF；因为数据 RAM 连接到了 PRUSS 的 SCR 总线上，所以子系统中的其他主模块也可以访问到这块空间，这段内存空间在另外一个 PRU 上的映射地址为 0x2000～0x21FF。也就是，PRU0 通过地址空间 0x00000000～0x000001FF 访问数据 RAM0（本地数据 RAM），RPU0 可以通过地址空间 0x00002000～0x000021FF 访问数据空间 RAM1（另外一个 RPU 数据 RAM）。同样的，PRU1 通过地址空间 0x00000000～0x000001FF 访问数据 RAM1（本地数据 RAM），可以通过地址空间 0x00002000～0x000021FF 访问数据空间 RAM0（另外一个 RPU 数据 RAM）。

每个 PRU 有各自的控制/状态寄存器，有各自的地址空间，而中断控制器寄存器的 2 个 PRU 共用。

表 13-2 PRUSS 本地数据空间内存映射表

起始地址	结束地址	PRU0	PRU1
0x00000000	0x000001FF	数据 RAM 0	数据 RAM 1
0x00000200	0x00001FFF	保留	保留
0x00002000	0x000021FF	数据 RAM 1	数据 RAM 0
0x00002200	0x00003FFF	保留	保留
0x00004000	0x00006FFF	中断控制器寄存器	中断控制器寄存器
0x00007000	0x000077FF	PRU0 控制/状态寄存器	PRU0 控制/状态寄存器
0x00007800	0x00007FFF	PRU1 控制/状态寄存器	PRU1 控制/状态寄存器
0x00008000	0xFFFFFFFF	保留	保留

13.2.2 全局地址空间映射

PRUSS 的局部地址空间在系统全局地址空间上与其他系统资源一起统一编址，PRUSS 的空间映射端口为 0x01C30000，如表 13-3 所列。PRU 通过全局地址空间访问资源时需要经过系统 SCR 总线，比通过局部地址空间访问要慢。RPUSS 外部主模块（如 ARM、DSP 等）可通过全局地址空间访问 PRU 资源，同样的，RPU 也可以通过全局地址空间访问 PRUSS 外部的系统资源。

表 13-3　PRUSS 全局空间内存映射表

起始地址	结束地址	区　域
0x01C30000	0x01C301FF	数据 RAM 0
0x01C30200	0x01C31FFF	保留
0x01C32000	0x01C321FF	数据 RAM 1
0x01C32200	0x01C33FFF	保留
0x01C34000	0x01C36FFF	中断控制器寄存器
0x01C37000	0x01C377FF	PRU0 控制/状态寄存器
0x01C37800	0x01C37FFF	PRU1 控制/状态寄存器
0x01C38000	0x01C38FFF	PRU0 指令 RAM
0x01C39000	0x01C3BFFF	保留
0x01C3C000	0x01C3CFFF	PRU1 指令 RAM
0x01C3D000	0x01C3FFFF	保留

13.3　控制/状态寄存器

PRU0 的控制/状态寄存器地址位于 0x00007000～0x000077FF，PUR1 的控制/状态寄存器地址位于 0x00007800～0x00007FFF。寄存器列表如表 13-4 所列。

表 13-4　PRU 控制/状态寄存器表

偏移地址	寄存器	寄存器说明
0x0000	CONTROL	PRU 控制寄存器
0x0004	STATUS	PRU 状态寄存器
0x0008	WAKEUP	PRU 唤醒使能寄存器
0x000C	CYCLECNT	PRU 周期计数器寄存器
0x0010	STALLCNT	PRU 取指停止计数器寄存器
0x0020	CONTABBLKIDX0	PRU 常量表块索引寄存器 0
0x0028	CONTABPROPTR0	PRU 常量表可编程指针寄存器 0
0x002C	CONTABPROPTR1	PRU 常量表可编程指针寄存器 1
0x0400 - 0x047C	INTGPR0 - INTGPR31	PRU 内部通用寄存器
0x0480 - 0x04FC	INTCTER0 - INTCTER31	PRU 内部常量表入口寄存器

1. CONTROL 控制寄存器

CONTROL 控制寄存器是配置 PRU 时须主要配置的一个寄存器，此寄存器控制了 PRU 的运行状态。PRU 控制寄存器说明如表 13－5 所列。

表 13－5 控制寄存器

位 域	名 称	r/w	功能描述
31:16	PCRESETVAL	r/w	PC 指针复位值 控制 PRU 复位后的起始运行地址
15	RUNSTATE	r	PRU 运行状态 0:PRU 暂停,主机可访问指令 RAM 和调试寄存器 1:PRU 正在运行,主机不能访问指令内存和调试寄存器
14:9	RESERVED	r	保留
8	SINGLESTEP	r/w	单步使能 0:PRU 全速运行 1:PRU 运行一条指令,然后清楚 ENABLE 位
7:4	RESERVED	r	保留
3	COUNTENABLE	r/w	PRU 时钟周期计数使能 0:禁用 PRU 时钟计数 1:使能 PRU 时钟计数,CYCLECNT 开始计数
2	SLEEPING	r/w	PRU 睡眠 0:PRU 退出睡眠状态 1:PRU 进入睡眠状态
1	ENABLE	r/w	PRU 使能 0:禁用 PRU,此时 PRU 不能取指令 1:使能 PRU,此时 PRU 可以取指令
0	SOFTRESET	r	软件复位。写 0 复位 PRU,一个周期后恢复为 1

2. STATUS 状态寄存器

状态寄存器保存 PRU 程序指针值,与程序的真正运行状态有一个时钟周期的延时。状态寄存器说明如表 13－6 所列。

表 13－6 状态寄存器

位 域	名 称	r/w	说 明
31:16	RESERVED	r	保留
15:0	PCCOUNTER	r	程序指针

3. WAKEUP 唤醒使能寄存器

程序执行 SLP 指令进入睡眠状态之前,设置了 WAKEUP 寄存器相应的位。当输入状态寄存器 R31 相应的位置 1 时,即 WAKEUP & R31 ！＝ 0 时,可唤醒 PRU。唤醒寄存器说明如表 13－7 所列。

表 13-7 唤醒使能寄存器

位 域	名 称	r/w	说 明
31:0	BITWISEENABLES	r/w	唤醒使能

4. CYCLECNT 周期计数器寄存器

当 CONTROL[ENABLE]=1 和 CONTROL[COUNTENABLE]=1 时，CYCLECNT 以 PRU 时钟周期计数。当 CONTROL[ENABLE]=0 或 CONTROL[COUNTENABLE]=0 时，计数停止。重新使能时，恢复继续计数。知道 PRU 核心频率后便可以使用周期计数器计时。周期计数器寄存器说明如表 13-8 所列。

表 13-8 周期计数器寄存器说明

位 域	名 称	r/w	说 明
31:0	CYCLECOUNT	r/w	周期计数。当 PRU 禁用时，可对此寄存器清零

5. STALLCNT 取指停止计数器寄存器

当 CONTROL[ENABLE]=1 和 CONTROL[COUNTENABLE]=1，且由于某种原因 PRU 不能取指令时，STALLCNT 开始以 PRU 时钟周期计数，其值总是小于或等于 CYCLECNT 的值。取指停止计数器寄存器说明如表 13-9 所列。

表 13-9 取指停止计数器寄存器说明

位 域	名 称	r/w	说 明
31:0	STALLCOUNT	r/w	取指停止周期计数。当 CYCLECOUNT 清零时，此寄存器清零

6. 常量表

PRU 提供了 32 个常量地址表 C0～C31，INTCTER0～INTCTER31 是常量表的调试接口，当 PRU 停止时，外部主模块读取 INTCTERn 即得到常量表 Cn 的值。常量表 C0～C31 的值如表 13-10 所列。通过指令 LBCO 或 SBCO 可以从常量表指向的地址(或寄存器)读取或写入数据。指令格式举例如下：

```
LBCO    R2, C2, 5, 8      //从 C2 + 5 的地址读取 8 字节到 R2, R3
SBCO    R2, C2, 5, 8      //将 R2, R3 的数据写到 C2 + 5 开始的地址
```

性能上与指令 LBBO、SBBO 没有区别，利用常量表可以节省通用寄存器的使用。

表 13-10 常量表

常量 Cn	指向区域	常量值
C0	PRU INTC	0x00004000
C1	Timer64P0	0x01C20000

续表 13-10

常量 Cn	指向区域	常量值
C2	I2C0	0x01C22000
C3	PRU0/1 Local Data	0x00000000
C4	PRU1/0 Local Data	0x00002000
C5	MMC/SD	0x01C40000
C6	SPI0	0x01C41000
C7	UART0	0x01C42000
C8	McASP0 DMA	0x01D02000
C9	RESERVED	0x01D06000
C10	RESERVED	0x01D0A000
C11	UART1	0x01D0C000
C12	UART2	0x01D0D000
C13	USB0	0x01E00000
C14	USB1	0x01E25000
C15	UHPI Config	0x01E10000
C16	RESERVED	0x01E12000
C17	I2C1	0x01E28000
C18	EPWM0	0x01F00000
C19	EPWM1	0x01F02000
C20	RESERVED	0x01F04000
C21	ECAP0	0x01F06000
C22	ECAP1	0x01F07000
C23	ECAP2	0x01F08000
C24	PRU0/1 Local Data	0x00000n00, n = c24_blk_index[3:0]
C25	McASP0 Control	0x01D00n00, n = c25_blk_index[3:0]
C26	RESERVED	0x01D04000
C27	RESERVED	0x01D08000
C28	DSP RAM/ROM	0x11nnnn00, nnnn = c28_pointer[15:0]
C29	EMIFa SDRAM	0x40nnnn00, nnnn = c29_pointer[15:0]
C30	L3 RAM	0x80nnnn00, nnnn = c30_pointer[15:0]
C31	EMIFb Data	0xC0nnnn00, nnnn = c31_pointer[15:0]

C0～C23 提供入口地址是固定的,C24～C31 可以通过寄存器编程设置。

C24[11:8](即 0x00000n00 中的 n)通过常量表块索引寄存器 CONTABBLKIDX0[3:0]设置。C25[11:8](即 0x01D00n00 中的 n)通过常量表块索引寄存器 CONTABBLKIDX0[19:16]设置。常量表块索引寄存器说明如表 13-11 所列。

表 13－11　常量表索引寄存器

位　域	名　称	r/w	说　明
31:20	RESERVED	r	保留
19:16	C25	r/w	设置常量表 C25[11:8]域
15:4	RESERVED	r	保留
3:0	C24	r/w	设置常量表 C24[11:8]域

C28[23:8](即 0x11nnnn00 中的 nnnn)通过常量表编程指针寄存器 0 的 CONTABPROPTR0[15:0]设置。C29[23:8](即 0x40nnnn00 中的 nnnn)通过常量表编程指针寄存器 0 的 CONTABPROPTR0[31:16]设置。常量表编程指针寄存器 0 说明如表 13－12 所列。

表 13－12　常量表编程指针寄存器 0

位　域	名　称	r/w	说　明
31:16	C29	r/w	设置常量表 C29[23:8]域
15:0	C28	r/w	设置常量表 C28[23:8]域

C30[23:8](即 0x80nnnn00 中的 nnnn)通过常量表编程指针寄存器 1 的 CONTABPROPTR1[15:0]设置。C31[23:8](即 0xC0nnnn00 中的 nnnn)通过常量表编程指针寄存器 1 的 CONTABPROPTR1[31:16]设置。常量表编程指针寄存器 1 说明如表 13－13 所列。

表 13－13　常量表编程指针寄存器 1

位　域	名　称	r/w	说　明
31:16	C31	r/w	设置常量表 C31[23:8]域
15:0	C30	r/w	设置常量表 C30[23:8]域

7. INTGPR0～31 调试通用寄存器

INTGPR0～31 与通用寄存器 R0～R31 对应，为外部主模块提供一个调试窗口。当 PRU 停止时，ARM/DSP 读/写 INTGPR0～31 直接读/写寄存器 R0～R31。

13.4　PRU 中断控制器

PRUSS 的中断控制器被 PRU0 和 PRU1 共用，其中断可以由外设触发，也可以由 PRU 写寄存器来触发。但是 PRU 没有中断向量表，因此不能编写中断服务函数，只能通过查询寄存器来处理相关中断。PRUSS 的中断控制器还可以将 PRU 的中断映射到 ARM/DSP 中，由主机来响应中断。PRU 中断控制器有一下特点：

- 可以捕获 32 个外部系统事件；
- PRU 可以产生 32 个系统事件；
- 支持 10 个中断通道；
- 支持 10 个主机中断；
  —2 个主机中断可以产生中断到 PRU；
  —8 个主机中断可向 ARM/DSP 发送中断；
- 每个系统事件可使能或禁用；
- 每个主机中断可使能或禁用；
- 支持硬件中断优先级；
- 不支持中断向量表。

13.4.1 中断映射

PRU 中断控制器支持 64 个系统事件，10 个中断通道，10 个主机中断。PRU 中断控制器映射关系图如图 13-3 所示。

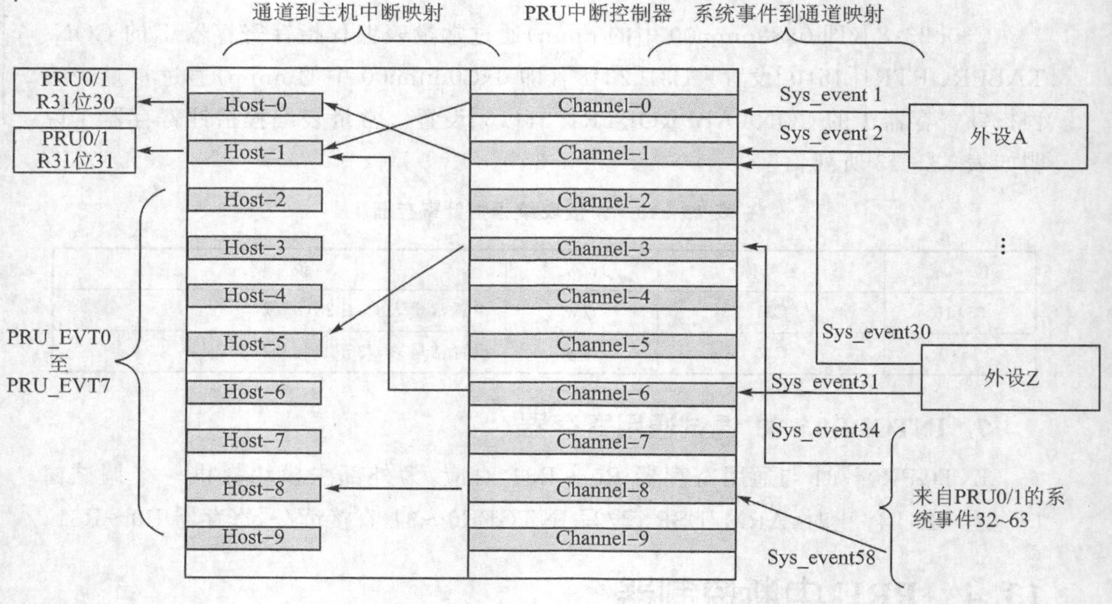

图 13-3 中断控制器映射关系图

中断的产生需要有触发事件，在 PRUSS 的 64 个系统事件中，0～31 号事件由外部产生，如图 13-3 中的第一部分。0～31 号事件具体指定的外设如表 13-17 所列。

系统事件 32～63 由写 R31 寄存器产生，如图 13-3 中的第 2 部分。R31 是一个比较特殊的寄存器，写 R31 和读 R31 分别有不同的含义。写 R31 寄存器时，寄存器各域的含义如表 13-14 所列。写 PRU_VEC[4:0]时，必须要同时对 PRU_VEC_VALID 写 1 才是有效的写向量。向 PRU_VEC[4:0]写入值 0～31，分别对应触发系统事件 32～63。例如，向 PRU_VEC[4:0]写入 0 并对 PRU_VEC_VALID 置 1，即写 100000 到 R31，则触发系统事件 32。

表 13-14　写 R31 寄存器时各域含义

位　域	名　称	说　明
31:6	RSV	保留
5	PRU_VEC_VALID	写向量有效
4:0	PRU_VEC[4:0]	向量

PRU 中断控制器有 10 个中断通道，64 个 PRUSS 系统事件可以任意映射到 channel-0～channel-9。多个系统事件可以映射到同一个中断通道上。

10 个主机中断与 10 个通道之间可以任意映射，可以多个通道映射到一个主机中断，但不要将一个通道映射到多个主机中断，推荐按 x 号通道映射到 x 号主机的中断方式映射。

主机中断的输出可以分成两类，第一类是输出到 R31 寄存器上，如图 13-3 中的第 4 部分，Host-0 主机中断输出到 R31 的第 30 位，Host-1 主机中断输出到 R31 的第 31 位，因此，读 R31 寄存器时可以查询主机中断状态。读 R31 寄存器时，寄存器各域的含义如表 13-15 所列。第二类则输出到 ARM/DSP 主机的系统事件上，如图 13-3 中的第 4 部分。此时用户需要在 ARM/DSP 端配置对应的系统事件中断即可响应 PRU 的中断。主机中断 Host-2～Host-9 与 ARM/DSP 端系统事件的映射关系如表 13-15～表 13-17 所列。

表 13-15　读 R31 寄存器时各域含义

位　域	名　称	说　明
31	PRU_INTR_IN[1]	主机中断 Host-1 中断状态
30	PRU_INTR_IN[0]	主机中断 Host-0 中断状态
29:0	PRU_R31_STATUS[29:0]	PRUn 的 30 个专用输入引脚状态

表 13-16　PRU 主机中断与 DSP 系统事件映射

DSP 系统事件号	DSP 中断名	PRU 主机中断
6	PRU_EVTOUT0	Host-2
17	PRU_EVTOUT1	Host-3
22	PRU_EVTOUT2	Host-4

续表 13-16

DSP 系统事件号	DSP 中断名	PRU 主机中断
35	PRU_EVTOUT3	Host-5
66	PRU_EVTOUT4	Host-6
39	PRU_EVTOUT5	Host-7
44	PRU_EVTOUT6	Host-8
50	PRU_EVTOUT7	Host-9

表 13-17 PRU 主机中断与 ARM 系统事件映射

ARM 系统事件号	ARM 中断名	PRU 主机中断
3	PRU_EVTOUT0	Host-2
4	PRU_EVTOUT1	Host-3
5	PRU_EVTOUT2	Host-4
6	PRU_EVTOUT3	Host-5
7	PRU_EVTOUT4	Host-6
8	PRU_EVTOUT5	Host-7
9	PRU_EVTOUT6	Host-8
10	PRU_EVTOUT7	Host-9

13.4.2 PRUSS 系统事件

PRUSS 系统事件 0～31 为 32 个外部事件，如表 13-18 所列。PRUSS 系统事件可分为 2 组，每组各 32 个系统事件，可以通过系统配置寄存器 CFGCHIP3 的第 3 位 PRUEVTSEL 在两组事件中进行选择，PRUSSEVTSEL＝0 时，选择第一列的 32 个外部系统事件；PRUSSEVTSEL＝1 时，选择第二列的 32 个外部系统事件。

表 13-18 PRUSS 系统事件

事件号	描 述	描 述
0	仿真挂起信号(仅限软件使用)	仿真挂起信号(仅限软件使用)
1	ECAP0 中断	Timer64P2_T12CMPEVT0
2	ECAP1 中断	Timer64P2_T12CMPEVT1
3	Timer64P0 事件输出 12	Timer64P2_T12CMPEVT2
4	ECAP2 中断	Timer64P2_T12CMPEVT3
5	McASP0 TX DMA 请求	Timer64P2_T12CMPEVT4
6	McASP0 RX DMA 请求	Timer64P2_T12CMPEVT5

续表 13－18

事件号	描　述	描　述
7	McBSP0 TX DMA 请求	Timer64P2_T12CMPEVT6
8	McBSP0 RX DMA 请求	Timer64P2_T12CMPEVT7
9	McBSP1 TX DMA 请求	Timer64P3_T12CMPEVT0
10	McBSP1 RX DMA 请求	Timer64P3_T12CMPEVT1
11	SPI0 中断 0	Timer64P3_T12CMPEVT2
12	SPI1 中断 0	Timer64P3_T12CMPEVT3
13	UART0 中断	Timer64P3_T12CMPEVT4
14	UART1 中断	Timer64P3_T12CMPEVT5
15	I2C0 中断	Timer64P3_T12CMPEVT6
16	I2C1 中断	Timer64P3_T12CMPEVT7
17	UART2 中断	Timer64P0_T12CMPEVT0 或 Timer64P0_T12CMPEVT1 或 Timer64P0_T12CMPEVT2 或 Timer64P0_T12CMPEVT3 或 Timer64P0_T12CMPEVT4 或 Timer64P0_T12CMPEVT5 或 Timer64P0_T12CMPEVT6 或 Timer64P0_T12CMPEVT7
18	MMCSD0 中断 0	Timer64P2 事件输出 12
19	MMCSD0 中断 1	Timer64P3 事件输出 12
20	USB0 (USB2.0 HS OTG)子系统中断请求	Timer64P1 事件输出 12
21	USB1 (USB1.1 FS OHCI)子系统 IRQ 中断	UART1 中断
22	Timer64P0 事件输出 34	UART2 中断
23	ECAP0 输入/输出复用	SPI0 中断 0
24	EPWM0 中断	EPWM0 中断
25	EPWM1 中断	EPWM1 中断
26	SATA 中断	SPI1 中断 0
27	EDMA3_0_CC0_INT2 (区域 2)	GPIO Bank 0 中断
28	EDMA3_0_CC0_INT3 (区域 3)	GPIO Bank 1 中断
29	UHPI CPU_INT	McBSP0 TX DMA 请求
30	EPWM0TZ 中断或 EPWM1TZ 中断	McBSP0 RX DMA 请求
31	McASP0 TX 中断或 McASP0 RX 中断	McASP0 TX 中断或 McASP0 RX 中断

13.4.3 中断控制器配置

使用 PRU 中断时，一般配置步骤如下：

① 系统事件与通道映射（CHANMAP0～CHANMAP15）；

② 中断通道与主机中断映射（HOSTMAP0～HOSTMAP2）；

③ 使能主机中断（HSTINTENIDXSET）；

④ 清除系统中断状态（STATIDXCLR）；

⑤ 使能系统中断（ENIDXSET）；

⑥ 使能全局中断（GLBLEN）。

13.4.4 中断控制器寄存器

PRU 的中断控制器寄存器本地地址位于 0x00004000 ～ 0x00006FFF，或者全局地址位于 0x01C34000 ～ 0x01C36FFF。PRU 中断控制器寄存器如表 13 - 19 所列。

表 13 - 19 中断控制器寄存器

偏移地址	寄存器名	描 述
0x000	REVID	版本 ID 寄存器
0x004	CONTROL	控制寄存器
0x010	GLBLEN	全局使能寄存器
0x01C	GLBLNSTLVL	全局嵌套等级寄存器
0x020	STATIDXSET	系统中断状态索引设置寄存器
0x024	STATIDXCLR	系统中断状态索引清除寄存器
0x028	ENIDXSET	系统中断索引使能寄存器
0x02C	ENIDXCLR	系统中断索引禁用寄存器
0x034	HSTINTENIDXSET	主机中断索引使能寄存器
0x038	HSTINTENIDXCLR	主机中断索引禁用寄存器
0x080	GLBLPRIIDX	全局优先级索引寄存器
0x200	STATSETINT0	系统中断状态设置寄存器 0
0x204	STATSETINT1	系统中断状态设置寄存器 1
0x280	STATCLRINT0	系统中断状态清除寄存器 0
0x284	STATCLRINT1	系统中断状态清除寄存器 1
0x300	ENABLESET0	系统中断使能寄存器 0
0x304	ENABLESET1	系统中断使能寄存器 1
0x380	ENABLECLR0	系统中断禁用寄存器 0

续表 13-19

偏移地址	寄存器名	描 述
0x384	ENABLECLR1	系统中断禁用寄存器 1
0x400-0x440	CHANMAP0-CHANMAP15	通道映射寄存器 0～15
0x800-0x808	HOSTMAP0-HOSTMAP2	主机中断映射寄存器 0～2
0x900-0x928	HOSTINTPRIIDX0-HOSTINTPRIIDX9	主机中断优先级索引寄存器 0～9
0xD00	POLARITY0	系统中断优先级寄存器 0
0xD04	POLARITY1	系统中断优先级寄存器 1
0xD80	TYPE0	系统中断类型寄存器 0
0xD84	TYPE1	系统中断类型寄存器 1
0x1100-0x1128	HOSTINTNSTLVL0-HOSTINTNSTLVL9	主机中断嵌套等级寄存器 0～9
0x1500	HOSTINTEN	主机中断使能寄存

下面介绍几个比较关键、常用的寄存器。

全局使能寄存器 GLBLEN 用于使能全局中断，如表 13-20 所列。

表 13-20 全局使能寄存器 GLBLEN

位 域	名 称	r/w	说 明
31:1	RESERVED	r	读到值为 0，写无效
0	ENABLE	r/w	全局中断使能

系统中断状态索引清除寄存器 STATIDXCLR 用于清楚系统中断状态，如表 13-22 所列。例如，STATIDXCL[9:0] = x，则 x 号系统事件中断状态被清除。

表 13-21 系统中断状态索引清除寄存器 STATIDXCLR

位 域	名 称	r/w	说 明
31:10	RESERVED	r	读到值为 0，写无效
9:0	INDEX	w	清除索引值系统事件中断状态，读返回 0

系统中断索引使能寄存器 ENIDXSET 用于使能系统中断，如表 13-22 所列。例如，ENIDXSET[9:0] = x，则 x 号系统事件中断被使能。

表 13-22 系统中断索引使能寄存器 ENIDXSET

位 域	名 称	r/w	说 明
31:10	RESERVED	r	读到值为 0，写无效
9:0	INDEX	w	使能索引值系统事件中断，读返回 0

系统中断索引禁用寄存器 ENIDXCLR 用于禁用系统中断，如表 13-23 所列。例如，ENIDXCLR[9:0] = x，则 x 号系统事件中断被禁用。

表 13-23 系统中断索引禁用寄存器 ENIDXCLR

位 域	名 称	r/w	说 明
31:10	RESERVED	r	读到值为0,写无效
9:0	INDEX	w	禁用索引值系统事件中断,读返回0

主机中断索引使能寄存器 HSTINTENIDXSET 用于使能主机中断,如表 13-24 所列。例如,HSTINTENIDXSET [9:0] = x,则 x 号主机中断被使能。

表 13-24 主机中断索引使能寄存器 HSTINTENIDXSET

位 域	名 称	r/w	说 明
31:10	RESERVED	r	读到值为0,写无效
9:0	INDEX	w	使能索引值主机中断,读返回0

主机中断索引禁用寄存器 HSTINTENIDXCLR 用于禁用主机中断,如表 13-25 所列。例如,HSTINTENIDXCLR [9:0] = x,则 x 号主机中断被禁用。

表 13-25 主机中断索引禁用寄存器 HSTINTENIDXCLR

位 域	名 称	r/w	说 明
31:10	RESERVED	r	读到值为0,写无效
9:0	INDEX	w	禁用索引值主机中断,读返回0

通道映射寄存器 CHANMAP0~CHANMAP15 用于映射系统事件到中断通道上,64 个 PRUSS 系统事件可以任意映射到 10 个中断通道上,多个 PRUSS 系统事件可以映射到同一个中断通道上。通道映射寄存器总共有 15 个,每个通道映射寄存器代表 4 个系统事件,每个系统事件占用 8 个位。例如,CHANMAP0[7:0]代表系统事件 0,CHANMAP0[7:0] = x,则将系统事件 0 映射到了 x 号中断通道 Channel-x 上。CHANMAP0[15:8]代表系统事件 1,15 个通道映射寄存器代表的事件依此类推。通道映射寄存器说明如表 13-26 所列。

表 13-26 通道映射寄存器 CHANMAPn

位 域	名 称	r/w	说 明
31:24	SysN3_map	r/w	系统事件中断 N+3 映射到通道中断
23:16	SysN2_map	r/w	系统事件中断 N+2 映射到通道中断
15:8	SysN1_map	r/w	系统事件中断 N+1 映射到通道中断
7:0	SysN_map	r/w	系统事件中断 N 映射到通道中断

主机中断映射寄存器 HOSTMAP0~HOSTMAP2 用于映射中断通道到主机中断上,可以多个通道映射到一个主机中断,但不要将一个通道映射到多个主机中断,推荐按 x 号通道映射到 x 号主机的中断方式映射。主机中断映射寄存器总共有

3 个，每个主机中断映射寄存器代表 4 个中断通道，每个中断通道占用 8 个位。例如，HOSTMAP0[7:0]代表中断通道 0，HOSTMAP0[7:0]=x，则将中断通道 0 映射到主机中断 Host-x 上。HOSTMAP0[15:8]代表中断通道 1，3 个主机中断映射寄存器代表的中断通道依此类推。主机中断映射寄存器说明如表 13-27 所列。

表 13-27 主机中断映射寄存器 HOSTMAPn

位 域	名 称	r/w	说 明
31:24	ChanN3_map	r/w	中断通道 N+3 映射到主机中断
23:16	ChanN2_map	r/w	中断通道 N+2 映射到主机中断
15:8	ChanN3_map	r/w	中断通道 N+1 映射到主机中断
7:0	ChanN_map	r/w	中断通道 N 映射到主机中断

13.5 C 语言开发 PRU

C 语言开发 PRU 需要使用 CCS V7.0 或者更高版本的 CCS 集成开发环境。要使用 C 语言开发 PRU，则必须要有 PRU 的 C 编译器。PRU 的 C 编译器可以从 http://software-dl.ti.com/codegen/non-esd/downloads/download.htm#PRU 免费下载。下面介绍本书的开发环境：

- 集成开发环境 CCS v7.3.0；
- PRU C 编译器基于 2.1.5 版本；
- 开发包创龙提供 PRU_C 开发包；
- 平台为 TL6748-EVM；
- 仿真器 TL-XDS200。

将 PRU_C 开发包复制到非中文路径下，这里介绍把 PRU_C 复制到 D 盘下的步骤。

13.5.1 新建 PRU 工程

步骤如下：

① 选择 File→New→CCS Project 菜单项，如图 13-4 所示。

② 在弹出的对话框中，在 Target 下拉列表框选择 TMS320C6748；在 PRU 栏中，Project name 文本框输入 PRU_LED，去掉 Use default location 复选项，Location 文本框中写入工程的路径，Compiler version 下拉列表框中选择编译器 TI v2.1.5，Project templates and examples 栏中选择 Empty Project，最后，单击 Finish 便可新建工程，如图 13-5 所示。

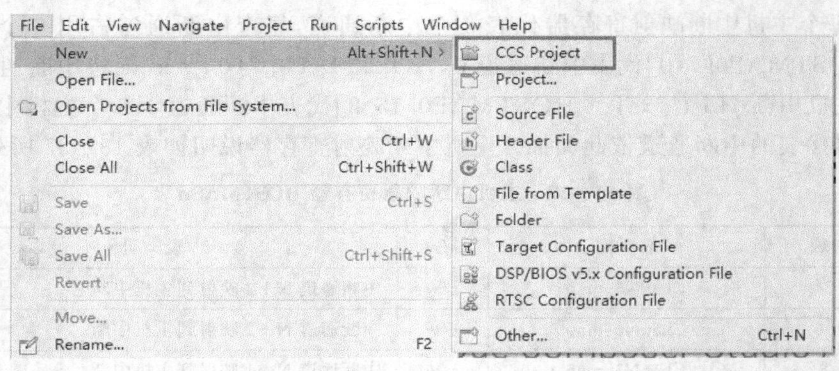

图 13－4　新建工程

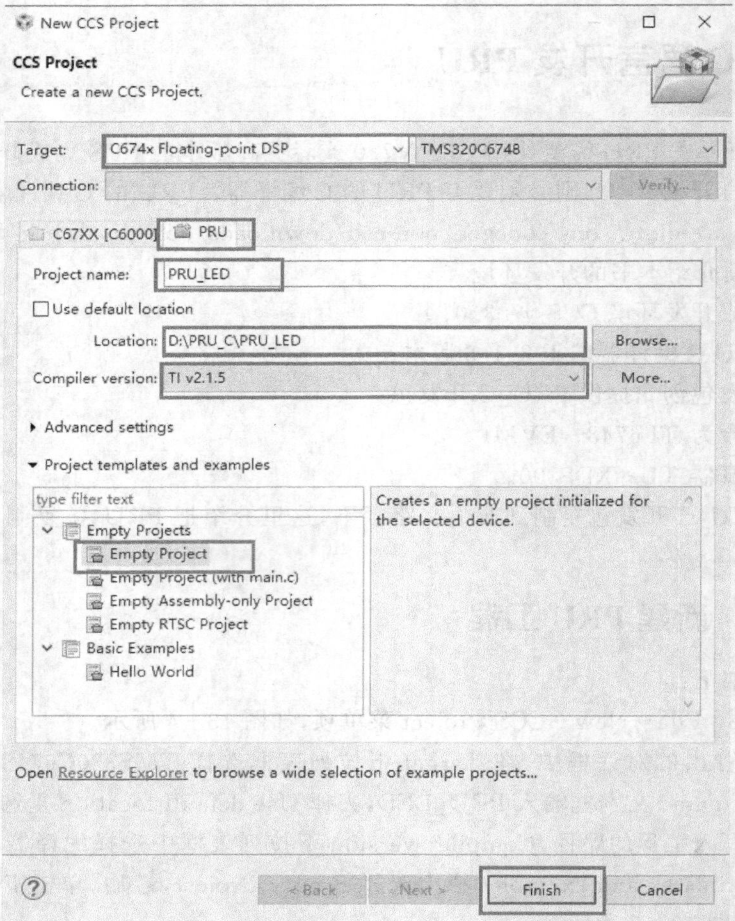

图 13－5　新建工程属性配置

③ 设置头文件路径、链接库文件、处理器属性，步骤如下：

a) 在 Project Explorer 窗口中选择工程，右击 Properties，如图 13－6 所示。设置头文件路径：在弹出的级联菜单中选择 Build→PRU Compiler→Include Options，在 Add dir to #include search path(--include_path,-I)栏中写入头文件路径：../../Drivers/Include，../../Drivers/Include/hw，如图 13－7 所示。

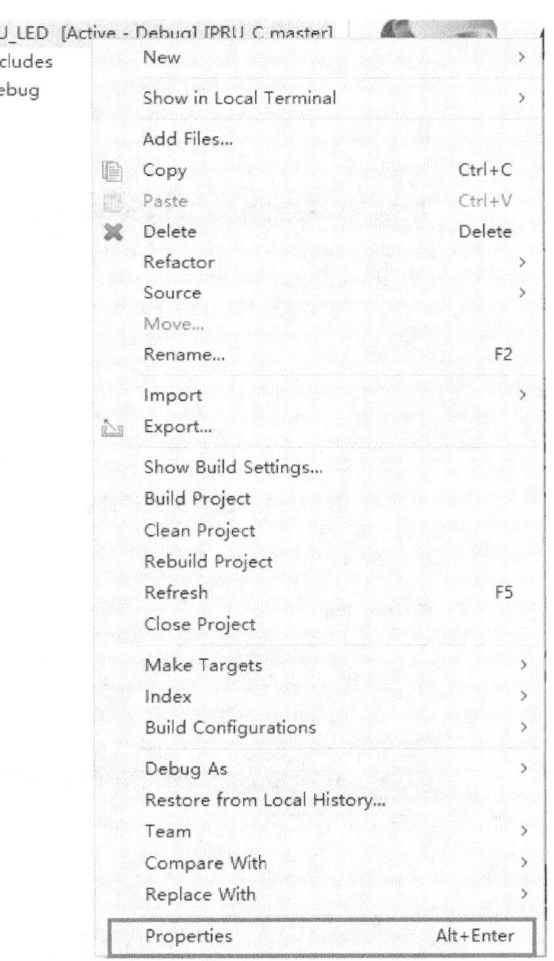

图 13－6　选择工程属性

b) 设置链接库文件：选择 Build→PRU Linker→File Search Path，在 Include library file or command file as input(--library,-l)栏中写入库文件路径：../../Drivers/Debug/Drivers.lib，如图 13－8 所示。

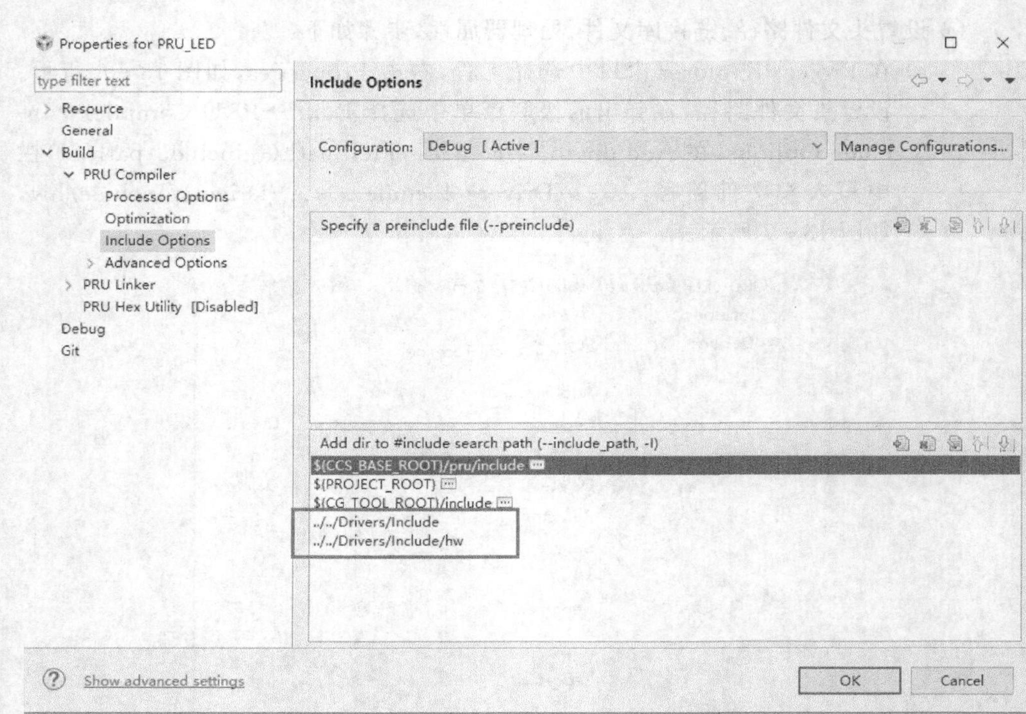

图 13－7　设置头文件路径

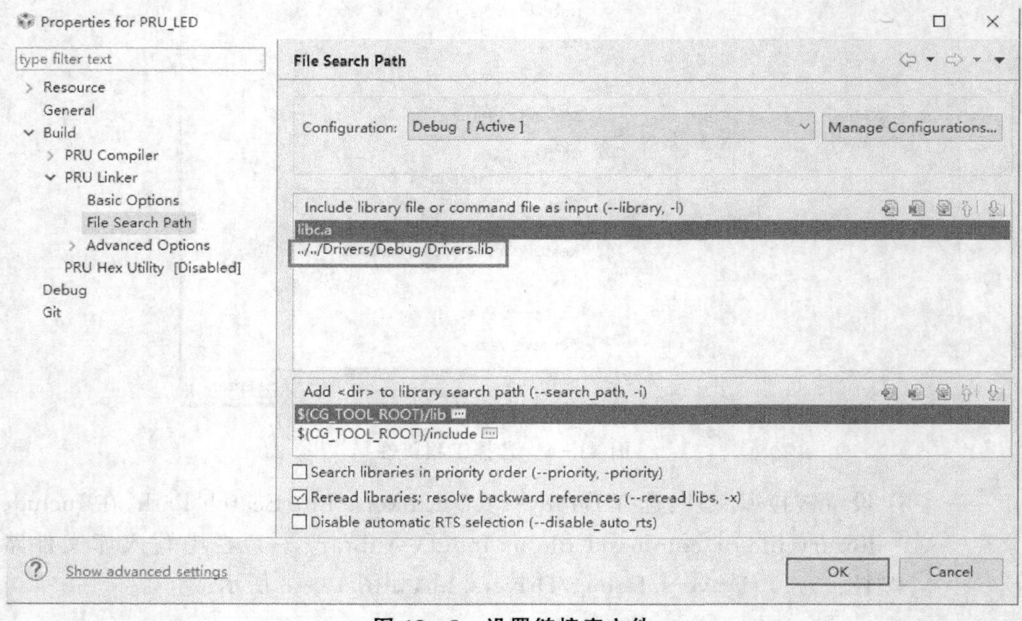

图 13－8　设置链接库文件

c）设置处理器属性：选择 Build→PRU Compiler→Processor Options，在 Silicon version(--silicon_version,-v)中选择 1，如图 13-9 所示。

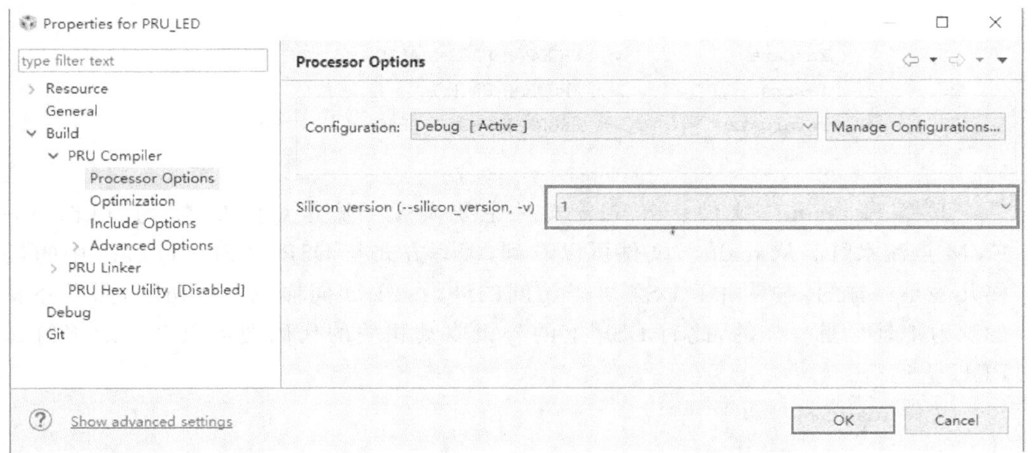

图 13-9　设置处理器属性

④ 工程添加编写 cmd 文件，用于管理分配内存等。

文件 PRU.cmd：

```
-cr// RAM 模型
-heap  0x100// 堆
-stack 0x020// 栈
MEMORY
{
    PAGE 0:
    PRUIRAM:  o = 0x00000000  l = 0x00001000  /*  4KB PRU 程序内存  */

PAGE 1:
    PRUDRAM:  o = 0x00000000  l = 0x00000200  /* 512B PRU 数据内存  */
}

SECTIONS
{
    .text:_c_int00 *    >  0x00000000
    .text               >  PRUIRAM PAGE 0
    .stack              >  PRUDRAM PAGE 1
    .bss                >  PRUDRAM PAGE 1
    .cio                >  PRUDRAM PAGE 1
    .const              >  PRUDRAM PAGE 1
    .data               >  PRUDRAM PAGE 1
```

```
    .switch          >    PRUDRAM PAGE 1
    .sysmem          >    PRUDRAM PAGE 1
    .cinit           >    PRUDRAM PAGE 1
    .rodata          >    PRUDRAM PAGE 1
    .fardata         >    PRUDRAM PAGE 1 ALIGN 4
    .farbss          >    PRUDRAM PAGE 1
    .rofardata       >    PRUDRAM PAGE 1 ALIGN 4
}
```

⑤ 编写 main.c 文件。main.c 文件主要实现了流水灯的功能、对 TL6748-EVM 点流水灯。从 main.c 文件可以看到,编写方式与 DSP 的 Starterware 中的代码几乎是一样的,这是由于 DSP 可以访问的外设,PRU 同样也可以访问,而且外设的映射地址也是一样的,此时 DSP 上的外设驱动相关的代码便可以轻易地移植到 PRU 上运行。

文件 main.c:

```
#include "soc_C6748.h"
#include "psc.h"
#include "gpio.h"
#include "Pinmux.h"
void PSCInit(void)
{
    // 使能 GPIO 模块
    // 对相应外设模块的使能也可以在 BootLoader 中完成
    PSCModuleControl(SOC_PSC_1_REGS, HW_PSC_GPIO, PSC_POWERDOMAIN_ALWAYS_ON,
    PSC_MDCTL_NEXT_ENABLE);
}
void GPIOBankPinMuxSet(void)
{
    // 配置相应的 GPIO 口功能为普通输入输出口
    // 底板 LED
    GPIOBank0Pin0PinMuxSetup();
    GPIOBank0Pin1PinMuxSetup();
    GPIOBank0Pin2PinMuxSetup();
    GPIOBank0Pin5PinMuxSetup();
}
void GPIOBankPinInit(void)
{
    // 配置 LED 对应引脚为输出引脚
    // 核心板 LED
GPIODirModeSet(SOC_GPIO_0_REGS, 109, GPIO_DIR_OUTPUT);  // GPIO6[12]
GPIODirModeSet(SOC_GPIO_0_REGS, 110, GPIO_DIR_OUTPUT);  // GPIO6[13]
```

```
    // 底板 LED
    GPIODirModeSet(SOC_GPIO_0_REGS, 1, GPIO_DIR_OUTPUT);     // D7  GPIO0[0]
    GPIODirModeSet(SOC_GPIO_0_REGS, 2, GPIO_DIR_OUTPUT);     // D9  GPIO0[1]
    GPIODirModeSet(SOC_GPIO_0_REGS, 3, GPIO_DIR_OUTPUT);     // D10 GPIO0[2]
    GPIODirModeSet(SOC_GPIO_0_REGS, 6, GPIO_DIR_OUTPUT);     // D6  GPIO0[5]
}
void Delay(unsigned int n)
{
    unsigned int i;
    for(i = n; i > 0; i--);
}
int main(void)
{
    // 外设使能配置
    PSCInit();
    // GPIO 引脚复用配置
    GPIOBankPinMuxSet();
    // GPIO 引脚初始化
    GPIOBankPinInit();
    // 主循环
    for(;;)
    {
        // 延时
        Delay(0x00FFFFFF);
        GPIOPinWrite(SOC_GPIO_0_REGS, 3, GPIO_PIN_LOW);      // D10 灭 GPIO0[2]
        GPIOPinWrite(SOC_GPIO_0_REGS, 1, GPIO_PIN_HIGH);     // D7  亮 GPIO0[0]
        // 延时
        Delay(0x00FFFFFF);
        GPIOPinWrite(SOC_GPIO_0_REGS, 1, GPIO_PIN_LOW);      // D7  灭 GPIO0[0]
        GPIOPinWrite(SOC_GPIO_0_REGS, 6, GPIO_PIN_HIGH);     // D6  亮 GPIO0[5]
        // 延时
        Delay(0x00FFFFFF);
        GPIOPinWrite(SOC_GPIO_0_REGS, 6, GPIO_PIN_LOW);      // D6  灭 GPIO0[5]
        GPIOPinWrite(SOC_GPIO_0_REGS, 2, GPIO_PIN_HIGH);     // D9  亮 GPIO0[1]
        // 延时
        Delay(0x00FFFFFF);
        GPIOPinWrite(SOC_GPIO_0_REGS, 2, GPIO_PIN_LOW);      // D9  灭 GPIO0[1]
        GPIOPinWrite(SOC_GPIO_0_REGS, 3, GPIO_PIN_HIGH);     // D10 亮 GPIO0[2]
    }
}
```

⑥ PRU_C 里只提供了外设驱动库 driver.lib，因此，使用外设时还需要进行引

脚复用配置。引脚复用配置代码在 Pinmux. c 和 Pinmux. h 中提供。

文件 Pinmux. h：

```
#ifndef _PINMUXH_
#define _PINMUXH_H_
void GPIOBank0Pin0PinMuxSetup();
void GPIOBank0Pin1PinMuxSetup();
void GPIOBank0Pin2PinMuxSetup();
void GPIOBank0Pin5PinMuxSetup();
#endif
```

文件 Pinmux. c：

```
#include "hw_types.h"
#include "soc_C6748.h"
#include "hw_syscfg0_C6748.h"
#define PINMUX1_GPIO0_0_ENABLE   (SYSCFG_PINMUX1_PINMUX1_31_28_GPIO0_0   << \
                                  SYSCFG_PINMUX1_PINMUX1_31_28_SHIFT)
#define PINMUX1_GPIO0_1_ENABLE   (SYSCFG_PINMUX1_PINMUX1_27_24_GPIO0_1   << \
                                  SYSCFG_PINMUX1_PINMUX1_27_24_SHIFT)
#define PINMUX1_GPIO0_2_ENABLE   (SYSCFG_PINMUX1_PINMUX1_23_20_GPIO0_2   << \
                                  SYSCFG_PINMUX1_PINMUX1_23_20_SHIFT)
#define PINMUX1_GPIO0_5_ENABLE (SYSCFG_PINMUX1_PINMUX1_11_8_GPIO0_5      << \
                                SYSCFG_PINMUX1_PINMUX1_11_8_SHIFT)
void GPIOBank0Pin0PinMuxSetup(void)
{
unsigned int savePinmux = 0;
      savePinmux = (HWREG(SOC_SYSCFG_0_REGS + SYSCFG0_PINMUX(1)) &
                   ~(SYSCFG_PINMUX1_PINMUX1_31_28));
      HWREG(SOC_SYSCFG_0_REGS + SYSCFG0_PINMUX(1)) =
          (PINMUX1_GPIO0_0_ENABLE | savePinmux);
}
void GPIOBank0Pin1PinMuxSetup(void)
{
    unsigned int savePinmux = 0;
    savePinmux = (HWREG(SOC_SYSCFG_0_REGS + SYSCFG0_PINMUX(1)) &
                 ~(SYSCFG_PINMUX1_PINMUX1_27_24));
    HWREG(SOC_SYSCFG_0_REGS + SYSCFG0_PINMUX(1)) =
          (PINMUX1_GPIO0_1_ENABLE | savePinmux);
}
void GPIOBank0Pin2PinMuxSetup(void)
{
    unsigned int savePinmux = 0;
```

```
        savePinmux = (HWREG(SOC_SYSCFG_0_REGS + SYSCFG0_PINMUX(1)) &
                     ~(SYSCFG_PINMUX1_PINMUX1_23_20));
        HWREG(SOC_SYSCFG_0_REGS + SYSCFG0_PINMUX(1)) =
             (PINMUX1_GPIO0_2_ENABLE | savePinmux);
    }
    void GPIOBank0Pin5PinMuxSetup(void)
    {
        unsigned int savePinmux = 0;
        savePinmux = (HWREG(SOC_SYSCFG_0_REGS + SYSCFG0_PINMUX(1)) &
                     ~(SYSCFG_PINMUX1_PINMUX1_11_8));
        HWREG(SOC_SYSCFG_0_REGS + SYSCFG0_PINMUX(1)) =
             (PINMUX1_GPIO0_5_ENABLE | savePinmux);
    }
```

⑦ 编译工程后，则 Debug 目录下会生成 PRU_LED.out 文件，如图 13 - 10 所示。

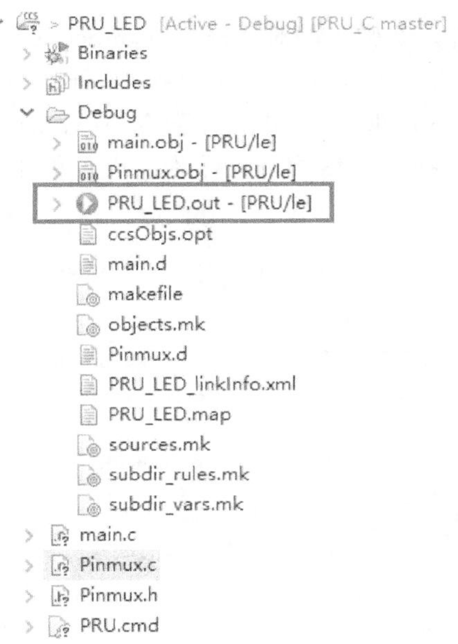

图 13 - 10 编译工程

13.5.2 使用仿真器加载并运行程序

步骤如下：

① 新建仿真配置文件。选择 View→Target Configurations 菜单项，在 Target Configurations 对话框中右击，在弹出的对话框中选择 New Target Configuration，

在弹出对话框中的 File name 文本框输入文件名:CCSV7_C6748_XDC200. ccxml,如图 13 - 11 所示。

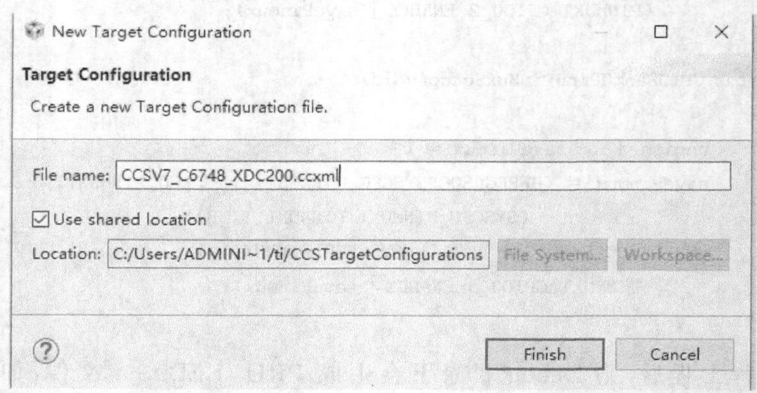

图 13 - 11　新建仿真配置文件

② 配置 ccxml 文件。在弹出的对话框中,Connection 下拉列表框中选择 Texas Instruments XDS2xx USB Debug Probe, Board or Device 下拉列表框中选择 TMS320C6748,如图 13 - 12 所示。单击右下方 Advanced,选择 C674X_0 核心,在 initialization script 中选择 C6748 的 gel 文件,然后单击 Save 保存,如图 13 - 13 所示。

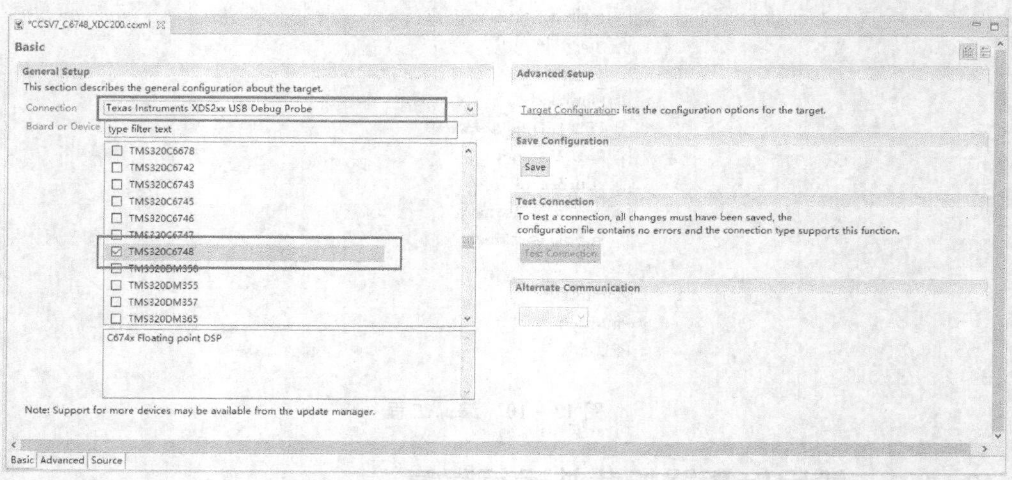

图 13 - 12　配置 ccxml 文件

③ 仿真器加载程序。在 Target Configurations 窗口中选择 CCSV7_C6748_XDC200. ccxml 并右击,在弹出的级联菜单中选择 Launch Selected Configuration,

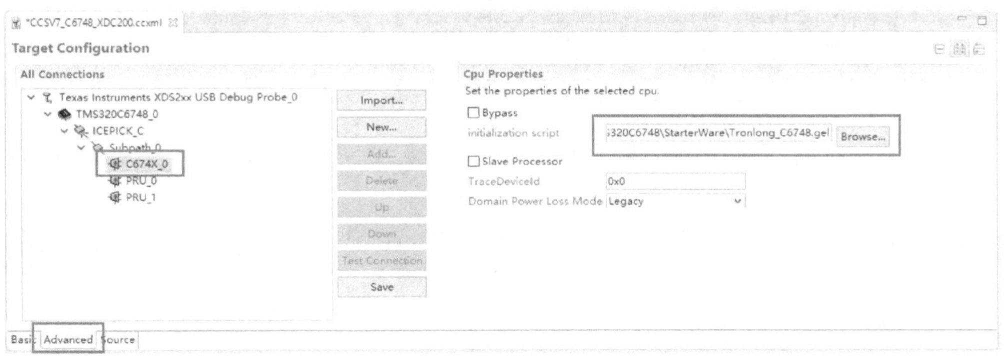

图 13 - 13　配置 ccxml 文件

如图 13 - 14 所示。

在 Debug 栏选择 Texas Instruments XDS2xx USB Debug Probe_0/PRU_0 并右击，在弹出的级联菜单中选择 Connect Target，连接 PRU0 核心，如图 13 - 15 所示。

在 Debug 栏选中 PRU0 核心，选择 Run→Load→Load Program 菜单项，如图 13 - 16 所示。在弹出对话框中的 Program file 下拉列表框中选择 PRU_LED.out 路径，然后单击 OK 按钮即可加载程序，如图 13 - 17 所示。

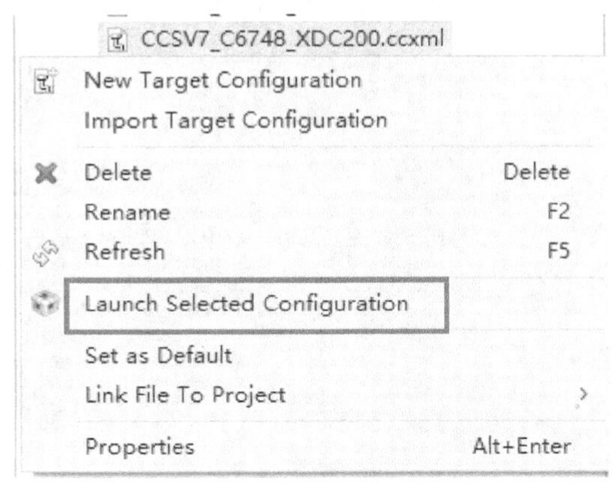

图 13 - 14　选择仿真器配置文件

④ 运行程序。单击工具栏绿色三角按钮运行程序，如图 13 - 18 所示，则可以看到开发板底板的 4 个 LED 轮流点亮。

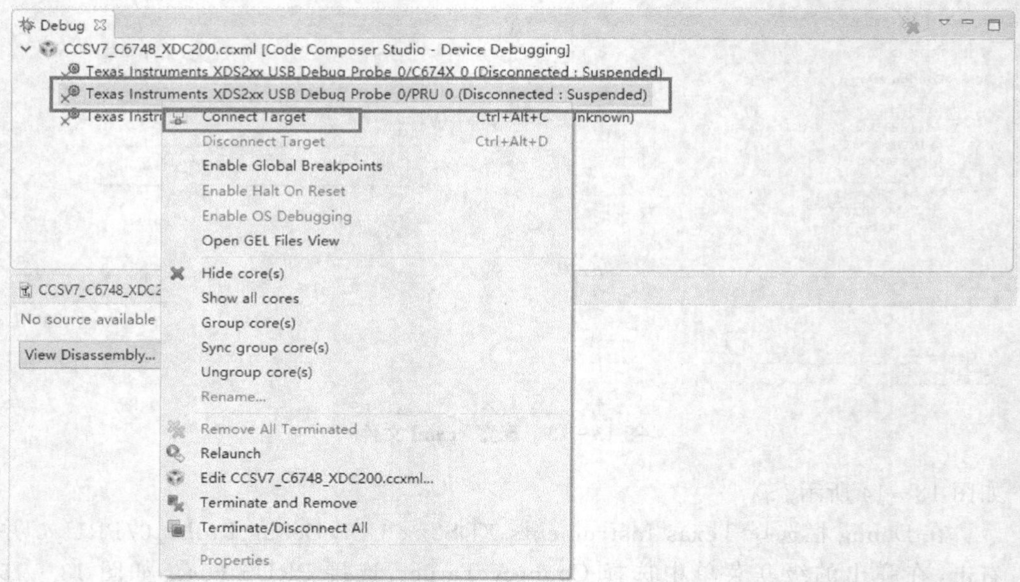

图 13－15 连接 PRU0 核心

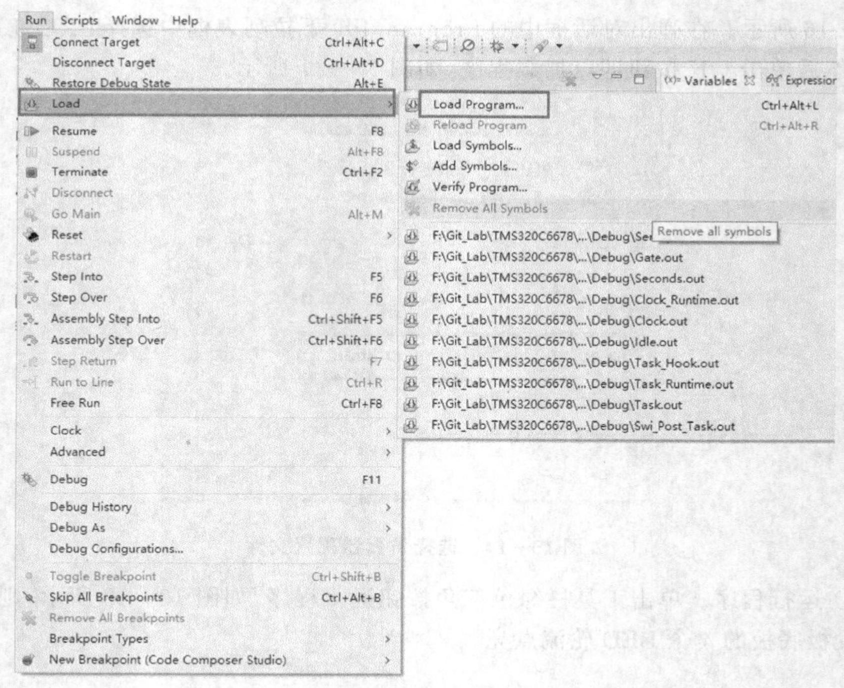

图 13－16 加载程序

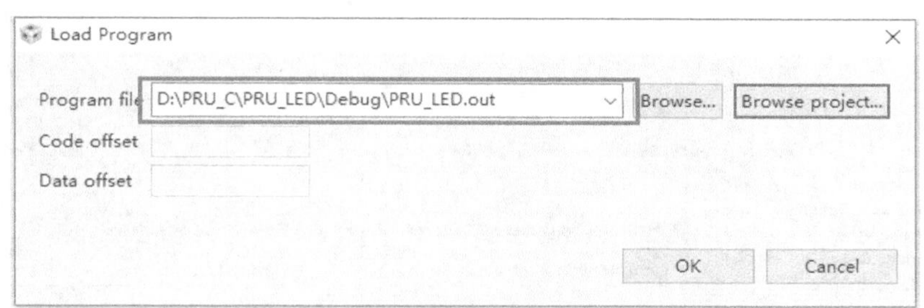

图 13-17　选择.out 文件

图 13-18　运行程序

13.5.3　使用 DSP 加载并运行程序

PRU 程序不能直接烧写固化，若要烧写固化 PRU 程序，则需要把 PRU 的代码嵌入的 DSP 工程里，DSP 负责加载 PRU 程序，此时只需要固化 DSP 程序即可。DSP 加载 PRU 的原理是 DSP 直接解析 PRU 程序的.out 文件，然后直接将代码复制到 PRU 的 RAM 里，这样就可以将 PRU 程序的.out 文件以二进制形式保存为一个数组，在 DSP 程序里对这个数组进行解析并加载 PRU 程序。

DSP 加载 PRU 程序的工程在 Starterware/Application/PruLoader 下，首先需要将 PRU 的.out 文件转换为数组，此过程可以使用 PRU_C/Tool/binsrc.exe 完成。这里以前面 PRU_LED 工程为例介绍此工具的使用方法：

① 在 Project Explorer 窗口选中 PRU_LED 工程并右击，在弹出的级联菜单中选择 Properties，再在弹出的对话框中选中 Build，然后，在 Build 对话框选中 Steps 选项卡，在 Post-build steps 栏输入"../../Tool/binsrc ${ProjName}.out pru_code.h PRU_Code"，如图 13-19 所示。编译完成工程 PRU_LED 后调用这条命令，此命令会调用 binsrc.exe 工具将.out 文件转换为数组，数组保存在 pru_code.h 中，名字为 PRU_Code。这样在 Debug 目录下就可以生成 pru_code.h 文件。

binsrc.exe 工具语法：

```
Binsrc [输入文件] [输出文件] [数组名]
```

② 将 PRU_LED 工程 Debug 目录下的 pru_code.h 复制到 Starterware/Application/PruLoader，以覆盖原来的 pru_code.h。重新编译 DSP 工程 PruLoader，再将此工程程序通过仿真器加载到 DSP 核心，或者烧写到 Flash 里，运行后，DSP 就可以加载 PRU 程序。

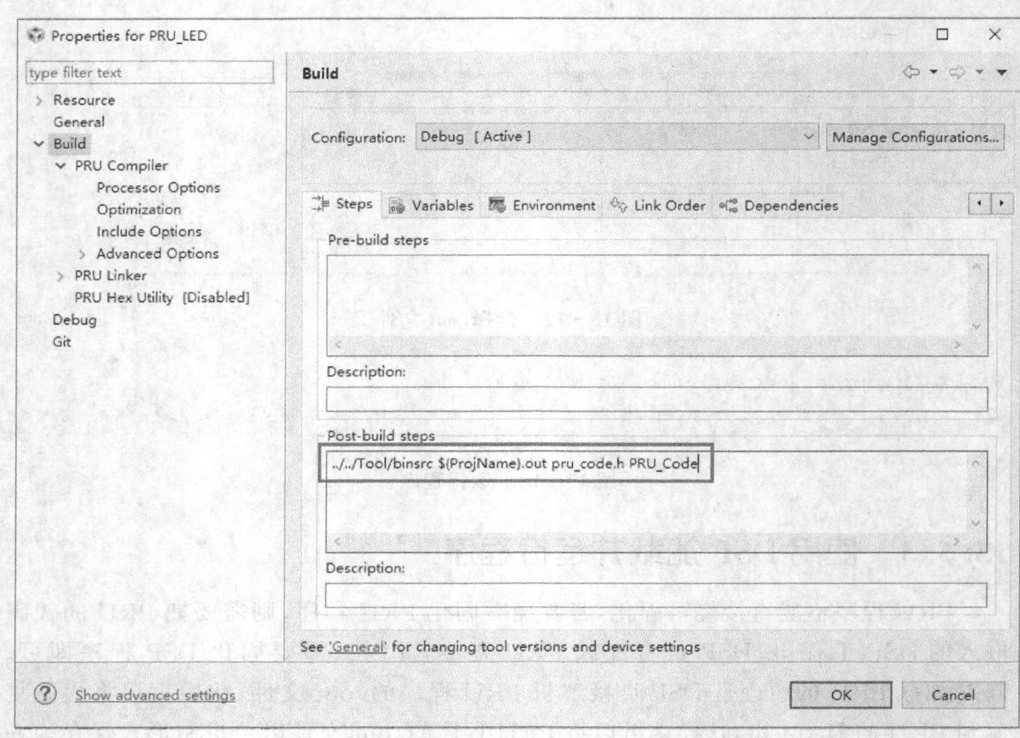

图 13-19　工程属性配置

程序优化入门篇

第 14 章

程序优化

14.1 基本方法

DSP 程序在优化之前需要先确认程序中到底是哪部分性能不能满足需求。就拿 DSP 最常用的信号处理案例来说，DSP 要进行处理就需要 A/D 数据采集、滤波、数字信号处理、滤波以及 DA 输出等常见步骤，而每个步骤的性能都会影响整个系统的性能。

如果按照 DSP 处理任务的类型来划分，则这个系统可以大体分为控制部分和算法计算部分，如图 14-1 所示。

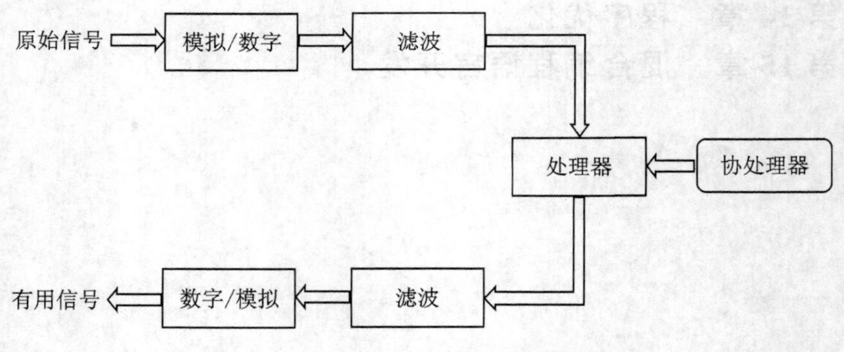

图 14-1 数字信号处理基本流程

控制部分的主要功能是实现对信号的采集和输出，采集信号在 C6748 上一般可以通过并口(EMIF AD7606，当然 AD7606 也可以通过 SPI 总线连接，TI 公司部分 AD/DA 也可以挂载在 uPP 接口)或串口(SPI 或 McBSP 接口)连接，DA 亦然(SPI AD5724)。但是，对于外设的控制方式却有很多种，可以使用 DSP 直接读取/写入数据、使用 EDMA3 读取/写入数据、通过 PRU 核心来控制外设读取/写入数据。这 3 种方案中，使用 DSP 直接控制外设无疑是最占用 CPU 资源的，所以如果应用程序中的瓶颈在于数据的采集部分，则可以考虑采用不同的方式来实现。此外，CPU 在直接控制外设访问数据时还有一个问题就是内存访问性能。DSP 访问子系统中的内存速度时是最快的(C6748 中 L1 RAM 以 CPU 频率运行，L2 RAM 以 CPU 一半频率运行)，但是访问片上内存就慢很多(L3 RAM，部分文档也描述为 On Chip RAM 以及 DDR2 SDRAM)。尽可能使用 DSP 内部内存可以提高整个系统的性能，这也就是很多文档把 DSP 片上内存大小也作为选择 DSP 型号重要因素的原因。经典的 C64x+C6455 就拥有高达 2 MB 的 L2 RAM。如果内部内存容量不够大，则必须用到 DDR，也可以使用 EDMA3 来完成数据搬移操作或者使能缓存。注意，缓存只对可能被重复使用的数据才有内存访问性能上的提升，如果一段数据是通过外部接口采集回来的，则使能缓存还可能造成内存访问性能的劣化。

DSP 作为针对数字信号处理优化的嵌入式处理器，处理算法肯定是必不可少的环节。但是针对 DSP 处理器优化的算法与没有针对 DSP 处理器优化的算法的执行性能很可能相差百倍之多，所以 DSP 厂家一般提供很多基础并常用的、针对特定型号优化的算法库。如果厂家提供了应用程序中使用到的优化算法库，则应当尽可能使用，或者在自行编写的算法中部分调用相关优化函数。如果算法的性能达不到实际要求，则也需要从多个方面考虑。首先，对于所选 DSP 处理器性能的评估是否出现问题。由于应用场景的复杂性，厂家在给出性能指标时常常给出的是理论最优性能。理论性能在一般情况下很难达到，而且在实际算法执行过程中往往还会受到内存访问性能的制约。所以，选型的时候就需要做好评估。其次，包括 C6000 在内的很多拥有多级流水线的嵌入式处理器中，只有开启相应的优化选项才会使能软件流水线。

C6000 使用 C/C++语言开发时不同优化级别区别(CGT 版本 8.2.x)：

-- opt_level = off 或 - Ooff

不执行任何优化：

-- opt_level = 0 或 - O0

- 执行流程图简化；
- 分配变量到寄存器；
- 执行 Loop Rotation；
- 移除未使用代码；
- 简化表达式和语句；
- 展开函数调用为 Inline 形式。

-- opt_level = 1 或 - O1

执行-opt_level=0 或-O0 全部优化选项：

- 执行 Local Copy/Constant Propagation；
- 移除未使用的分配；
- 移除局部公共表达式。

-- opt_level = 2 或 - O2

执行-opt_level＝1 或-O1 全部优化选项：

➢ 执行软件流水线；

➢ 执行循环优化；

➢ 移除全局公共表达式；

➢ 移除全局未使用分配；

➢ 转换循环中数组引用为递增指针形式；

➢ 执行循环展开。

-- opt_level = 3 或 - O3

执行-opt_level＝2 或-O2 全部优化选项：

➢ 移除所有未被调用的函数；

➢ 简化返回值未被使用的函数；

➢ 在函数调用的地方被优化而且函数的属性是已知的情况下，报告函数说明；

➢ 当函数调用的地方在相同的位置传递相同的参数时，则把参数转移到函数体内部；

➢ 识别文件级变量特性。

一般情况下，在 CCS 集成开发环境中新建的工程默认配置没有开启任何优化。这将导致 C6000 软件流水线没有使能，所有指令均被串行执行，没有充分启用 8 个功能单元并行执行指令。

最后，如果采用 C/C++编写的算法在优化之后仍然性能无法满足需求，则可以考虑使用线性汇编或者汇编语言编写算法。

下面这段代码使用汇编语言编写，充分使用 8 个功能单元并行执行计算，程序实现的功能是 2 组 16 位整型数组相乘并求和。其中，"||"表示相邻的两条指令使用不同的功能单元并行执行。

在实际应用情况下，这样的代码比较少见。也就是说，要充分发挥 DSP 计算性能，则需要对 DSP 架构具备更深入的了解。

```
Loop:
            LDW       .D1       *A4++, A5
||          LDW       .D2       *B4++, B5
||  [B0]    SUB       .S2       B0, 1, B0
||  [B0]    B         .S1       Loop
||          MPY       .M1       A5, B5, A6
||          MPYH      .M2       A5, B5, B6
||          ADD       .L1       A7, A6, A7
||          ADD       .L2       B7, B6, B7
```

总的来说，程序优化一般可以从以下几个方面着手：

➢ 程序实现逻辑优化：

找出更优的解决方案；

内存访问性能优化；

➢ 尽可能减少程序执行过程中内存等待时间：

算法优化；

➢ 使用优化算法函数库或使用编译器自带的优化功能优化代码，也可以采用线性汇编及汇编实现算法。

14.2　优化算法函数

14.2.1　使用 Intrinsics 函数

Intrinsics 函数实际上是 C6000 编译器提供的通过函数形式调用汇编指令的方法，可以实现 C/C++语言中比较繁琐的一些操作，编译的时候会将相应的函数直接转换成对应的汇编指令。使用 Intrinsics 函数就如同使用普通的 C/C++函数，只需要包含 c6x.h 头文件即可。

C64x+、C674x 以及 C66x 支持的 Intrinsics 函数种类和数量不同，C66x 支持所有前代 C6000 所支持的 Intrinsics 函数。所有 C6000 均支持的 Intrinsics 函数如表 14－1 所列。

表 14－1　所有 C6000 支持 Intrinsics 函数

C/C++编译器 Intrinsics 函数	汇编指令	描　述
int_abs (int src)； int_labs (__int40_t src)；	ABS	求绝对值
int_abs2 (int src)；	ABS2	分别计算高/低 16 位数绝对值
int_add2 (int src1，int src2)；	ADD2	分别计算两个参数高/低 16 位数和
int_add4 (int src1，int src2)；	ADD4	分别计算两个参数 4 组 8 位数和
long long_addsub (int src1，int src2)；	ADDSUB	同时执行加及减操作
long long_addsub2 (int src1，int src2)；	ADDSUB2	同时执行 ADD2 及 SUB2
ushort &_amem2 (void * ptr)；	LDHU STH	允许加载并存储 2 字节数据到内存。指针必须对齐到 2 字节边界
const ushort &_amem2_const (const void * ptr)；	LDHU	允许从内存加载 2 字节数据。指针必须对齐到 2 字节边界
unsigned &_amem4 (void * ptr)；	LDW STW	允许加载并存储 4 字节数据到内存。指针必须对齐到 4 字节边界
const unsigned &_amem4_const (const void * ptr)；	LDW	允许从内存加载 4 字节数据。指针必须对齐到 4 字节边界

续表 14-1

C/C++编译器 Intrinsics 函数	汇编指令	描　述
long long &_amem8 (void * ptr);	LDDW SRDW	允许加载并存储 8 字节数据到内存。指针必须对齐到 8 字节边界
const long long &_amem8_const (const void * ptr);	LDW/LDW LDDW	允许从内存加载 8 字节数据。指针必须对齐到 8 字节边界
__float2_t &_amem8_f2(void * ptr);	LDDW STDW	允许加载并存储 8 字节数据到内存。指针必须对齐到 8 字节边界
const __float2_t &_amem8_f2_const (void * ptr);	LDDW	允许从内存加载 8 字节数据。指针必须对齐到 8 字节边界
double &_amemd8 (void * ptr);	LDDW STDW	允许加载并存储 8 字节数据到内存。指针必须对齐到 8 字节边界
const double &_amemd8_const (const void * ptr);	LDW/LDW LDDW	允许从内存加载 8 字节数据。指针必须对齐到 8 字节边界
int_avg2 (int src1, int src2);	AVG2	分别计算 2 个参数高/低 16 位数平均值
unsigned_avgu4 (unsigned, unsigned);	AVGU4	分别计算 2 个参数 4 组 8 位数平均值
unsigned_bitc4 (unsigned src);	BITC4	分别计算参数 4 组 8 位数中 1 的个数
unsigned_bitr (unsigned src);	BITR	翻转二进制位顺序 0→31、1→30、2→29 等
unsigned_clr (unsigned src2, unsigned csta,unsignedcstb);	CLR	清除 src2 中 csta 到 cstb 位
unsigned _clrr (unsigned src2, int src1);	CLR	清除 src2 中指定位。其中，src1 的第 0～4 位相当于上述指令 cstb，5～9 位相当于 csta
int_cmpeq2 (int src1, int src2);	CMPEQ2	分别比较高/低 16 位数是否相等
int_cmpeq4 (int src1, int src2);	CMPEQ4	分别比较 2 个参数 4 组 8 位数是否相等
int_cmpgt2 (int src1, int src2);	CMPGT2	分别比较高/低 16 位数大小，src1 大于 src2 返回 1
unsigned_cmpgtu4 (unsigned src1, unsigned src2);	CMPGTU4	分别比较 2 个参数 4 组 8 位数大小，src1 大于 src2 返回 1
int_cmplt2 (int src1, int src2);	CMPLT2	分别比较高/低 16 位数大小，src2 小于 src1 返回 1
unsigned_cmpltu4 (unsigned src1, unsigned src2);	CMPLTU4	分别比较 2 个参数 4 组 8 位数大小，src2 小于 src1 返回 1

续表 14-1

C/C++编译器 Intrinsics 函数	汇编指令	描 述
long long_cmpy (unsigned src1, unsigned src2); unsigned_cmpyr (unsigned src1, unsigned src2); unsigned_cmpyr1 (unsigned src1, unsigned src2);	CMPY CMPYR CMPYR1	复数乘法
long long_ddotp4 (unsigned src1, unsigned src2);	DDOTP4	同时执行 2 个 DOTP2
long long_ddotph2 (long long src1, unsigned src2); long long_ddotpl2 (long long src1, unsigned src2); unsigned_ddotph2r (long long src1, unsigned src2); unsigned_ddotpl2r (long long src1, unsigned src2);	DDOTPH2 DDOTPL2 DDOTPH2R DDOTPL2	点乘
unsigned_deal (unsigned src);	DEAL	提取偶数位和奇数位到分离的 16 位数
long long_dmv (int src1, int src2);	DMV	组合 src1(LSB)和 src2(MSB)为 64 位数,参见_itoll()
int_dotp2 (int src1, int src2); __int40_t_ldotp2 (int src1, int src2);	DOTP2 DOTP2	点乘
int_dotpn2 (int src1, int src2);	DOTPN2	
int_dotpnrsu2 (int src1, unsigned src2);	DOTPNRSU2	
int_dotpnrus2 (unsigned src1, int src2);	DOTPNRUS2	
int_dotprsu2 (int src1, unsigned src2);	DOTPRSU2	
int_dotpsu4 (int src1, unsigned src2); int_dotpus4 (unsigned src1, int src2); unsigned_dotpu4 (unsigned src1, unsigned src2);	DOTPSU4 DOTPUS4 DOTPU4	
long long_dpack2 (unsigned src1, unsigned src2);	DPACK2	同时执行 PACK2 和 PACKH2
long long_dpackx2 (unsigned src1, unsigned src2);	DPACKX2	同时执行 PACKLH2 和 PACKX2
__int40_t_dtol (double src);		重新解析 double 类型为__int40_t 类型

续表 14－1

C/C＋＋编译器 Intrinsics 函数	汇编指令	描　述
long long_dtoll (double src)；		重新解析 double 类型为 long long 类型
int_ext (int src2, unsigned csta, unsigned cstb)；	EXT	先左移 csta 位，再右移 csta＋cstb 位，相当于提取中间的数据，符号扩展
int_extr (int src2, int src1)；	EXT	先左移 csta 位，再右移 csta＋cstb 位，相当于提取中间的数据，符号扩展。其中，src1 第 0～4 位相当于 cstb，5～9 位相当于 csta
unsigned_extu (unsigned src2, unsigned csta,unsignedcstb)；	EXTU	功能类似前述相应指令，输出零扩展
unsigned _ extur (unsigned src2, int src1)；	EXTU	功能类似前述相应指令，输出零扩展
__float2 _ t _ fdmv _ f2 (float src1, float src2)	DMV	组合 src1(LSB)和 src2(MSB)为单精度浮点数，参见_itoll()
unsigned _ftoi (float src)；		重新解析浮点数为整型数
unsigned_gmpy (unsigned src1, unsigned src2)；	GMPY	执行伽罗华域(Galois Field,有限域)乘法运算
int_gmpy4 (int src1, int src2)；	GMPY4	分别执行 4 组 8 位数伽罗华域(Galois Field,有限域)乘法运算
unsigned _hi (double src)；		提取高 32 位数
unsigned_hill (long long src)；		提取高 32 位数
double _itod (unsigned src2, unsigned src1)；		组合 src1(LSB)和 src2(MSB)为双精度浮点数
float _itof (unsigned src)；		重新解析整型数为浮点数
long long _itoll (unsigned src2, unsigned src1)；		组合 src1(LSB)和 src2(MSB)为 long long 数
unsigned_lmbd (unsigned src1, unsigned src2)；	LMBO	从最高位寻找第一个 0 或 1 的位置，src1 取值为 0 或 1
unsigned _lo (double src)；		提取低 32 位数
unsigned_loll (long long src)；		提取低 32 位数
double_ltod (__int40_t src)；		重新解析__int40_t 位双精度浮点数
double_lltod (long long src)；		重新解析 long long 数为双精度浮点数

续表 14－1

C/C++编译器 Intrinsics 函数	汇编指令	描　述
int_max2 (int src1, int src2); int_min2 (int src1, int src2); unsigned _ maxu4 (unsigned src1, unsigned src2); unsigned _ minu4 (unsigned src1, unsigned src2);	MAX2 MIN2 MAX4 MINU4	比较大小,返回最大值或最小值
ushort &_mem2 (void * ptr);	LDB/LDB STB/STB	允许无符号数加载及存储 2 字节到内存
const ushort &_mem2_const (const void * ptr);	LDB/LDB	允许从内存加载 2 字节无符号数
unsigned &_mem4 (void * ptr);	LDNW STNW	允许无符号数加载及存储 4 字节到内存
const unsigned & _ mem4 _ const (const void * ptr);	LDNW	允许从内存加载 4 字节无符号数
long long &_mem8 (void * ptr);	LDNDW STNDW	允许无符号数加载及存储 8 字节到内存
const long long & _ mem8 _ const (const void * ptr);	LDNDW	允许从内存加载 8 字节无符号数
double &_memd8 (void * ptr);	LDNDW STNDW	允许无符号数加载及存储 8 字节到内存。返回 1
const double & _ memd8 _ const (const void * ptr);	LDNDW	允许从内存加载 8 字节无符号数
int_mpy (int src1, int src2); int_mpyus (unsigned src1, int src2); int_mpysu (int src1, unsigned src2); unsigned _ mpyu (unsigned src1, unsigned src2);	MPY MPYUS MPYSU MPYU	src1 和 src2 低 16 位乘法,参数和返回值可以是无符号或有符号数
long long_mpy2ir (int src1, int src2);	MPY2IR	src1 高低 16 位数分别与 src2 相乘
long long_mpy2ll (int src1, int src2);	MPY2	src1 和 src2 高低 16 位数分别相乘
int_mpy32 (int src1, int src2);	MPY32	32 位数乘法
long long_mpy32ll (int src1, int src2); long long_mpy32su (int src1, int src2); long long _ mpy32us (unsigned src1, int src2); long long _ mpy32u (unsigned src1, unsigned src2);	MPY32 MPY32SU MPY32US MPY32U	src1 和 src2 进行 32 位乘法,参数和返回值可以是无符号或有符号数

续表 14-1

C/C++编译器 Intrinsics 函数	汇编指令	描　述
int_mpyh (int src1, int src2); int_mpyhus (unsigned src1, int src2); int_mpyhsu (int src1, unsigned src2); unsigned_mpyhu (unsigned src1, unsigned src2);	MPYH MPYHUS MPYHSU MPYHU	src1 和 src2 高 16 位乘法,参数和返回值可以是无符号或有符号数
long long_mpyhill (int src1, int src2); long long_mpylill (int src1, int src2);	MPYHI MPYLI	src1 高 16 位数与 src2 相乘,返回值 48 位数然后符号扩展到 64 位
int_mpyhir (int src1, int src2); int_mpylir (int src1, int src2);	MPYHIR MPYLIR	src1 高 16 位数分别与 src2 相乘
int_mpyhl (int src1, int src2); int_mpyhuls (unsigned src1, int src2); int_mpyhslu (int src1, unsigned src2); unsigned_mpyhlu (unsigned src1, unsigned src2);	MPYHL MPYHULS MPYHSLU MPYHLU	src1 高 16 位数和 src2 低 16 位数乘法,参数和返回值可以是无符号或有符号数
long long_mpyihll (int src1, int src2); long long_mpyilll (int src1, int src2);	MPYIH MPYIL	src1 高 16 位数与 src2 相乘,返回值 48 位数然后符号扩展到 64 位
int_mpyihr (int src1, int src2); int_mpyilr (int src1, int src2);	MPYIHR MPYILR	src1 高 16 位数分别与 src2 相乘
int_mpylh (int src1, int src2); int_mpyluhs (unsigned src1, int src2); int_mpylshu (int src1, unsigned src2); unsigned_mpylhu (unsigned src1, unsigned src2);	MPYLH MPYLUHS MPYLSHU MPYLHU	src1 低 16 位数和 src2 高 16 位乘法,参数和返回值可以是无符号或有符号数
long long_mpysu4ll (int src1, unsigned src2); long long_mpyus4ll (unsigned src1, int src2); long long_mpyu4ll (unsigned src1, unsigned src2);	MPYSU4 MPYUS4 MPYU4	同时进行 4 组 8 位数乘法
int_mvd (int src2);	MVD	移动数据从 src2 到返回值,需要 4 个时钟周期
void_nassert (int src);		不产生代码,告知优化器带有该断言函数的表达式值为真,用于指导优化器优化行为
unsigned_norm (int src); unsigned_lnorm (__int40_t src);	NORM	输出 src 多余符号位

续表 14-1

C/C++编译器 Intrinsics 函数	汇编指令	描　述
double_lltod (long long src);		重新解析 long long 数为双精度浮点数
unsigned_pack2 (unsigned src1, unsigned src2); unsigned _ packh2 (unsigned src1, unsigned src2);	PACK2 PACKH2	提取参数高或低 16 位数到返回值,2 组搞活低 16 数被组合成 32 位数
unsigned _ packh4 (unsigned src1, unsigned src2); unsigned _ packl4 (unsigned src1, unsigned src2);	PACKH4 PACKL4	把参数当成打包 16 位数,然后提取 16 位数高或低 8 位数的返回值
unsigned _ packhl2 (unsigned src1, unsigned src2); unsigned _ packlh2 (unsigned src1, unsigned src2);	PACKHL2 PACKLH2	src1 高或低 16 位数以及 src2 低或高 16 位数提取到返回值
unsigned_ rotl (unsigned src1, unsigned src2);	ROTL	移动 src 低 5 位数指定位数的 src 到返回值,从 src2 高位开始数起
int_rpack2 (int src1, int src2);	RPACK2	饱和运算,src1 和 src2 高 16 位左移一位输出到返回值
int_sadd (int src1, int src2); long_lsadd (int src1, __int40_t src2);	SADD	饱和加法运算
int_sadd2 (int src1, int src2); int_saddus2 (unsigned src1, int src2); int_saddsu2 (int src1, unsigned src2);	SADD2 SADDUS2 SADDSU2	同时执行高或低 16 位数饱和加法运算
long long_ saddsub (unsigned src1, unsigned src2);	SADDSUB	同时执行饱和加法和饱和减法运算
long long_saddsub2 (unsigned src1, unsigned src2);	SADDSUB2	同时执行 SADD2 和 SSUB2
unsigned _ saddu4 (unsigned src1, unsigned src2);	SADDSUB4	同时执行 4 组 8 位数饱和加法运算
int_sat (__int40_t src2);	SAT	转换 40 位数到 32 位数饱和运算
unsigned_ set (unsigned src2, unsigned csta ,unsignedcstb);	SET	设置 src2 指定位为 1,起始和结束由 csta 和 cstb 指定
unsigned _setr (unit src2, int src1);	SET	设置 src2 指定位为 1,起始和结束 src1 低 10 位指定
unsigned_shfl (unsigned src2);	SHFL	按位交错排列,src2 低 16 位数按位输出到返回值偶数位,高 16 位数按位输出到返回值奇数位

续表 14－1

C/C++编译器 Intrinsics 函数	汇编指令	描　述
long long_shfl3 (unsigned src1, unsigned src2)；	SHFL3	类似 SHFL,执行 3 路交错,产生 48 位数
unsigned_shlmb (unsigned src1, unsigned src2)； unsigned_shrmb (unsigned src1, unsigned src2)；	SHLMB SHRMB	src2 左移或右移一个字节,然后用 src1 高 8 位替换 src1 空出位置并输出到返回值
int_shr2 (int src1, unsigned src2)； unsignedshru2 (unsigned src1, unsigned src2)；	SHR2 SHRU2	src2 高低 16 位数分别进行算术移位,移多少位由 src1 低 5 位决定
int_smpy (int src1, int src2)； int_smpyh (int src1, int src2)； int_smpyhl (int src1, int src2)； int_smpylh (int src1, int src2)；	SMPY SMPYH SMPYHL SMPYLH	src1 和 src2 低 16 位乘法结果左移 1 位输出到返回值的饱和运算
long long_smpy2ll (int src1, int src2)；	SMPY2	src1 和 src2 高低 16 位分别乘法的结果左移 1 位输出到返回值的饱和运算
int_smpy32 (int src1, int src2)；	SMPY32	src1 和 src2 执行 32 位乘法的结果左移 1 位输出到返回值的饱和运算
int_spack2 (int src1, int src2)；	SPACK2	打包 src1 和 src2 低 16 位到返回值的饱和运算
unsigned_spacku4 (int src1 , int src2)；	SPACKU4	src1 和 src2 中 4 个 16 位数打包成 8 位数
int_sshl (int src2, unsigned src1)；	SSHL	src2 左移 src1 低 5 位指定位数的饱和运算
int_sshvl (int src2, int src1)； int_sshvr (int src2, int src1)；	SSHVL SSHVR	src2 左移或右移 src1 指定位数,src1 为正左移,src1 为负右移
int_ssub (int src1, int src2)； __int40_t_lssub (int src1, __int40_t src2)；	SSUB	src1 减 src2 的饱和运算
int_ssub2 (unsigned src1, unsigned src2)；	SSUB2	src1 和 src2 高低 16 位分别做减法饱和运算
int_sub4 (int src1, int src2)；	SUB4	src1 及 src2 中 4 组 8 位数分别做减法
int_subabs4 (int src1, int src2)；	SUBABS4	src1 及 src2 中 4 组 8 位数分别做减法,输出结果绝对值
unsigned_subc (unsigned src1, unsigned src2)；	SUBC	有条件减法,主要用于除法运算

续表 14－1

C/C++编译器 Intrinsics 函数	汇编指令	描　述
int_sub2 (int src1, int src2);	SUB2	src1 和 src2 高低 16 位数分别做减法，借位互不影响
unsigned_swap4 (unsigned src);	SWAP4	高及低 16 位数分别进行端点（大小端）转换
unsigned_swap2 (unsigned src);	SWAP2	端点（大小端）转换，高低 16 位数互换
unsigned_unpkhu4 (unsigned src);	UNPKHU4	分别提取高低 2 个 16 位数的高 8 位到返回值的高低 16 位数
unsigned_unpklu4 (unsigned src);	UNPKLU4	分别提取高低 2 个 16 位数的低 8 位到返回值的高低 16 位数
unsigned_xormpy (unsigned src1, unsigned src2);	XORMPY	零多项式伽罗华域（Galois Field，有限域）乘法运算
unsigned_xpnd2 (unsigned src);	XPND2	src 第 0 及 1 位，分别写入到返回值低及高 16 位数的每一位，相当于数据扩展
unsigned_xpnd4 (unsigned src);	XPND4	src 第 0 到 3 位，分别写入到返回值第 0～3 字节的每一位，相当于数据扩展

仅 C674x 和 C66x 支持的 Intrinsics 函数，如表 14－2 所列。

表 14－2　仅 C674x 和 C66x 支持 Intrinsics 函数

C/C++ 编译器 Intrinsics 函数	汇编指令	描　述
int _dpint (double src);	DPINT	转换双精度浮点数到整数
__int40_t_f2tol(__float2_t src);		重新解析__float2_t 数据为__int40_t 类型
long long_f2toll(__float2_t src);		重新解析__float2_t 数据为 long long 类型
double_fabs (double src); float_fabsf (float src);	ABSDP ABSSP	单精度或双精度浮点数绝对值
__float2_t_lltof2(long long src);		重新解析 long long 数据为__float2_t 类型
__float2_t_ltof2(__int40_t src);		重新解析__int40_t 数据为__float2_t 类型
__float2_t &_mem8_f2(void * ptr);	LDNDW STNDW	允许加载并存储 8 字节数据到内存
const __float2_t &_mem8_f2_const(void * ptr);	LDNDW STNDW	允许从内存加载 8 字节数据
long long_mpyidll (int src1, int src2);	MPYID	32 位数乘法输出到 64 位数
double_mpysp2dp (float src1, float src2);	MPYSP2DP	单精度数乘法输出到双精度数
double_mpyspdp (float src1, double src2);	MPYSPDP	单精度数与双精度数乘法输出到双精度数

续表 14－2

C/C＋＋编译器 Intrinsics 函数	汇编指令	描　述
double _rcpdp (double src)；	RCPDP	双精度浮点数倒数近似值
float _rcpsp (float src)；	RCPSP	单精度浮点数倒数近似值
double _rsqrdp (double src)；	RSQRDP	双精度浮点数平方根倒数近似值
float _rsqrsp (float src)；	RSQRSP	单精度浮点数平方根倒数近似值
int _spint (float)；	SPINT	转换单精度浮点数到整数

C66x 除了上述 Intrinsics 函数之外，还支持数 10 条针对复数和向量计算的 Intrinsics 函数，这里就不额外列举了。善于使用这些函数可以提高程序性能，特别是算法性能。

在前面介绍测量代码执行时间的部分就使用过_itoll 函数，用于把 2 个 32 位计数器值合并为长整型数据方便计算。

```
// 时间计算
#define TimeInSec(Cycle)  ((Cycle) / 456.0 / 1000 / 1000)
// 计数变量
unsigned long long StartTime, EndTime, OverHead;
float time = 0.0;
// 初始化计数时钟(开始后就不能停止)
TSCL = 0;
/* 计算测量代码本身消耗时钟周期 */
// 开始计数
StartTime = _itoll(TSCH, TSCL);
// 结束计数
EndTime = _itoll(TSCH, TSCL);
// 间隔
OverHead = EndTime - StartTime;
StartTime = _itoll(TSCH, TSCL);
// 待测量代码开始
……
// 待测量代码结束
EndTime = _itoll(TSCH, TSCL);
time = TimeInSec(EndTime - StartTime - OverHead);
```

此外，与中断相关的 Intrinsics 函数使用得也比较多：

禁用中断：

```
unsigned int _disable_interrupts();
```

使能中断：

```
unsigned int _enable_interrupts();
```

恢复中断：

```
void _restore_interrupts(unsigned int);
```

使能中断和禁用中断函数均提供返回值，用于传递到恢复中断函数或确保特定操作是原子操作（"读-修改-写"操作不会被打断）。

```
unsigned int restore_value;
restore_value = _disable_interrupts();
if(sem)
    sem -- ;
_restore_interrupts(restore_value);
```

14.2.2　使用针对 C6000 优化算法函数库

德州仪器公司针对 C6000 系列 DSP 处理器提供了很多优化的算法函数库，这些算法函数很多都是通过线性汇编语言或者汇编语言编写的，可以充分发挥 C6000 架构优势。注意，不同版本的函数库以及针对不同平台的同一函数库支持的算法函数也不尽相同。

常用的算法函数库有：

1）数学函数库(MATHLIB)

适用于浮点处理器(C67x、C674x 及 C66x)的优化浮点数学函数，提供了比 C 语言运行时函数库(RTS，Runtime Support Library)更优的性能，支持 IEEE 754 单精度浮点数和双精度浮点数。

主要涵盖三角函数(sin、cos、tan、arcsin、arccos、arctan、sinsh、cossh 等)、对数、指数、倒数、平方根以及除法等函数。

2）数字信号处理函数库(DSPLIB)

提供了很多常用的数字信号处理函数。例如，快速傅里叶变换及逆变换(FFT 及 IFFT)，数字滤波函数(有限长单位冲击响应滤波器(FIR)、递归滤波器(IIR)以及自适应滤波(LMS)等)，数学函数(点乘、找出最大最小值或索引、向量加法、向量乘法、倒数以及加权矢量和等)以及矩阵函数(矩阵乘法，y = x1 * x2 和 y = a * x1 * x2＋y[GEMM，针对稠密矩阵优化、矩阵求逆、矩阵奇异值分解以及矩阵转置等)。

3）图像库(IMGLIB)

图像与视频处理函数库包含了数十个与图像、视频处理应用相关的函数。图像压缩与解压缩，如离散余弦变换/逆变换(主要用于 JPEG、MPEG 以及 H26x 编码及解码)、运动估计(Motion Estimation，主要用于 MPEG 以及 H26x 编码及解码)、量化函数(主要用于 JPEG、MPEG 以及 H26x 编码及解码)以及小波处理(主要用于 JPEG2000 以及 MPEG4)等；图像分析，如边界检测、膨胀与腐蚀、边缘检测(Sobel 算子)、图像直方图以及图像阈值等)以及图像滤波与转换(色彩空间转换(YUV422 转 RGB565)、YCrYCb 亮度及色度数据分离、图像卷积、图像相关、中值滤波以及像素扩展等。

4) 视频分析与视觉库(VLIB)

视频分析与视觉库提供了数十个针对 C6000 优化的加速视频分析性能的函数,相对于图形库提供的函数更接近实际应用,也就是说更上层一些。例如,加权移动平均和加权移动方差(背景移除)、统计学背景提取、高斯混合背景模型、连通区域标记、Canny 边缘检测、图像金字塔、递归 IIR 滤波器、图像积分、霍夫变换(直线检测)、非极大值抑制、Lucas - Kanade 特征追踪、卡尔曼滤波、图像直方图、色彩空间转换(YUV 格式与 RGB 格式互转以及提取特定成分)、模板匹配、目标检测以及神经网络或全连接层等 60 多个函数(版本 3.3.0.3)。VLIB 中的函数是可以免授权使用的,但是大部分函数是不开源的。

5) 多媒体编解码算法库

TI 公司针对 C64x、C64x+、C674x 以及 C66x 架构的 C6000 提供了很多免费使用,但是不开源的语音、音频以及视频编解码库:

语音:G711、G722、G722.1、G722.2、G726、G728(仅 C66x DSP)以及 OPUS(仅 C66x DSP)编码及解码。

音频:AAC - LC、AAC - LD、AAC - HE、WMA8/9 编码和解码以及 MP3 解码。

图像与视频:JPEG、JPEG2000(仅 C66x)、MPEG2、MPEG4、H264 以及 H265(HEVC,仅 C66x)编码及解码。

编解码算法相对基本算法的使用会复杂一些,这些算法都基于 TI XDAIS 及 xDM 算法框架,使用的时候需要对这套算法框架有一定了解。除了语音编解码算法,音频及视频对资源、实时性要求比较高,还会用到内存/缓存或者 DMA 等硬件资源,但是根据 XDAIS 算法标准,算法是不应该直接访问硬件的,这样无法实现算法可移植性。所以,TI 引入了 Framework Components 组件来专门管理算法使用的内存/缓存以及 EDMA3 等资源。不过,在一些复杂的应用场景中,DSP 可能需要支持不同的算法实例,比如用来做多媒体处理时可能需要同时实现音频及视频编解码算法,那么怎么合理分配和使用资源呢? TI 引入了 Codec Engine 组件来专门管理多个算法实例。

6) 其他

IQMath 函数库提供了高精度优化定点数学函数,使用 Q 格式数据,主要用于定点处理器(C64x 及 C64x+等)。当然,根据 C6000 兼容性特性,浮点处理器也可以使用该函数库。IQMath 提供的函数与 MathLIB 基本上差不多。

FastRTS 函数库提供了用于定点处理器的优化浮点操作函数,可以用于替换 C 语言 RTS 库中的函数。VoLIB 语音库提供了回声消除、语音识别和产生、噪声产生以及语音质量增强等算法。AEC－AER 回声消除库用于消除或降低扬声器、麦克风产生的回声。FaxLIB 传真库用于开发支持通过网络传输传真的系统。STK－MED 医疗图像库提供用于医疗图像处理相关函数。

算法库都基于 RTSC 实时软件组件，RTSC 是一套面向嵌入式 C 语言的软件组件框架。如果创建的是 RTSC 工程(SYS/BIOS 工程就是典型的 RTSC 工程)，那么只需要在 RTSC 工程的工程属性 General→Products 选项卡选中相应的组件即可，如图 14－2 所示。这样就会把所选组件的头文件搜索路径和库文件自动添加到工程中，如图 14－3、图 14－4 所示。

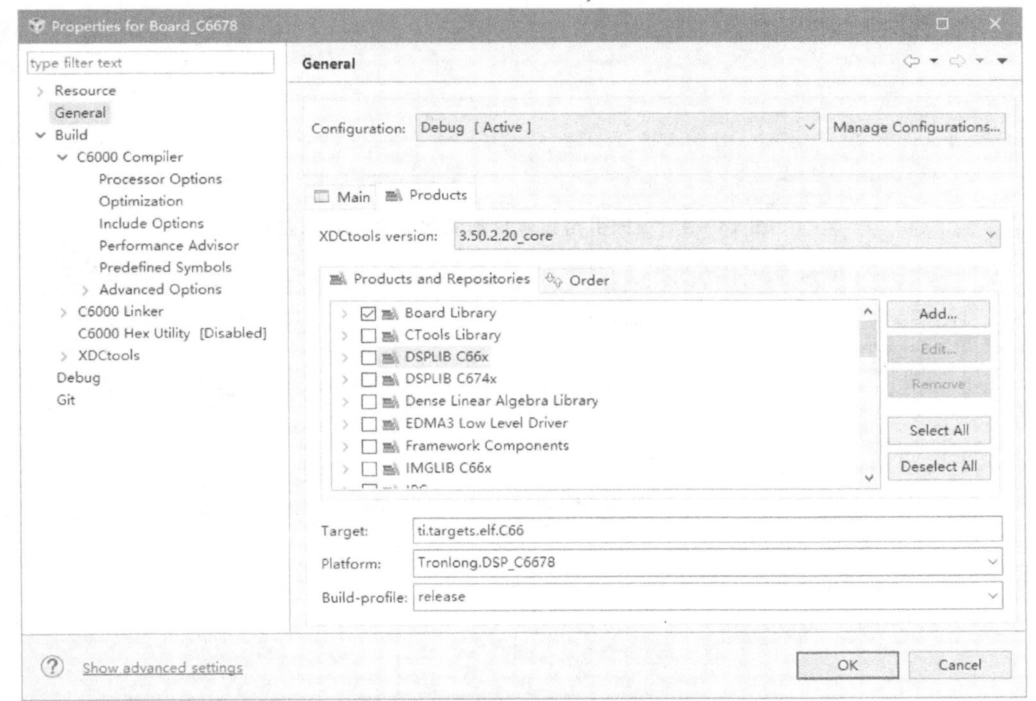

图 14－2 为 RTSC 工程添加/删除组件

如果创建的是普通 CCS 工程，那么需要手工添加头文件搜索路径和库文件，这样才可以正常使用。以 DSPLIB 为例，头文件位于组件安装目录 dsplib_c674x_3_4_0_0\packages\ti\dsplib\dsplib.h 下，库文件位于 dsplib_c674x_3_4_0_0\packages\ti\dsplib\lib\dsplib.ae674。库文件扩展名反映库文件格式及平台，dsplib.ae674 代表针对 C674x 平台 ELF 格式的静态库文件，不带 e 字母的为 COFF 格式。随着 C6000 8.x 版本编译器开始不支持 COFF 格式二进制文件，新发布的库一般仅提供 ELF 格式。此外，库文件名中带有 cn 后缀的(dsplib_cn.ae674)代表自然 C 语言编写的算法而生成的库文件，效率比优化的算法库(不带 cn 后缀)要低一些。

每个 RTSC 组件安装目录下的 docs 目录都保存了针对这个库的使用说明文档，

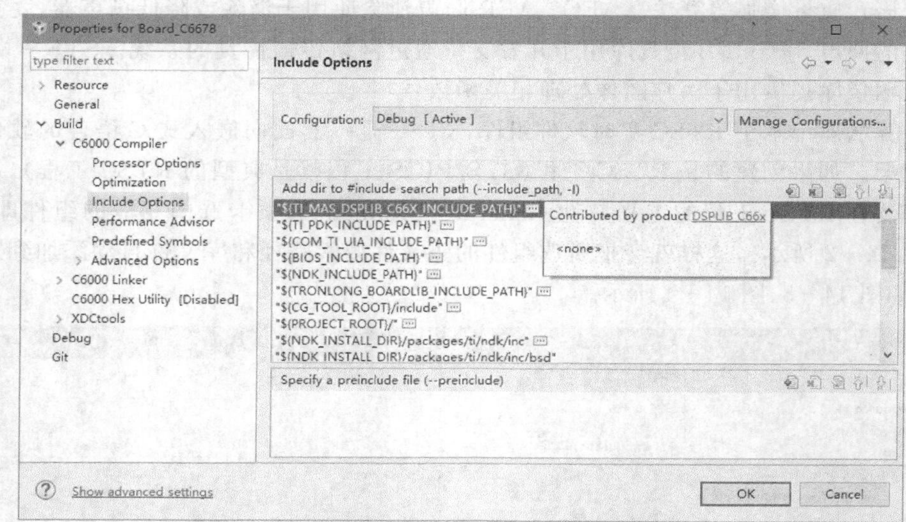

图 14-3　根据引用组件自动添加头文件搜索路径

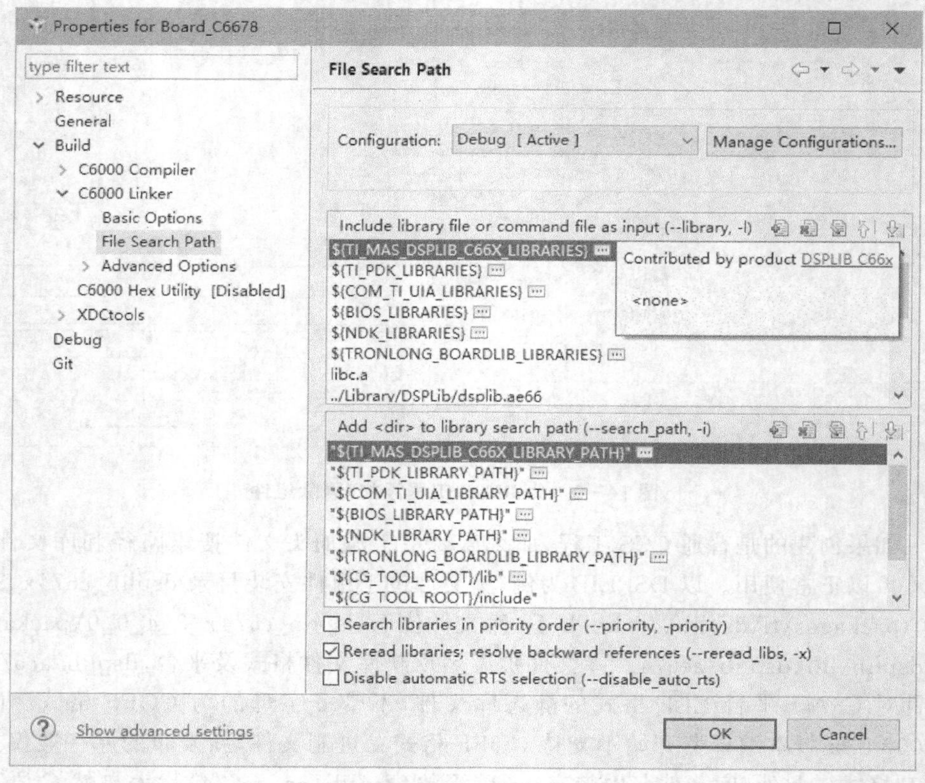

图 14-4　根据引用组件自动添加库文件搜索路径

即 API(应用程序接口)参考手册及其他文档。文档的格式有 PDF 文件、CHM Windows 系统帮助文件以及 HTML 网页文件等。RTSC 组件的 API 文档一般都是通过文档注释自动生成的，所以 API 手册基本上都是网页形式的；可以在 CCS 集成开发环境的 Help→Help Contents 打开，打开方式如图 14－5 所示。

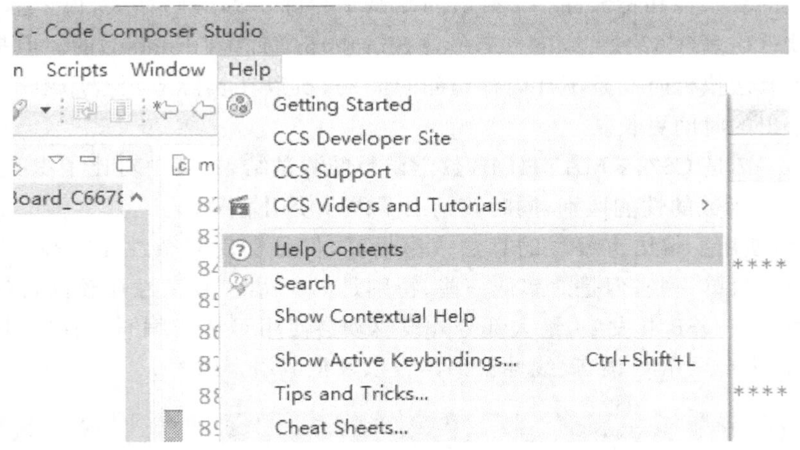

图 14－5　CCS 帮助菜单

部分支持 XGCONF 图像界面配置的组件(SYS/BIOS 以及 NDK 等)还可以直接在图形界面单击帮助按钮跳转到帮助窗口，如图 14－6 所示。

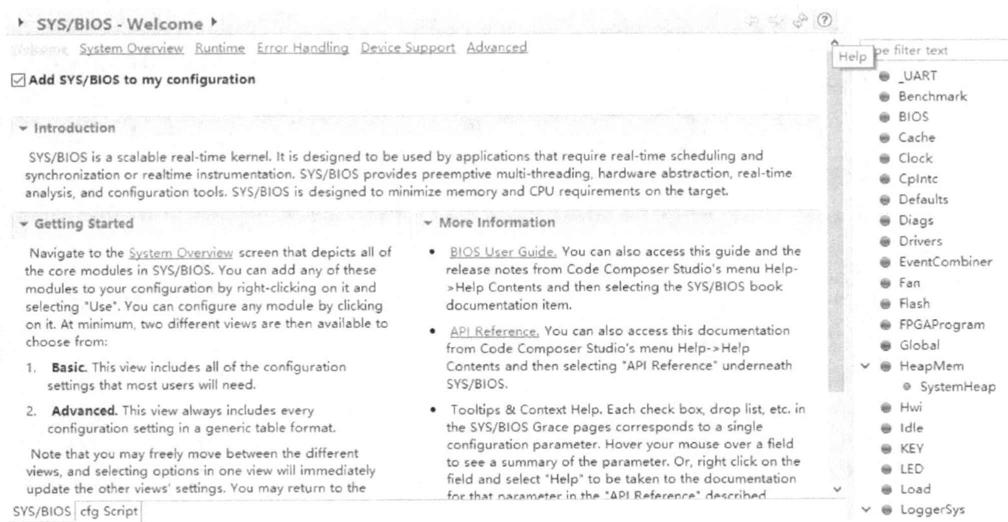

图 14－6　图形配置界面帮助按钮

或者直接在组件安装目录下找到 index. html 文件(MATHLIB 库中的该文件位于 mathlib_c674x_3_1_1_0\docs\doxygen\html\index. html)，使用网页浏览器打

开。注意，早期版本组件的 API 文档网页需要 IE 浏览器才可以正确显示目录，新版本组件在 Chrome 浏览器或基于 Chrome 内核（Webkit）的浏览器也可以正确显示目录。

除了帮助文档，算法库一般还会提供性能测试报告，如图 14－7 所示。由于算法应用场景的复杂性和特殊性，TI 给出的测试平台除了编解码算法，很多基础算法都是基于软件仿真（C674x Cycle Accurate Simulator，Little Endian）的。但是，软件仿真模式下算法执行时间是不计内存访问时间的，所以在实际应用程序中一定会比这份报告给出的时间更长。

图 14－7 是 C674x MATHLIB 数学函数的测试结果，其中对比了 RTS 库、汇编以及 C 语言函数的性能区别，同时该给出了内存使用情况。

通常，使用汇编语言编写的算法效率最高，但是实现复杂性比较高。C/C++语言实现相对简单一些，但是效率低一些，特别是 C++语言复杂性比较高，占用资源也会多一些。在 DSP 开发中，绝大部分外设驱动会使用 C 语言编写。根据对性能的具体需求，算法会采用 C 语言、线性汇编语言以及汇编语言编写。

Test Parameters	
Precision:	Single Float
Endianness:	Little
Object File Format:	ELF
Simulator:	C674x CPU Cycle Accurate Simulator, Little Endian
Cores Used:	1
CCS Version:	5.2.1.00018
CG TOOLS Version:	7.4.2

Kernel	Result	Profile (Cycles)					Memory (Bytes)		
		Rts	Asm	C	Inline	Vector	Asm	C	Vector
acoshsp	Passed	170	158	158	128	24	960	960	2016
acossp	Passed	82	86	86	53	21	960	960	576
asinhsp	Passed	169	162	162	133	32	1088	1088	1888
asinsp	Passed	72	79	79	50	22	960	960	1920
atan2sp	Passed	377	114	110	94	29	448	416	2368
atanhsp	Passed	79	137	137	93	23	896	896	2272
atansp	Passed	201	107	110	76	16	384	352	1824
coshsp	Passed	326	120	120	108	32	1536	1536	3136
cossp	Passed	176	96	110	76	9	288	288	1760
divsp	Passed	120	50	57	36	7	96	160	224
exp10sp	Passed	227	95	98	72	13	384	288	2208
exp2sp	Passed	226	94	119	98	11	384	320	2048

图 14－7 算法性能测试报告

第15章

混合编程语言开发

15.1 使用C++语言

C6000支持使用C++语言开发，但并不是全部C++特性均被C6000的CGT工具支持。C6000编译器支持ANSI/ISO/IEC 14882:2003标准，包括如下特性（这里以最新版本CGT 8.2.x来介绍，不同版本编译器支持的特性及语言标准不尽相同）：

- ➢ 完整C++标准库支持（不支持的特性下文会列举出来）；
- ➢ 模板；
- ➢ 异常，需要添加--exceptions编译选项；
- ➢ 运行时类型信息，需要添加--rtti编译选项；
- ➢ 不支持嵌入式C++运行时库；
- ➢ 底层文件I/O不支持宽字符（wchar_t）；
- ➢ typeinfo不支持bad_cast或bad_type_id；
- ➢ 模板export关键字没有实现；
- ➢ 函数typedef类型不支持成员cv限定符（const、volatile以及const volatile）；
- ➢ 类成员模板的局部特殊化不能在类定义之外添加；
- ➢ 偏特化类成员模板不能在类外面定义。

C/C++支持数据类型如表15-1所列，数据类型的取指范围可以参阅limits.h文件标准宏定义。

表15-1 C6000支持的C/C++数据类型

类 型	大小/位	存储方式	最小值	最大值
char, signed char	8	ASCII	−128	127
unsigned char_Bool, bool	8	ASCII	0	255

续表 15-1

类 型	大小/位	存储方式	最小值	最大值
short	16	补码	−32 768	32 767
unsigned short，wchar_t①	16	二进制	0	65 535
int，signed int	32	补码	−2 147 483 648	2 147 483 647
unsigned int	32	二进制	0	4 294 967 295
long，signed long	32	补码	−2 147 483 648	2 147 483 647
unsigned long	32	二进制	0	4 294 967 295
__int40_t	40	补码	−549 755 813 888	549 755 813 887
unsigned __int40_t	40	二进制	0	1 099 511 627 775
long long，signed long long	64	补码	−9 223 372 036 854 775 808	9 223 372 036 854 775 807
unsigned long long	64	二进制	0	18 446 744 073 709 551 615
enum	32	补码	−2 147 483 648	2 147 483 647
float	32	IEEE 32	$1.175494e^{-38}$②	$3.40282346e^{+38}$
float complex③	64	IEEE 32 位数组	$1.175494e^{-38}$ 实部及虚部	$3.40282346e^{+38}$ 实部及虚部
double	64	IEEE 64	$2.22507385e^{-308}$	$1.79769313e^{+308}$
double complex④	128	IEEE 64 位数组	$2.22507385e^{-308}$ 实部及虚部	$1.79769313e^{+308}$ 实部及虚部
long double	64	IEEE 64	$2.22507385e^{-308}$	$1.79769313e^{+308}$
long double complex④	128	IEEE 64 位数组	$2.22507385e^{-308}$ 实部及虚部	$1.79769313e^{+308}$ 实部及虚部
指针、参考及数据成员指针	32	二进制	0	0xFFFFFFFF

注：① 可以通过--wchar_t 选项修改 wchar_t 类型为 32 位 unsigned int 类型。

② float、double、long double、float complex、double complex 以及 long double complex 类型最小值为最小精度。

③ 要使用复数类型需要引用 complex.h 头文件。

④ 要使用复数类型需要引用 complex.h 头文件，仅 C66x 支持。

除了 15-1 列举出来的基本数据类型，编译器还支持向量类型，如 15-2 所列。向量长度仅支持 2、3、4、8 以及 16。如果需要使用向量类型，则必须添加--vectypes 编译选项以及-o0、-o1、-o2 或-o3 优化选项。

所有向量数据类型及相关内建函数在 c6x_vec.h 头文件中指定，任何使用到向量类型的 C/C++源文件都必须引用该头文件。C6x 向量数据类型紧密遵循 OpenCL 语言规范，相关内容可以参阅 The OpenCL Specification。

例如，float16 表示一个有 16 个 float 类型元素的向量，这个类型的长度为 16，占用 512 位。向量类型在内存中会被对齐到向量元素总的大小，最大对齐位数为 64 位。任何超过 64 位的类型都对齐到 64 位内存边界。

编译器同时还支持向量复数类型，每个复数类型均包含实部与虚部，实部占用低地址内存空间，支持的复数向量类型如表 15-3 所列。

表 15-2　向量类型

类　型	描　述
charn	n 个 8 位有符号整数向量
ucharn	n 个 8 位无符号整数向量
shortn	n 个 16 位有符号整数向量
ushortn	n 个 16 位无符号整数向量
intn	n 个 32 位有符号整数向量
uintn	n 个 32 位无符号整数向量
longlongn	n 个 64 位有符号整数向量
ulonglongn	n 个 64 位无符号整数向量
floatn	n 个 32 位单精度浮点数向量
doublen	n 个 64 位双精度浮点数向量

表 15-3　复数向量类型

类　型	描　述
ccharn	n 对 8 位有符号整数向量
cshortn	n 对 16 位有符号整数向量
cintn	n 对 32 位有符号整数向量
clonglongn	n 对 64 位有符号整数向量
cfloatn	n 对 32 位单精度浮点数向量
cdoublen	n 对 64 位双精度浮点数向量

有关 C6000 向量类型详细使用说明可参阅 TMS320C6000 Optimizing Compiler v8.2.x User's Guide 使用手册 7.15 Operations and Functions for Vector Data Types。

下面就以一个简单地控制 GPIO 点亮 LED 的 C++程序为例，介绍 C6000C++语言开发方法。

不论采用 C++或者 C、线性汇编还是汇编，在 CCS 下开发 DSP 程序时，创建的工程都必须是 CCS 工程，如图 15-1 所示。注意，一定不要选择 C/C++→C++ Project。新建工程后，CCS 自动添加 main.c 文件，直接删除这个文件再另外新建 main.cpp 文件。因为 DSP 编译器会通过文件扩展名来判断文件内容，所以必须正确指定扩展名。

这个程序实现了循环点亮底板 LED 若干次，并在主函数中实例化 LED 对象。使用标准命名空间中的 cout 函数来输出调试信息，当然也可以使用传统的 printf 函数。如果使用 cout 输出，则需要调整默认堆栈大小到 0x1000 及以上才能够正常输出。标准输入/输出函数运行异常时一般不会有任何提示。除了 main.cpp 文件，作为 DSP 工程还必须添加 cmd 文件。cmd 文件与 C 语言工程中的 cmd 文件没有区别。此示例程序仅作为演示，可能存在不完善地方，仅供参考。

CGT 8.x 版本编译器不再支持类似 #include <iostream.h>→形式的兼容 C 语言的头文件，要使用这些函数必须使用命名空间。

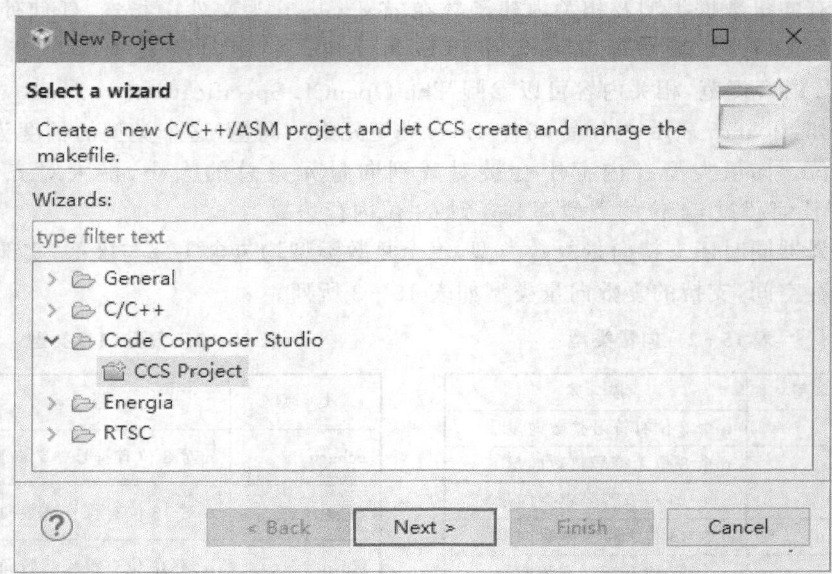

图 15-1 新建 CCS 工程


```
/****************************************************************************/
/*                                                                          */
/*                          底板 LED(C++)                                   */
/*                                                                          */
/****************************************************************************/
/*
 *   - 希望缄默(bin wang)
 *   - bin@tronlong.com
 *   - DSP C6748 项目组
 *
 *   官网 www.tronlong.com
 *   论坛 51dsp.net
 *
 */
#include <iostream>
  using namespace std;

#define HWREG(x) (*((volatile unsigned int *)(x)))

/****************************************************************************/
/*                                                                          */
/*                          LED 类                                          */
/*                                                                          */
```

```
/******************************************* /
class LED
{
    public:
        // LED 类型和状态
        typedef enum { CoreBoardLED0, CoreBoardLED1,
                       /*   LED D7     LED D6     LED D9     LED D10  */
                       /* GPIO0[0]  GPIO0[5]  GPIO0[1]  GPIO0[2] */
                       MainBoardLED1, MainBoardLED2, MainBoardLED3, MainBoardLED4 } LEDType;

          typedef enum { LED_OFF, LED_ON } LEDStatus;

        // 方法
        LED(LEDType ID);// 构造函数
        ~LED();// 析构函数

        void LEDControl(LEDStatus value);// LED 控制

    private:
        // 寄存器
        #define SYSCFG_PINMUX1_Regsiter  (0x01C14124)
        #define GPIO_DIR01_Regsiter      (0x01E26000 + 0x10)
        #define GPIO_OUT_DATA01_Regsiter (0x01E26000 + 0x14)

        // 寄存器原始值
        unsigned int SYSCFG_PINMUX1_Value;
        unsigned int GPIO_DIR01_Value;
        unsigned int GPIO_OUT_DATA01_Value;

        LEDType LED_ID;
};

LED::LED(LEDType ID)
{
    LED_ID = ID;

    SYSCFG_PINMUX1_Value  = HWREG(SYSCFG_PINMUX1_Regsiter);
    GPIO_DIR01_Value      = HWREG(GPIO_DIR01_Regsiter);
    GPIO_OUT_DATA01_Value = HWREG(GPIO_OUT_DATA01_Regsiter);

    switch(ID)
    {
```

```
            case CoreBoardLED0: ; break;
            case CoreBoardLED1: ; break;

            case MainBoardLED1: /* LED D7 GPIO0[0] */
                                HWREG(SYSCFG_PINMUX1_Regsiter) = ((HWREG(SYSCFG_
                                PINMUX1_Regsiter) & ~(0xFu << 28)) | (8u << 28));
                                HWREG(GPIO_DIR01_Regsiter)     &= ~(1 << 0);
                                break;

            case MainBoardLED2: /* LED D6 GPIO0[5] */
                                HWREG(SYSCFG_PINMUX1_Regsiter) = ((HWREG(SYSCFG_
                                PINMUX1_Regsiter) & ~(0xFu << 8)) | (8u << 8));
                                HWREG(GPIO_DIR01_Regsiter)     &= ~(1 << 5);
                                break;

            case MainBoardLED3: /* LED D9 GPIO0[1] */
                                HWREG(SYSCFG_PINMUX1_Regsiter) = ((HWREG(SYSCFG_
                                PINMUX1_Regsiter) & ~(0xFu << 24)) | (8u << 24));
                                HWREG(GPIO_DIR01_Regsiter)     &= ~(1 << 1);
                                break;

            case MainBoardLED4: /* LED D10 GPIO0[2] */
                                HWREG(SYSCFG_PINMUX1_Regsiter) = ((HWREG(SYSCFG_
                                PINMUX1_Regsiter) & ~(0xFu << 20)) | (8u << 20));
                                HWREG(GPIO_DIR01_Regsiter)     &= ~(1 << 2);
                                break;

            default:
                cout << "Wrong LED " << ID << endl;
                break;
        }
    }

LED::~LED()
{
    switch(LED_ID)
    {
            case CoreBoardLED0: ; break;
            case CoreBoardLED1: ; break;

            case MainBoardLED1: /* LED D7 GPIO0[0] */
                                HWREG(SYSCFG_PINMUX1_Regsiter) = ((HWREG(SYSCFG_
```

```
                    PINMUX1_Regsiter) & ~(0xFu << 28)) | SYSCFG_PINMUX1_Value & (0xFu << 28));
                    HWREG(GPIO_DIR01_Regsiter)      = ((HWREG(GPIO_DIR01_Regsiter) & ~(1 << 0)) | GPIO_DIR01_Value & (1 << 0));
                    break;

        case MainBoardLED2: /* LED D6 GPIO0[5] */
                    HWREG(SYSCFG_PINMUX1_Regsiter) = ((HWREG(SYSCFG_PINMUX1_Regsiter) & ~(0xFu << 8)) | SYSCFG_PINMUX1_Value & (0xFu << 8));
                    HWREG(GPIO_DIR01_Regsiter)      = ((HWREG(GPIO_DIR01_Regsiter) & ~(1 << 5)) | GPIO_DIR01_Value & (1 << 5));
                    break;

        case MainBoardLED3: /* LED D9 GPIO0[1] */
                    HWREG(SYSCFG_PINMUX1_Regsiter) = ((HWREG(SYSCFG_PINMUX1_Regsiter) & ~(0xFu << 24)) | SYSCFG_PINMUX1_Value & (0xFu << 24));
                    HWREG(GPIO_DIR01_Regsiter)      = ((HWREG(GPIO_DIR01_Regsiter) & ~(1 << 1)) | GPIO_DIR01_Value & (1 << 1));
                    break;

        case MainBoardLED4: /* LED D10 GPIO0[2] */
                    HWREG(SYSCFG_PINMUX1_Regsiter) = ((HWREG(SYSCFG_PINMUX1_Regsiter) & ~(0xFu << 20)) | SYSCFG_PINMUX1_Value & (0xFu << 20));
                    HWREG(GPIO_DIR01_Regsiter)      = ((HWREG(GPIO_DIR01_Regsiter) & ~(1 << 2)) | GPIO_DIR01_Value & (1 << 2));
                    break;

        default:
            cout << "Wrong LED " << LED_ID << endl;
            break;
    }
}

void LED::LEDControl(LEDStatus value)
{
```

```
    switch(LED_ID)
    {
        case CoreBoardLED0: ; break;
        case CoreBoardLED1: ; break;

        case MainBoardLED1: /* LED D7 GPIO0[0] */
                        if(LED_OFF == value)
                        {
                            HWREG(GPIO_OUT_DATA01_Regsiter) &= ~(1 << 0);
                        }
                        else if(LED_ON == value)
                        {
                            HWREG(GPIO_OUT_DATA01_Regsiter) |= (1 << 0);
                        }
                        break;

        case MainBoardLED2: /* LED D6 GPIO0[5] */
                        if(LED_OFF == value)
                        {
                            HWREG(GPIO_OUT_DATA01_Regsiter) &= ~(1 << 5);
                        }
                        else if(LED_ON == value)
                        {
                            HWREG(GPIO_OUT_DATA01_Regsiter) |= (1 << 5);
                        }
                        break;

        case MainBoardLED3: /* LED D9 GPIO0[1] */
                        if(LED_OFF == value)
                        {
                            HWREG(GPIO_OUT_DATA01_Regsiter) &= ~(1 << 1);
                        }
                        else if(LED_ON == value)
                        {
                            HWREG(GPIO_OUT_DATA01_Regsiter) |= (1 << 1);
                        }
                        break;

        case MainBoardLED4: /* LED D10 GPIO0[2] */
                        if(LED_OFF == value)
                        {
                            HWREG(GPIO_OUT_DATA01_Regsiter) &= ~(1 << 2);
```

```
                                    }
                                    else if(LED_ON == value)
                                    {
                                        HWREG(GPIO_OUT_DATA01_Regsiter) |= (1 << 2);
                                    }
                                    break;

            default:
                cout << "Wrong LED " << LED_ID << endl;
                break;
        }
}

/****************************************************************************/
/*                                                                          */
/*                    指令延时                                              */
/*                                                                          */
/****************************************************************************/
// 延时(非精确)
void Delay(unsigned int n)
{
    unsigned int i;

    for(i = n; i > 0; i--);
}

/****************************************************************************/
/*                                                                          */
/*                    主函数                                                */
/*                                                                          */
/****************************************************************************/
int main()
{
    cout << "\r\nTronlong GPIO LED Application(C++ Edition) ......" << endl;

    // LED 对象
    LED *LED_D7  = new LED(LED::MainBoardLED1);
    LED *LED_D6  = new LED(LED::MainBoardLED2);
    LED *LED_D9  = new LED(LED::MainBoardLED3);
    LED *LED_D10 = new LED(LED::MainBoardLED4);

    // 循环点亮 LED
```

```
    unsigned int i;
    for(i = 0; i < 15; i++)
    {
        LED_D7 ->LEDControl(LED::LED_ON);
        LED_D6 ->LEDControl(LED::LED_OFF);
        LED_D9 ->LEDControl(LED::LED_OFF);
        LED_D10 ->LEDControl(LED::LED_OFF);
        Delay(0x00FFFFFF);

        LED_D7 ->LEDControl(LED::LED_OFF);
        LED_D6 ->LEDControl(LED::LED_ON);
        LED_D9 ->LEDControl(LED::LED_OFF);
        LED_D10 ->LEDControl(LED::LED_OFF);
        Delay(0x00FFFFFF);

        LED_D7 ->LEDControl(LED::LED_OFF);
        LED_D6 ->LEDControl(LED::LED_OFF);
        LED_D9 ->LEDControl(LED::LED_ON);
        LED_D10 ->LEDControl(LED::LED_OFF);
        Delay(0x00FFFFFF);

        LED_D7 ->LEDControl(LED::LED_OFF);
        LED_D6 ->LEDControl(LED::LED_OFF);
        LED_D9 ->LEDControl(LED::LED_OFF);
        LED_D10 ->LEDControl(LED::LED_ON);
        Delay(0x00FFFFFF);
    }

    delete LED_D7;
    delete LED_D6;
    delete LED_D9;
    delete LED_D10;
```

15.2 使用线性汇编语言

线性汇编语言是针对 C6000 的一种介于 C 语言和标准汇编语言之间的开发语言，虽然也是使用汇编指令，但是可以不需要考虑流水线延迟、寄存器使用以及功能单元使用等因素，开发相比标准汇编要简单，同时，效率比 C 语言要高。

线性汇编语言的语句按照顺序包含如下几个部分：标签、助记符、功能单元、操作数以及注释。

Label[:]　对于绝大多数汇编语言指令以及汇编优化指令来说，标签是可选的。标签必须写到指定代码最开始，而且行首不能有空格。

[register]　部分机器指令助记符可以根据特定寄存器的值来有条件地执行，中括号即为条件寄存器。条件寄存器只能使用 A、A1、A2、B0、B1 以及 B2。

mnemonic　机器指令助记符(ABS，MVKH 以及 B 等)或汇编优化指令(. proc 以及. trip 等)。

unit specifier　可选参数用于指定操作数执行的功能单元。

comment　注释位于行首需要使用分号(;)或星号(*)起始，注释位于行末时只能使用分号。

C6000　汇编优化器仅读取 200 以内的字符，超过的字符会被截断，当然注释除外。还有一些注意事项：

➢ 所有的语句都必须以标签、空格、分号以及星号开始；
➢ 标签是可选的；
➢ 语句的各个部分必须使用至少一个空格隔开，Tab 也按照空格来对待；
➢ 注释是可选的；
➢ 如果指令需要有条件执行，条件寄存器必须放到中括号里面；
➢ 汇编指令必须使用至少一个空格与行首隔开，否则会被认为是标签。

有关线性汇编的使用说明可以在描述 C/C++编译器使用说明文档中查看(TMS320C6000 Optimizing Compiler v8. 2. x User's Guide 的第 5 章)，而不是描述汇编语言的使用说明文档(TMS320C6000 Assembly Language Tools v8. 2. x User's Guide)。根据资料显示，这是因为编写 C/C++编译器文档的工程师和编写线性汇编文档的工程师是同一人，所以就写到一起了。

下面仍然使用点亮 LED 这一简单例程来介绍线性汇编语言编写 DSP 程序的方法，程序实现的基本逻辑与第 1 章所述完全一致。线性汇编编写的程序源文件扩展名通常是. sa(如 main. sa)。注意，使用线性汇编及汇编编写的 DSP 程序不再需要 RTS C/C++运行时支持库(libc. a、rts6740_elf. lib 以及 rts6600_elf. lib 等)。

```
;******************************************
;*                                        *
;*            底板 LED(线性汇编)            *
;*                                        *
;******************************************
;
;   - 希望缄默(bin wang)
;   - bin@tronlong.com
;   - DSP C6748 项目组
;
```

```
;    官网 www.tronlong.com
;    论坛 51dsp.net
;
;
.global        main                                      ；全局符号

main:.         cproc                                     ；线性汇编程序开始

；变量声明
.reg                SYSCFG_PINMUX1, GPIO_PINMUX
.reg                GPIO_DIR01, GPIO_DIR01_VALUE
.reg                GPIO_OUT_DATA01, GPIO_OUT_DATA01_VALUE
reg                 DELAY_VALUE

；GPIO 引脚复用配置
MVKL                0x1C14124, SYSCFG_PINMUX1          ；系统配置模块(System Config-
                                                          uration (SYSCFG) Module)
MVKH                0x1C14124, SYSCFG_PINMUX1          ；引脚复用配置寄存器(PINMUX1)

;                    LED D7      LED D9      LED D10      LED D6
;                    GPIO0[0]    GPIO0[1]    GPIO0[2]     GPIO0[5]
MVKL        ((8 << 28) | (8 << 24) | (8 << 20) | (8 << 8)), GPIO_PINMUX
MVKH        ((8 << 28) | (8 << 24) | (8 << 20) | (8 << 8)), GPIO_PINMUX

STW         GPIO_PINMUX, * SYSCFG_PINMUX1    ；赋值(存储字(WORD)到内存)

；GPIO 引脚方向配置
MVKL        0x1E26010, GPIO_DIR01             ；通用输入输出口(General-Purpose In-
                                                put/Output (GPIO))
MVKH        0x1E26010, GPIO_DIR01             ；GPIO Banks 0 和 1 引脚方向配置寄存器
                                                (DIR01)

;                    LED D6      LED D10      LED D9      LED D7
;                    GPIO0[5]    GPIO0[2]     GPIO0[1]    GPIO0[0]
MVKL        ((0 << 5) | (0 << 2) | (0 << 1) | (0 << 0)), GPIO_DIR01_VALUE
MVKH        ((0 << 5) | (0 << 2) | (0 << 1) | (0 << 0)), GPIO_DIR01_VALUE

STW         GPIO_DIR01_VALUE, * GPIO_DIR01 ；赋值(存储字(WORD)到内存)

；延时值
MVKL        0x00FFFFFF, DELAY_VALUE
MVKH        0x00FFFFFF, DELAY_VALUE
```

```
; GPIO 引脚输出配置
MVKL        0x1E26014, GPIO_OUT_DATA01      ;通用输入输出口(General - Purpose Input/Output (GPIO))
MVKH        0x1E26014, GPIO_OUT_DATA01      ;GPIO Banks 0 和 1 引脚输出配置寄存器(OUT_DATA01)

; 主循环
LED_Loop:
MVK        0x00000001, GPIO_OUT_DATA01_VALUE      ; LED D7
STW       GPIO_OUT_DATA01_VALUE, * GPIO_OUT_DATA01

.call delay(DELAY_VALUE)

MVK        0x00000020, GPIO_OUT_DATA01_VALUE      ; LED D6
STW       GPIO_OUT_DATA01_VALUE, * GPIO_OUT_DATA01

.call delay(DELAY_VALUE)

MVK        0x00000002, GPIO_OUT_DATA01_VALUE      ; LED D9
STW       GPIO_OUT_DATA01_VALUE, * GPIO_OUT_DATA01

.call delay(DELAY_VALUE)

MVK        0x00000004, GPIO_OUT_DATA01_VALUE      ; LED D10
STW       GPIO_OUT_DATA01_VALUE, * GPIO_OUT_DATA01

.call delay(DELAY_VALUE)

B          LED_Loop

.endproc;                                    线性汇编程序结束

delay:.cproc i                               ; 线性汇编程序开始

LOOP:
[i] SUB        i, 1, i                       ; 自减(i--)
[i] B          LOOP
.return

            .endproc                         ; 线性汇编程序结束
```

行15用于定义全局符号。每一个DSP程序都需要一个程序入口，也就是加载完成程序后程序最先开始执行的语句。线性汇编程序、汇编程序与C/C++程序不同，C/C++程序入口点一般固定为_c_int00函数。_c_int00函数主要用来做C/C++语言环境的初始化，在部分RTSC程序中，入口点还会设置为复位中断的中断服务函数，实际上功能是相同的。但是，线性汇编程序和汇编程序不同，需要开发人员手工指定入口点，一般入口点会使用Entry作为名称的标签，这里使用main这个名字，如图15-2所示。标签的命名符合规范即可，可以任意指定。

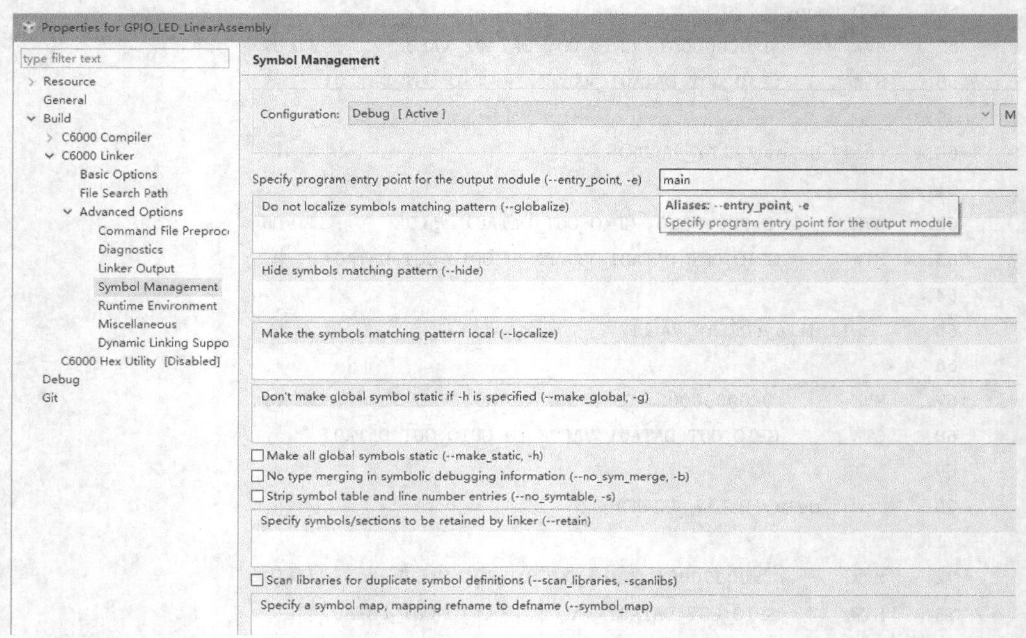

图15-2 修改程序入口点

定义完成全局符号之后，还需要修改工程链接属性或者cmd文件来指定程序入口点。打开工程属性，选择Build→C6000 Linker→Advanced Options→Symbol Management，在Specify program entry point for the output module(--entry_point, -e)文本框输入main即可，如图15-2所示。修改cmd文件就更简单一些，只需要在cmd文件中添加-e main即可。重新编译链接程序，打开Debug目录下面的map文件，可以验证修改是否生效，如图15-3所示。

在行17与行81中，main和delay即程序定义的标签，位于其他相关语句的最前面。.cproc与其配对的.endproc(行79与行88)用于定义一段代码，这段代码可以被汇编优化器优化(超出.cproc和.endproc之外的代码不会被汇编优化器优化，直接复制到生成的汇编文件中)或者被C语言代码调用。线性汇编代码引入的初衷就是优化整个程序中的部分代码，大多数情况是使用C语言代码无法达到要求性能的算

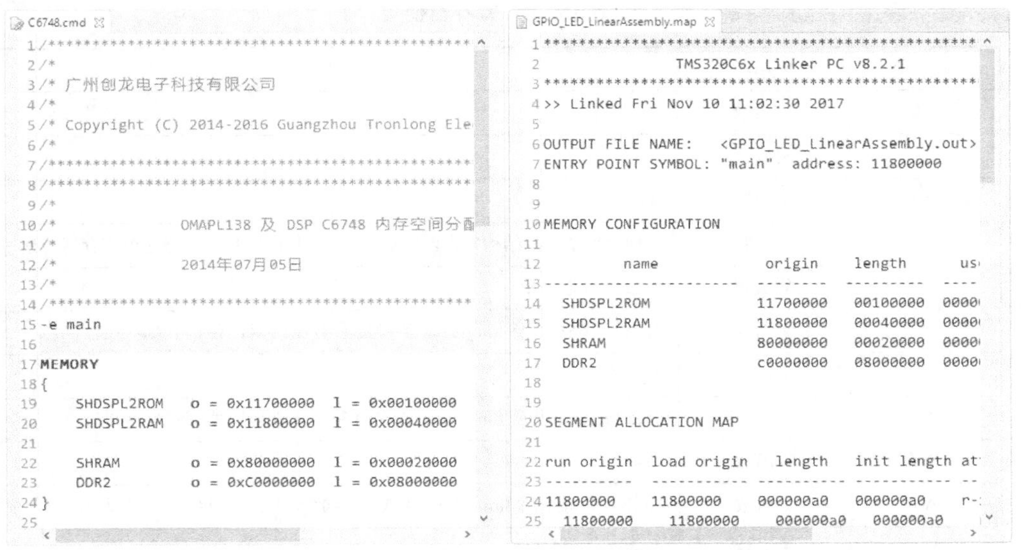

图 15-3　在 cmd 文件中修改程序入口点

法部分，当然整个 DSP 程序全部使用线性汇编代码编写也完全没有问题。

语法：

标签　.cproc [参数 1 [，参数 2 ，…]]

……

.endproc

线性汇编程序类似 C/C++语言的函数，可以传递参数，但是传递的参数可以使用 CPU 核心寄存器（A4、A9、B6 以及 B7 等）、变量名（arg0、arg1 以及 arg2 等）、寄存器对（B9:B8 以及 arg2hi:arg2lo 等）以及寄存器组（128 位参数仅 C66x DSP 支持，q3:q2:q1:q0 以及 s3:s2:s1:s0 等）。

例如，在.cproc 中可以这样传递参数：

```
_fcn: .cproc arg1, arg2hi:arg2lo, arg3, B6, arg5, B9:B8
      ......
      .return res
      ......
      .endproc
```

对应的 C 语言函数声明如下：

```
int fcn(int arg1, long arg2, int arg3, int arg4, int arg5, long arg6);
```

如果在 C/C++语言中调用线性汇编程序使用寄存器来传递参数，则需要注意满足传递参数的相关寄存器约定，否则可能破坏 C/C++语言环境。相关寄存器使用情况如表 15-4 所列。

表 15-4 寄存器使用

寄存器	使用者	特殊情况
A0	父函数	无
A1	父函数	无
A2	父函数	无
A3	父函数	指向返回结构的结构寄存器的指针,结构体小于 64 字节通过值寄存器传递
A4	父函数	参数 1 或返回值
A5	父函数	double、long 以及 long long 类型的参数 1 或返回值(与 A4 一起)
A6	父函数	参数 3
A7	父函数	double、long 以及 long long 类型的参数 3 或返回值(与 A6 一起)
A8	父函数	参数 5
A9	父函数	double、long 以及 long long 类型的参数 5 或返回值(与 A8 一起)
A10	子函数	参数 7
A11	子函数	double、long 以及 long long 类型的参数 7 或返回值(与 A10 一起)
A12	子函数	参数 9
A13	子函数	double、long 以及 long long 类型的参数 9 或返回值(与 A12 一起)
A14	子函数	
A15	子函数	帧指针(FP,Frame Pointer)
A16～A31	父函数	
ILC	子函数	循环缓冲区计数器(Loop Buffer Counter)
IRP	父函数	
B0	父函数	无
B1	父函数	无
B2	父函数	无
B3	父函数	指向返回结构的结构寄存器的指针
B4	父函数	参数 2 或返回值
B5	父函数	double、long 以及 long long 类型的参数 2 或返回值(与 B4 一起)
B6	父函数	参数 4
B7	父函数	double、long 以及 long long 类型的参数 4 或返回值(与 B6 一起)
B8	父函数	参数 6
B9	父函数	double、long 以及 long long 类型的参数 6 或返回值(与 B8 一起)
B10	子函数	参数 8

续表 15－4

寄存器	使用者	特殊情况
B11	子函数	double、long 以及 long long 类型的参数 8 或返回值(与 B10 一起)
B12	子函数	参数 10
B13	子函数	double、long 以及 long long 类型的参数 10 或返回值(与 B12 一起)
B14	子函数	
B15	子函数	帧指针(FP,Frame Pointer)
B16～B31	父函数	
RILC	子函数	循环缓冲区计数器(Loop Buffer Counter)
NRP	父函数	

线性汇编程序还可以通过.return 返回值,返回值参数同样可以是寄存器或者变量,也可以无返回值返回,类似 C/C++语言中 void 类型返回值函数。

行 20～行 23 定义了程序代码(即.cproc 和.endproc 之间的代码)中需要用的寄存器变量。使用 rega、regb 以及 reg 来定义,rega 与 regb 用于指定使用哪一侧的寄存器。在编译的时候,汇编优化器会根据指令使用的功能单元来分配寄存器。

行 60、行 65、行 70 以及行 75:通过.call 指令调用函数时,可以调用 C/C++函数、线性汇编程序以及汇编程序,不支持调用可变参数的函数(类似 printf 的函数)。调用函数的时候除了可以传递参数,还可以得到函数返回值。

间接调用(使用函数指针调用,需要指定函数的加载内存地址):

```
MVK func, reg
MVKH func, reg
.call reg(op1)
```

＊用于间接调用,需要遵循 C/C++语法:

```
.call [ret_reg = ] ( * ireg)([arg1, arg2,...])
```

示例:

```
.call ( * driver)(op1, op2)
.reg driver
.call driver(op1, op2)
```

其他示例:

```
.call fir(x, h, y)                ; 无返回值函数
.call minimal( )                  ; 无参数
.call sum = vecsum(a, b)          ; 返回整型
```

```
.call hi:lo = _atol(string)        ；返回长整型
.call A6 = compute( )              ；根据寄存器使用规则应该返回到 A4，所以额外增加一
                                   ；条 mv 指令复制 A4 值到 A6
```

行 26、行 27、行 31、行 32、行 34、行 37、行 38、行 42、行 43、行 45、行 48、行 49、行 52、行 53、行 57、行 58、行 62、行 63、行 67、行 68、行 72、行 73、行 77 以及行 84、行 85 就是 DSP 支持的汇编指令（汇编助记符）。

DSP 指令结构如图 15－4 所示，不同指令具体位的含义不尽相同，这里以 MPYH 为例。

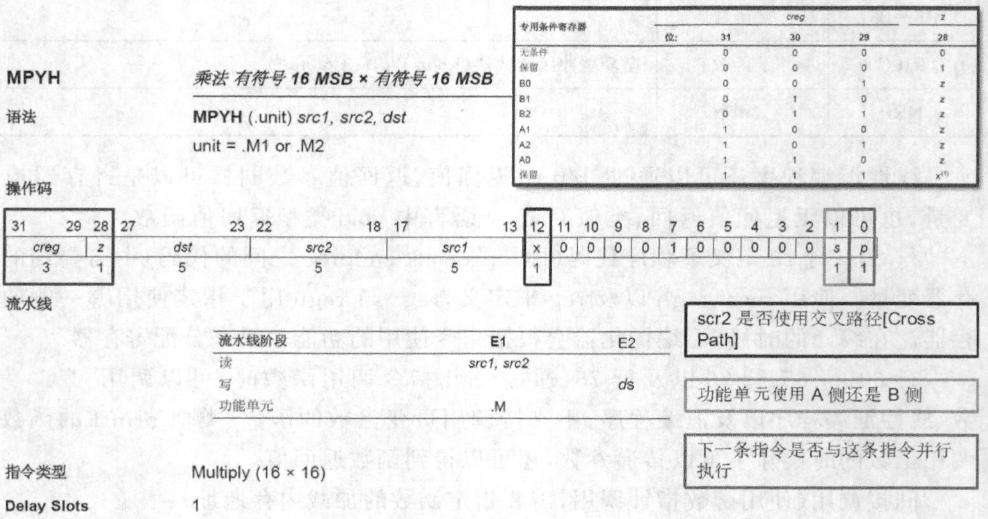

图 15－4　汇编指令结构

指令第 31～28 位为条件位，很多 DSP 指令都可以有条件执行，条件在流水线 E1 阶段判断（DSP 流水线阶段在汇编语言开发部分介绍）。第 31～29 位用于选择条件寄存器（creg），可选的寄存器只能是 A0、A1、A2、B0、B1 及 B2 中的一个。第 28 位（z）用于选择条件为 0 或非 0，当 z＝0 时，测试条件寄存器值是否为非 0 值；当 z＝1 时，测试条件寄存器值是否为 0 值。当 creg 及 z 均为 0 时，代表该指令无条件执行。

```
    [B0]   ADD .L1 A1,A2,A3
||  [! B0] ADD .L2 B1,B2,B3
```

第一条 ADD 指令执行条件是 B0 值为非 0 值，第二条 ADD 指令执行条件是 B0 值为 0。

指令第 27～13 位是目标及源操作数。

指令第 12 位用于指示 src2 是否使用交叉路径，即指令同时使用了 A 组及 B 组寄存器。

指令第一位用来表示使用 A 侧或 B 侧功能单元执行指令。

指令第 0 位表示下一条指令是否与当前指令并行支持。

DSP 标准指令为 32 位长指令，基于 C64x+架构演进架构(C64x+、C674x 以及 C66x 架构)，还支持 16 位紧凑指令。16 位紧凑指令可以减少代码大小，但是会有一些限制，如只有部分指令支持紧凑模式、没有条件寄存器以及操作数限制等。

15.3 使用汇编语言

使用汇编语言开发 C6000 程序应该算是最复杂的编程方式了，需要对 C6000 架构有一定的了解。

与基于 C64x+及以上架构的 DSP 的内部结构基本类似，最新的 C66x 架构相对 C674x 架构增加了乘法单元中 16 位×16 位定点及浮点乘法器的数量，如图 15-5 所示。

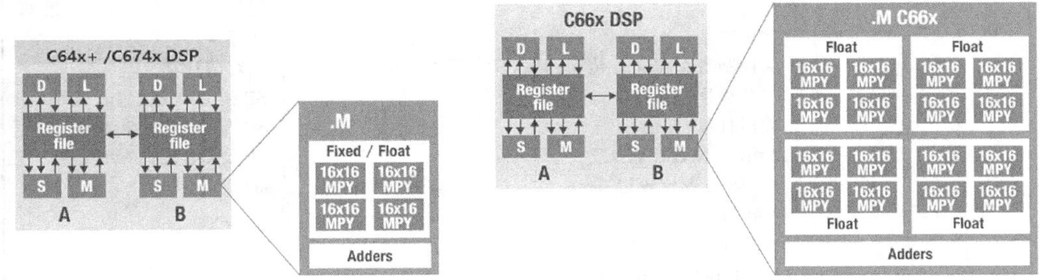

图 15-5 DSP 架构

C6000 分为 A 及 B 两个部分，每个部分有 4 个功能单元及 32 个 32 位通用寄存器。A 和 B 两部分还可以通过特定通道(Cross Path)交换数据。4 种功能单元为 .D、.S、.M 及 .L。.D 单元主要进行数据从内存加载以及存储到内存的操作；.S 单元主要完成移位、分支及比较操作；.M 单元属于 DSP 处理器最核心的部分，主要执行乘法操作；.L 单元主要实现算数及逻辑操作。当然，很多操作(加法和减法等操作)4 种功能单元都可以完成。4 种功能单元的主要功能如表 15-5 所列。

表 15-5　功能单元

功能单元	定点运算	浮点运算
.L 单元 [.L1/.L2]	32/40 位数算数及比较运算 32 位数逻辑运算 32 位数 Leftmost 1/0 计算 32/40 位数归一化计算 字节移位 数据打包/拆包 5 位常量产生 2 组 16 位数算数运算 4 组 8 位数算数运算 2 组 16 位数最小/最大值运算 4 组 8 位数最小/最大值运算	算数运算 DP 到 SP 数据类型转换 INT 到 DP 数据类型转换 INT 到 SP 数据类型转换
.S 单元 [.S1/.S2]	32 位数算数运算 32/40 位数移位及 32 位数位域运算 32 位逻辑运算 分支 常量产生 从控制寄存器文件传输到寄存器,反之亦可[仅 S2] 字节移位 数据打包/拆包 2 组 16 位数比较运算 4 组 8 位数比较运算 2 组 16 位数移位运算 2 组 16 位数饱和算数运算 4 组 8 位数饱和算数运算	比较 倒数和平方根倒数运算计算 绝对值计算 SP 到 DP 数据累着转换 SP 及 DP 加法和减法 SP 及 DP 反向减法[src2－src1]
.M 单元 [.M1/.M2]	16×16 位乘法运算 4 组 8×8 位乘法运算 2 组 16×16 位乘法运算 带有加法/减法计算的两组 16×16 位乘法运算 带有加法计算的 4 组 8×8 位乘法运算 位扩展 位交错/位解交错 可变移位操作 旋转 Galois Field(有限域)乘法	浮点数乘法运算 混合精度乘法运算
.D 单元 [.D1/.D2]	32 位数加法/减法/线性和环形地址计算 带有 5 位常量偏移加载/存储 带有 15 位常量偏移加载/存储[仅 D2] 带有 5 位常量偏移双字加载/存储 非对齐字及双字加载/存储 5 位常量产生 32 位逻辑运算	带有 5 位常量偏移的双字加载

虽然很多 DSP 指令是单周期指令，但这并不意味着 DSP 执行单周期指令只需要一个时钟周期。DSP 处理器类似现在很多高性能嵌入式处理器，拥有复杂的多级流水线结构，执行一条指令需要若干步骤才能完成。C6000 指令执行流程如表 15-6 所列。

表 15-6　流水线

流水线阶段	步　骤	描　述
取指 Fetch	PG	产生 CPU 要读取指令的内存地址
	PS	发送地址到内存控制器
	PW	等待内存控制器访问就绪
	PR	接收程序指令包
解码 Decode	DP	分配指令到合适的功能单元
	DC	解码指令
执行 Execute	E1	根据指令类型的不同，执行阶段分为 10 个子阶段。单周期指令在 E1 子阶段结束后，即执行完成
	……	
	E10	

用结构图表示出来如图 15-6 所示。

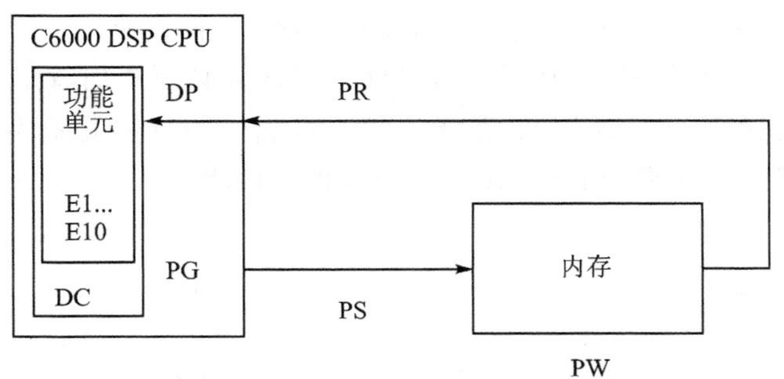

图 15-6　指令执行流程图

在这么多步骤中，PW 阶段需要等待内存响应，而内存响应的时间却不是固定值(DSP 只有在访问 L1 RAM 的时候是不需要等待时间的，访问 L2 或者片外内存时则根据内存子系统的繁忙程度而使等待时间不确定)。这也就是 DSP 的数据手册中关于性能部分的描述仅体现了指令执行的性能，而没有考虑内存访问延迟的原因。

DSP 指令除了执行时间，延迟槽(Delay Slot)和功能单元延迟(Function Unit Delay)时间也是不能够忽略的。延迟槽指在源操作数被读取之后，需要等待多少个时钟周期结果才可以被使用。功能单元延迟表示该功能单元执行完当前指令后需要等待多少个时钟周期才能执行下一条指令。时间长短由硬件决定，新架构相对老架构时间会短一些。常用指令的延迟槽和功能单元延迟时间如表 15-7 所列。

表 15-7 延迟槽和功能单元延迟时间

指令类型	延迟槽	功能单元延迟	读取时钟周期(1)	写入时钟周期(1)
单周期	0	1	i	i
双周期 DP	1	1	i	i,i+1
DP 比较	1	2	i,i+1	i+1
4 周期	3	1	i	i+3
INTDP	4	1	i	i+3,i+4(2)
加载	4	1	i	i,i+4
MPYSP2DP	4	2	i	i+3,i+4
ADDDP/SUBDP	6	2	i,i+1	i+5,i+6
MPYSPDP	6	3	i,i+1	i+5,i+6
MPYI	8	4	i,i+1,1+2,i+3	i+8
MPYID	9	4	i,i+1,1+2,i+3	i+8,i+9
MPYDP	9	4	i,i+1,1+2,i+3	i+8,i+9

注:(1) 时钟周期 i 是流水线 E1 阶段。

(2) 写入时钟周期 i+4 指的是使用来自其他.D 单元指令分开的写端口。

使用汇编语言编写程序的时候,需要延迟的地方必须添加特定的 NOP 指令,否则可能得不到正确结果。所以,在基于汇编语言优化的时候就需要根据程序实现的特定逻辑,用有意义的指令填充 NOP 指令来提高性能。

```
Loop:
            LDW     .D1     *A4++, A5
||          LDW     .D2     *B4++, B5
||  [B0]    SUB     .S2     B0, 1, B0
||  [B0]    B       .S1     Loop
||          MPY     .M1     A5, B5, A6
||          MPYH    .M2     A5, B5, B6
||          ADD     .L1     A7, A6, A7
||          ADD     .L2     B7, B6, B7
```

回顾本章最开始时给出的这段汇编代码,LDW、MPY、MPYH、B、ADD、SUB 以及 NOP 指令的描述分别如图 15-7～图 15-13 所示。

若按照程序正常的执行流程,则应当等程序的全部语句执行完成之后再执行 B 指令,跳转到 Loop 标签循环执行。其中,B 指令需要 5 个时钟周期的延迟槽,因为 B 指令作为最后一条指令的时候需要添加 NOP 5 指令(代表执行 5 次 NOP 指令),这样做就会浪费 CPU 至少 5 个时钟周期的资源。因此,把 MPY 以及 ADD 指令放到 B 指令后面,同时选择不同的功能单元执行这几条指令,使指令在同一时刻并行执行

LEDW　　从内存加载字带有5位无符号常数偏移或寄存器偏移

语法

寄存器偏移	无符号常数偏移
LDW (.unit)*+baseR[offsetR],dst	LDW (.unit) *+baseR[ucst5], dst
unit=.D1 or .D2	

操作码

31–29	28	27–23	22–18	17–13	12–9	8	7	6	5	4	3	2	1	0
creg	z	dst	baseR	offsetR/ucst5	mode	0	y	1	1	0	0	1	s	p
3	1	5	5	5	4		1						1	1

流水线

流水线阶段	E1	E2	E3	E4	E5
读	baseR,offsetR				
写	baseR				dst
功能单元	.D				

指令类型　　Load

Delay Slots　　4加载值

0地址修改自增或自减

图 15－7　LDW 指令

MPY　　乘法有符号16 LSB×有符号16LSB

语法　　MPY(.unit)src1,src2,dst

unit= .M1 or .M2

操作码

31–29	28	27–23	22–18		17–13	12	11–7	6	5	4	3	2	1	0
creg	z	dst	src2		src1	x	op	0	0	0	0	0	s	p
3	1	5	5		5	1	5						1	1

流水线

流水线阶段	E1	E2
读	src1,src2	
写		dst
功能单元	.M	

指令类型　　Muitiply(16×16)

图 15－8　MPY 指令

(行首双竖线代表当前行语句与上一行语句并行执行,可以并行执行的指令必须使用不同的功能单元),从而提高效率。从汇编代码来看,也验证了 DSP 是一种基于指令并行执行的高性能处理器的说法。所以,使用其他指令填充 NOP 指令时,尽可能使指令并行执行,这是使用汇编语言优化 DSP 程序的主要方法。

这一次还是使用点亮 LED 作为例程来说明,汇编程序与线性汇编程序都需要配

MPYH	乘法有符号16 LSB×有符号16LSB
语法	MPYH(.unit)src1,src2,dst unit= .M1 or .M2
操作码	

31 29	28	27 23	22 18	17 13	12	11	10	9	8	7	6	5	4	3	2	1	0
creg	z	dst	src2	src1	x	0	0	op	0	1	0	0	0	0	0	s	p
3	1	5	5	5	1											1	1

流水线

流水线阶段	E1	E2
读	src1,src2	
写		dst
功能单元	M	

指令类型	Muitiply(16×16)
Delay Slots	1

图 15－9 MPYH 指令

B	分支使用标签
语法	B.(功能单元)标签 功能单元= .S1或.S2
操作码	

31 29	28	27 7	6	5	4	3	2	1	0
creg	z	cst21	0	0	0	0	0	s	p
3	1	21						1	1

流水线

		目标指令					
流水线阶段	E1	PS	PW	PR	DP	DC	E1
读							
写							
分支发生							
功能单元	.S						

指令类型	分支
Delay Slots	5

图 15－10 B 指令

置程序入口点，配置方法也是相同的，这里不再赘述。汇编程序源文件扩展名一般为.asm，针对不同平台.s、.s674 以及.s66 等，.s＊（＊代表若干字符）扩展名的文件都会被识别为汇编语言源文件。

ADD　　不饱和两个无符号整数加法

语法　　ADD(.功能单元)src1, src2, dst

或

ADD(.L1 or .L2)src1, src2_h:src2_1,dst_h:dst_1

或

ADD(.D1 or .D2)src2,src1,dst(未使用cross path form)

或

ADD(.D1 or .D2)src1,src2,dst(使用cross path form)

或

ADD(.D1 or .D2)src2,src1,dst(使用cross path form同时带有常数)

功能单元=.D1, .D2, .L1, .L2, .S1,.S2

操作码　　.L单元

31–29	28	27–23	22–18	17–13	12	11–5	4	3	2	1	0
creg	z	dst	src2	src1	x	op	1	1	0	s	p
3	1	5	5	5	1	7				1	1

操作码　　.S单元

31–29	28	27–23	22–18	17–13	12	11–6	5	4	3	2	1	0
creg	z	dst	src2	src1	x	op	1	0	0	0	s	p
3	1	5	5	5	1	6					1	1

操作码　　.D单元(使用cross path form)

31–29	28	27–23	22–18	17–13	12	11–7	6	5	4	3	2	1	0
creg	z	dst	src2	src1	x	op	1	1	0	0	0	s	p
3	1	5	5	5	1	6						1	1

操作码　　.D单元(使用cross path form)

31–29	28	27–23	22–18	17–13	12	11	10	9	8	7	6	5	4	3	2	1	0
creg	z	dst	src2	src1	x	1	0	1	0	1	0	1	1	0	0	s	p
3	1	5	5	5	1											1	1

操作码　　.D单元(使用cross path form同时带有常数)

31–29	28	27–23	22–18	17–13	12	11	10	9	8	7	6	5	4	3	2	1	0
creg	z	dst	src2	src1	x	1	0	1	0	1	0	1	1	0	0	s	p
3	1	5	5	5	1											1	1

流水线

流水线阶段	E1
读	src1,src2
写	dst
功能单元	.L,.S,或.D

指令类型　　单周期

Delay Slots　　0

图 15－11　ADD 指令

SUB　　不饱和两个无符号整数加法

语法　　SUB(.功能单元)src1, src2, dst

或

SUB(.L1 or .L2)src1, src2, dst_h:dst_1

或

SUB(.D1 or .D2)src2,src1,dst(使不用cross path form)

或

SUB(.D1 or .D2)src1,src2,dst(使用cross path form)

功能单元=.D1, .D2,. L1, .L2, .S1, .S2

操作码　　.L单元

31　29	28	27　23	22　18	17　13	12	11　5	4	3	2	1	0
creg	z	dst	src2	src1	x	op	1	1	0	s	p
3	1	5	5	5	1	7				1	1

操作码　　.S单元

31　29	28	27　23	22　18	17　13	12	11　6	5	4	3	2	1	0
creg	z	dst	src2	src1	x	op	1	0	0	0	s	p
3	1	5	5	5	1	6					1	1

操作码　　.D单元(使用cross path form)

31　29	28	27　23	22　18	17　13	12	11　7	6	5	4	3	2	1	0
creg	z	dst	src2	src1	x	op	1	1	0	0	0	s	p
3	1	5	5	5	1	6						1	1

操作码　　.D单元(使用cross path form)

31　29	28	27　23	22　18	17　13	12	11	10	9	8	7	6	5	4	3	2	1	0
creg	z	dst	src2	src1	x	1	0	1	0	1	0	1	1	0	0	s	p
3	1	5	5	5	1											1	1

流水线

流水线阶段	E1
读	src1,src2
写	dst
功能单元	.L,.S,或.D

指令类型　　单周期

Delay Slots　　0

图 15－12　SUB 指令

NOP　　没有操作

语法　　NOP [数目]

功能单元=无

操作码

31	30	29	28	27	26	25	24	23	22	21	20	19	18	17	16　　13	12	11	10	9	8	7	6	5	4	3	2	1	0
0	0	0	0	0	0	0	0	0	0	0	0	0	0	0	src	0	0	0	0	0	0	0	0	0	0	0	0	p
															4													

指令类型　　NOP

Delay Slots　　0

图 15-13　NOP 指令

```
;**************************************************
;*                                                *
;*               底板 LED(汇编)                   *
;*                                                *
;**************************************************
;
;    - 希望缄默(bin wang)
;    - bin@tronlong.com
;    - DSP C6748 项目组
;
;   官网 www.tronlong.com
;   论坛 51dsp.net
;
;
      .sect          ".text"
      .global         main

main:
            MVKL    .S2    0x1C14124, B4
||          MVKL    .S1    0x88800800, A3

            MVKH    .S2    0x1C14124, B4
||          MVKH    .S1    0x88800800, A3

            STW    .D2T1   A3, *B4

            MVKL    .S2    0x1E26010, B6
||          MVKL    .S1    0, A5

            MVKH    .S2    0x1E26010, B6
```

```
||        MVKH     .S1     0, A5
          STW      .D2T1   A5, *B6
          ADD      .L1X    4, B6, A4
LED_D7:
          MVK      .S1     0x00000001, A3
          STW      .D1T1   A3, *A4
          MVKL     .S2     0x00FFFFFF, B1
          MVKH     .S2     0x00FFFFFF, B1
delay0:
          SUB      B1, 1, B1
   [B1]   B        delay0
          NOP      5
LED_D6:
          MVK      .S1     0x00000020, A3
          STW      .D1T1   A3, *A4
          MVKL     .S2     0x00FFFFFF, B1
          MVKH     .S2     0x00FFFFFF, B1
delay1:
          SUB      B1, 1, B1
   [B1]   B        delay1
          NOP      5
LED_D9:
          MVK      .S1     0x00000002, A3
          STW      .D1T1   A3, *A4
          MVKL     .S2     0x00FFFFFF, B1
          MVKH     .S2     0x00FFFFFF, B1
delay2:
          SUB      B1, 1, B1
   [B1]   B        delay2
          NOP      5
LED_D10:
          MVK      .S1     0x00000004, A3
          STW      .D1T1   A3, *A4
```

```
73.
74.             MVKL        .S2     0x00FFFFFF, B1
75.             MVKH        .S2     0x00FFFFFF, B1
76.     delay3:
77.             SUB          B1, 1, B1
78.        [B1] B          delay3
79.             NOP          5
80.
81.             B          LED_D7
82.             NOP          5
```

行 15,.sect 汇编指令用于配置已初始化段。已初始化段用于存放程序代码及数据,已初始化段中的内容最终会被存储在生成的目标文件中。这里也可以写成.text 或者不写,默认被分配到.text 段。

汇编器可以识别.bss、.data(数据)、.sect、.text(代码)以及.usect 段,其中,.bss 和.usect 为未初始化段,.data、.sect 以及.text 为已初始化段。.sect 和.usect 用于自定义已初始化、未初始化段(.L2Data 等,段名可以根据需要指定)或子段(.text:_LED 等,子段与段通过冒号间隔)。已初始化段在链接阶段分配内存空间,未初始化段在运行阶段分配内存空间(变量)。

在汇编文件中,定义代码或数据存放的段之后,如果该段不是编译器可以识别的段,则还需要在 cmd 文件中为段分配空间。否则,会出现 warning #10247-D: creating output section ".L2Code" without a SECTIONS specification 类似的警告,然后链接器自动分配一段空间用于存放该段。自动分配的结果如果不是有效的,则会影响程序正常运行。

示例如下:

源文件:

```
    .sect   ".L2Code:_LED"
```

cmd 文件:

```
.L2Code:_LED   >   SHDSPL2RAM
```

编译及链接之后生成的 map 文件可以验证分配结果。

```
.L2Code:_LED
*             0      11800000      000000a0
                     11800000      000000a0      main.obj (.L2Code:_LED)
```

行 46、行 57、行 68、行 79 以及行 82 是延时子程序返回,在线性汇编程序中不需要增加 NOP 指令,但是在汇编程序中就必须添加,不然程序可能执行到异常位置。

汇编程序中指令的用法与线性汇编程序完全一致，除了根据需要添加适当 NOP 指令以外，汇编程序指令也可以不用指定功能单元，汇编优化器会根据程序自动选择。当然，对于手工优化的汇编代码，指定功能单元可以更好地优化程序。

通过比较 C++、C 语言与线性汇编、汇编语言编写点亮 LED 程序、编译及链接生成的二进制文件资源占用情况可以发现，线性汇编与汇编语言占用资源最少，C++ 占用资源最多。

15.4　C++/C/线性汇编/汇编混合编程

大部分情况下不会全部使用线性汇编或汇编编写程序，因为这要求开发人员对 DSP 架构及指令集的熟悉程序很高。通常的做法是只把程序中性能不能满足需求的部分采用线性汇编语言或汇编语言来编写，只针对这一部分代码做优化，然后在 C/C++程序中调用即可。

因为 C++语言支持函数重载，为了在 C++程序中调用 C 语言函数、线性汇编及汇编代码，这里需要把函数声明在 extern“c”中。

```
extern "C"
{
    extern void LEDInit();
    extern void LEDControl(char LED, char value);
    extern void Delay(unsigned int value);
    extern void Pinmux();
}
```

编译的时候，编译器就会按照 C 语言约定的名称转换方式处理这些函数。

在 C 语言中调用线性汇编及汇编代码比较简单，直接声明一下函数即可：

```
extern void LEDInit();
extern void LEDControl(char LED, char value);
extern void Delay(unsigned int value);
```

当然，在线性汇编及汇编语言源文件中调用 C 语言或 C++语言函数也是可以的，注意名称转换问题以及寄存器使用规则（避免破坏 C++/C 运行环境）即可。生成二进制文件的（目标文件或.out 文件）格式不同也会影响名称转换，COFF 格式的文件 C 语言函数编译成汇编文件的时候会在函数名前面添加下划线（_），但是 ELF 格式文件则不会。

优化汇编代码的时候也不需要开发人员从零开始编写汇编代码，可以在编译器生成的汇编代码的基础上再手工优化。默认情况下，C/C++程序编译完成后会删除生成的汇编源文件，在编译选项中添加-k 或--keep_asm 保留生成的汇编文件，如图 15－14 所示。

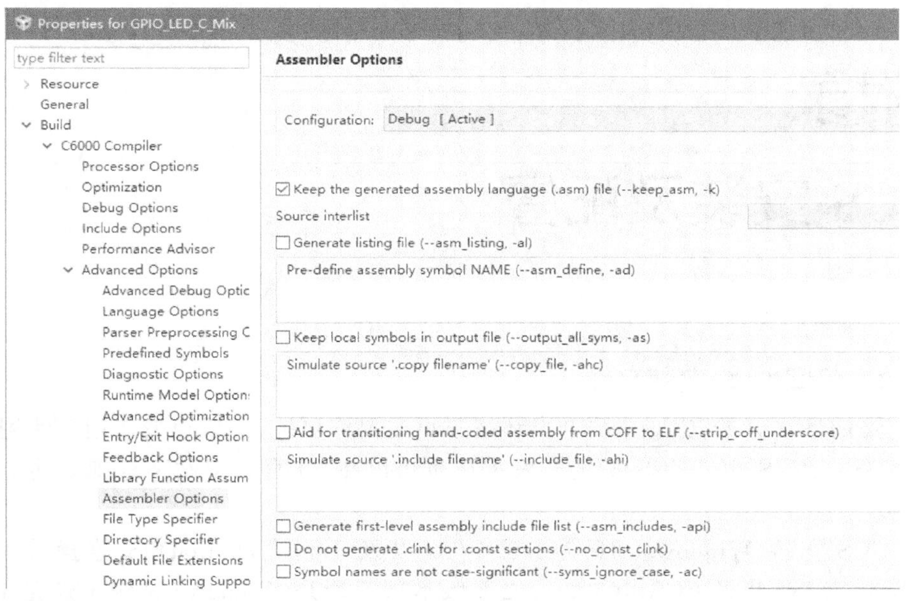

图 15－14　保留汇编文件选项

生成的汇编文件会包含很多调试信息，从而影响分析代码，须修改 Debugging model 为 Suppress all symbolic debug generation 来关闭调试信息输出，如图 15－15 所示。

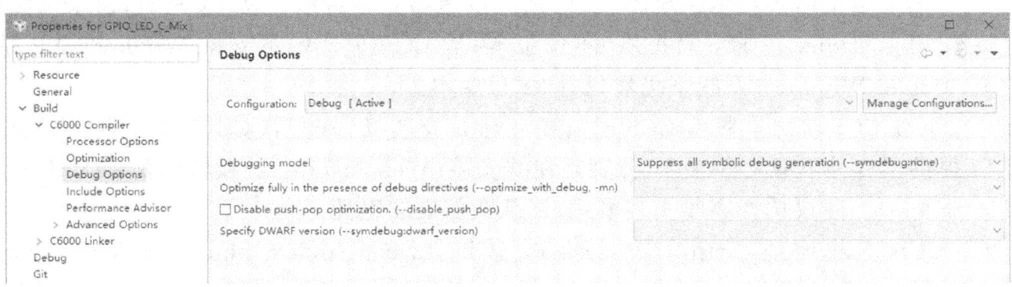

图 15－15　禁用调试信息输出

附录

CCS 安装及配置

1. 获取 CCS 安装文件

从 CCSv7 开始，CCS 集成开发环境不再需要许可证，可以免费使用。使用旧版本(CCSv4、CCSv5 或 CCSv6)的开发人员也可以在 TI 官方网站下载到全功能许可证书。

CCS 支持 Windows XP/7/8/8.1/10 以及 Linux 和 MacOS 等操作系统。CCSv4、CCSv5 以及 CCSv6(6.1.3 之前版本)，不论是 Windows 系统下还是 Linux 系统下，都只有 32 位版本，可以在 32 位系统或者 64 位系统安装及运行。64 位版本的 Linux 系统下需要安装 32 位支持库。Windows 版本 CCS 相对 Linux 及 MacOS 系统的版本，其支持的 MCU 及处理器型号最多，支持的仿真器型号也最多。

CCSv5 官方不支持 Windows8/8.1/10 等系统，但是仍然可以在以上系统正常运行；若安装的时候提示系统不支持，则可以忽略直接继续。从 CCSv6(6.2 之后的版本)开始 Linux 系统下只提供 64 位版本；从 CCSv7 开始不支持 Windows XP 系统，但是在 Windows 系统下仍然只有 32 位版本。

下载 CCSv7 之前版本 CCS 时需要注册并登陆 TI 账户，CCSv7 可以直接下载。TI 提供了 2 种下载文件选项，分别是在线安装(Web Installers)和离线安装(Off-line Installers)。建议选择离线安装模式，下载全部安装组件。

CCS 下载地址：http://processors.wiki.ti.com/index.php/Download_CCS
CCS 许可证书下载地址：http://processors.wiki.ti.com/index.php/Licensing_CCS
http://processors.wiki.ti.com/index.php/Licensing-CCSv6.

2. 安装 CCS

这里以 Windows 版本 CCSv7(7.2 版本)为例，在 Windows 10 专业版操作系统下介绍安装过程，不同版本下的安装过程大同小异。

将下载得到的压缩文件 CCS7.2.0.00012_win32.zip 解压到不包含非 ASCII 字符的纯英文路径下，这里是 C:\Users\F\Desktop\CCS7.2.0.00012_win32。然后，双击 ccs_setup_7.2.0.00012.exe 开始执行安装程序，则安装程序检测是否满足安装需求，一般要求关闭杀毒软件，如附图 1 所示。

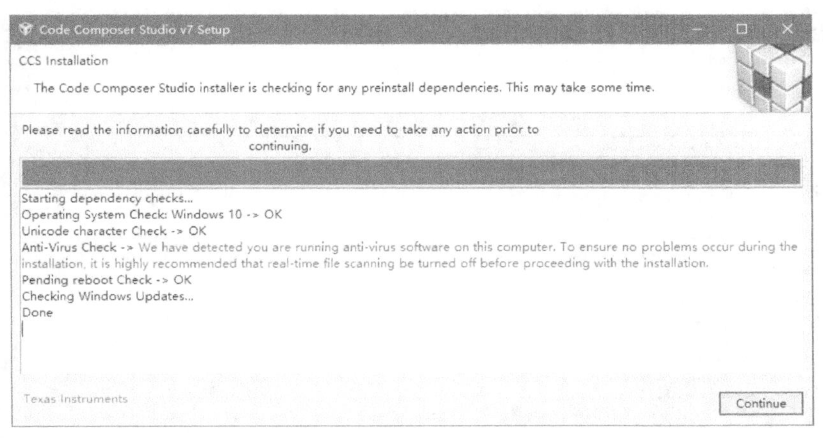

附图 1　检查安装环境

同意许可协议，然后单击 Next。在弹出的对话框中选择安装路径，注意，一定要选择纯英文路径，路径中绝对不能包含中文等非 ASCII 字符，如附图 2 所示。

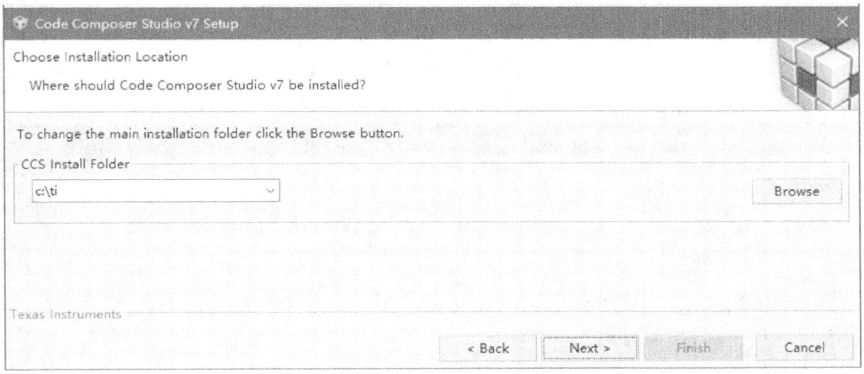

附图 2　选择安装路径

接下来选择需要安装的组件，建议将全部组件都安装，如附图 3 所示。如果，之前选择的安装路径包含同版本的 CCS，则这里会显示出来，可以增加之前没有安装的组件。

接下来选择需要安装的仿真器驱动，可以根据需要选择，建议全部选择，如附图 4 所示。确认无误后单击 Finish 按钮开始安装。

安装过程中可能会弹出系统防火墙提示，如果是在线安装，则一定要允许访问网络；离线安装可以取消，如附图 5 所示。安装完成后如附图 6 所示。

3. 配置 CCS

使用 CCS 之前可以做一些简单的配置来方便我们更好地开发，当然这些配置不

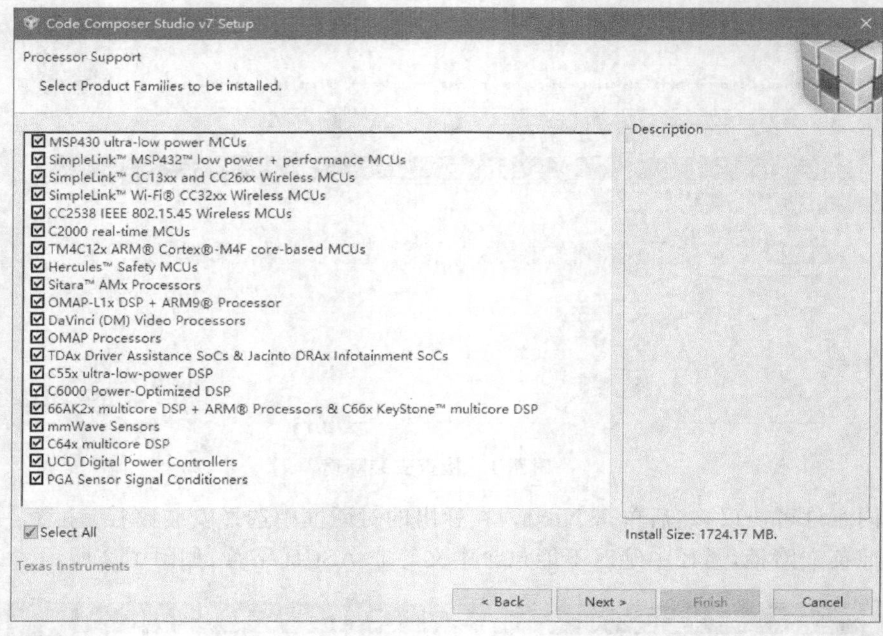

附图3 选择安装组件

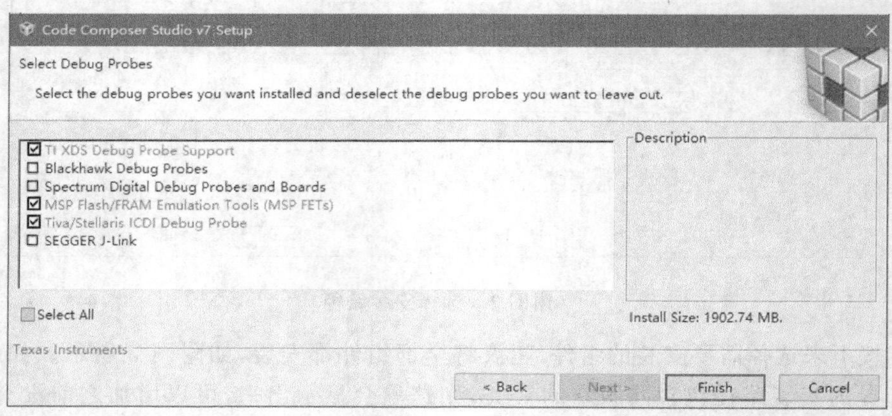

附图4 选择需要安装的仿真器驱动

是必须的。

(1) 字 体

如果程序源码中出现了中英文混合注释,则建议替换编辑器默认字体为等宽字体,这样可以确保中英文字符等宽,源码看起来会更美观,如附图7所示。

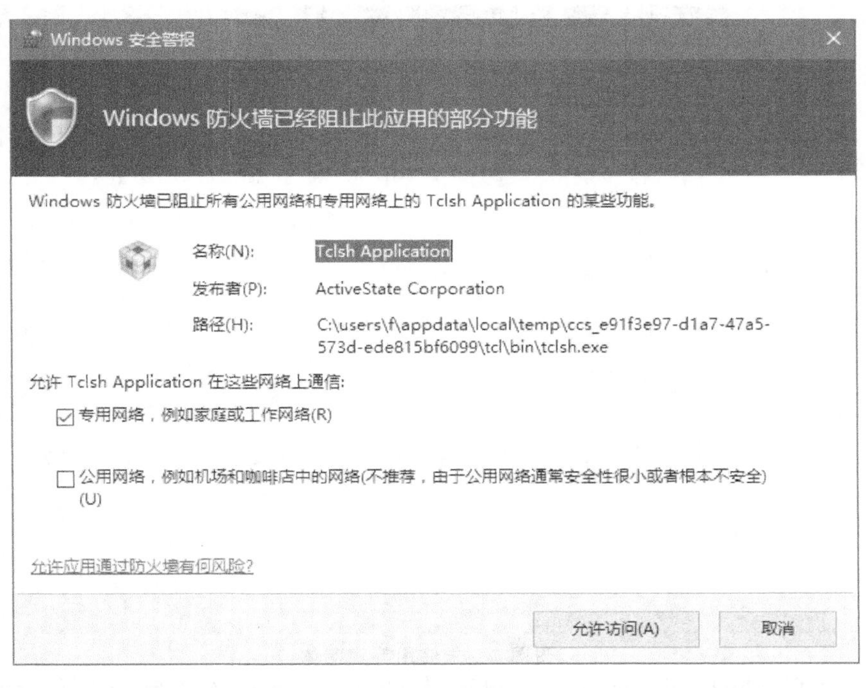

附图 5 防火墙提示

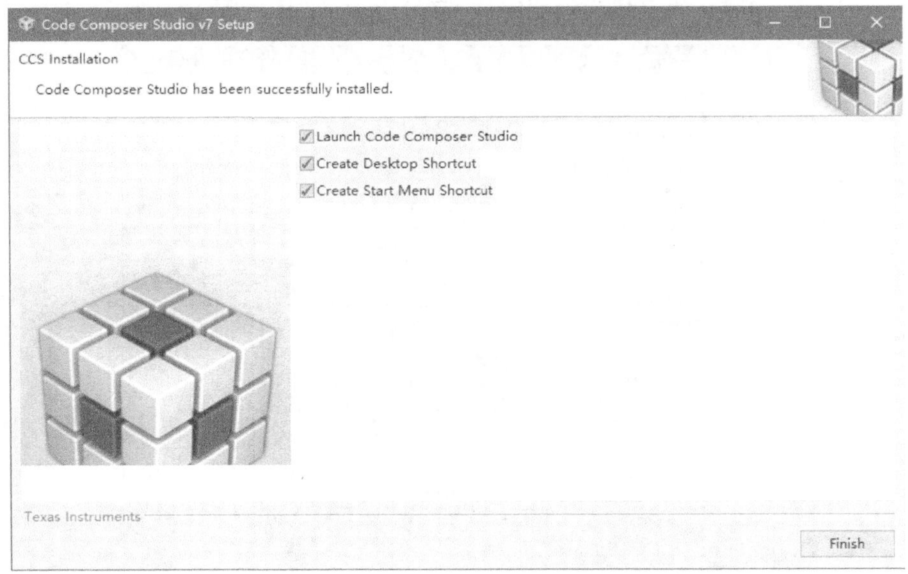

附图 6 安装完成

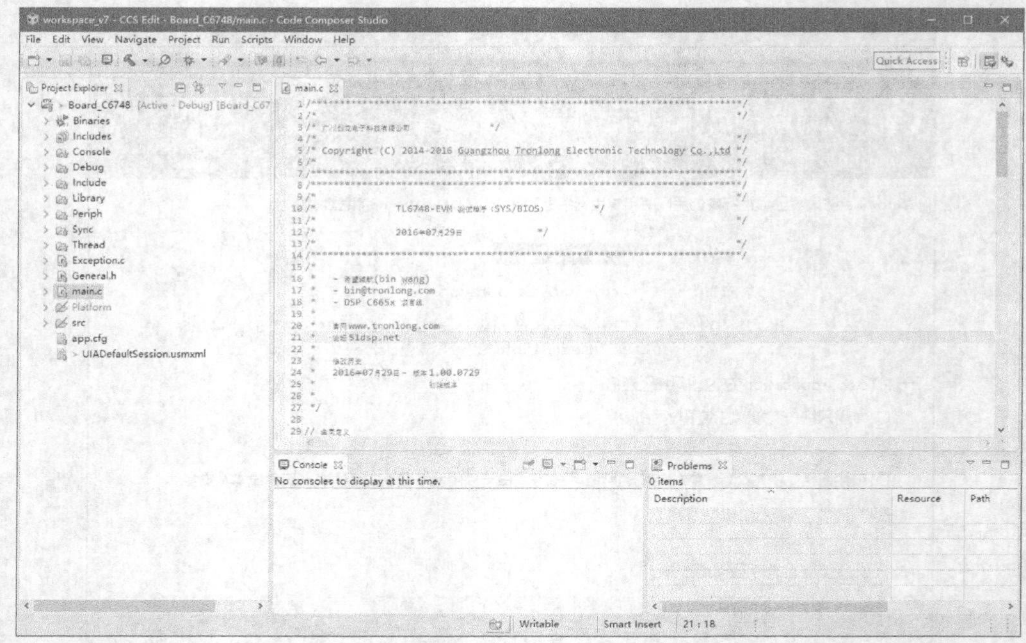

附图 7　未使用等宽字体

选择 Window→Preferences 菜单项，打开 Preferences 对话框。选择 Genreal→Appearance→Colors and Fonts 配置项。修改 Basic 栏 Text Font 和 Text Editor Block Selection Font 的字体为等宽字体，字号为 12 即可，如附图 8 所示。

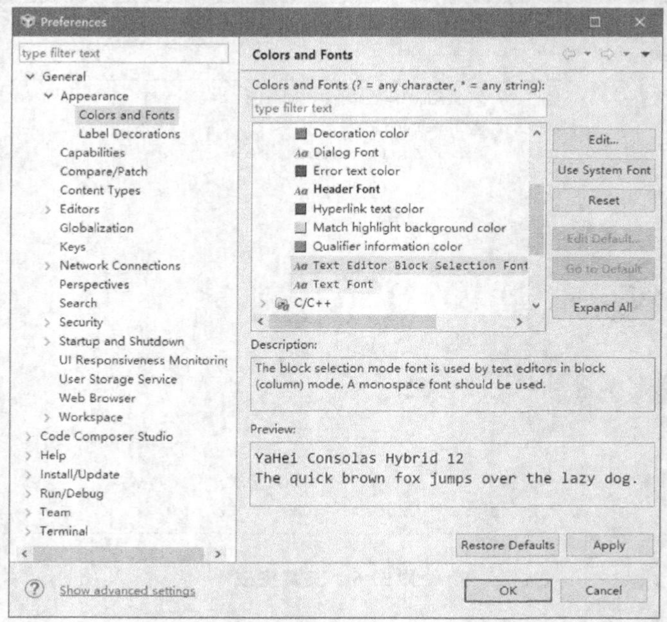

附图 8　修改编辑器字体

修改之后中英文混合注释就会美观许多，如附图 9 所示。

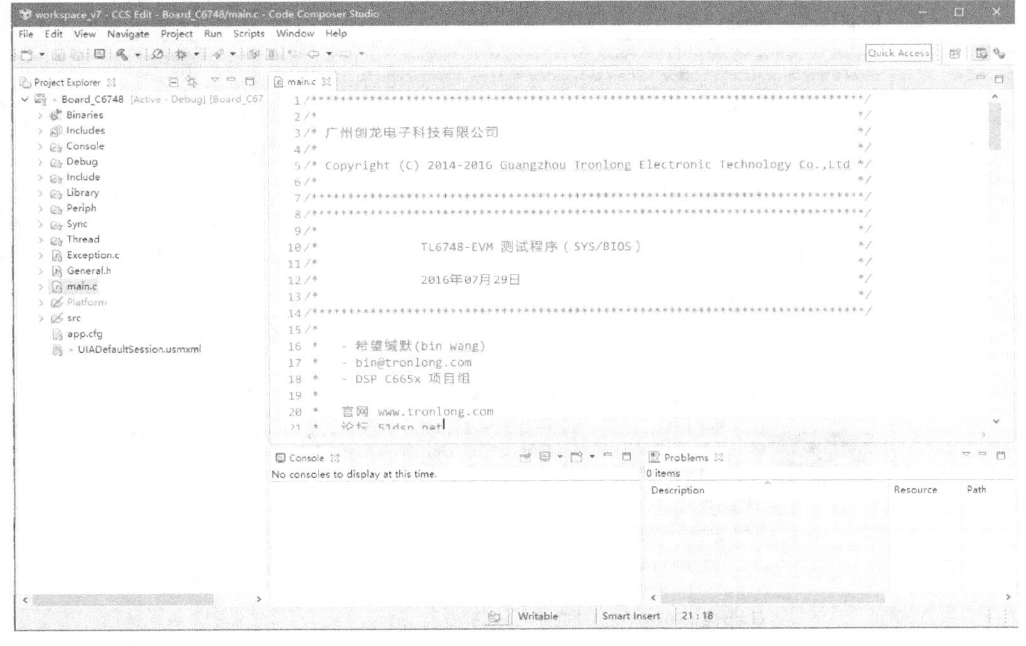

附图 9 使用等宽字体

(2) 主 题

可以根据喜好修改 CCS 主题，修改默认浅色主题为深色主题。由于兼容性，主题在 CCS 下表现得不是特别完美，如果不是必须，则不建议使用。

修改主题前需要安装 Eclipse 主题插件，步骤如下：选择 Help→Eclipse Marketplace 菜单项，打开 Eclipse 插件市场对话框。在 Find 文本框输入 theme 检索主题插件，然后安装 Eclipse Color Theme 1.0.0 插件，如附图 10 所示。

根据网络状况不同，安装可能需要一段时间。如果提示插件未签名，则可以直接击 OK 即可，如附图 11 所示；未签名不会影响插件使用。

安装完成后根据提示重启 CCS 即可。重启 CCS 之后，就可以在 Preferences 对话框的 General→Appearance→Color Theme 配置项下面选择需要更换的主题，如附图 12、附图 13 所示。

如果修改主题后想恢复默认样式，但是代码自动提示对话框出现背景及前景色变黑问题，则需要用文本编辑器打开，工作空间目录下.metadata\.plugins\org.eclipse.core.runtime\.settings\org.eclipse.cdt.ui.prefs 文件，删除 sourceHoverBackgroundColor.SystemDefault=false 条目，如附图 14 所示。然后保存文件，重新启动 CCS 即可。

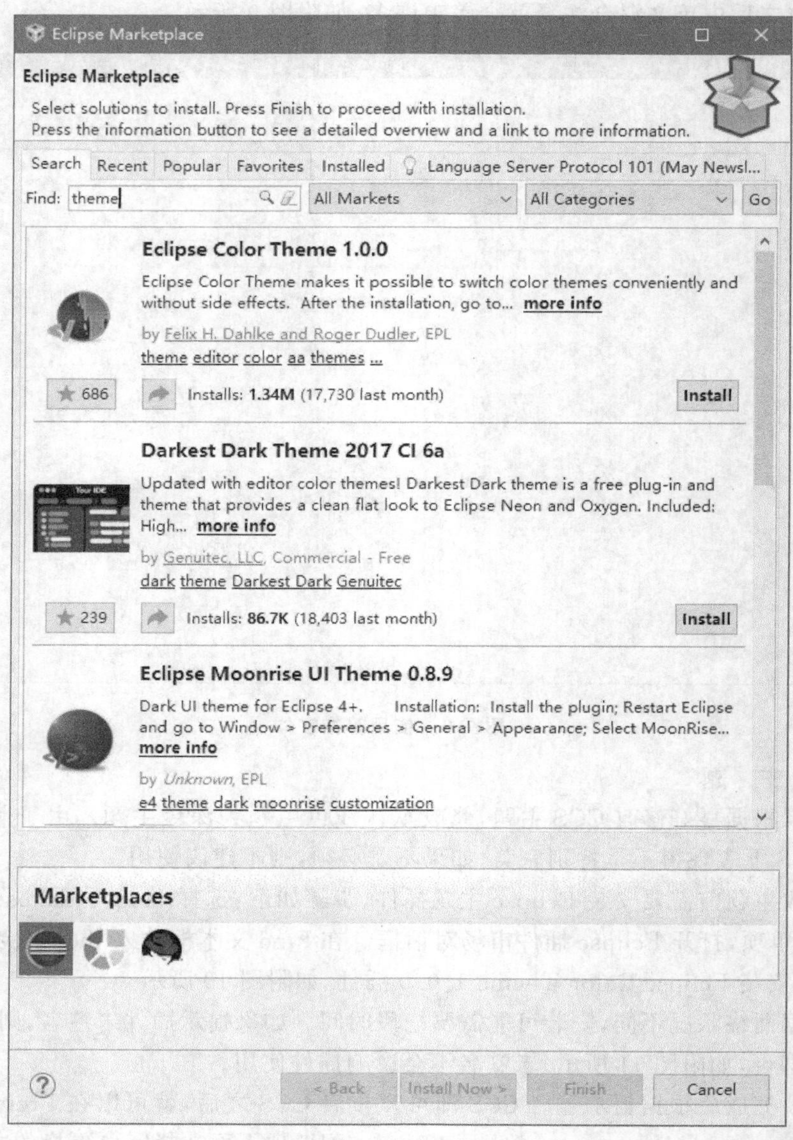

附图 10　Eclipse 插件市场

(3) 语言插件

初学 CCS 时可能对英文界面比较陌生，可以安装 Eclipse 简体中文语言插件，从而使绝大部分界面文字汉化。但是，很多插件是 TI 公司开发的，所以这部分插件的说明文字还是保持英文状态。

Eclipse 多国语言插件是基于 Eclipse Babel Project 的，CCSv7 基于 Eclipse Neon 4.6 版本，所以需要安装适配 Neon 语言包。

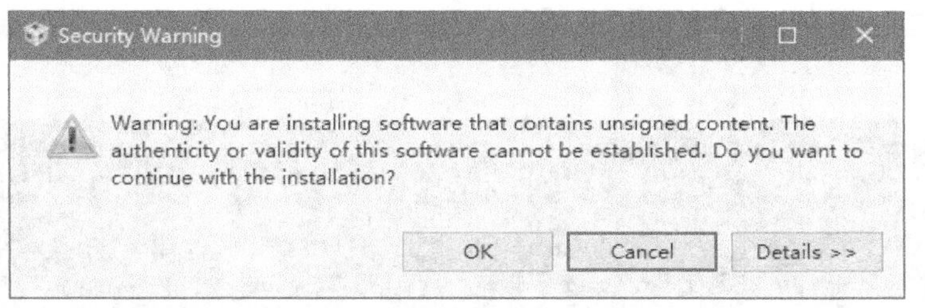

附图 11　插件未签名提示

附图 12　主题选择

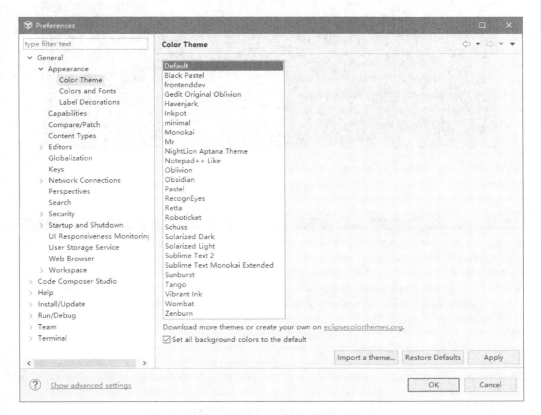

打开 CCS 集成开发环境，选择 Help→Install New Software 菜单项，则打开 Install 对话框，在 Work with 文本框输入网址 http://download.eclipse.org/technology/bybel/update-site/R0.14.1/neon，然后按回车键，等待获取软件信息。选中 Babel Language Packs in Chinese (Simplified)，单击 Finish 按钮开始安装，如附图 15 所示；也可以单击 Next 确认需要安装的条目。

根据网络状况的不同，安装可能会持续比较长一段时间，安装完成后重新启动

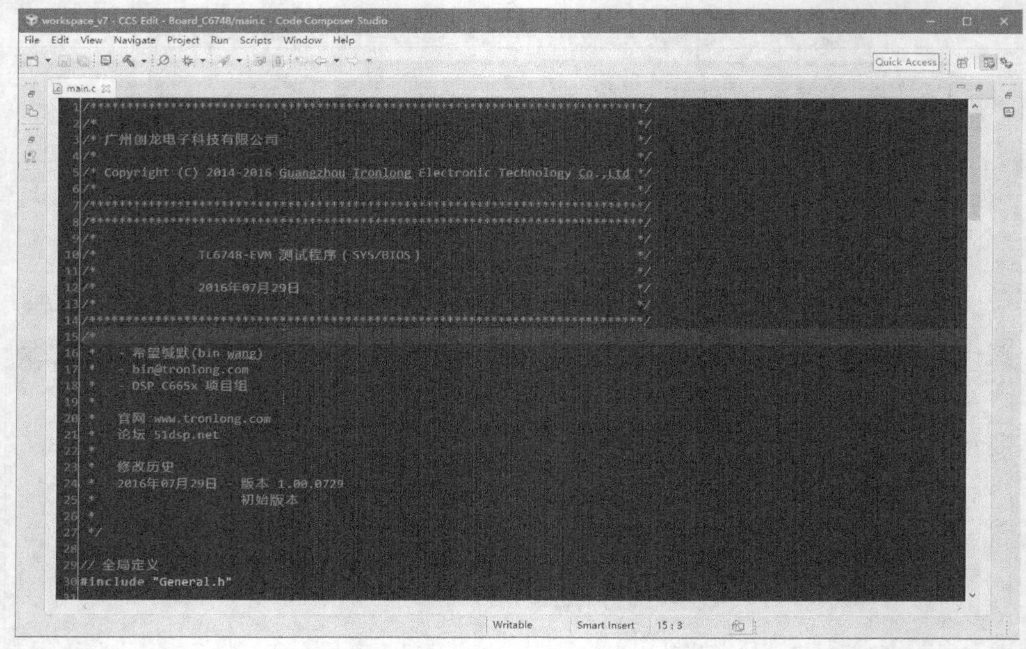

附图 13 主题效果

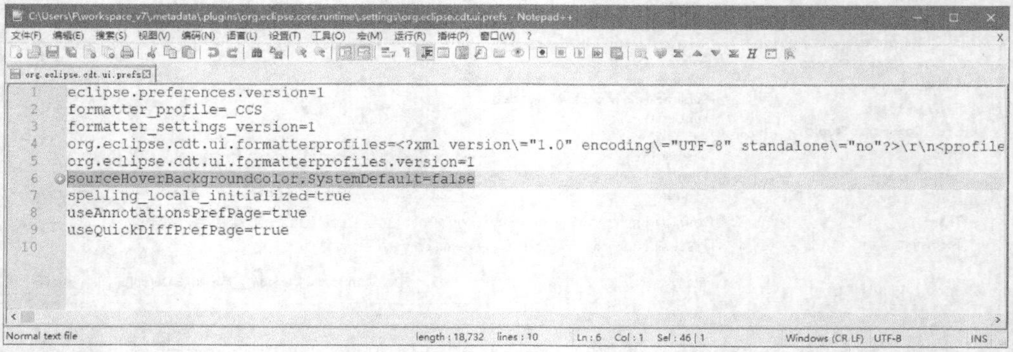

```
C:\Users\F\workspace_v7\.metadata\.plugins\org.eclipse.core.runtime\.settings\org.eclipse.cdt.ui.prefs - Notepad++
文件(F) 编辑(E) 搜索(S) 视图(V) 编码(N) 语言(L) 设置(T) 工具(O) 宏(M) 运行(R) 插件(P) 窗口(W) ?
org.eclipse.cdt.ui.prefs
eclipse.preferences.version=1
formatter_profile=_CCS
formatter_settings_version=1
org.eclipse.cdt.ui.formatterprofiles=<?xml version\="1.0" encoding\="UTF-8" standalone\="no"?>\r\n<profile
org.eclipse.cdt.ui.formatterprofiles.version=1
sourceHoverBackgroundColor.SystemDefault=false
spelling_locale_initialized=true
useAnnotationsPrefPage=true
useQuickDiffPrefPage=true

Normal text file    length : 18,732   lines : 10    Ln : 6   Col : 1   Sel : 46 | 1    Windows (CR LF)   UTF-8   INS
```

附图 14 恢复自动提示对话框样式到默认样式

CCS 即可。

注意，只有当前系统的语言是简体中文，重启 CCS 之后才会是简体中文界面，如附图 16 所示。也可以通过指定 CCS 运行参数强制使用某种语言。

强制使用英文语言：

```
C:\ti\ccsv7\eclipse\ccstudio.exe -nl en
```

强制使用简体中文语言：

C:\ti\ccsv7\eclipse\ccstudio.exe -nl zh

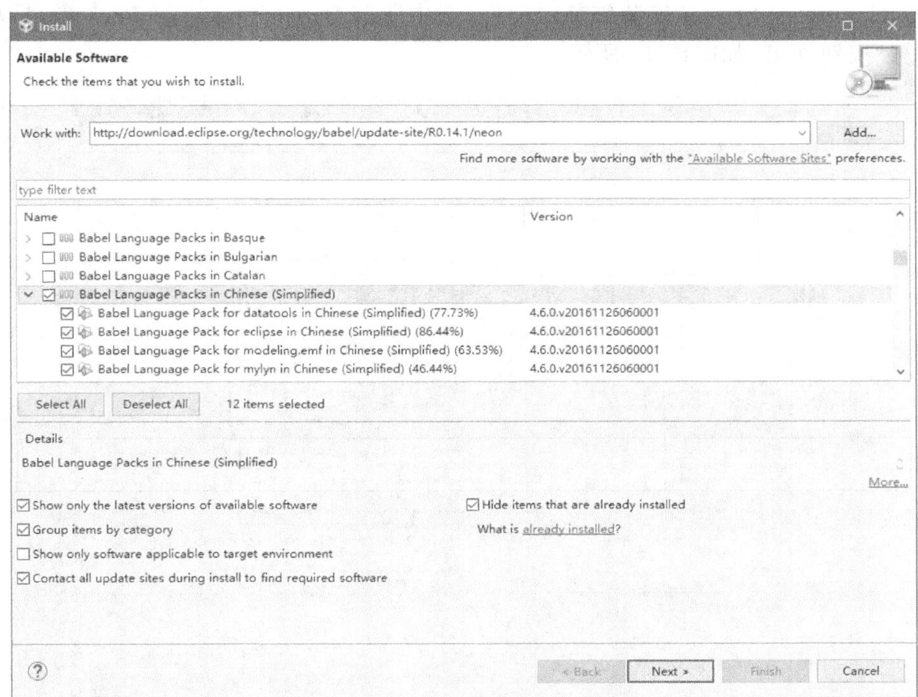

附图 15　安装简体中文语言包

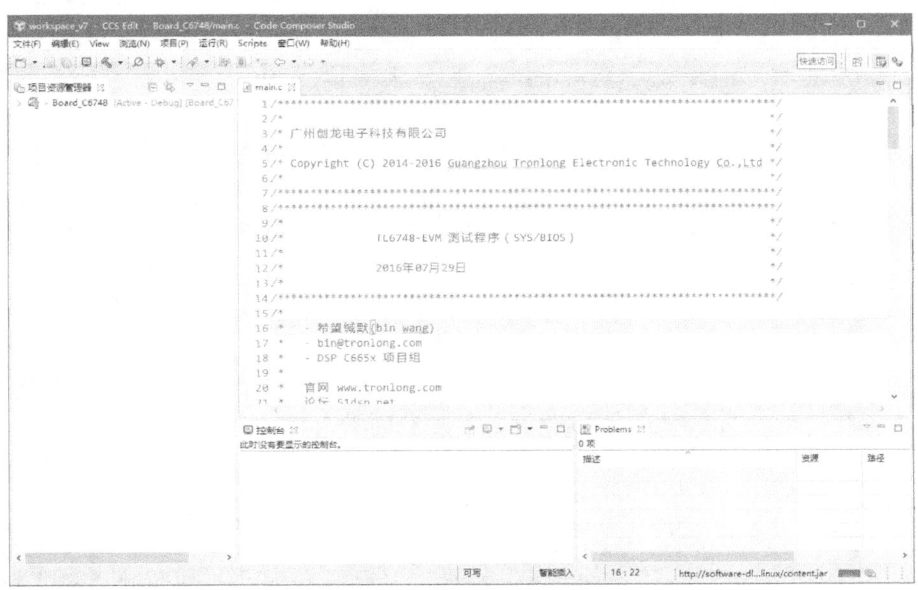

附图 16　简体中文界面

如果不需要该语言插件，则可以选择 Help→Installation Details 菜单项打开 Code Composer Studio 安装细节对话框，选中所有 Babel Language Pack 条目，单击“卸载”按钮即可，如附图 17 所示。

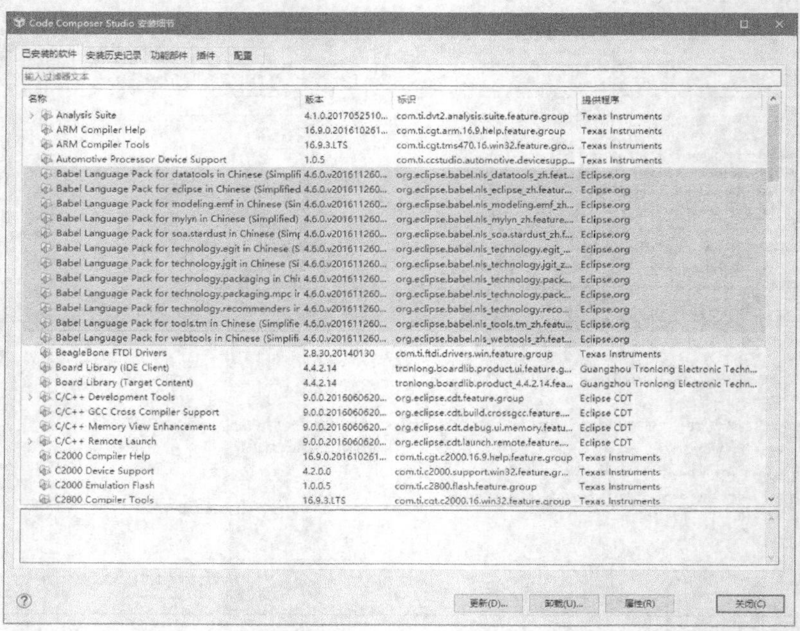

附图 17　卸载语言包

参考文献

1. TI. TMS320C6748 ixed-and Floating-Point DSP.
2. TI. TMS320C6748 DSP Technical Reference Manual.
3. TI. Using the TMS320C6748 C6746 C6742 Bootloader.
4. TI. OMAP-L138 TMS320C6748 TMS320C6746 Programmable Real-Time Unit Subsystem.
5. TI. TMS320C674x DSP Cache User's Guide.
6. TI. TMS320C674x DSP CPU and Instruction Set Reference Guide.
7. TI. TMS320C674x DSP Megamodule Reference Guide.
8. TI. TMS320C6000 Assembly Language Tools v8. 2. x User's Guide.
9. TI. TMS320C6000 Optimizing Compiler v8. 2. x User's Guide.